微波电路与天线

WEIBO DIANLU YU TIANXIAN

（第2版）

闫 述 郑召文 孔 娃 编著

江苏大学出版社

JIANGSU UNIVERSITY PRESS

镇 江

内容简介

本书讲授了微波电路与天线的基本内容,包括传输线理论、规则波导、微波集成传输线、无源微波网络和器件、天线的辐射与接收、线天线与面天线、电波的传播,安排了最基本的微波电路与天线实验。

本书可作为高等学校通信工程专业本科生的教材,也可作为电子工程与通信工程技术人员或相关专业的技术人员进行继续教育的参考书目。

图书在版编目(CIP)数据

微波电路与天线 / 闫述,郑召文,孔娃编著. — 2
版. —镇江 : 江苏大学出版社,2017.10
ISBN 978-7-5684-0639-0

Ⅰ. ①微… Ⅱ. ①闫… ②郑… ③孔… Ⅲ. ①微波电
路②微波天线 Ⅳ. ①TN710②TN822

中国版本图书馆 CIP 数据核字(2017)第 268511 号

微波电路与天线

编　著/闫　述　郑召文　孔　娃
责任编辑/吴昌兴
出版发行/江苏大学出版社
地　　址/江苏省镇江市梦溪园巷 30 号(邮编:212003)
电　　话/0511-84446464(传真)
网　　址/http://press.ujs.edu.cn
排　　版/镇江华翔票证印务有限公司
印　　刷/镇江文苑制版印刷有限责任公司
开　　本/787 mm×1 092 mm　1/16
印　　张/20.25
字　　数/517 千字
版　　次/2017 年 10 月第 2 版　2017 年 10 月第 2 次印刷
书　　号/ISBN 978-7-5684-0639-0
定　　价/45.00 元

如有印装质量问题请与本社营销部联系(电话:0511-84440882)

第 1 版前言

本书面向通信工程专业本科生讲授微波电路与天线的基本概念与理论,包括传输线理论、规则波导、微波集成传输线、无源微波网络和器件、天线的辐射与接收、线天线与面天线、电波的传播等,安排了最基本的微波电路与天线实验。这些内容也可作为电子和通信工程技术人员或相关专业技术人员继续教育的参考材料。微波电路与天线课程涉及通信系统中的硬件设备与物理信道,是今后从事通信技术工作的知识准备。全书共 90 学时,其中第 1~5 章微波电路部分 35 学时,第 6~9 章天线部分 35 学时,第 10 章的微波电路和天线实验各 10 学时共 20 学时。需要的先修课程有:高等数学、线性代数、电路分析、电磁场与电磁波。其中,电路分析、电磁场与电磁波是本课程"路"、"场"分析的基础,高等数学和线性代数提供了所需的数学工具。如果要进一步学习有源微波网格、有源微波器件,还要预备模拟电路、高频电子线路等先修课程。书中要学习的内容尽量是自包含的,用到的重要公式、定理,相关知识等在附录中给出。

本书的第 1~2 章、第 4 章由闫述和郑召文共同编写;第 6~9 章、附录 1~2、附录 4、附录 6~9 由闫述编写;绪论、第 3 章、第 5 章、附录 3、附录 5 由郑召文编写;第 10 章由孔娃编写。郑召文绘制了绪论、第 2~3 章、第 5 章、附录 3、附录 5 的图件;孔娃绘制了第 6~7 章、第 10 章的图件;硕士研究生封陆游绘制了其余各章、其余附录中的图件,检视了全部图件,进行了必要的修改或重绘;硕士研究生刘文平、陈斌参与绘制了部分图件。全书由闫述统稿,方云团核查了第 1~2 章、第 4 章,夏景在任课中发现和纠正了书稿的差错。

在成书过程中,作者就作为课程基础的电磁场与电磁波理论,向西安交通大学冯恩信教授多次请教,得到了悉心的指点。作者所在的江苏大学通信工程系,为教材编写和试讲尽最大可能地创造了条件。江苏大学通信工程系 0901,0902,1001,1002,1101,1102 班的同学们试用了讲义,喻志浩、娄修俊同学提出了宝贵的意见。硕士研究生解欢在助课的过程中验算了公式,并对文字和表述做了修改,徐婷婷协助校对了第 6~9 章。特别需要指出的是,江苏大学出版社以极大的耐心和热情从组稿、写作到完稿,给予了全程的支持、鼓励和督促。尽管环境如此有利,因作者水平所限,缺陷和错误仍不能避免,热切期待同学们、各位同行和读者的批评指正。

编 者
2015 年 4 月

第 2 版前言

本书第 2 版是经过两个年级的教学实践后,根据作者、任课教师和同学们发现的差错和问题,对第 1 版所做的修订。

恳请同学们、各位同行和读者继续批评指正。

编　者
2017 年 9 月

目　录

0 绪 论

0.1 微波及其特点

微波(Microwave)是无线电波中频率最高(即波长最短)的波段,在电磁波谱中位于超短波和红外线之间(见图 0-1),频率范围 300 MHz ~ 3 000 GHz(对应真空中的波长 1 m~0.1 mm)。

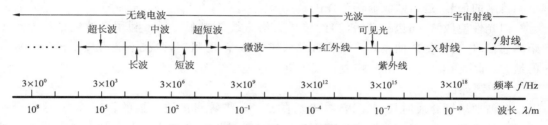

图 0-1 微波频段在电磁波频谱中的位置

微波波段通常又被划分为分米波、厘米波、毫米波和亚毫米波四个波段。在通信和雷达工程上还使用拉丁字母来表示微波波段更细致的划分,如表 0-1 和表 0-2 所示。

表 0-1 以波长表示的微波波段

波段名称	波长范围	频率范围/ GHz	频段名称
分米波	1 m ~ 10 cm	0.3 ~ 3	超高频 UHF
厘米波	10 cm ~ 1 cm	3 ~ 30	特高频 SHF
毫米波	10 mm ~ 1 mm	30 ~ 300	极高频 EHF
亚毫米波	1 mm ~ 0.1 mm	300 ~ 3 000	超极高频

表 0-2 以拉丁字母表示的微波波段

波段符号	频率范围/GHz	波段符号	频率范围/GHz
UHF	0.3 ~ 1.12	Ka	26.5 ~ 40
L	1.12 ~ 1.7	Q	33 ~ 50
LS	1.7 ~ 2.6	U	40 ~ 60
S	2.6 ~ 3.95	M	50 ~ 75
C	3.95 ~ 5.85	E	60 ~ 90

续表

波段符号	频率范围/GHz	波段符号	频率范围/GHz
XC	5.85 ~ 8.2	F	90 ~ 140
X	8.2 ~ 12.4	G	140 ~ 220
Ku	12.4 ~ 18	R	220 ~ 325
K	18 ~ 26.5		

微波在电磁波谱中所处的位置,使它具有以下特性。

(1) 似光性和视距传播

微波波长和地球上的一般物体(如飞机、舰船、导弹等)的尺寸相当或小得多,当微波辐射到这些物体上时,将产生显著的反射、折射,这和光的反射、折射一样;同时微波的传播特性也和几何光学相似,能够像光线一样直线传播;如同光可聚焦成光束,微波也可以通过天线装置形成定向辐射。利用微波的这些特性,发明了雷达系统,定向传输或接收空间传来的信号,进行微波通信或探测。

似光性使微波(还包括超短波)的传播为沿直线的视距传播。利用微波进行地面远距离通信时,由于地球曲率和障碍物(山脉、建筑物等)的阻拦,微波不能直接传播到很远的地方(通常为 20~50 km),需要在视距范围内建立中继站。

(2) 穿透性

微波照射到介质时具有穿透性,表现在云、雾、雪等对微波传播的影响较小,这是全天候微波通信和遥感的基础,微波能穿透生物体的特性是微波生物医学的基础。微波还可以穿越电离层,实验表明:微波波段中的 1~10 GHz,20~30 GHz 及 91 GHz 附近受电离层的影响较小,可以较为容易地通过电离层向外层空间传播,为空间通信、星际通信、卫星导航、卫星通信、遥感遥测和射电天文学提供无线电通道。

(3) 宽频带特性

微波频段的频带近 3 000 GHz,相比之下全部长波、中波、短波和超短波频段的频带总和不足 300 MHz。众所周知,需要传输的信息量越大、占用的频带就越宽。一个传输通道的相对带宽(频带宽度与中心频率之比)通常不能超过百分之几,为使多路电话、电视同时在一条线路上传送,就要使信道中心频率比所要传递的信息总带宽高几十到几百倍。微波占有的频带宽度大大提高了携带信息的能力,因此现代多路无线通信几乎都工作在微波波段。

(4) 散射特性

微波的散射特性构成了微波遥感、雷达成像的基础。电磁波入射到物体上时,会在除入射波方向外的其他方向产生散射。由于散射是电磁波和物体相互作用的结果,因此散射波包含有散射体的信息。通过对不同物体散射特性的检测,分析微波信号提供的相位、极化等各种频域和时域信息,可以从中提取目标特征,进行目标识别和成像。此外,利用大气对流层的散射还可以实现远距离的微波散射通信。

(5) 微波的热效应

微波电磁能量进入物体后,使其中的极性分子相互碰撞、摩擦,产生热能,称为微波热效应。由于微波能够直接进入物体内部,且具有效率高、速度快的选择性加热特性,因此被广泛应用在各行各业中。此外,微波对生物体的热效应也是微波生物医学的基础。

（6）抗低频干扰

微波波段处在无线电波谱的高端，宇宙和大气在传输信道上产生的自然噪声、各种电器设备工作时产生的人为噪声通常在中低频区域，与微波波段的频率成分差别较大，因此，在微波滤波器的阻隔下，中低频噪声基本不会对微波通信造成影响。

（7）电路参数的分布性

在低频情况下，电路系统的几何尺寸比工作波长小得多，因此稳定状态的电压和电流可认为是在整个系统各处同时建立起来的。电路元件可用不随时间和空间变化的参量（称为集总参量）表示。在微波频段，电磁振荡周期极短，系统中电压和电流建立的延时效应不能忽略，要用随时间和空间变化的参量，即分布参量表征。

（8）微波的非热效应

微波的非热效应是指除热效应以外的其他效应，如电效应、磁效应及化学效应等。目前对微波的非热效应了解得还不是很多，一般认为，当生物体受强功率微波照射时，热效应是主要的（功率密度 10 mW/cm² 以上多产生热效应，频率越高产生热效应的阈强度越低）。长期的低功率密度（1 mW/cm² 以下）的微波辐射主要引起非热效应。

（9）微波与电磁兼容

随着微波技术的发展，越来越多的无线设备在相同的区域同时工作，引起相互间的干扰，如飞行器、舰船上狭小空间中通信设备之间的影响，拥挤的公共场所中众多移动用户之间的影响等。微波设备经各种途径产生的微波辐射，是电磁污染的组成部分，那么，使微波设备不对周围环境（包括人体、生物和其他设备）造成干扰并且不被别的设备干扰的电磁兼容（Electromagnetic Compatibility，EMC）问题，将成为微波技术的重要研究内容。

0.2　微波技术的研究方法

（1）解析方法

微波技术是研究微波信号的产生、传输、变换、发射、接收和测量的一门学科。微波的上述特点，使它的应用范围、研究方法、传输系统、元器件和测量方法都与普通的无线电波不同，因此有必要将微波从普通无线电波中划分出来专门加以研究。

微波的基本理论是经典的电磁理论，是以 Maxwell 方程为核心的场与波的理论。研究微波技术问题的基本方法是场分析法，这与在低频电路中采用的路的概念和方法不同。在低频电路中，波长远大于电系统的几何尺寸，电路系统各处的电压和电流可以认为是同时建立起来的，电压、电流有确定的物理意义，能对系统做完全的描述，这就是以 Kirchhoff 方程为核心的低频电路理论。在微波电路中，工作波长与电路尺寸可相比拟，甚至更小，从源端起至负载端，波已变化了若干个周期，因此电磁场的相位滞后现象（延时效应）不能忽视。高于微波波段的光波、X 射线、γ 射线等，波长远小于电系统的几何尺寸，甚至可与分子、原子的尺寸相比拟，有相应的光学理论和分析方法。微波波长因为与电系统的几何尺寸相当，不能直接用电路或光学的方法进行研究，只有用电磁场和电磁波的概念和方法才能对系统做完全的描述。

虽然场分析法是严格的，但解析求解比较繁杂，很多情况下还常需借助各种数值解法。实际上，许多微波工程问题所关心的仅是传输特征或者仅是某元器件的外部特性，由此产生了在一定条件下化"场"为"路"的理论,如均匀传输线理论、微波网络理论等。"路"的方法是一种简便的工程计算方法,在微波技术中得到了广泛应用。场和路的方法之间是紧密相关、相互补充的,如传输线理论,虽然是路的方法,但传输线的分布参数还会用到场方法求解。此外,由于微波的似光性,一些光学分析中的概念、术语和公式,如直线传播、射线等都可以在微波电路和天线的分析中应用。

还有,和其他学科一样,在基本理论指导下的实验研究具有十分重要的意义。

（2）MATLAB(matrix & laboratory)分析工具

在微波电路与天线的解析分析中,涉及的数学公式冗长、繁琐,还经常用到多种特殊函数,往往需要借助计算机程序语言编程计算。MATLAB 是由美国 Math Works 公司发布的、面对科学计算可视化以及交互式程序设计的高科技计算环境。该软件集成了数值分析、矩阵计算、科学数据可视化以及非线性动态系统的建模和仿真等功能。与 C、C++、FORTRAN、PASCAL、BASIC 相比,MATLAB 的主要特点如下:

① 有大量工程中用到的运算函数。所用的算法均为最新的研究成果,经过了各种优化和容错处理,包括矩阵运算和线性方程组的求解,微分方程及偏微分方程组的求解,符号运算,Fourier 变换,数据的统计分析,工程中的优化问题,稀疏矩阵运算,复数的各种运算,三角函数和其他初等数学运算,多维数组操作,以及建模动态仿真等。

② 高级图形和可视化处理功能。MATLAB 自产生之日起就具有方便的数据可视化功能,可将向量和矩阵用图形表现出来,对图形进行标注和打印。高层次的作图包括二维和三维的可视化、图像处理、动画和表达式作图。

③ 功能强大的模块集和工具箱。MATLAB 配备了由特定领域专家开发的模块集和工具箱,有数据采集、数据库接口、概率统计、样条拟合、优化算法、偏微分方程求解、神经网络、小波分析、信号处理、图像处理、系统辨识、控制系统设计、LMI 控制、鲁棒控制、模型预测、模糊逻辑、金融分析、地图工具、非线性控制设计、实时快速原型及半物理仿真、嵌入式系统开发、定点仿真、DSP 与通讯、电力系统仿真等。

（3）数值方法

除了将要在本书中学习的上述解析方法外,随着电磁场数值模拟和计算机（特别是微型计算机）技术的发展,针对无法用解析法分析的微波电路与天线问题,出现了各种与电磁场数值解法密切相关的 EDA(Electronic Design Automation)仿真软件,主要有:

① 矩量法的 ADS、Sonnet、IE3D、Microwave Office 等;

② 时域有限差分的 CST、Microwave Studio Fidelity、IMST Empire 等;

③ 有限元的 HFSS 等。

上述以电子系统设计为目标的 EDA 软件,有各自的功能特点和应用范围。在今后的微波电路与天线的分析、综合、设计中,可以根据需要选用。

0.3　天线与无线电波传播

微波技术的重要应用是将携带信号的电磁能量以无线方式进行发送和接收,天线担负着微波电路中辐射和接收电磁能量的任务;发射天线或其他辐射源发出的电磁波通过自然条件下的媒质到达接收天线的过程,即为无线电波传播。微波电路、天线与电波传播是无线电技术的重要组成部分。其中,微波电路主要研究引导电磁波在微波系统中的传输、匹配、分配、滤波等（无源微波电路），还有信号的产生、方法、调制、变频等（有源微波电路）；天线将导行波变换为向空间辐射的电磁波，或将空间中传播的电磁波变换为微波设备中的导行波；电波传播分析和研究电波在空间的传播方式和特点。

0.4　本课程的体系结构

本课程的先修课程有电路理论、电磁场与电磁波、高等数学、线性代数等。针对高等院校信息与通信工程本科生的教学，课程突出了基本原理和基本概念，介绍了最基本的内容。还有更多的例如有源网络和有源器件等，以及更详尽的阐述和最新进展，可参考相关书籍和文献。

第1章　微波传输线理论

　　传输线是用来传输电磁能量和信号的线路,微波传输线是传输微波能量和信号的各种形式传输系统的总称。微波传输线的作用是引导电磁波沿特定路径传播,因此又称为导波系统,其中所引导的电磁波被称为导行波(Guided Wave)。

　　微波传输线的材料不同、形状各异,所传输的波的性质也不同。按传输的波的类别,微波传输线大致可分为三种类型:第一类是双导体传输线,由两根或两根以上的平行导体构成,使电磁能量约束或限制在导体之间的空间沿轴向传输,主要有如图1-1a所示的平行双导线、同轴线、带状线、微带线、共面波导等,这类传输线主要用来传输横电磁波(Transverse Electromagnetic Wave,TEM波)或准TEM波,故又称为TEM波传输线;第二类是单导体传输线,使电磁能量约束或限制在金属管内或介质槽内沿轴向传输,主要有如图1-1b所示的矩形波导、圆波导、脊形波导、椭圆波导、槽线等,这类传输线只能传输横电波(Transverse Electric Wave,TE波)或横磁波(Transverse Magnetic Wave,TM波);第三类是介质传输线,使电磁能量约束在波导结构周围沿介质表面传输(故又称为表面波波导),主要有如图1-1c所示的镜像线、介质线、空心介质波导、填充介质的介质波导等。

　　不同类型传输线的性能和应用场合也不同。一般情况下,在频率比较低的分米波段,用双导线或同轴线;在厘米波段采用空心金属波导管、带状线和微带线等;在毫米波段采用介质波导、介质镜像线等。这种选择只是大致的,并没有严格的界限,实际应用中还要考虑传输线的损耗特性、屏蔽特性、尺寸和工艺等各种因素。

　　微波传输线不仅能传输电磁能量,还可用来构成各种微波元件(如谐振腔、滤波器、阻抗匹配器、定向耦合器等),这与低频传输线是不同的。

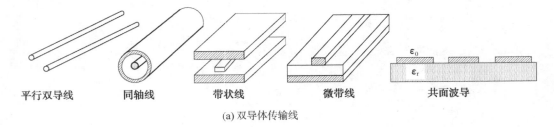

平行双导线　　　同轴线　　　带状线　　　微带线　　　共面波导

(a) 双导体传输线

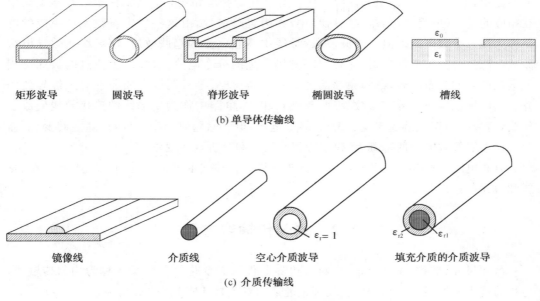

矩形波导　　　圆波导　　　脊形波导　　　椭圆波导　　　槽线

(b) 单导体传输线

镜像线　　　介质线　　　空心介质波导　　　填充介质的介质波导

(c) 介质传输线

图 1-1　常用的微波传输线

1.1　长线与分布参数

1.1.1　电长度与长线和短线

传输线几何长度 l 和电磁波波长 λ 的比值 l/λ 称为电长度,大于或接近 1 的为长线,几何长度和波长相比可忽略不计的为短线。例如,5 cm 长的微带线传输 10 GHz($\lambda=$ 3 cm)微波信号时是长线,100 km 的电力传输线输送市电($f=50$ Hz,$\lambda=6\,000$ km)时是短线。图 1-2 是电磁波沿传输线的瞬时空间分布,在 AB 段上,可以看到随比值 l/λ 增大信号周期性的显现过程。

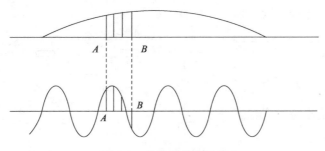

图 1-2　传输线的电长度

1.1.2　集总参数与分布参数

在低频电路中两元件间的连接线上,电流自一端流到另一端的时间远小于信号的一个周期,在稳态情况下可认为电路中的电压、电流是同时建立起来的,因此沿线电压、电流的幅值及相位与空间位置无关,电场能量全部集中在电容器中,磁场能量全部集中在电感器中,电磁能量在电阻元件中消耗。所以在低频电路中,电路元件参数基本上集中在相应的元件(电阻、电感器、电容器)中,称为集总参数,由这些集中参数元件组成的电路称为集总参数电路。但在微波波段,导线中高频电流的趋肤效应,使导线有效导电截面减小产生的分布损耗电阻,导线周围磁场产生的分布电感,双导线上流过的彼此反相的电流产生的分布电容,都随频率的增高不容再忽略;导线周围介质非理想绝缘导致的并联漏电导也应作为分布参数处理;与波长相比,电路中作为传输线的连接导线变成了长线,信号的周期性沿线体现了出来,线上电压、电流除随时间变化外,还随空间变化,需要在传输线等效电路的基础上,建立方程来表示和分析这些现象。

分布电阻、分布电感、分布电容和分布电导由传输线的截面尺寸、形状、媒质分布、材料和边界条件以及工作频率决定。

1.2　均匀传输线方程

截面尺寸、形状、媒质分布、材料及边界条件均无变化的导波系统称为均匀传输线,也称为规则导波系统。均匀传输线理论的适用对象是 TEM 波传输线。

1.2.1　均匀传输线等效电路

因为传输 TEM 波至少需要两根导体,所以经常用双线来表示均匀传输线,对于双导体传输线(平行双导线、同轴线、带状线和微带线等)可以等效为图 1-3a 所示的均匀平行双导线系统。在该系统中,传输线的始端接信号源(简称信源)、终端接负载。传输线的纵向坐标为 z,终端作为坐标原点,入射波沿 $-z$ 方向传播。微波波段中具有分布参数的传输线,可以划分成微分段进行分析。均匀传输线的截面的尺寸、形状、媒质分布、材料及边界条件沿线均无变化,故分布参数沿线均匀分布,不随空间位置变化。因此,可在均匀传输线上任意一点 z 处,取一微分线元 Δz($\Delta z \ll \lambda$)视为集总参数电路,其上有电感 $L\Delta z$、电容 $C\Delta z$、电阻 $R\Delta z$ 和电导 $G\Delta z$;L、C、R、G 分别为单位长度的电感(H/m)、电容(F/m)、电阻(Ω/m)、电导(S/m),图 1-3b 是微线元 Δz 的等效电路,无限多个这样的等效电路级联成整个传输线(见图 1-3c)。

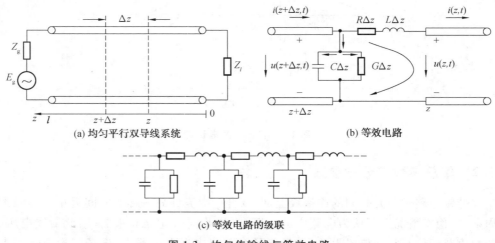

(a) 均匀平行双导线系统　　　　　　　　　(b) 等效电路

(c) 等效电路的级联

图 1-3　均匀传输线与等效电路

1.2.2 均匀传输线方程

参见图 1-3b，设在时刻 t、位置 z 处的电压和电流分别为 $u(z,t)$ 和 $i(z,t)$，位置 $z+\Delta z$ 处的电压和电流为 $u(z+\Delta z,t)$ 和 $i(z+\Delta z,t)$。在 Δz 上，从 Faraday 电磁感应定律出发

$$\oint_l \boldsymbol{e} \cdot \mathrm{d}\boldsymbol{l} = -\iint_S \frac{\partial \boldsymbol{b}}{\partial t} \cdot \mathrm{d}\boldsymbol{S} \tag{1.2-1a}$$

如果电压与积分路径无关，有

$$u(z,t) - u(z+\Delta z,t) + R\Delta z i(z,t) = -\frac{\partial}{\partial t}\iint_{S'} \boldsymbol{b} \cdot \mathrm{d}\boldsymbol{S} = -\frac{\partial}{\partial t}\Psi^{\mathrm{m}} \tag{1.2-1b}$$

根据电感的定义 $L\Delta z = \dfrac{\Psi^{\mathrm{m}}}{i}$，那么磁通量随时间产生的电压 $\dfrac{\partial}{\partial t}\Psi^{\mathrm{m}} = \dfrac{\partial}{\partial t}(L\Delta z \cdot i) = L\Delta z \dfrac{\partial i}{\partial t}$，由 Kirchhoff 电压定律（环路电压之和等于 0）可以列出方程

$$u(z,t) - u(z+\Delta z,t) + R\Delta z i(z,t) = -L\Delta z \frac{\partial i(z,t)}{\partial t} \tag{1.2-1c}$$

从 Ampere 环路定律出发

$$\oint_l \boldsymbol{h} \cdot \mathrm{d}\boldsymbol{l} = \iint_S \frac{\partial \boldsymbol{d}}{\partial t} \cdot \mathrm{d}\boldsymbol{S} \tag{1.2-2a}$$

如果电流与积分环路形状无关，有

$$i(z+\Delta z,t) - i(z,t) - G\Delta z u(z+\Delta z,t) = \frac{\partial}{\partial t}\iint_{S'} \boldsymbol{d} \cdot \mathrm{d}\boldsymbol{S} = \frac{\partial}{\partial t}\Psi^{\mathrm{e}} \tag{1.2-2b}$$

根据电容的定义 $C\Delta z = \dfrac{\Psi^{\mathrm{e}}}{u}$，那么电通量随时间产生的电流 $\dfrac{\partial}{\partial t}\Psi^{\mathrm{e}} = \dfrac{\partial}{\partial t}(C\Delta z \cdot u) = C\Delta z \dfrac{\partial u}{\partial t}$，由 Kirchhoff 电流定律（节点电流之和等于 0）可以列出方程

$$i(z+\Delta z,t) - i(z,t) - G\Delta z u(z+\Delta z,t) = C\Delta z \frac{\partial u}{\partial t} \tag{1.2-2c}$$

用 Δz 除式（1.2-1c）和式（1.2-2c）的两端，整理后得

$$-\frac{u(z+\Delta z,t) - u(z,t)}{\Delta z} + Ri(z,t) + L\frac{\partial i(z,t)}{\partial t} = 0 \tag{1.2-3a}$$

$$-\frac{i(z+\Delta z,t) - i(z,t)}{\Delta z} + Gu(z+\Delta z,t) + C\frac{\partial u(z+\Delta z,t)}{\partial t} = 0 \tag{1.2-3b}$$

当 $\Delta z \to 0$ 时，差商等于微商，可得

$$\left.\begin{array}{c} \dfrac{u(z+\Delta z,t) - u(z,t)}{\Delta z} = \dfrac{\partial u(z,t)}{\partial z} \\[2mm] \dfrac{i(z+\Delta z,t) - i(z,t)}{\Delta z} = \dfrac{\partial i(z,t)}{\partial z} \end{array}\right\} \tag{1.2-4a}$$

对式（1.2-3）两边取极限，将式（1.2-4a）代入后得

$$\lim_{\Delta z \to 0}\left[-\frac{u(z+\Delta z,t) - u(z,t)}{\Delta z} + Ri(z,t) + L\frac{\partial i(z,t)}{\partial t}\right]$$

$$= -\frac{\partial u(z,t)}{\partial z} + Ri(z,t) + L\frac{\partial i(z,t)}{\partial t} = 0$$

$$\lim_{\Delta z \to 0}\left[-\frac{i(z+\Delta z,t) - i(z,t)}{\Delta z} + Gu(z+\Delta z,t) + C\frac{\partial u(z+\Delta z,t)}{\partial t}\right]$$

$$= -\frac{\partial i(z,t)}{\partial z} + Gu(z,t) + C\frac{\partial u(z,t)}{\partial t} = 0$$

有分布参数的均匀传输线方程(也称电报方程)如下:

$$\left.\begin{aligned} \frac{\partial u(z,t)}{\partial z} &= Ri(z,t) + L\frac{\partial i(z,t)}{\partial t} \\ \frac{\partial i(z,t)}{\partial z} &= Gu(z,t) + C\frac{\partial u(z,t)}{\partial t} \end{aligned}\right\} \tag{1.2-4b}$$

微波电路中传输较多的是随时间正弦变化的电磁波,对于非正弦的时变场,还可以用 Fourier 级数展开成正弦波之和,故后面的章节(如不特别说明)都是在时谐情况下讨论的。时谐电压和电流可用复振幅表示为

$$u(z,t) = \mathrm{Re}[U(z)\mathrm{e}^{\mathrm{j}\omega t}]$$
$$i(z,t) = \mathrm{Re}[I(z)\mathrm{e}^{\mathrm{j}\omega t}] \tag{1.2-5}$$

设传输线方程(1.2-4b)中的电压和电流都是按正弦随时间变化的,将式(1.2-5)代入后得

$$\frac{\partial}{\partial z}\{\mathrm{Re}[U(z)\mathrm{e}^{\mathrm{j}\omega t}]\} = R\{\mathrm{Re}[I(z)\mathrm{e}^{\mathrm{j}\omega t}]\} + L\frac{\partial}{\partial t}\{\mathrm{Re}[I(z)\mathrm{e}^{\mathrm{j}\omega t}]\}$$
$$= R\{\mathrm{Re}[I(z)\mathrm{e}^{\mathrm{j}\omega t}]\} + \mathrm{j}\omega L\{\mathrm{Re}[I(z)\mathrm{e}^{\mathrm{j}\omega t}]\}$$
$$\frac{\partial}{\partial z}\{\mathrm{Re}[I(z)\mathrm{e}^{\mathrm{j}\omega t}]\} = G\{\mathrm{Re}[U(z)\mathrm{e}^{\mathrm{j}\omega t}]\} + C\frac{\partial}{\partial t}\{\mathrm{Re}[U(z)\mathrm{e}^{\mathrm{j}\omega t}]\}$$
$$= G\{\mathrm{Re}[U(z)\mathrm{e}^{\mathrm{j}\omega t}]\} + \mathrm{j}\omega C\{\mathrm{Re}[U(z)\mathrm{e}^{\mathrm{j}\omega t}]\}$$

去掉上式中的 $\mathrm{Re}[\mathrm{e}^{\mathrm{j}\omega t}]$,偏微分变为常微分,得到复数形式的时谐传输线方程

$$\left.\begin{aligned} \frac{\mathrm{d}U(z)}{\mathrm{d}z} &= RI(z) + \mathrm{j}\omega LI(z) \\ \frac{\mathrm{d}I(z)}{\mathrm{d}z} &= GU(z) + \mathrm{j}\omega CU(z) \end{aligned}\right\} \tag{1.2-6}$$

引入单位长度串联阻抗 Z 和单位长度并联导纳 Y 后

$$\left.\begin{aligned} Z &= R + \mathrm{j}\omega L \\ Y &= G + \mathrm{j}\omega C \end{aligned}\right\} \tag{1.2-7}$$

时谐传输线方程(1.2-6)形为

$$\left.\begin{aligned} \frac{\mathrm{d}U(z)}{\mathrm{d}z} &= ZI(z) \\ \frac{\mathrm{d}I(z)}{\mathrm{d}z} &= YU(z) \end{aligned}\right\} \tag{1.2-8}$$

1.2.3 均匀传输线方程的解

将式(1.2-8)第一式两边对 z 微分并将第二式代入,整理后有

$$\frac{\mathrm{d}^2 U(z)}{\mathrm{d}z^2} - ZYU(z) = 0 \tag{1.2-9a}$$

类似地

$$\frac{\mathrm{d}^2 I(z)}{\mathrm{d}z^2} - ZYI(z) = 0 \tag{1.2-9b}$$

令

$$\gamma = \sqrt{ZY} = \sqrt{(R+\mathrm{j}\omega L)(G+\mathrm{j}\omega C)} = \alpha + \mathrm{j}\beta \tag{1.2-10}$$

式(1.2－9a)和式(1.2－9b)可以写为

$$\left.\begin{array}{c}\dfrac{\mathrm{d}^2U(z)}{\mathrm{d}z^2}-\gamma^2 U(z)=0\\[2mm]\dfrac{\mathrm{d}^2 I(z)}{\mathrm{d}z^2}-\gamma^2 I(z)=0\end{array}\right\} \tag{1.2－11}$$

这是一维电压和电流的波动方程。其中电压方程的通解为

$$U(z)=A_+\mathrm{e}^{+\gamma z}+A_-\mathrm{e}^{-\gamma z}=U_+(z)+U_-(z) \tag{1.2－12a}$$

其中,A_+,A_-为待定系数,由边界条件决定。电流的通解可将式(1.2－12a)代入到式(1.2－8)第一式得

$$I(z)=\frac{1}{Z}\frac{\mathrm{d}}{\mathrm{d}z}(A_+\mathrm{e}^{+\gamma z}+A_-\mathrm{e}^{-\gamma z})=\frac{\gamma}{Z}(A_+\mathrm{e}^{+\gamma z}-A_-\mathrm{e}^{-\gamma z})$$

将式(1.2－7)和式(1.2－10)代入上式,得

$$I(z)=\frac{1}{Z_0}(A_+\mathrm{e}^{+\gamma z}-A_-\mathrm{e}^{-\gamma z})=I_+(z)+I_-(z) \tag{1.2－12b}$$

式中

$$Z_0=\sqrt{\frac{R+\mathrm{j}\omega L}{G+\mathrm{j}\omega C}} \tag{1.2－13}$$

利用式(1.2－10)中 γ 的复数表达形式,电压和电流的通解(1.2－12)还可写成

$$\left.\begin{array}{c}U(z)=U_+(z)+U_-(z)=A_+\mathrm{e}^{+\alpha z}\mathrm{e}^{+\mathrm{j}\beta z}+A_-\mathrm{e}^{-\alpha z}\mathrm{e}^{-\mathrm{j}\beta z}\\[2mm]I(z)=I_+(z)+I_-(z)=\dfrac{1}{Z_0}(A_+\mathrm{e}^{+\alpha z}\mathrm{e}^{+\mathrm{j}\beta z}-A_-\mathrm{e}^{-\alpha z}\mathrm{e}^{-\mathrm{j}\beta z})\end{array}\right\} \tag{1.2－14}$$

式中,α 为衰减常数,β 为相移常数,j 为虚数符号。式中含 $\mathrm{e}^{+\mathrm{j}\beta z}$ 的项表示沿$-z$方向(由信号源向负载方向)传播的行波,为入射波;含 $\mathrm{e}^{-\mathrm{j}\beta z}$ 的项表示沿$+z$方向(由负载向信号源方向)传播的行波,为反射波。传输线上任何一处的电压 $U(z)$ 或电流 $I(z)$ 等于该处电压或电流的入射波和反射波的叠加。

现在来确定式(1.2－12)和式(1.2－14)中的待定系数。由图 1-4 可知,传输线的边界条件通常有以下三种:

① 已知终端电压 U_l 和终端电流 I_l;

② 已知始端电压 U_i 和始端电流 I_i;

③ 已知信源电动势 E_g 和内阻 Z_g 以及负载阻抗 Z_l。

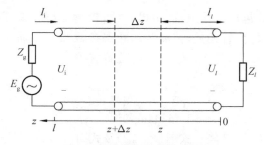

图 1-4　边界条件与坐标系

下面讨论第一种边界条件,其他两种情况见附录 1-1。

将边界条件

$$\left.\begin{array}{l} U(z)\Big|_{z=0}=U(0)=U_l \\ I(z)\Big|_{z=0}=I(0)=I_l \end{array}\right\} \tag{1.2-15}$$

代入通解(1.2-12)和式(1.2-14)中,有

$$\left.\begin{array}{l} U_l=A_++A_- \\ I_l=\dfrac{1}{Z_0}(A_+-A_-) \end{array}\right\} \tag{1.2-16}$$

联立求解得

$$\left.\begin{array}{l} A_+=\dfrac{1}{2}(U_l+I_lZ_0) \\ A_-=\dfrac{1}{2}(U_l-I_lZ_0) \end{array}\right\} \tag{1.2-17}$$

将上式代入式(1.2-12),有

$$U(z)=U_++U_-=A_+\mathrm{e}^{+\gamma z}+A_-\mathrm{e}^{-\gamma z}=\frac{(U_l+I_lZ_0)}{2}\mathrm{e}^{+\gamma z}+\frac{(U_l-I_lZ_0)}{2}\mathrm{e}^{-\gamma z}$$

$$=U_l\frac{\mathrm{e}^{+\gamma z}+\mathrm{e}^{-\gamma z}}{2}+I_lZ_0\frac{\mathrm{e}^{+\gamma z}-\mathrm{e}^{-\gamma z}}{2}=U_l\mathrm{ch}(\gamma z)+I_lZ_0\mathrm{sh}(\gamma z) \tag{1.2-18a}$$

$$I(z)=I_++I_-=\frac{1}{Z_0}(A_+\mathrm{e}^{+\gamma z}-A_-\mathrm{e}^{-\gamma z})=\frac{(U_l+I_lZ_0)}{2Z_0}\mathrm{e}^{+\gamma z}-\frac{(U_l-I_lZ_0)}{2Z_0}\mathrm{e}^{-\gamma z}$$

$$=I_l\frac{\mathrm{e}^{+\gamma z}+\mathrm{e}^{-\gamma z}}{2}+\frac{U_l}{Z_0}\frac{\mathrm{e}^{+\gamma z}-\mathrm{e}^{-\gamma z}}{2}=I_l\mathrm{ch}(\gamma z)+\frac{U_l}{Z_0}\mathrm{sh}(\gamma z) \tag{1.2-18b}$$

写成矩阵形式为

$$\begin{bmatrix} U(z) \\ I(z) \end{bmatrix}=\begin{bmatrix} \mathrm{ch}(\gamma z) & Z_0\mathrm{sh}(\gamma z) \\ \dfrac{\mathrm{sh}(\gamma z)}{Z_0} & \mathrm{ch}(\gamma z) \end{bmatrix}\begin{bmatrix} U_l \\ I_l \end{bmatrix} \tag{1.2-19}$$

可见,当已知终端负载电压 U_l、电流 I_l 及传输线的特性参数 γ 和 Z_0,就可求得传输线上任意一点的电压 $U(z)$ 和电流 $I(z)$。

1.3 传输线的特性参数和状态参数

传输线的特性参数包括特性阻抗、传播常数、相速度与波长等,是描述传播特性的固有参量,与在传输线上的位置无关;传输线的状态参数描述传输线的工作状态,包括输入阻抗、反射系数和驻波比等,与在传输线上的位置有关。

1.3.1 传输线的特性参数

(1) 特性阻抗(Characteristic Impedance)

传输线的特性阻抗 Z_0 已经在式(1.2-12)及式(1.2-13)中出现过,定义为传输线上入射波或反射波的电压与电流之比。由定义得

$$Z_0=\frac{U_+(z)}{I_+(z)}=-\frac{U_-(z)}{I_-(z)}=\sqrt{\frac{R+\mathrm{j}\omega L}{G+\mathrm{j}\omega C}} \tag{1.3-1}$$

特性阻抗与工作频率有关,仅由传输线自身的分布参数决定,与负载和信源无关,因

此称为特性阻抗。通常情况下 Z_0 为复数。

定义特性导纳 Y_0 为特性阻抗 Z_0 的倒数，得

$$Y_0 = \frac{1}{Z_0} = \sqrt{\frac{G + j\omega C}{R + j\omega L}} \tag{1.3-2}$$

对于均匀无耗传输线，$R = G = 0$，它的特性阻抗和特性导纳为

$$Z_0 = \sqrt{\frac{L}{C}}, \quad Y_0 = \sqrt{\frac{C}{L}} \tag{1.3-3}$$

是实数且与频率无关。

当传输线的损耗很小，即满足 $R \ll \omega L, G \ll \omega C$ 时，用二项式的幂级数展开

$$Z_0 = \sqrt{\frac{R + j\omega L}{G + j\omega C}} = \sqrt{\frac{L}{C}} \left(1 + \frac{R}{j\omega L}\right)^{\frac{1}{2}} \left(1 + \frac{G}{j\omega C}\right)^{-\frac{1}{2}}$$

$$\approx \sqrt{\frac{L}{C}} \left(1 + \frac{1}{2}\frac{R}{j\omega L}\right) \left(1 - \frac{1}{2}\frac{G}{j\omega C}\right) = \sqrt{\frac{L}{C}} \left(1 + \frac{1}{2}\frac{R}{j\omega L} - \frac{1}{2}\frac{G}{j\omega C} + \frac{1}{4}\frac{R}{\omega L}\frac{G}{\omega C}\right)$$

$$\approx \sqrt{\frac{L}{C}} \left[1 - j\frac{1}{2}\left(\frac{R}{\omega L} - \frac{G}{\omega C}\right)\right] \approx \sqrt{\frac{L}{C}} \tag{1.3-4}$$

可见，损耗很小时传输线的特性阻抗与均匀无耗传输线近似相等，也为实数。

（2）传播常数（Propagation Constant）

传播常数 γ 是描述导行波沿传输线传播过程中衰减和相移的参数，通常为复数。

重写式（1.2-10）并展开，有

$$\gamma = \sqrt{ZY} = \sqrt{(R + j\omega L)(G + j\omega C)} = \alpha + j\beta$$

$$= \sqrt{\frac{\omega^2 LC - RG}{2}\left\{\sqrt{1 + \left[\frac{\omega(RC + LG)}{RG - \omega^2 LC}\right]^2} - 1\right\}} +$$

$$j\sqrt{\frac{\omega^2 LC - RG}{2}\left\{\sqrt{1 + \left[\frac{\omega(RC + LG)}{RG - \omega^2 LC}\right]^2} + 1\right\}} \tag{1.3-5}$$

其中，衰减常数 α 的单位为 dB/m（见附录 1-2 分贝制），相移常数 β 的单位为 rad/m。

对于均匀无耗传输线，$R = G = 0$，由式（1.3-5）有

$$\left.\begin{array}{l} \alpha = 0 \\ \beta = \omega\sqrt{LC} \end{array}\right\} \tag{1.3-6}$$

因此

$$\gamma = j\beta \tag{1.3-7}$$

当传输线的损耗很小，即 $R \ll \omega L, G \ll \omega C$ 时，二项式幂级数展开形为

$$\gamma = (R + j\omega L)^{\frac{1}{2}}(G + j\omega C)^{\frac{1}{2}} = j\omega\sqrt{LC}\left(1 + \frac{R}{j\omega L}\right)^{\frac{1}{2}}\left(1 + \frac{G}{j\omega C}\right)^{\frac{1}{2}}$$

$$\approx j\omega\sqrt{LC}\left(1 + \frac{1}{2}\frac{R}{j\omega L}\right)\left(1 + \frac{1}{2}\frac{G}{j\omega C}\right) = j\omega\sqrt{LC}\left(1 + \frac{1}{2}\frac{R}{j\omega L} + \frac{1}{2}\frac{G}{j\omega C} - \frac{1}{4}\frac{R}{\omega L}\frac{G}{\omega C}\right)$$

$$\approx j\omega\sqrt{LC}\left(1 + \frac{1}{2}\frac{R}{j\omega L} + \frac{1}{2}\frac{G}{j\omega C}\right) = j\omega\sqrt{LC} + \frac{1}{2}R\sqrt{\frac{C}{L}} + \frac{1}{2}G\sqrt{\frac{L}{C}}$$

$$= \frac{1}{2}(RY_0 + GZ_0) + j\omega\sqrt{LC} \tag{1.3-8}$$

对比式（1.3-8）和式（1.3-3）可知，式中 Y_0 和 Z_0 分别是均匀无耗传输线的特性导纳和

特性阻抗，所以均匀低损耗传输线的衰减常数 α 和相移常数 β 分别为

$$\left.\begin{array}{l} \alpha = \dfrac{1}{2}(RY_0 + GZ_0) \\[2mm] \beta = \omega\sqrt{LC} \end{array}\right\} \tag{1.3-9}$$

（3）相速度（Phase Velocity）

相速度 v_p 是电磁波等相位面运动的速度。在传输线中，v_p 是电压、电流的行波（入射或反射波）等相位面沿传输方向的传播速度。相速度和时间有关，为此将式（1.2-5）应用到式（1.2-14），有传输线上电压和电流的瞬时表达式

$$\left.\begin{array}{l} u(z,t) = u_+(z,t) + u_-(z,t) = \mathrm{Re}\left[(A_+ \mathrm{e}^{+\alpha z}\mathrm{e}^{+\mathrm{j}\beta z} + A_- \mathrm{e}^{-\alpha z}\mathrm{e}^{-\mathrm{j}\beta z})\mathrm{e}^{\mathrm{j}\omega t}\right] \\[1mm] \qquad = A_+ \mathrm{e}^{+\alpha z}\cos(\omega t + \beta z) + A_- \mathrm{e}^{-\alpha z}\cos(\omega t - \beta z) \\[2mm] i(z,t) = i_+(z,t) + i_-(z,t) = \mathrm{Re}\left[\dfrac{1}{Z_0}(A_+ \mathrm{e}^{+\alpha z}\mathrm{e}^{+\mathrm{j}\beta z} - A_- \mathrm{e}^{-\alpha z}\mathrm{e}^{-\mathrm{j}\beta z})\mathrm{e}^{\mathrm{j}\omega t}\right] \\[2mm] \qquad = \dfrac{1}{Z_0}\left[A_+ \mathrm{e}^{+\alpha z}\cos(\omega t + \beta z) - A_- \mathrm{e}^{-\alpha z}\cos(\omega t - \beta z)\right] \end{array}\right\} \tag{1.3-10}$$

式中的等相位面为

$$\omega t \pm \beta z = \mathrm{const.} \tag{1.3-11a}$$

移项整理后

$$\mp z = \frac{1}{\beta}(\omega t - \mathrm{const.}) \tag{1.3-11b}$$

求式（1.3-11b）两边 t 的导数，有

$$v_p = \mp\frac{\mathrm{d}z}{\mathrm{d}t} = \frac{\omega}{\beta} \tag{1.3-12}$$

式中的符号表示正向波和反向波。

对于均匀无耗和低耗传输线，由式（1.3-6）和（1.3-9）可知 $\beta = \omega\sqrt{LC}$，相速度为

$$v_p = \frac{1}{\sqrt{LC}} \tag{1.3-13}$$

这时传输的导行波的相速与频率无关，称为无色散波。

由式（1.3-5）可知

$$\beta = \sqrt{\frac{\omega^2 LC - RG}{2}\left\{\sqrt{1 + \left[\frac{\omega(RC+LG)}{RG - \omega^2 LC}\right]^2} + 1\right\}}$$

故有耗传输线的相速度与频率有关，传输线上的导行波具有色散特性。

（4）波长（Wave Length）

波长 λ 是相位 βz 变化 2π 所经过的空间距离，表达式为

$$\lambda = \frac{2\pi}{\beta} \tag{1.3-14}$$

对于均匀无耗和低耗传输线有

$$\lambda = \frac{2\pi}{\omega\sqrt{LC}} = \frac{1}{f\sqrt{LC}} \tag{1.3-15}$$

当 $R = G = 0$ 时，为无耗传输线。此时，式（1.2-10）中的 $\gamma = \mathrm{j}\omega\sqrt{LC} = \mathrm{j}\beta$，式（1.2-18）变为

$$U(z) = U_+ + U_- = A_+ e^{+j\beta z} + A_- e^{-j\beta z} = \frac{(U_l + I_l Z_0)}{2} e^{+j\beta z} + \frac{(U_l - I_l Z_0)}{2} e^{-j\beta z}$$

$$= U_l \frac{e^{+j\beta z} + e^{-j\beta z}}{2} + I_l Z_0 \frac{e^{+j\beta z} - e^{-j\beta z}}{2} = U_l \cos(\beta z) + j I_l Z_0 \sin(\beta z) \qquad (1.3-16a)$$

$$I(z) = I_+ + I_- = \frac{1}{Z_0}(A_+ e^{+j\beta z} - A_- e^{-j\beta z}) = \frac{(U_l + I_l Z_0)}{2Z_0} e^{+j\beta z} - \frac{(U_l - I_l Z_0)}{2Z_0} e^{-j\beta z}$$

$$= I_l \frac{e^{+j\beta z} + e^{-j\beta z}}{2} + \frac{U_l}{Z_0} \frac{e^{+j\beta z} - e^{-j\beta z}}{2} = I_l \cos(\beta z) + j \frac{U_l}{Z_0} \sin(\beta z) \qquad (1.3-16b)$$

沿线各点电压 $|U(z)|$ 和电流 $|I(z)|$ 以 $\lambda/2$ 为周期(附录 1-3)变化。

　　传输线的损耗一般较小,在很多应用中可以忽略(尽量降低损耗也是传输线制造中要达到的目标)。故下面以无耗传输线为例,分析它的阻抗与状态参量。

1.3.2　传输线的状态参数

　　(1) 输入阻抗(Input Impedance)

　　传输线上任意一点的电压与电流之比称为传输线在该点的输入阻抗。由式(1.3-16)可得输入阻抗为

$$Z_{in} = \frac{U(z)}{I(z)} = \frac{U_l \cos(\beta z) + j I_l Z_0 \sin(\beta z)}{I_l \cos(\beta z) + j \frac{U_l}{Z_0} \sin(\beta z)} = Z_0 \frac{Z_l + j Z_0 \tan(\beta z)}{Z_0 + j Z_l \tan(\beta z)} \qquad (1.3-17)$$

式中

$$Z_l = \frac{U_l}{I_l} \qquad (1.3-18)$$

为终端负载阻抗。

　　式(1.3-17)表明,均匀无耗传输线的输入阻抗随位置 z 变化,并且与特性阻抗、终端负载和工作频率有关,一般情况下是复数,故不能直接测量。由于正切函数 $\tan(\beta z)$ 以 π 为周期,即 $\beta z = \pi$,故输入阻抗的周期为 $\lambda/2$,有

$$Z_{in}(z+\lambda/2) = Z_0 \frac{Z_l + j Z_0 \tan[\beta(z+\lambda/2)]}{Z_0 + j Z_l \tan[\beta(z+\lambda/2)]} = Z_0 \frac{Z_l + j Z_0 \tan(\beta z)}{Z_0 + j Z_l \tan(\beta z)} = Z_{in}(z)$$

$$(1.3-19)$$

传输线上相距 $\lambda/2$ 两点的输入阻抗相等,传输线具有 $\lambda/2$ 重复性。

　　在均匀无耗传输线上相距为 $\lambda/4$ 的两点有

$$Z_{in}(z+\lambda/4) = Z_0 \frac{Z_l + j Z_0 \tan[\beta(z+\lambda/4)]}{Z_0 + j Z_l \tan[\beta(z+\lambda/4)]} = Z_0 \frac{Z_l - j Z_0 \cot(\beta z)}{Z_0 - j Z_l \cot(\beta z)}$$

$$= Z_0 \frac{Z_0 + j Z_l \tan(\beta z)}{Z_l + j Z_0 \tan(\beta z)} = \frac{Z_0^2}{Z_{in}(z)} \qquad (1.3-20a)$$

即

$$Z_{in}(z+\lambda/4) Z_{in}(z) = Z_0^2 \qquad (1.3-20b)$$

表明均匀无耗传输线上相距 $\lambda/4$ 两点的输入阻抗的乘积等于特性阻抗的平方,感性阻抗经 $\lambda/4$ 长的传输线将变成容性阻抗,容性阻抗经 $\lambda/4$ 长的传输线将变成感性阻抗,即传输线具有 $\lambda/4$ 阻抗变换性。

　　(2) 反射系数(Reflection Coefficient)

　　反射系数是反射波与入射波之比。传输线上任意一点的反射系数,以电压波为代表

定义。由式(1.3－16)和式(1.3－18)可知,均匀无耗传输线的反射系数

$$\Gamma(z) = \frac{U_-(z)}{U_+(z)} = \frac{A_- e^{-j\beta z}}{A_+ e^{+j\beta z}} = \frac{U_l/I_l - Z_0}{U_l/I_l + Z_0} e^{-j2\beta z} = \frac{Z_l - Z_0}{Z_l + Z_0} e^{-j2\beta z} \qquad (1.3-21)$$

可见,反射系数沿 z 方向按 $\lambda/2$ 的周期变化,也具有 $\lambda/2$ 重复性。定义终端反射系数

$$\Gamma_l = \Gamma(0) = \frac{U_-(0)}{U_+(0)} = \frac{A_-}{A_+} = \frac{Z_l - Z_0}{Z_l + Z_0} = |\Gamma_l| e^{j\phi_l} \qquad (1.3-22)$$

于是传输线上任意一点反射系数可用终端反射系数表示为

$$\Gamma(z) = \Gamma_l e^{-j2\beta z} = |\Gamma_l| e^{j(\phi_l - 2\beta z)} \qquad (1.3-23)$$

当 $Z_l = Z_0$ 负载阻抗等于特性阻抗时,$\Gamma_l = 0$ 终端负载无反射,传输线上反射系数处处为 0,这种情况称为负载匹配;当 $Z_l \neq Z_0$ 时,负载端产生反射波,向信源方向传播,若信源阻抗与传输线阻抗不相等,该反射波将再次被反射;若负载阻抗 $Z_l = 0$,反射系数 $\Gamma(z) = -e^{-j2\beta z}(|\Gamma(z)| = 1)$,负载端会将入射波全部反射。可见,反射系数模值的变化范围 $0 \leqslant |\Gamma(z)| \leqslant 1$。

波的反射是传输线工作的基本物理现象,反射系数不仅有明确的物理意义,还可以测量,是微波电路中广泛采用的物理量。

（3）输入阻抗与反射系数的关系

输入阻抗一般情况下是复数,不易测量,但可借助反射系数或驻波比等状态参量的测量,通过它们之间的关系间接地获得。根据式(1.3－16)和反射系数的定义式(1.3－21)可得

$$\left.\begin{array}{l} U(z) = U_+(z) + U_-(z) = A_+ e^{+j\beta z} + A_- e^{-j\beta z} = A_+ e^{+j\beta z}[1 + \Gamma(z)] \\[2mm] I(z) = I_+(z) + I_-(z) = \dfrac{A_+ e^{+j\beta z} - A_- e^{-j\beta z}}{Z_0} = \dfrac{A_+}{Z_0} e^{+j\beta z}[1 - \Gamma(z)] \end{array}\right\} \qquad (1.3-24)$$

于是有

$$Z_{in}(z) = \frac{U(z)}{I(z)} = Z_0 \frac{1 + \Gamma(z)}{1 - \Gamma(z)} \qquad (1.3-25)$$

由上式可得

$$\Gamma(z) = \frac{Z_{in}(z) - Z_0}{Z_{in}(z) + Z_0} \qquad (1.3-26)$$

由此可见,当传输线上特性阻抗一定时,输入阻抗和反射系数有一一对应的关系,因此输入阻抗 $Z_{in}(z)$ 可通过反射系数 $\Gamma(z)$ 的测量来确定。

（4）驻波比

当终端负载不匹配时,传输线上有反射波存在。入射波和反射波叠加形成驻波。为了描述传输线上驻波起伏的程度,引入电压驻波比:传输线上电压振幅最大值与最小值之比为电压驻波比(Voltage Standing Wave Ratio,VSWR),用 ρ 表示,即

$$\rho = \frac{|U|_{max}}{|U|_{min}} \qquad (1.3-27a)$$

驻波比也称为驻波系数,它的倒数称为行波系数,用 K 表示,于是有

$$K = \frac{1}{\rho} = \frac{|U|_{min}}{|U|_{max}} \qquad (1.3-27b)$$

由式(1.3－16a)可知,传输线上电压是入射波和反射波的叠加,电压最大值位于入射波和反射波相位相同之处(波腹点),最小值位于入射波和反射波相位相反之处(波节

点），即

$$|U|_{\max} = |U_+| + |U_-| \atop |U|_{\min} = |U_+| - |U_-|\Bigg\}$$ (1.3 - 28)

将式（1.3 - 28）代入式（1.3 - 27a），由式（1.3 - 21）和式（1.3 - 23）得到由终端反射系数表示的驻波比，即

$$\rho = \frac{|U_+| + |U_-|}{|U_+| - |U_-|} = \frac{1 + \dfrac{|U_-|}{|U_+|}}{1 - \dfrac{|U_-|}{|U_+|}} = \frac{1 + |\Gamma(z)|}{1 - |\Gamma(z)|} = \frac{1 + |\Gamma_l|}{1 - |\Gamma_l|}$$ (1.3 - 29a)

从上式还可以得到由驻波比表示的终端反射系数

$$|\Gamma_l| = \frac{\rho - 1}{\rho + 1}$$ (1.3 - 29b)

由式（1.3 - 29a）可知，当 $|\Gamma_l| = 0$，即传输线上无反射时，驻波比 $\rho = 1$；当 $|\Gamma_l| = 1$ 全反射时，驻波比 $\rho \rightarrow \infty$，所以驻波比的取值范围 $1 \leqslant \rho < \infty$。驻波比和反射系数一样可用来描述传输线的工作状态，当然驻波比是实数不包含相位信息。

1.4 均匀无耗传输线的工作状态

传输线的工作状态是指传输线终端接不同负载时，沿传输线的电压、电流以及阻抗的分布规律。根据反射系数的定义式可知，负载阻抗决定反射系数，所以传输线的工作状态反映了传输线上有无反射波及反射波与入射波的比例大小，也就是负载与传输线的匹配程度。均匀无耗传输线有三种工作状态：

① 行波状态，传输线上任一点反射系数均为 0，无反射波，仅存在入射波；

② 纯驻波状态，入射波被负载全部反射，入射波和反射波叠加形成纯驻波；

③ 行驻波状态，终端产生部分反射，入射波和反射波相干叠加形成行驻波。

1.4.1 行波状态

行波状态（Traveling Wave State）是无反射的传输状态，即终端反射系数 $\Gamma_l = 0$，负载阻抗等于特性阻抗 $Z_l = Z_0$，驻波系数 $\rho = 1$。行波状态意味着入射波功率全部被负载吸收，即负载与传输线匹配，此时的负载称为匹配负载（Matched Load）。根据式（1.3 - 22），传输线方程（1.3 - 16）中仅有从信源向负载传输的入射波

$$U(z) = A_+ \left(e^{+j\beta z} + \frac{A_-}{A_+} e^{-j\beta z} \right) = A_+ (e^{+j\beta z} + \Gamma_l e^{-j\beta z}) = A_+ e^{+j\beta z} \atop I(z) = \frac{A_+}{Z_0} \left(e^{+j\beta z} - \frac{A_-}{A_+} e^{-j\beta z} \right) = \frac{A_+}{Z_0} (e^{+j\beta z} - \Gamma_l e^{-j\beta z}) = \frac{A_+}{Z_0} e^{+j\beta z} \Bigg\}$$ (1.4 - 1a)

根据式（1.3 - 17），传输线上任意一点 z 处的输入阻抗为

$$Z_{\text{in}}(z) = Z_0$$ (1.4 - 1b)

根据电路理论，无耗传输线上任意一点 z 处的传输功率为

$$P(z) = \frac{1}{2} \text{Re}[U(z) I^*(z)] = \frac{1}{2Z_0} |U(z)|^2 = \frac{1}{2} Z_0 |I(z)|^2$$ (1.4 - 2)

由此可知，负载处的功率 $P|_{z=0} = \text{Re}[U(0) I^*(0)]/2 = [A_+]^2/(2Z_0)$。

通过式(1.4-1)和式(1.4-2)可知,处于行波状态的无耗传输线有以下特征:

① 沿线电压和电流的振幅不变,负载得到了全部的入射波;

② 任意点上电压和电流同相;

③ 传输线上各点的输入阻抗等于特性阻抗,即 $Z_{in}(z)=Z_0$。

图 1-5 是传输线行波状态图。

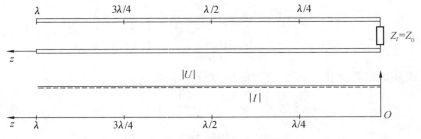

图 1-5　终端匹配的传输线行波状态

1.4.2　纯驻波状态

入射波全部反射形成纯驻波(Pure Standing Wave State),此时终端电压 $U_l=Z_lI_l=0$,且没有能量的消耗,那么

① 负载短路,即 $Z_l=0$;

② 负载开路,即 $Z_l\to\infty$;

③ 负载为纯电抗,即 $Z_l=jX_l$。

在这三种情况下,$|\Gamma_l|=1$。传输线上的入射波在终端全部被反射,沿线入射波和反射波叠加形成纯驻波分布,差别在于驻波的分布位置不同。

下面分别讨论这三种情况。

(1) 终端负载短路

终端负载短路时 $Z_l=0$。由式(1.3-22)和式(1.3-29a)知,终端反射系数 $\Gamma_l=-1$,驻波系数 $\rho\to\infty$,公式(1.3-16)表示的电压波与电流波为

$$U(z)=A_+\left(e^{+j\beta z}+\frac{A_-}{A_+}e^{-j\beta z}\right)=A_+(e^{+j\beta z}+\Gamma_l e^{-j\beta z})=A_+(e^{+j\beta z}-e^{-j\beta z})=j2A_+\sin(\beta z) \left.\vphantom{\frac{A_-}{A_+}}\right\}$$
$$I(z)=\frac{A_+}{Z_0}\left(e^{+j\beta z}-\frac{A_-}{A_+}e^{-j\beta z}\right)=\frac{A_+}{Z_0}(e^{+j\beta z}-\Gamma_l e^{-j\beta z})=\frac{A_+}{Z_0}(e^{+j\beta z}+e^{-j\beta z})=\frac{2A_+}{Z_0}\cos(\beta z)$$

$$(1.4-3a)$$

按照输入阻抗的定义式(1.3-17),有

$$Z_{in}(z)=jZ_0\tan(\beta z) \tag{1.4-3b}$$

根据式(1.4-2),负载处的功率 $P|_{z=0}=\text{Re}[U(0)I^*(0)]/2=0$。

图 1-6 是终端短路传输线的状态图。

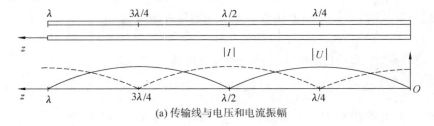

(a) 传输线与电压和电流振幅

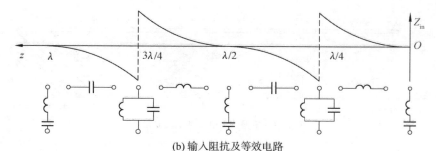

(b) 输入阻抗及等效电路

图 1-6 终端短路传输线的纯驻波状态

终端负载短路的均匀无耗传输线有以下特征：

① 沿线各点电压和电流振幅按正弦或余弦变化，电压和电流相位相差 90°，呈纯驻波分布，负载处的传输功率等于 0，即无能量传输。

② 在 $z=n\lambda/2\,(n=0,1,2,\cdots)$ 处电压为 0，电流振幅值最大等于 $2|A_+|/Z_0$，这些位置称为电压波节点；在 $z=(2n+1)\lambda/4\,(n=0,1,2,\cdots)$ 处电压的振幅值最大等于 $2|A_+|$，电流为 0，这些位置称为电压波腹点。波腹点和波节点相距 $\lambda/4$。

③ 传输线上各点阻抗为纯电抗。在电压波节点处 $Z_{in}=0$，相当于串联谐振；在电压波腹点处 $Z_{in}\to\infty$，相当于并联谐振；在 $0<z<\lambda/4$ 内，$Z_{in}=jX$ 相当于纯电感；在 $\lambda/4<z<\lambda/2$ 内，$Z_{in}=-jX$ 相当于纯电容，从终端起每隔 $\lambda/4$ 阻抗变换一次、每隔 $\lambda/2$ 阻抗重复一次，这种特性称为 $\lambda/4$ 阻抗变换性和 $\lambda/2$ 阻抗重复性。

上述规律如表 1-1 所示。

表 1-1 负载短路的特征表

位置 z	输入阻抗 $Z_{in}(z)$	短路线的等效电路
0	$=0$（短路）	串联谐振
$0\sim\lambda/4$	>0（感性）	电感
$\lambda/4$	$=\infty$（开路）	并联谐振
$\lambda/4\sim\lambda/2$	<0（容性）	电容
$\lambda/2$	$=0$（短路）	串联谐振

（2）终端开路

终端负载开路 $Z_l\to\infty$。根据式（1.3-22）和式（1.3-29a），此时终端反射系数 $\Gamma_l=1$，驻波系数 $\rho\to\infty$。由式（1.3-16）可知电压波、电流波和输入阻抗为

$$\left.\begin{aligned}U(z)&=A_+\left(e^{+j\beta z}+\frac{A_-}{A_+}e^{-j\beta z}\right)=A_+(e^{+j\beta z}+\Gamma_l e^{-j\beta z})=A_+(e^{+j\beta z}+e^{-j\beta z})=2A_+\cos(\beta z)\\I(z)&=\frac{A_+}{Z_0}\left(e^{+j\beta z}-\frac{A_-}{A_+}e^{-j\beta z}\right)=\frac{A_+}{Z_0}(e^{+j\beta z}-\Gamma_l e^{-j\beta z})=\frac{A_+}{Z_0}(e^{+j\beta z}-e^{-j\beta z})=j\frac{2A_+}{Z_0}\sin(\beta z)\end{aligned}\right\}$$

$$(1.4-4a)$$

$$Z_{in}(z)=-jZ_0\cot(\beta z) \qquad (1.4-4b)$$

由式（1.4-2）可知，负载处的功率 $P|_{z=0}=\text{Re}[U(0)I^*(0)]/2=0$。实际上，终端开口的传输线并不是开路传输线，因为在开口处会有辐射，所以理想的终端开路线需通过在终端开口处接上 $\lambda/4$ 短路线来实现，即在 O' 处无辐射，在 O 处电流为 0。图 1-7 中 O 处为终端开路处，OO' 是长度为 $\lambda/4$ 短路线。电压波腹点和波节点的位置从 O 起算。

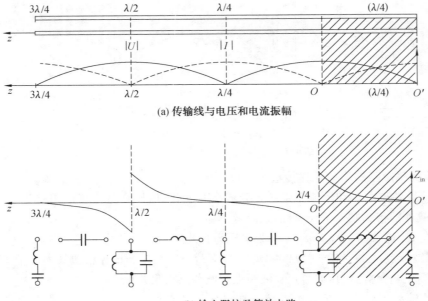

(a) 传输线与电压和电流振幅

(b) 输入阻抗及等效电路

图 1-7　终端开路的传输线纯驻波状态

终端开路时均匀无耗传输线上的特征为：

① 沿线各点电压和电流振幅按正弦或余弦变化，电压和电流相位相差 $90°$，也呈纯驻波分布，负载处的传输功率等于 0，无能量传输。

② 在 $z=n\lambda/2(n=0,1,2,\cdots)$ 处电压的振幅值最大等于 $2|A_+|$，电流为 0，这些位置称为电压波腹点；在 $z=(2n+1)\lambda/4$ $(n=0,1,2,\cdots)$ 处电压为 0，电流的振幅值最大等于 $2|A_+|/Z_0$，这些位置称为电压波节点。波腹点和波节点相距 $\lambda/4$。

③ 传输线上各点阻抗为纯电抗。在电压波节点处 $Z_{in}=0$，相当于串联谐振；在电压波腹点处 $Z_{in}=\infty$，相当于并联谐振；在 $0<z<\lambda/4$ 内，$Z_{in}=-jX$ 相当于纯电容；在 $\lambda/4<z<\lambda/2$ 内，$Z_{in}=jX$ 相当于纯电感，同样具有 $\lambda/4$ 阻抗变换性和 $\lambda/2$ 阻抗重复性。

④ 沿线的电压、电流分布及输入阻抗的变化规律与从 O' 算起的终端短路线的变化规律完全一致。

上述规律可如表 1-2 所示。

表 1-2　负载开路的特征表

位置 z	输入阻抗 $Z_{in}(z)$	开路线的等效电路
0	$=\infty$（开路）	并联谐振
$0\sim\lambda/4$	<0（容性）	电容
$\lambda/4$	$=0$（短路）	串联谐振
$\lambda/4\sim\lambda/2$	>0（感性）	电感
$\lambda/2$	$=\infty$（开路）	并联谐振

（3）终端接纯电抗负载

终端负载为纯电抗 $Z_l=jX_l$，根据式（1.3-22），此时终端反射系数为

$$\Gamma_l=\frac{Z_l-Z_0}{Z_l+Z_0}=\frac{jX_l-Z_0}{jX_l+Z_0}=|\Gamma_l|\,e^{j\phi_l} \tag{1.4-5a}$$

式中

$$\left| \varGamma_l \right| = \left| \frac{\mathrm{j}X_l - Z_0}{\mathrm{j}X_l + Z_0} \right| = 1, \quad \phi_l = \arctan \frac{2X_l Z_0}{X_l^2 - Z_0^2} \tag{1.4-5b}$$

由上式可见,因纯电抗负载不吸收能量,终端处的反射波与入射波幅度相等,仍将产生全反射。但此时 ϕ_l 既不为 0 也不为 π,即终端既不是电压波腹点也不是波节点。沿线电压和电流仍按纯驻波分布

$$\left. \begin{aligned} U(z) &= A_+ \left(\mathrm{e}^{+\mathrm{j}\beta z} + \frac{A_-}{A_+} \mathrm{e}^{-\mathrm{j}\beta z} \right) = A_+ \left(\mathrm{e}^{+\mathrm{j}\beta z} + \left| \varGamma_l \right| \mathrm{e}^{\mathrm{j}\phi_l} \mathrm{e}^{-\mathrm{j}\beta z} \right) = A_+ \left(\mathrm{e}^{+\mathrm{j}\beta z} + \mathrm{e}^{\mathrm{j}\phi_l} \mathrm{e}^{-\mathrm{j}\beta z} \right) \\ I(z) &= \frac{A_+}{Z_0} \left(\mathrm{e}^{+\mathrm{j}\beta z} - \frac{A_-}{A_+} \mathrm{e}^{-\mathrm{j}\beta z} \right) = \frac{A_+}{Z_0} \left(\mathrm{e}^{+\mathrm{j}\beta z} - \left| \varGamma_l \right| \mathrm{e}^{\mathrm{j}\phi_l} \mathrm{e}^{-\mathrm{j}\beta z} \right) = \frac{A_+}{Z_0} \left(\mathrm{e}^{+\mathrm{j}\beta z} - \mathrm{e}^{\mathrm{j}\phi_l} \mathrm{e}^{-\mathrm{j}\beta z} \right) \end{aligned} \right\}$$

$$\tag{1.4-6}$$

根据式(1.4-2),负载处的功率 $P \big|_{z=0} = \mathrm{Re}\left[U(0) I^*(0) \right] / 2 = \mathrm{Re}\left[(\mathrm{j}A_+^2 \sin \phi_l) / Z_0 \right] = 0$,传输线端接纯电抗负载时,只有能量的交换,没有能量的消耗。

当负载 $Z_l = \mathrm{j}X_l$ 为纯电抗时,根据前面的分析(见图 1-6、图 1-7),可用一段特性阻抗相同的短路或开路线(算出开路线长度后要再加上 $\lambda/4$ 短路线,构成理想开路线)代替。

如果用短路线,对纯电感负载 $Z_l = \mathrm{j}X_L$,由式(1.4-3b)可得

$$\mathrm{j}Z_0 \tan\left(\frac{2\pi}{\lambda} l_{\mathrm{SL}} \right) = \mathrm{j}X_L \quad \rightarrow \quad l_{\mathrm{SL}} = \frac{\lambda}{2\pi} \arctan\left(\frac{X_L}{Z_0} \right) \tag{1.4-7a}$$

长度为 l 终端接纯感性负载的传输线,沿线的电压、电流分布及输入阻抗的变化规律与长度为 $l + l_{\mathrm{SL}}$ 的终端短路线的变化规律完全一致,距终端 O 最近的电压波节点在 $\lambda/4 < z_{\min} < \lambda/2$ 的范围内(见图 1-8a)。对纯电容负载 $Z_l = -\mathrm{j}X_C$,由式(1.4-3b)可得

$$\mathrm{j}Z_0 \tan\left(\frac{2\pi}{\lambda} l_{\mathrm{SC}} \right) = -\mathrm{j}X_C \quad \rightarrow \quad l_{\mathrm{SC}} = \frac{\lambda}{2\pi} \arctan\left(\frac{-X_C}{Z_0} \right) \tag{1.4-7b}$$

长度为 l 终端接纯容性负载的传输线,沿线的电压、电流分布及输入阻抗的变化规律与长度为 $l + l_{\mathrm{SC}}$ 的终端短路线的变化规律完全一致,距终端 O 最近的电压波节点在 $0 < z_{\min} < \lambda/4$ 的范围内(见图 1-8b)。需要说明的是,式(1.4-7)中反正切的取值范围是 $0 \sim 2\pi$。

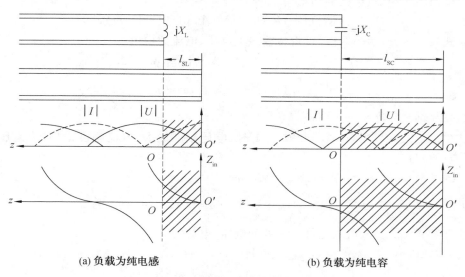

(a) 负载为纯电感　　　　　　　　　　(b) 负载为纯电容

图 1-8　终端为电抗时传输线纯驻波状态

总之,处于纯驻波状态的无耗传输线,沿线各点电压、电流的时空相位差均为 $\pi/2$(相当于 $\lambda/4$),传输功率为 0,沿线电压、电流和阻抗的分布具有 $\lambda/2$ 重复性,阻抗的性质具有 $\lambda/4$ 变换性。虽然不能用于微波功率的传输,但输入阻抗的纯电抗特性却是可利用的。

1.4.3 行驻波状态

当传输线终端接任意阻抗负载时,负载和传输线不完全匹配,这样由信号源入射的电磁波功率一部分会被终端负载吸收,另一部分被反射回信号源端,因此传输线上存在行波和驻波相互叠加形成的行驻波(Travelling-Standing Wave State)。

设终端负载 $Z_l = R_l + jX_l$,代入式(1.3-22),终端反射系数为

$$\Gamma_l = \frac{Z_l - Z_0}{Z_l + Z_0} = \frac{R_l + jX_l - Z_0}{R_l + jX_l + Z_0} = \frac{(R_l - Z_0 + jX_l)(R_l + Z_0 - jX_l)}{(R_l + Z_0 + jX_l)(R_l + Z_0 - jX_l)}$$
$$= \Gamma_u + j\Gamma_v = |\Gamma_l| e^{j\phi_l} \tag{1.4-8a}$$

其中

$$\Gamma_u = \frac{R_l^2 - Z_0^2 + X_l^2}{(R_l + Z_0)^2 + X_l^2}, \quad \Gamma_v = \frac{2X_l Z_0}{(R_l + Z_0)^2 + X_l^2} \tag{1.4-8b}$$

反射系数的模和相角为

$$|\Gamma_l| = \sqrt{\frac{(R_l - Z_0)^2 + X_l^2}{(R_l + Z_0)^2 + X_l^2}}, \quad \phi_l = \arctan\left(\frac{2X_l Z_0}{R_l^2 + X_l^2 - Z_0^2}\right) \tag{1.4-8c}$$

由式(1.3-16)和式(1.3-22)可知,传输线上电压和电流为

$$\left.\begin{array}{l} U(z) = A_+ e^{+j\beta z}(1 + \Gamma_l e^{-j2\beta z}) = A_+ e^{+j\beta z}[1 + |\Gamma_l| e^{j(\phi_l - 2\beta z)}] = U_l\cos(\beta z) + jI_l Z_0\sin(\beta z) \\ I(z) = \frac{A_+}{Z_0} e^{+j\beta z}(1 - \Gamma_l e^{-j2\beta z}) = \frac{A_+}{Z_0} e^{+j\beta z}[1 - |\Gamma_l| e^{j(\phi_l - 2\beta z)}] = I_l\cos(\beta z) + j\frac{U_l}{Z_0}\sin(\beta z) \end{array}\right\} \tag{1.4-9a}$$

传输线上任意点输入阻抗为复数

$$Z_{in}(z) = Z_0 \frac{1 + |\Gamma_l| e^{j(\phi_l - 2\beta z)}}{1 - |\Gamma_l| e^{j(\phi_l - 2\beta z)}} = Z_0 \frac{Z_l + jZ_0\tan(\beta z)}{Z_0 + jZ_l\tan(\beta z)} \tag{1.4-9b}$$

由式(1.4-2),负载处的功率为

$$P|_{z=0} = \text{Re}[U(0)I^*(0)]/2 = A_+^2(1 - |\Gamma_l|^2)/(2Z_0)$$

对式(1.4-9a)两边取模,可得传输线上电压、电流的模值为

$$\left.\begin{array}{l} |U(z)| = |A_+|[1 + |\Gamma_l|^2 + 2|\Gamma_l|\cos(\phi_l - 2\beta z)]^{1/2} \\ |I(z)| = \frac{|A_+|}{Z_0}[1 + |\Gamma_l|^2 - 2|\Gamma_l|\cos(\phi_l - 2\beta z)]^{1/2} \end{array}\right\} \tag{1.4-9c}$$

(1) 波腹点位置

式(1.4-9c)中,当 $\cos(\phi_l - 2\beta z) = 1$ 时,电压幅度最大、电流幅度最小,为电压波腹点,对应的位置为

$$\left.\begin{array}{l} \phi_l - 2\beta z_{max} = \pm 2n\pi \quad (0 \leqslant \phi_l < 2\pi) \\ z_{max} = \frac{\lambda}{4\pi}\phi_l + n\frac{\lambda}{2} \quad (n = 0, 1, 2, \cdots) \end{array}\right\} \tag{1.4-10a}$$

由于要求 $z_{max} \geqslant 0$,故取正号。该处的电压、电流为

$$\left.\begin{array}{l} |U|_{max} = |A_+|(1 + |\Gamma_l|) \\ |I|_{min} = \frac{|A_+|}{Z_0}(1 - |\Gamma_l|) \end{array}\right\} \tag{1.4-10b}$$

将式(1.4-10a)代入式(1.4-9b)，同时考虑式(1.3-29a)反射系数与驻波比的关系，可知电压波腹点的阻抗为纯电阻，且等于特性阻抗和驻波比的乘积，即

$$R_{\max} = Z_0 \frac{1+|\Gamma_l|}{1-|\Gamma_l|} = Z_0 \rho \tag{1.4-10c}$$

（2）波节点位置

式(1.4-9c)中，当 $\cos(\phi_l - 2\beta z) = -1$ 时，电压幅度最小、电流幅度最大，为电压波节点，对应的位置为

$$\left. \begin{array}{l} \phi_l - 2\beta z_{\min} = \pm(2n\pm1)\pi \quad (0 \leqslant \phi_l < 2\pi) \\ z_{\min} = \frac{\lambda}{4\pi}\phi_l + (2n\pm1)\frac{\lambda}{4} \quad (n=0,1,2,\cdots) \end{array} \right\} \tag{1.4-11a}$$

同样地，式中符号和 n 的取值，要使 $z_{\min} \geqslant 0$。该处的电压、电流为

$$\left. \begin{array}{l} |U|_{\min} = |A_+|(1-|\Gamma_l|) \\ |I|_{\max} = \dfrac{|A_+|}{Z_0}(1+|\Gamma_l|) \end{array} \right\} \tag{1.4-11b}$$

由式(1.4-11a)、式(1.4-9b)和式(1.3-29a)可知，电压波节点阻抗也为纯电阻，等于特性阻抗和行波比的乘积，即

$$R_{\min} = Z_0 \frac{1-|\Gamma_l|}{1+|\Gamma_l|} = \frac{Z_0}{\rho} = Z_0 K \tag{1.4-11c}$$

比较式(1.4-10a)和式(1.4-11a)可知，电压波腹点和波节点相距 $\lambda/4$。公式(1.3-20)表明，均匀无耗传输线上相距 $\lambda/4$ 两点的输入阻抗的乘积等于特性阻抗的平方。将波腹点阻抗式(1.4-10c)和波节点阻抗(1.4-11c)相乘后，有

$$R_{\max} \cdot R_{\min} = Z_0^2 \tag{1.4-12}$$

图 1-9 分别是：纯电阻负载 $Z_l = R_l < Z_0$（图 1-9a）、纯电阻负载 $Z_l = R_l > Z_0$（图 1-9b）、感性负载 $Z_l = R_l + jX_L$（图 1-9c）、容性负载 $Z_l = R_l - jX_C$（图 1-9d）等行驻波情况下传输线上电压、电流的分布。离纯电阻负载最近的依 $Z_l = R_l < Z_0$ 或 $Z_l = R_l > Z_0$ 不同分别为电压波腹点和电压波节点，并有 $z_{\max} = \lambda/4$ 和 $z_{\min} = \lambda/4$；离感性负载最近的是电压波腹点，$0 < z_{\max} < \lambda/4$；离容性负载最近的是电压波节点，$0 < z_{\min} < \lambda/4$。

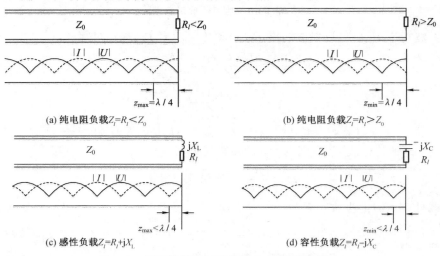

（a）纯电阻负载$Z_l = R_l < Z_0$

（b）纯电阻负载$Z_l = R_l > Z_0$

（c）感性负载$Z_l = R_l + jX_L$

（d）容性负载$Z_l = R_l - jX_C$

图 1-9　行驻波状态下传输线上电压、电流分布

1.5 传输线的传输功率、效率和损耗

传输微波功率是传输线的主要用途之一。1.4 节讨论了无耗传输线行波、纯驻波、行驻波状态下，终端负载获得的功率。实际的传输线总是存在损耗的，本节讨论有耗传输线和负载之间的传输效率问题。

1.5.1 传输功率与效率

对于均匀传输线，由式（1.2－18）、传播常数式（1.3－5）和终端反射系数式（1.3－22），有

$$U(z)=U_+(z)+U_-(z)=A_+\mathrm{e}^{+\gamma z}+A_-\mathrm{e}^{-\gamma z}=A_+\left(\mathrm{e}^{+\alpha z+\mathrm{j}\beta z}+\frac{A_-}{A_+}\mathrm{e}^{-\alpha z-\mathrm{j}\beta z}\right)$$

$$=A_+\left(\mathrm{e}^{+\alpha z+\mathrm{j}\beta z}+|\Gamma_l|\mathrm{e}^{\mathrm{j}\phi_l-\alpha z-\mathrm{j}\beta z}\right) \tag{1.5－1a}$$

$$I(z)=I_+(z)+I_-(z)=\frac{1}{Z_0}[U_+(z)-U_-(z)]=\frac{A_+}{Z_0}\left(\mathrm{e}^{+\alpha z+\mathrm{j}\beta z}-\frac{A_-}{A_+}\mathrm{e}^{-\alpha z-\mathrm{j}\beta z}\right)$$

$$=\frac{A_+}{Z_0}\left(\mathrm{e}^{+\alpha z+\mathrm{j}\beta z}-|\Gamma_l|\mathrm{e}^{\mathrm{j}\phi_l-\alpha z-\mathrm{j}\beta z}\right) \tag{1.5－1b}$$

假设传输线的特性阻抗 Z_0 为实数（这样的假设是有实际意义的），即式（1.3－4）所示损耗很小时的特性阻抗。由式（1.4－2）可知传输线的传输功率（Transmitted Power）为

$$P_t(z)=\frac{1}{2}\mathrm{Re}[U(z)I^*(z)]=\frac{|A_+|^2}{2Z_0}\mathrm{e}^{2\alpha z}(1-|\Gamma_l|^2\mathrm{e}^{-4\alpha z})=P_{\mathrm{in}}(z)-P_{\mathrm{r}}(z) \tag{1.5－2}$$

式中，$P_{\mathrm{in}}(z)$ 为入射波功率，$P_{\mathrm{r}}(z)$ 为反射波功率。功率传输示意图如图 1-10 所示。

图 1-10 功率传输示意图

入射波功率 $P_{\mathrm{in}}(z)$、反射波功率 $P_{\mathrm{r}}(z)$ 和传输功率 $P_t(z)$ 还可写成

$$P_{\mathrm{in}}(z)=\frac{|U_+(z)|^2}{2Z_0}=\frac{|A_+|^2}{2Z_0}\mathrm{e}^{2\alpha z} \tag{1.5－3a}$$

$$P_{\mathrm{r}}(z)=\frac{|U_-(z)|^2}{2Z_0}=\frac{|U_+(z)|^2|\Gamma_l|^2\mathrm{e}^{-4\alpha z}}{2Z_0}=|\Gamma_l|^2\mathrm{e}^{-4\alpha z}P_{\mathrm{in}}(z) \tag{1.5－3b}$$

$$P_t(z)=P_{\mathrm{in}}(z)-P_{\mathrm{r}}(z)=(1-|\Gamma_l|^2\mathrm{e}^{-4\alpha z})P_{\mathrm{in}}(z) \tag{1.5－3c}$$

长度为 l 的传输线，信源端（$z=l$）的传输功率为

$$P_t(l)=\frac{|A_+|^2}{2Z_0}\mathrm{e}^{2\alpha l}(1-|\Gamma_l|^2\mathrm{e}^{-4\alpha l}) \tag{1.5－4a}$$

终端负载处（$z=0$）的吸收功率为

$$P_t(0)=\frac{|A_+|^2}{2Z_0}(1-|\Gamma_l|^2) \tag{1.5－4b}$$

由此可得传输线的传输效率（Transmission Efficiency）为

$$\eta = \frac{\text{负载吸收功率 } P_t(0)}{\text{信源传输功率 } P_t(l)} = \frac{1 - |\Gamma_l|^2}{\mathrm{e}^{2al}(1 - |\Gamma_l|^2 \mathrm{e}^{-4al})} \tag{1.5-5a}$$

当负载与传输线匹配时，$|\Gamma_l| = 0$，传输效率最高

$$\eta_{\max} = \mathrm{e}^{-2al} \tag{1.5-5b}$$

传输效率由传输线的损耗和终端匹配情况决定。

功率值常用分贝（dB）来表示，参见附录 1-2。

1.5.2　回波损耗与插入损耗

传输线的损耗可分为回波损耗（Return Loss）和插入损耗（Insertion Loss），它们与终端匹配的情况一起，决定着传输线的效率。

回波损耗定义为入射波功率和反射波功率之比，通常用分贝（dB）表示，即

$$L_r(z) = 10 \lg \frac{P_{\mathrm{in}}(z)}{P_r(z)} \text{ dB} \tag{1.5-6a}$$

将式（1.5-3b）代入上式得

$$L_r(z) = 10 \lg \frac{1}{|\Gamma_l|^2 \mathrm{e}^{-4az}} \approx -20 \lg |\Gamma_l| + 2(8.686\alpha z) \text{ dB} \tag{1.5-6b}$$

无耗时 $\alpha = 0$，回波损耗 L_r 与 z 无关

$$L_r = -20 \lg |\Gamma_l| = 20 \lg \frac{\rho + 1}{\rho - 1} \text{ dB} \tag{1.5-6c}$$

若负载匹配，传输线上无反射 $|\Gamma_l| = 0$，$\rho = 1$，$L_r(z) \to \infty$，表示无反射波功率；若传输线上全反射，$|\Gamma_l| = 1$，$\rho = \infty$，$L_r(z) = 0$，表示入射信号完全被反射。

插入损耗定义为入射波功率和传输功率之比，即

$$L_i(z) = 10 \lg \frac{P_{\mathrm{in}}(z)}{P_t(z)} \text{ dB} \tag{1.5-7a}$$

将式（1.5-3c）代入上式，得

$$L_i(z) = 10 \lg \frac{1}{1 - |\Gamma_l|^2 \mathrm{e}^{-4az}} \text{ dB} \tag{1.5-7b}$$

插入损耗包括输入输出失配损耗和导体、介质、辐射等电路损耗。当只考虑失配损耗时 $\alpha = 0$，将驻波比式（1.3-29b）代入，有失配损耗

$$L_i(z) = 10 \lg \frac{1}{1 - |\Gamma_l|^2} = 20 \lg \frac{\rho + 1}{2\sqrt{\rho}} \text{ dB} \tag{1.5-7c}$$

若负载匹配，传输线上无反射 $|\Gamma_l| = 0$，$\rho = 1$，$L_i(z) = 0$，表示入射波功率完全传输到负载；若传输线上全反射 $|\Gamma_l| = 1$，$\rho = \infty$，$L_r(z) = \infty$，表示传输线完全失配。

回波损耗和插入损耗都与反射系数有关，$|\Gamma_l|$ 越大 $L_r(z)$ 越小，$|\Gamma_l|$ 越大 $L_i(z)$ 也越大。

1.5.3　传输线的功率容量

传输线上的电压和电流受击穿电压和最大载流量的限制，如果超过击穿电压，传输线的绝缘介质将被击穿，传输线的效率下降，甚至损坏传输线。为此定义功率容量描述传输线的容许工作状态：不发生电击穿的条件下，传输线允许传输的最大功率。

设传输线的击穿电压为 U_{br}，根据传输线的性质可知波腹点的电压幅值达最大值，如

果驻波比为 ρ，当传输线上电压达到击穿时，波腹点电压 $|U|_{\max} = U_{\text{br}}$，那么波腹点的传输功率就是功率容量，将式(1.4－10b)、式(1.4－10c)代入功率计算公式(1.4－2)，有

$$P_{\text{br}} = \frac{1}{2}\text{Re}[U(z)I^*(z)] = \frac{1}{2}\frac{|U|_{\max}^2}{R_{\max}} = \frac{1}{2}\frac{|U|_{\text{br}}^2}{\rho Z_0} \qquad (1.5－8)$$

影响功率容量的因素有：① 击穿电压和特性阻抗，其中击穿电压由传输线结构、材料和填充介质决定；② 传输线的工作状态，ρ 越小，传输线越接近匹配状态，功率容量越大。

1.6　阻抗匹配

阻抗匹配是微波技术中的一个重要概念，也是微波工程中非常重要的组成部分。匹配良好的微波系统，能使传输线在接近行波状态下工作，减小系统内部器件间的反射，提高传输效率，保证功率容量和系统的稳定性。本节将在无耗（无导体损耗、介质损耗、辐射损耗等电路损耗）情况下讨论传输线的匹配问题。阻抗匹配通常包括两个方面的意义：一方面是负载与传输线的匹配，解决的问题是如何消除负载的反射；另一方面是信号源与传输线之间的匹配，要解决的是如何从信号源获得最大的功率，其中又包括了源阻抗匹配和共轭阻抗匹配。反映在传输线的状态上，共有三种匹配状态。

1.6.1　匹配状态

三种不同的阻抗匹配（Impedance Matching）——负载阻抗匹配、源阻抗匹配和共轭阻抗匹配，反映了传输线上的三种不同状态。

（1）负载阻抗匹配

负载阻抗匹配是负载阻抗等于传输线特性阻抗 $Z_l = Z_0$，这种状态下的电压、电流分布，输入阻抗和负载功率由式(1.4－1)、式(1.4－2)表示。此时传输线上只有从信源到负载的入射波，无反射波，传输线处于行波工作状态。匹配负载可以完全吸收信源入射来的微波功率，传输线有最大的功率容量，有利于信源的稳定工作。

（2）源阻抗匹配

源阻抗匹配是指信源的内阻等于传输线的特性阻抗 $Z_g = Z_0$。附录式(1-1.6)给出了已知信源电动势 E_g、内阻 Z_g、负载阻抗 Z_l 的信源端反射系数 Γ_g 及传输线方程待定系数 A_+ 和 A_-。当信源的内阻等于传输线的特性阻抗 $Z_g = Z_0$ 时

$$\Gamma_g = \frac{Z_g - Z_0}{Z_g + Z_0} = 0 \qquad (1.6－1a)$$

$$\left.\begin{aligned}
A_+ &= \frac{E_g Z_0}{(Z_g + Z_0)(1 - \Gamma_g \Gamma_l e^{-2\gamma l})} = \frac{E_g}{2} \\
A_- &= \frac{E_g Z_0 \Gamma_l}{(Z_g + Z_0)(1 - \Gamma_g \Gamma_l e^{-2\gamma l})} = \frac{E_g \Gamma_l}{2}
\end{aligned}\right\} \qquad (1.6－1b)$$

代入式(1.3－16)后，得

$$\left.\begin{aligned}
U(z) &= A_+ e^{+j\beta z} + A_- e^{-j\beta z} = \frac{E_g}{2}(e^{+j\beta z} + \Gamma_l e^{-j\beta z}) \\
I(z) &= \frac{A_+ e^{+j\beta z} - A_- e^{-j\beta z}}{Z_0} = \frac{E_g}{2Z_0}(e^{+j\beta z} - \Gamma_l e^{-j\beta z})
\end{aligned}\right\} \qquad (1.6－1c)$$

此时，信源和传输线是匹配的，这种信源称为匹配源。负载有反射时，反射回来的反射波

被信源吸收,信源发给传输线的入射功率仅和信源内阻和传输线的特性阻抗有关,不随负载变化,有稳定的输出。

(3) 共轭阻抗匹配

这是讨论在什么情况下,负载可以得到最大功率的条件。设信源电压为 E_g,信源内阻为 $Z_g = R_g + jX_g$,传输线总长 l,终端负载 Z_l,根据图 1-11a 和式(1.3-17),可知信源端的输入阻抗 Z_{in} 为

$$Z_{in} = Z_0 \frac{Z_l + jZ_0 \tan(\beta l)}{Z_0 + jZ_l \tan(\beta l)} = R_{in} + jX_{in} \tag{1.6-2}$$

根据图 1-11b 和式(1.4-2)可知,传给负载的功率为

$$P_t = \frac{1}{2} \mathrm{Re} \left[\frac{E_g E_g^*}{(Z_g + Z_{in})(Z_g + Z_{in})^*} Z_{in} \right] = \frac{1}{2} \frac{|E_g|^2 R_{in}}{(R_g + R_{in})^2 + (X_g + X_{in})^2} \tag{1.6-3}$$

要使负载得到的功率最大,首先要求

$$X_{in} = -X_g \tag{1.6-4a}$$

此时式(1.6-3)变为

$$P_t = \frac{1}{2} \frac{|E_g|^2 R_{in}}{(R_g + R_{in})^2} \tag{1.6-4b}$$

求上式的极值,当

$$\frac{dP}{dR_{in}} = \frac{1}{2} \frac{d}{dR_{in}} \left[\frac{|E_g|^2 R_{in}}{(R_g + R_{in})^2} \right] = 0 \tag{1.6-5a}$$

时,P 取最大值,此时

$$R_{in} = R_g \tag{1.6-5b}$$

综合式(1.6-4a)和式(1.6-5b),输入阻抗和信源阻抗之间满足如下关系:

$$Z_{in} = Z_g^* \tag{1.6-6}$$

因此对于不匹配信源,当负载阻抗折合到信源参考面上的输入阻抗为信源内阻抗的共轭值时,负载得到最大功率,如图 1-11b 所示。

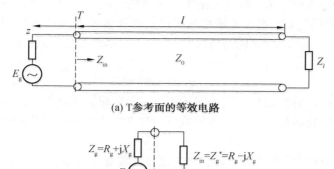

(a) T参考面的等效电路

(b) 共轭匹配

图 1-11　信号源与传输线的共轭匹配

将式(1.6-4a)和式(1.6-5b)代入式(1.6-3)中,该最大功率为

$$P_{max} = \frac{1}{2} |E_g|^2 \frac{1}{4R_g} \tag{1.6-7}$$

通常将这种负载得到最大功率的状态称为共轭匹配。当信源内阻 Z_g 固定时,可以改变

输入阻抗使负载得到最大功率。

根据式(1.4 - 1b)，当负载阻抗匹配 $Z_l = Z_0$ 时，$Z_{in} = Z_0$，代入式(1.6 - 3)后可知此时负载得到的功率为

$$P_t = \frac{1}{2} \frac{|E_g|^2 Z_0}{(R_g + Z_0)^2 + X_g^2} \qquad (1.6 - 8)$$

比较式(1.6 - 7)和式(1.6 - 8)，可见负载匹配时得到的功率等于或小于共轭匹配时负载得到的功率，即负载从信源得到最大功率时，反射系数 Γ_l 不一定等于 0，传输线上可能有驻波存在。需要注意的是，无论是无反射匹配，还是共轭匹配，都不一定使系统有最高的效率。例如，当源和负载都匹配 $Z_g = Z_l = Z_0$（无反射）时，信源产生的功率只有一半传到负载，另一半被 Z_g 消耗，效率 $\eta = 50\%$，要提高效率还应使信源内阻尽量地小。

1.6.2　匹配方法

在传输微波功率时，一般希望信源和负载都是匹配的。图 1-12 是为达到匹配状态，在信源与传输线、负载与传输线之间加入匹配器的示意图。

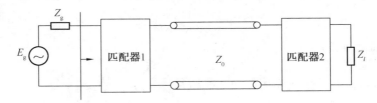

图 1-12　传输线阻抗匹配示意图

图 1-12 中，匹配器 1 用于信源阻抗匹配，匹配器 2 用于负载阻抗匹配。在实际应用中，匹配器 1 往往用去耦衰减器或隔离器实现源阻抗匹配。本节介绍的是用传输线实现负载阻抗匹配的方法，其他阻抗匹配元件及衰减器、隔离器等见第 5 章。

（1）$\lambda/4$ 阻抗变换器

当负载阻抗为纯电阻 R_l，但与无耗传输线特性阻抗 Z_0 不相等时，可在两者之间加一节长度为 $\lambda/4$、特性阻抗为 Z_0' 的传输线来实现负载和传输线间的匹配，如图 1-13a 所示。将 $z = \lambda/4$，$\beta = 2\pi/\lambda$ 代入输入阻抗公式(1.3 - 17)，根据匹配条件式(1.4 - 1b)，有

$$Z_{in} = Z_0' \frac{R_l + jZ_0'\tan(\beta\lambda/4)}{Z_0' + jR_l\tan(\beta\lambda/4)} = \frac{Z_0'^2}{R_l} = Z_0 \qquad (1.6 - 9)$$

当匹配传输线的特性阻抗 $Z_0' = \sqrt{Z_0 R_l}$ 时，输入端的输入阻抗 $Z_{in} = Z_0$，由此实现负载和传输线之间的阻抗匹配。因无耗传输线的特性阻抗是实数，所以 $\lambda/4$ 阻抗变换适合匹配电阻性负载。

如果负载是复阻抗，可将 $\lambda/4$ 阻抗变换器接在波腹点或波节点处，如图 1-13b 所示。

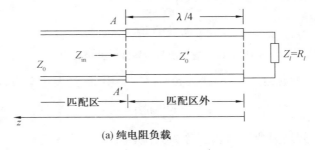

（a）纯电阻负载

(b) 复电阻负载

图 1-13 λ/4 阻抗变换器

由于 λ/4 阻抗变换器的长度取决于波长，因此严格地说只有在中心频率点才能匹配，当频率偏移时匹配特性变差，所以 λ/4 阻抗变换法是窄带的。若要实现宽带匹配，可采用多级 λ/4 阻抗变换器或渐变线阻抗变换器(第 5 章)。

(2) 支节调配器法

支节调配器可以匹配复阻抗负载 $Z_l = R_l + jX_l(R_l \neq 0)$。在距离负载的适当位置上并联或串联终端短路或开路的传输线，即构成支节调配器，可分为单支节调配器、双支节调配器和多支节调配器。本书介绍单支节调配器。

① 串联单支节调配器

串联支节用阻抗分析比较方便。设传输线和调配器的特性阻抗相同均为 Z_0，传输线工作波长为 λ，负载阻抗为 Z_l，终端反射系数为 $|\Gamma_l|e^{j\phi_l}$，驻波系数为 ρ；在距负载 l_1 处串联有长度为 l_2 的短路支节调配器，如图 1-14 所示。

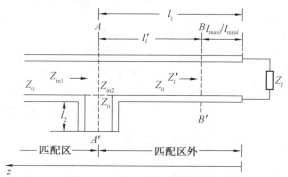

图 1-14 串联单支节调配器

由输入阻抗公式(1.3 - 17)和短路线的输入阻抗公式(1.4 - 3b)可知，参考面 AA' 处的输入阻抗 Z_{in1} 和串联短路支节调配器的输入阻抗 Z_{in2} 分别为

$$Z_{in1} = Z_0 \frac{Z_l + jZ_0 \tan(\beta l_1)}{Z_0 + jZ_l \tan(\beta l_1)} \tag{1.6 - 10a}$$

$$Z_{in2} = jZ_0 \tan(\beta l_2) \tag{1.6 - 10b}$$

式中的复阻抗负载 $Z_l = R_l + jX_l$，应有 $R_l \neq 0$。根据式(1.4 - 1b)，传输线匹配时的输入阻抗应与特性阻抗相等，有

$$Z_{in} = Z_{in1} + Z_{in2} = Z_0 \frac{Z_l + jZ_0 \tan(\beta l_1)}{Z_0 + jZ_l \tan(\beta l_1)} + jZ_0 \tan(\beta l_2)$$

$$= R_{in} + jX_{in} = Z_0 \tag{1.6 - 11}$$

令上式两边的实部和虚部分别相等，即可求出匹配支节的位置 l_1 和长度 l_2。为使计

算简便,按照就近的原则,将原来直接对负载匹配变为对电压波腹点或波节点的匹配。假设负载是感性的,即波腹点离负载最近(参见图1-9c),由式(1.4-10a)和式(1.4-10c)可知,电压波腹点位置及该点阻抗分别为

$$l_{\text{max}l} = z_{\text{max}} = \frac{\lambda}{4\pi}\phi_l + n\frac{\lambda}{2} \tag{1.6-12a}$$

$$Z_l' = R_{\text{max}} = Z_0\rho \tag{1.6-12b}$$

设参考面 AA' 与电压波腹点的距离

$$l_l' = l_1 - l_{\text{max}l} \tag{1.6-12c}$$

那么将式(1.6-11)中的 Z_l 用参考面 BB' 处的阻抗 Z_l' 替代、l_1 用 l_l' 替代,并将式(1.6-12b)代入后,有

$$Z_{\text{in}} = Z_{\text{in1}}' + Z_{\text{in2}} = Z_0\frac{Z_l' + jZ_0\tan(\beta l_l')}{Z_0 + jZ_l'\tan(\beta l_l')} + jZ_0\tan(\beta l_2)$$

$$= Z_0\frac{\rho + j\tan(\beta l_l')}{1 + j\rho\tan(\beta l_l')} + jZ_0\tan(\beta l_2) = Z_0 \tag{1.6-13}$$

从上式解得

$$\tan(\beta l_l') = \pm\frac{1}{\sqrt{\rho}}, \quad \tan(\beta l_2) = \pm\frac{\rho-1}{\sqrt{\rho}} \tag{1.6-14}$$

将式(1.6-14)取反正切后和式(1.6-12a)一起代入式(1.6-12c),感性负载的串联匹配短路支节位置 l_1 和长度 l_2 的两组解为

$$\left.\begin{array}{l} l_l' = \dfrac{\lambda}{2\pi}\arctan\dfrac{1}{\sqrt{\rho}} \rightarrow l_1 = l_{\text{max}l} + l_l' = \dfrac{\lambda}{4\pi}\phi_l + \dfrac{\lambda}{2\pi}\arctan\dfrac{1}{\sqrt{\rho}} \\[3mm] l_2 = \dfrac{\lambda}{2\pi}\arctan\dfrac{\rho-1}{\sqrt{\rho}} \end{array}\right\} \tag{1.6-15a}$$

$$\left.\begin{array}{l} l_l' = -\dfrac{\lambda}{2\pi}\arctan\dfrac{1}{\sqrt{\rho}} \rightarrow l_1 = l_{\text{max}l} + l_l' = \begin{cases} \dfrac{\lambda}{4\pi}\phi_l - \dfrac{\lambda}{2\pi}\arctan\dfrac{1}{\sqrt{\rho}} \\[3mm] \left(\dfrac{\lambda}{4\pi}\phi_l + \dfrac{\lambda}{2}\right) - \dfrac{\lambda}{2\pi}\arctan\dfrac{1}{\sqrt{\rho}} \end{cases} \\[6mm] l_2 = \dfrac{\lambda}{2} - \dfrac{\lambda}{2\pi}\arctan\dfrac{\rho-1}{\sqrt{\rho}} \end{array}\right\} \tag{1.6-15b}$$

由于 $0<\arctan(1/\sqrt{\rho})<\pi/4$ 且感性负载的 $0<\phi_l<\pi$,式(1.6-15b)的第一式中 $l_{\text{max}l}$ 根据 l_1 应为正值决定取上式还是下式;第二式是为避免长度 l_2 取负值,利用无耗传输线阻抗重复性,加上了 $\lambda/2$ 长度。

【例1.6-1】 均匀无耗传输线的特性阻抗 $Z_0 = 50\ \Omega$,终端接有负载 $Z_l = 25 + j75\ \Omega$,试求串联短路匹配支节离负载的距离 l_1 及短路支节的长度 l_2。

解:利用式(1.3-22)和式(1.3-29a),算出终端反射系数和驻波比,即

$$\left.\begin{array}{l} \Gamma_l = |\Gamma_l|e^{j\phi_l} = \dfrac{Z_l - Z_0}{Z_l + Z_0} = \dfrac{(25+j75)-50}{(25+j75)+50} = \dfrac{1}{3}(1+j2) \approx \dfrac{\sqrt{5}}{3}e^{j1.1071} \\[4mm] \rho = \dfrac{1+|\Gamma_l|}{1-|\Gamma_l|} = \dfrac{1+\dfrac{\sqrt{5}}{3}}{1-\dfrac{\sqrt{5}}{3}} = \dfrac{7+3\sqrt{5}}{2} \approx 6.8541 \end{array}\right\} \tag{1.6-16}$$

负载 $Z_l = 25 + j75\ \Omega$ 是感性的,由上式和式(1.6-12a)可求得第一波腹点位置为

$$l_{\mathrm{max}l}=\frac{\lambda}{4\pi}\phi_l\approx\frac{\lambda}{4\pi}\times1.107\ 1\approx0.088\lambda \tag{1.6-17}$$

根据公式(1.6 − 15)，串联调配支节位置和支节长度为

$$l_l'=\frac{\lambda}{2\pi}\arctan\frac{1}{\sqrt{\rho}}\approx\frac{\lambda}{2\pi}\arctan\frac{1}{\sqrt{6.854\ 1}}\approx0.058\lambda$$

$$l_1=l_{\mathrm{max}l}+l_l'\approx0.088\lambda+0.058\lambda=0.146\lambda \tag{1.6-18a}$$

$$l_2=\frac{\lambda}{2\pi}\arctan\frac{\rho-1}{\sqrt{\rho}}\approx\frac{\lambda}{2\pi}\arctan\frac{6.854\ 1-1}{\sqrt{6.854\ 1}}\approx0.183\lambda$$

或者

$$l_l'=-\frac{\lambda}{2\pi}\arctan\frac{1}{\sqrt{\rho}}\approx-0.058\lambda$$

$$l_1=l_{\mathrm{max}l}+l_l'\approx0.088\lambda-0.058\lambda=0.030\lambda \tag{1.6-18b}$$

$$l_2=\frac{\lambda}{2}-\frac{\lambda}{2\pi}\arctan\frac{\rho-1}{\sqrt{\rho}}\approx\frac{\lambda}{2}-0.183\lambda=0.317\lambda$$

② 并联单支节调配器

并联支节用导纳分析比较方便。设传输线和调配器的特性导纳相同均为 Y_0，传输线工作波长为 λ，负载导纳为 Y_l，终端反射系数为 $|\Gamma_l|\mathrm{e}^{\mathrm{j}\phi_l}$，驻波系数为 ρ；在距负载 l_1 处并联有长度为 l_2 的短路支节调配器，如图 1-15 所示。

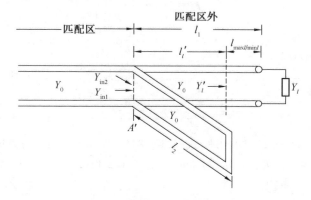

图 1-15 并联单支节调配器

仍然假设负载是感性的，即离负载最近的节点是波腹点。根据式(1.3 − 17)和 $Y_{\mathrm{in}}=1/Z_{\mathrm{in}}$，$Y_0=1/Z_0$，$Y_l=1/Z_l$ 可知，参考面 AA' 处的输入导纳 $Y_{\mathrm{in}1}$ 和并联短路支节调配器的输入导纳 $Y_{\mathrm{in}2}$ 分别为

$$Y_{\mathrm{in}1}=Y_0\frac{Y_l+\mathrm{j}Y_0\tan(\beta l_1)}{Y_0+\mathrm{j}Y_l\tan(\beta l_1)} \tag{1.6-19a}$$

$$Y_{\mathrm{in}2}=-\mathrm{j}\frac{Y_0}{\tan(\beta l_2)} \tag{1.6-19b}$$

传输线匹配时的输入导纳应与特性导纳相等，于是有

$$Y_{\mathrm{in}}=Y_{\mathrm{in}1}+Y_{\mathrm{in}2}=Y_0\frac{Y_l+\mathrm{j}Y_0\tan(\beta l_1)}{Y_0+\mathrm{j}Y_l\tan(\beta l_1)}-\mathrm{j}\frac{Y_0}{\tan(\beta l_2)}$$

$$=G_{\mathrm{in}}+\mathrm{j}B_{\mathrm{in}}=Y_0 \tag{1.6-20}$$

式中，G_{in} 和 B_{in} 分别是输入电导和输入电纳。同样地，通过将对负载的匹配化为对电压第一

波腹点或波节点的匹配简化运算。仍设负载是感性的,根据式(1.4 – 10c)有

$$Y'_l = \frac{1}{R_{max}} = \frac{Y_0}{\rho} \tag{1.6 – 21a}$$

$$l'_l = l_1 - l_{maxl} = l_1 - \frac{\lambda}{4\pi}\phi_l \tag{1.6 – 21b}$$

将式(1.6 – 20)中的 Y_l 用参考面 BB' 处的导纳 Y'_l 替代、l_1 用 l'_l 替代,并将式(1.6 – 21a)代入后,有

$$Y_{in} = Y_{in1}' + Y_{in2} = Y_0 \frac{Y'_l + jY_0\tan(\beta l'_l)}{Y_0 + jY'_l\tan(\beta l'_l)} - j\frac{Y_0}{\tan(\beta l_2)}$$

$$= Y_0 \frac{1 + j\rho\tan(\beta l'_l)}{\rho + j\tan(\beta l'_l)} - j\frac{Y_0}{\tan(\beta l_2)} = Y_0 \tag{1.6 – 22}$$

由上式可求得

$$\tan(\beta l'_l) = \pm\sqrt{\rho}, \quad \tan(\beta l_2) = \pm\frac{\sqrt{\rho}}{\rho - 1} \tag{1.6 – 23}$$

将式(1.6 – 23)取反正切后和式(1.6 – 12a)一起代入式(1.6 – 21b),感性负载并联短路支节位置 l_1 和长度的 l_2 两组解为

$$\left.\begin{array}{l} l'_1 = \frac{\lambda}{2\pi}\arctan\sqrt{\rho} \rightarrow l_1 = l_{maxl} + l'_l = \frac{\lambda}{4\pi}\phi_l + \frac{\lambda}{2\pi}\arctan\sqrt{\rho} \\[3mm] l_2 = \frac{\lambda}{2\pi}\arctan\frac{\sqrt{\rho}}{\rho - 1} \end{array}\right\} \tag{1.6 – 24a}$$

$$\left.\begin{array}{l} l'_l = -\frac{\lambda}{2\pi}\arctan\sqrt{\rho} \rightarrow l_1 = l_{maxl} + l'_l = \begin{cases} \frac{\lambda}{4\pi}\phi_l - \frac{\lambda}{2\pi}\arctan\sqrt{\rho} \\[2mm] \left(\frac{\lambda}{4\pi}\phi_l + \frac{\lambda}{2}\right) - \frac{\lambda}{2\pi}\arctan\sqrt{\rho} \end{cases} \\[5mm] l_2 = \frac{\lambda}{2} - \frac{\lambda}{2\pi}\arctan\frac{\sqrt{\rho}}{\rho - 1} \end{array}\right\} \tag{1.6 – 24b}$$

式中,$\pi/4 < \arctan\sqrt{\rho} < \pi/2$。同样地,式(1.6 – 24b)第一式中的 l_{maxl} 根据 l_1 应为正值决定取上式还是下式;第二式为保证 l_2 为正值加上了 $\lambda/2$ 长度。

【例1.6 – 2】 承例【1.6 – 1】,均匀无耗传输线 $Z_0 = 50 \ \Omega$,负载 $Z_l = 25 + j75 \ \Omega$,试求并联短路匹配支节离负载的距离 l_1 及短路支节的长度 l_2。

解:驻波比和第一波腹点位置如例【1.6 – 1】式(1.6 – 16)和式(1.6 – 17)结果,代入式(1.6 – 24)后,可求得并联调配支节位置和支节长度为

$$l'_1 = \frac{\lambda}{2\pi}\arctan\sqrt{\rho} \approx \frac{\lambda}{2\pi}\arctan\sqrt{6.854\ 1} \approx 0.192\lambda$$

$$l_1 = l_{maxl} + l'_l \approx 0.088\lambda + 0.192\lambda = 0.280\lambda \tag{1.6 – 25a}$$

$$l_2 = \frac{\lambda}{2\pi}\arctan\frac{\sqrt{\rho}}{\rho - 1} \approx \frac{\lambda}{2\pi}\arctan\frac{\sqrt{6.854\ 1}}{6.854\ 1 - 1} \approx 0.067\lambda$$

或者

$$l'_l = -\frac{\lambda}{2\pi}\arctan\sqrt{\rho} \approx -0.192\lambda$$

$$l_1 = l_{maxl} + l'_l \approx 0.088\lambda + 0.500\lambda - 0.192\lambda = 0.396\lambda \tag{1.6 – 25b}$$

$$l_2 = \frac{\lambda}{2} - \frac{\lambda}{2\pi}\arctan\frac{\sqrt{\rho}}{\rho - 1} \approx \frac{\lambda}{2} - 0.067\lambda = 0.433\lambda$$

　除单支节外,还可用多支节阻抗调配器实现一定频带内的阻抗变换。需要特别注意的是,上述匹配方法仅在匹配区内消除了驻波,驻波引起的问题,如传输效率、击穿等,在非匹配区中仍然是存在的。还需要指出的是,完全无耗的纯无功负载(即 $R_l = 0$ 情况)无法用纯无功的调配器进行调配,因两者都不吸收功率,不可能建立起无反射的行波状态。

1.7　Smith 圆图

　美国电子工程师 Phillip Smith 1939 年发明的 Smith 圆图(Smith Chart)把特征参数和工作参数结合成一体,可以进行阻抗匹配,传输线状态参量(输入阻抗、反射系数、驻波系数等)的图解计算是一种物理概念清晰、直观、简便的方法。在科技发达的今天,微波测量时圆图可在计算机屏幕上快速显示出阻抗或导纳随频率变化的轨迹,调配微波器件非常方便。

　Smith 圆图由等反射系数图、等阻抗圆图和等导纳圆图构成,在均匀无耗传输线条件下,以直角坐标作为背景,在极坐标中绘制。

1.7.1　阻抗的归一化

　为使 Smith 圆图适合任意特性阻抗传输线的计算,圆图上的阻抗通常采用归一化值。将输入阻抗公式(1.3 − 17)写成如下形式:

$$Z_{in}(z) = Z_0 \frac{Z_l + jZ_0 \tan(\beta z)}{Z_0 + jZ_l \tan(\beta z)} = R_{in} + jX_{in} \qquad (1.7 - 1a)$$

用特性阻抗 Z_0 归一化后,有

$$\bar{z}_{in} = \frac{Z_{in}(z)}{Z_0} = \frac{R_{in} + jX_{in}}{Z_0} = r + jx \qquad (1.7 - 1b)$$

式中,r 是归一化电阻,x 是归一化电抗。

　反射系数公式(1.3 − 26)可表示为

$$\Gamma(z) = \frac{Z_{in}(z) - Z_0}{Z_{in}(z) + Z_0} = \frac{\dfrac{Z_{in}(z)}{Z_0} - 1}{\dfrac{Z_{in}(z)}{Z_0} + 1} = \frac{\bar{z}_{in} - 1}{\bar{z}_{in} + 1} \qquad (1.7 - 2a)$$

$$\bar{z}_{in} = \frac{1 + \Gamma(z)}{1 - \Gamma(z)} \qquad (1.7 - 2b)$$

一般情况下,$\Gamma(z)$ 为复数,它可以表示为极坐标形式,也可以表示为直角坐标形式。

1.7.2　反射系数图

　对于特性阻抗 Z_0、负载阻抗 Z_l、终端电压反射系数为 Γ_l 的均匀无耗传输线,反射系数公式(1.3 − 23)还可以表示为

$$\Gamma(z) = |\Gamma_l| e^{j(\phi_l - 2\beta z)} = |\Gamma_l| e^{j\phi} = |\Gamma_l| \cos \phi + j|\Gamma_l| \sin \phi = \Gamma_u + j\Gamma_v \qquad (1.7 - 3)$$

式中,ϕ_l 为终端反射系数 Γ_l 的幅角,$\phi = \phi_l - 2\beta z$ 为 z 处反射系数的幅角。复平面上反射系数的模值和相位为

$$|\Gamma| = \sqrt{\Gamma_u^2 + \Gamma_v^2}, \quad \phi = \arctan \frac{\Gamma_v}{\Gamma_u} \qquad (1.7 - 4)$$

上式表明，在 $\Gamma(z)$ 复平面上的等反射系数模 $|\Gamma|$ 的轨迹是以坐标原点为圆心、半径为 $|\Gamma_l|$ 的圆，称为等反射系数圆或反射系数圆。不同反射系数的模值，对应不同半径的反射系数圆。由于 $|\Gamma_l| \leqslant 1$，因此反射系数圆都位于单位圆内，如图 1-16 所示，其中：

① 反射系数圆图中任意一点到圆心连线的长度，就是与该点对应的传输线上某点处反射系数的大小，连线与正实轴间的夹角即相位 ϕ。

② $|\Gamma_l| = 1$ 的圆最大，相当于全反射状况；$|\Gamma_l| = 0$ 的圆在原点缩为一点，称为阻抗匹配点。圆越大，即离原点越远，系统匹配性越差。

③ $\phi = \text{const.}$ 表示一簇等相位线。

④ 当 z 增大，即从传输线的终端向信源方向移动时，反射系数的相位 ϕ 减小，在圆图上应顺时针方向旋转；当 z 减小，即由信源向负载移动时，反射系数的相位 ϕ 增大，应逆时针方向旋转。移动距离 Δz 与转动的角度 $\Delta\phi$ 之间的关系为

$$\Delta\phi = 2\beta\Delta z = \frac{4\pi}{\lambda}\Delta z \tag{1.7-5}$$

可见，传输线上每移动 $\lambda/2$ 时，转动角度 $\Delta\phi = 2\pi$，对应的反射系数矢径转动一周。

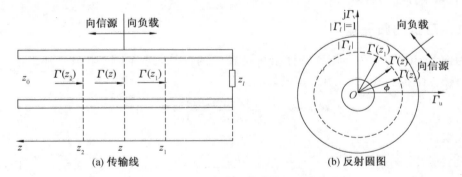

图 1-16　传输线与复平面上的反射圆图

沿传输线移动的距离通常以波长为单位计量，即在等反射系数圆图上转动的角度用波长数表示，起点通常选在 $\phi = \pi$，如图 1-17 所示。

图 1-17　反射系数圆图

1.7.3　阻抗圆图

将反射系数 $\Gamma(z)$ 的直角坐标形式

$$\Gamma(z) = \Gamma_u + j\Gamma_v \tag{1.7-6}$$

代入到式(1.7－2)中,有

$$\bar{z}_{in}=\frac{1+\Gamma}{1-\Gamma}=\frac{1+(\Gamma_u+j\Gamma_v)}{1-(\Gamma_u+j\Gamma_v)}=r+jx \qquad (1.7-7)$$

整理可得以下方程

$$\left(\Gamma_u-\frac{r}{1+r}\right)^2+\Gamma_v^2=\left(\frac{1}{1+r}\right)^2 \qquad (1.7-8a)$$

$$(\Gamma_u-1)^2+\left(\Gamma_v-\frac{1}{x}\right)^2=\left(\frac{1}{x}\right)^2 \qquad (1.7-8b)$$

这两个方程式是以归一化电阻 r 和归一化电抗 x 为参数的两组圆方程,式(1.7－8a)为归一化电阻圆(Resistance Circle),式(1.7－8b)为归一化电抗圆(Reactance Circle),如图 1-18a 和图 1-18b 所示。

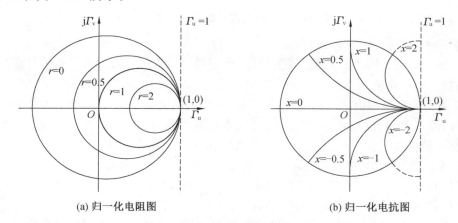

(a) 归一化电阻图　　　　　　　(b) 归一化电抗图

图 1-18　归一化等电阻和电抗圆

归一化电阻圆图圆心为 $[r/(1+r),0]$,半径为 $1/(1+r)$,r 愈大圆的半径愈小。当 $r=0$ 时,圆心在 $(0,0)$ 点,半径为 1,电阻圆变为纯电抗圆;$r=1$ 的圆过原点,称为匹配圆;当 $r=\infty$ 时,电阻圆由单位圆缩成一点 $(1,0)$。当 r 从 0 至 ∞ 变化时,对应复平面上无穷多个圆,这些圆的圆心在实轴上移动,均与直线 $\Gamma_u=1$ 在 $(1,0)$ 点相切,且都在 $r=0$ 的圆内。

归一化电抗圆图的圆心为 $(1,1/x)$,半径为 $1/|x|$。当 $x=0$ 时,圆与实轴重合,成为一条线,称为纯电阻线;$x=\pm1$ 的圆分别与虚轴在 $(0,1)$,$(0,-1)$ 点相切;当 $x=\pm\infty$ 时,电抗圆缩为一点 $(1,0)$。当 x 从 0 至 $\pm\infty$ 变化时,对应复平面上无穷多个圆,按 x 正负分成两簇,分别位于实轴的上下方,这些圆的圆心在 $\Gamma_u=1$ 的直线上移动,均与实轴在 $(1,0)$ 点相切,且只在单位圆内的圆弧部分有意义。

将上述的等反射系数圆图、归一化电阻圆图和归一化电抗圆图套覆在一起,就构成了完整的阻抗圆图,也称为 Smith 圆图。为使用方便,圆图外围常标有向信源和负载方向的波长数(以波长 λ 度量的长度)刻度。顺时针方向箭头,指从负载算起移动的距离;逆时针方向箭头,指从信源算起移动的距离。图 1-19 是 Smith 圆图和图上重要的点、线、面。

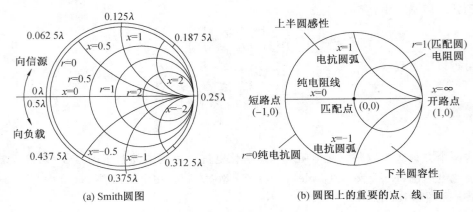

(a) Smith圆图   (b) 圆图上的重要的点、线、面

图 1-19　Smith 圆图和重要的点、线、面

由 Smith 圆图的构成可知：

① Smith 圆图上的点与传输线上的位置一一对应，圆图上的点为传输线对应位置上输入阻抗的归一化值 $r+\mathrm{j}x$。由式(1.7-3)中的 $2\beta z=2\pi$ 可知，圆图旋转一周为 $\lambda/2$。

② 圆图的上半圆内的电抗 $x>0$ 呈感性、下半圆的电抗 $x<0$ 呈容性。左半实轴上的点为电压波节点，既代表 $r_{\min}=R_{\min}/Z_0$ 又代表行波系数 $K=1/\rho$。右半实轴上的点为电压波腹点，既代表 $r_{\max}=R_{\max}/Z_0$ 又代表驻波比 ρ。

③ 单位圆 $|\varGamma|=1$ 和纯电抗圆 $r=0$ 重合。匹配圆：$r=1$，圆心 $(1/2,0)$，半径 $1/2$。匹配点 $(0,0)$：$r=1$，$x=0$，$\varGamma=0$，$\rho=1$。短路点 $(-1,0)$：$r=0$，$x=0$，$\varGamma=-1$，$\rho=\infty$，$\phi=\pi$。开路点 $(1,0)$：$r=\infty$，$x=0$，$\varGamma=1$，$\rho=\infty$，$\phi=0$。

表 1-3 和表 1-4 是电阻圆图和电抗圆图中有代表性的点位。完整的实用 Smith 圆图见附录 1-6。

表 1-3　电阻圆图的代表性点位

电阻圆公式 $\left(\varGamma_{\mathrm{u}}-\dfrac{r}{1+r}\right)^2+\varGamma_{\mathrm{v}}^2=\left(\dfrac{1}{1+r}\right)^2$			
r	圆心坐标		半径 $1/(1+r)$
	实部 $=r/(1+r)$	虚部 $=0$	
0	0	0	1
0.25	1/5	0	4/5
0.5	1/3	0	2/3
1	1/2	0	1/2
2	2/3	0	1/3
$\vdots$	$\vdots$	$\vdots$	$\vdots$
∞	1	0	0

表 1-4　电抗圆图的代表性点位

电抗圆公式 $(\Gamma_u - 1)^2 + \left(\Gamma_v - \dfrac{1}{x}\right)^2 = \left(\dfrac{1}{x}\right)^2$			
x	圆心坐标		半径 $1/x$
	实部＝1	虚部＝$1/x$	
0	1	$\pm\infty$	∞
± 0.5	1	± 2	2
± 1	1	± 1	1
± 2	1	$\pm 1/2$	1/2
± 4	1	$\pm 1/4$	1/4
$\vdots$	$\vdots$	$\vdots$	$\vdots$
$\pm\infty$	1	0	0

1.7.4　导纳圆图

根据式（1.7-1）和式（1.7-2），归一化导纳的表达式为

$$\overline{y}_{in} = \frac{1}{\overline{z}_{in}} = \frac{Y_{in}}{Y_0} = \frac{1-\Gamma}{1+\Gamma} = \frac{1-(\Gamma_u + j\Gamma_v)}{1+(\Gamma_u + j\Gamma_v)} = \frac{1}{r+jx}$$

$$= \frac{r}{r^2+x^2} - j\frac{x}{r^2+x^2} = g + jb \qquad (1.7-9)$$

式中，g 是归一化电导，b 是归一化电纳。

类似地，可以得到

$$\left(\Gamma_u + \frac{g}{1+g}\right)^2 + \Gamma_v^2 = \left(\frac{1}{1+g}\right)^2 \qquad (1.7-10a)$$

$$(\Gamma_u + 1)^2 + \left(\Gamma_v + \frac{1}{b}\right)^2 = \left(\frac{1}{b}\right)^2 \qquad (1.7-10b)$$

式（1.7-10a）是以归一化电导 g 为参数的电导圆（Conductance Circle）方程，式（1.7-10b）是以归一化电纳 b 为参数的电纳圆（Electrical Admittance Circle）方程。图 1-20 是根据式（1.7-10）绘出的导纳圆（Admittance Circle）图和圆图上重要的点、线、面。

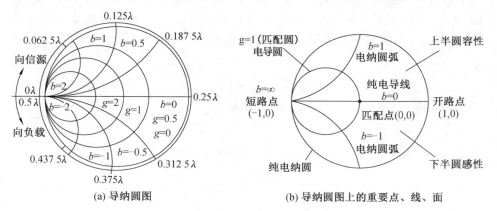

(a) 导纳圆图　　　　(b) 导纳圆图上的重要点、线、面

图 1-20　导纳圆图和重要的点、线、面

由式（1.7-7）和式（1.7-9）可见，将归一化阻抗的 $\Gamma \to -\Gamma$，阻抗圆图 1-19 变为导纳

圆图 1-20。即阻抗圆图绕 O 点(见图 1-18)旋转 180°变为导纳圆图,再旋转 180°又变回阻抗圆图。在相互变换的过程中,匹配点不变,开路点变短路点,短路点变开路点;$r=1$ 的电阻圆变为 $g=1$ 的电导圆,纯电阻线变为纯电导线;$x=\pm1$ 的电抗圆弧变为 $b=\pm1$ 的电纳圆弧,上半圆的电纳 $b>0$ 呈容性,下半圆的电纳 $b<0$ 呈感性。因此,Smith 圆图既可作为阻抗圆图,也可作为导纳圆图使用(表 1-5 给出了阻抗圆图上点、线、面与导纳圆图点、线、面之间的关系)。需要注意的是,从圆图上同一点读出的数值虽然相同,但含义不同。如阻抗圆图下半平面某点读数表示容性阻抗,当该图作为导纳圆图使用时,同点的读数表示感性导纳。当然,这并不代表传输线同一点处的输入阻抗和导纳。若要从阻抗圆图某点的输入阻抗得到传输线上同一点处的输入导纳,可用公式(1.7-9)算出,或者在图中过匹配点的对称位置读出。

表 1-5　阻抗圆图上导纳圆图的点、线、面

圆图上的点、线、面		阻抗圆图	导纳圆图
点	$(0,0)$	匹配点,$\Gamma=0$,$r=1$,$x=0$	匹配点,$\Gamma=0$,$g=1$,$b=0$
	$(1,0)$	开路点,$\Gamma=1$,$r=\infty$,$x=0$	短路点,$\Gamma=-1$,$g=\infty$,$b=0$
	$(-1,0)$	短路点,$\Gamma=-1$,$r=0$,$x=0$	开路点,$\Gamma=1$,$g=0$,$b=0$
线	右半轴	电压波腹点,$r=\rho$,$x=0$	电压波节点,$g=1/\rho$,$b=0$
	左半轴	电压波节点,$r=1/\rho$,$x=0$	电压波腹点,$g=\rho$,$b=0$
	$\vert\Gamma\vert=1$ 的圆	纯电抗圆,$r=0$	纯电纳圆,$g=0$
面	上半圆	感性,$x>0$	容性,$b>0$
	下半圆	容性,$x<0$	感性,$b<0$

1.7.5　圆图的应用

Smith 圆图的基本功能如下:

① 已知输入阻抗 $\bar{z}_{in}$,求输入导纳 $\bar{y}_{in}$(或逆问题);

② 已知输入阻抗 $\bar{z}_{in}$,求反射系数 Γ 或驻波比 ρ(或逆问题);

③ 已知负载阻抗 Z_l 和波长数,求输入阻抗 $\bar{z}_{in}$;

④ 已知驻波比 ρ 和电压最小点 z_{min},求 $\bar{z}_l$。

在上述功能的基础上,可以用 Smith 圆图求解更复杂的传输线如匹配等问题。

【例 1.7-1】　设传输线特性阻抗 $Z_0=50\ \Omega$、输入阻抗 $Z_{in}=50+j50\ \Omega$,求终端反射系数。

解: 这是 Smith 圆图的第②项基本功能的应用(图 1-21)。

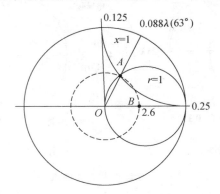

图 1-21　用 Smith 圆图求反射系数

Ⅰ. 计算归一化输入阻抗

$$\bar{z}_{in} = \frac{Z_{in}}{Z_0} = \frac{50 + j50}{50} = 1.0 + j1.0 \qquad (1.7 - 11a)$$

在阻抗圆图上找到 $r = 1.0, x = 1.0$ 的两圆的交点 A，即归一化输入阻抗 $\bar{z}_{in}$ 在圆图上的位置。

Ⅱ. 确定终端反射系数的模 $|\Gamma_l|$

以匹配点 O 为圆心、OA 为半径画一个等反射系数圆与右实轴相交，读出交点 B 的归一化电阻 $r = 2.6$ 即驻波比 $\rho = 2.6$，则

$$|\Gamma_l| = \frac{\rho - 1}{\rho + 1} = \frac{2.6 - 1}{2.6 + 1} \approx 0.444 \qquad (1.7 - 11b)$$

如果使用的圆图包括反射系数图，直接读出 OA 对应的反射系数 $|\Gamma_l| \approx 0.444$。

Ⅲ. 确定终端反射系数的相位 ϕ

圆图上 OA 与右实轴的夹角即为反射系数的相位 ϕ_l，可以直接读出 $\phi_l \approx 63°$ 或 $\phi_l \approx 0.088\lambda$，终端反射系数 $\Gamma_l \approx 0.444 e^{j0.088\lambda}$。

【例 1.7 - 2】 设传输线特性阻抗 $Z_0 = 50\ \Omega$，负载阻抗 $Z_l = 100 + j50\ \Omega$，求离负载 $z = 0.24\lambda$ 处的输入阻抗。

解： 这是 Smith 圆图的第③项基本功能的应用（图 1-22）。

Ⅰ. 计算归一化负载阻抗

$$\bar{z}_l = \bar{z}_{in}(z = 0) = \frac{Z_l}{Z_0} = \frac{100 + j50}{50} = 2.0 + j1.0 \qquad (1.7 - 12a)$$

在阻抗圆图上找到 $r = 2.0, x = 1.0$ 的两圆的交点 A，即归一化负载阻抗 $\bar{z}_l$ 在圆图上的位置。

Ⅱ. 作 O 到 A 点的连线 OA，将 OA 按顺时针（向信源方向）旋转 0.24λ 到达 B 点，读出此点归一化阻抗 $\bar{z}_{in} \approx 0.42 - j0.25$，那么此处的输入阻抗为

$$Z_{in}(z) = \bar{z}_{in} Z_0 \approx 50 \times (0.42 - j0.25) = 21 - j12.5\ \Omega \qquad (1.7 - 12b)$$

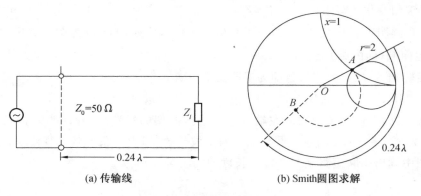

(a) 传输线　　　　　　　　(b) Smith 圆图求解

图 1-22　用 Smith 圆图求输入阻抗

【例 1.7 - 3】 传输线的 $Z_0 = 50\ \Omega$，驻波比 $\rho = 5$，电压最小值出现在 $z_{min} = \lambda/3$ 处，求负载阻抗。

解： 这是 Smith 圆图的第④项基本功能（图 1-23）。

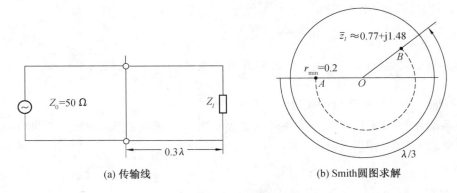

(a) 传输线　　　　　　　　(b) Smith圆图求解

图 1-23　应用 Smith 圆图求负载阻抗

Ⅰ. 电压最小值（波节点）处 $K=1/\rho=0.2$，在左实轴上找到该点 A。

Ⅱ. 以 OA 为半径，逆时针方向（向负载）旋转 $\lambda/3$ 到 B，读出归一化负载后乘 Z_0 得

$$\bar{z}_l=\bar{z}_{\text{in}}(z=0)\approx0.77+\text{j}1.48 \tag{1.7-13a}$$

$$Z_l=\bar{z}_l Z_0\approx50\times(0.77+\text{j}1.48)=38.5+\text{j}74\ \Omega \tag{1.7-13b}$$

【例 1.7-4】 串联支节匹配。设传输线特性阻抗 $Z_0=50\ \Omega$、负载阻抗 $Z_l=25+\text{j}75\ \Omega$，用支节调配法实现负载与传输线的匹配，试用 Smith 圆图求串联短路支节的位置和长度。

解：这是 Smith 圆图基本功能的综合运用，对串联支节用阻抗分析比较方便，见图 1-24。对串联支节匹配公式（1.6-11）归一化，有

$$\bar{z}_{\text{in}}=\bar{z}_{\text{in1}}+\bar{z}_{\text{in2}}=\frac{\bar{z}_l+\text{j}\tan(\beta l_1)}{1+\text{j}\bar{z}_l\tan(\beta l_1)}+\text{j}\tan(\beta l_2)$$

$$=r_{\text{in}}+\text{j}x_{\text{in}}=1 \tag{1.7-14}$$

根据上式，有图解法串联匹配的步骤如下：

Ⅰ. 求归一化负载阻抗，$\bar{z}_l=Z_l/Z_0=(25+\text{j}75)/50=0.5+\text{j}1.5$。

Ⅱ. 在圆图上标出代表 $\bar{z}_l$ 的点 $P=0.5+\text{j}1.5$，以匹配点 O 为圆心、OP 为半径，与 $r=1$ 的电阻圆（匹配圆）交于 $A=\bar{z}_A\approx1+\text{j}2.2$，$B=\bar{z}_B\approx1-\text{j}2.2$，使 $r_{\text{in}}=1$。从 P 点向信源方向旋转到 A、B 点的波长数即为串联支节位置 l_1。

Ⅲ. 再用 $\bar{z}_{\text{in2}}$ 抵消 A、B 点 $\bar{z}_A$ 和 $\bar{z}_B$ 的虚部，故应取 $\bar{z}_{\text{in2}}=-\text{j}2.2$ 和 $\bar{z}_{\text{in2}}=\text{j}2.2$。串联支节负载短路，对应阻抗圆图的左端点。从阻抗圆图的短路点（左端点），向信源方向旋转至 $x=2.2$，$x=-2.2$ 与单位圆交点的两个波长数，即为串联短路支节长度 l_2。

从图中读出串联短路支节位置和长度的两组解分别为

$$\left.\begin{array}{l}l_1\approx0.146\lambda\\l_2\approx0.183\lambda\end{array}\right\} \tag{1.7-15a}$$

$$\left.\begin{array}{l}l_1\approx0.030\lambda\\l_2\approx0.317\lambda\end{array}\right\} \tag{1.7-15b}$$

图解法免除了公式法的繁琐计算，故可将公式（1.6-11）归一化为式（1.7-14）后直接向负载匹配，不必再借助波腹点或波节点。

用 Smith 圆图得到的串联单支节位置与长度，和例【1.6-1】用公式（1.6-15）计算的结果相同。

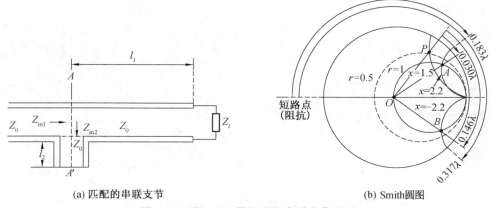

(a) 匹配的串联支节   (b) Smith圆图

图 1-24   用 Smith 圆图进行串联支节匹配

【例 1.7 - 5】   并联支节匹配。设传输线特性阻抗 $Z_0 = 50\ \Omega$、负载阻抗 $Z_l = 25 + j75\ \Omega$，用支节调配法实现负载与传输线的匹配，试用 Smith 圆图求并联短路支节的位置和长度。

解：这也是 Smith 圆图基本功能的综合运用，对并联支节用导纳分析比较方便，如图 1-25 所示。需要注意的是，此时圆图已由阻抗圆图转变为导纳圆图，短路点为右端点。对并联支节匹配公式(1.6 - 20)归一化，有

$$\bar{y}_{in} = \bar{y}_{in1} + \bar{y}_{in2} = \frac{\bar{y}_l + j\tan(\beta l_1)}{1 + j\bar{y}_l \tan(\beta l_1)} - j\frac{1}{\tan(\beta l_2)}$$

$$= g_{in} + jb_{in} = 1 \tag{1.7 - 16}$$

根据上式，图解法并联匹配的步骤如下：

Ⅰ. 求归一化负载阻抗，$\bar{z}_l = Z_l / Z_0 = (25 + j75)/50 = 0.5 + j1.5$。在圆图上标出代表 $\bar{z}_l$ 的点 $P_1 = 0.5 + j1.5$，过匹配点 O 与 OP_1 对称位置 $P_2 = \bar{y}_l \approx 0.2 - j0.6$ 为归一化负载导纳。

Ⅱ. 以 O 为圆心、OP_2 为半径画弧，在 $g = 1$ 的电导圆相交于 $A = \bar{y}_A \approx 1 + j2.2$，$B = \bar{y}_B \approx 1 - j2.2$ 两点，使 $g_{in} = 1$。从 P_2 点向信源方向旋转到 A、B 点的波长数即为并联支节位置 l_1。

Ⅲ. 再用 $\bar{y}_{in2}$ 与 A、B 点 $\bar{y}_A$ 和 $\bar{y}_B$ 的虚部相抵消，故应取 $\bar{y}_{in2} = -j2.2$ 和 $\bar{y}_{in2} = j2.2$。并联支节短路，相当于导纳圆图的右端点。从导纳圆图的短路点(右端点)，向信源方向旋转至 $b = -2.2$，$b = 2.2$ 与单位圆交点的两个波长数，即为并联短路支节长度 l_2。

从图中读出并联短路支节位置和长度的两组解分别为

$$\left.\begin{array}{l} l_1 \approx 0.280\lambda \\ l_2 \approx 0.067\lambda \end{array}\right\} \tag{1.7 - 17a}$$

$$\left.\begin{array}{l} l_1 \approx 0.396\lambda \\ l_2 \approx 0.433\lambda \end{array}\right\} \tag{1.7 - 17b}$$

用 Smith 圆图得到的并联单支节位置与长度，和例【1.6 - 2】用公式(1.6 - 24)计算的结果相同。

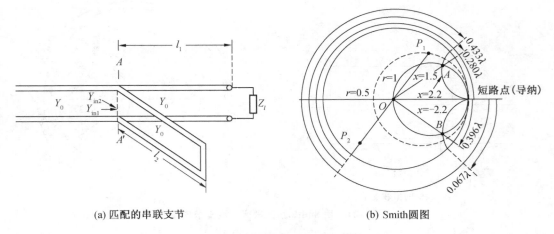

(a) 匹配的串联支节   (b) Smith圆图

图 1-25　用 Smith 圆图进行并联支节匹配

在图解法中还可以看到,如果负载 $Z_l = jX$ 为纯电抗,归一化的 $\bar{z}_l$ 在 Smith 圆图上位于 $P(1,0)$ 点,OP 仅与匹配圆相切但不相交,无法匹配。负载和支节调配器都不吸收功率,不可能建立起无反射的行波状态,这和上节公式法的结论是一致的。

1.8　同轴线的分布参数与特性阻抗

同轴线(Coaxial Line)由内外同轴的两导体柱组成,中间为支撑介质,是一种典型的双导体传输系统,也是微波技术中最常见的 TEM 模传输线。同轴线有硬、软两种结构。硬同轴线以圆柱形铜棒作内导体,同心的铜管作外导体,内外导体之间用介质支撑,这种同轴线也称为同轴波导(见图 1-26a);软同轴线内导体通常是多股铜丝,外导体是铜丝网(外面有一层橡胶保护壳),内外导体之间用介质填充,这种同轴线又称为同轴电缆(见图1-26b)。

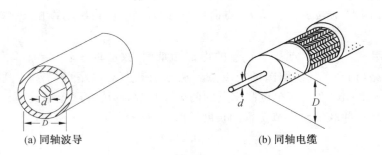

(a) 同轴波导   (b) 同轴电缆

图 1-26　同轴线结构图

1.8.1　分布参数与特性阻抗

在传输线的等效电路分析中,分布电容、电感、电阻、电导等分布参数是要根据不同的传输线结构(如同轴线、平行双导线)用场分析法得到的。

对内导体直径 d、外导体内径 D 的同轴线(图 1-26)取圆柱坐标系,z 轴与同轴线的中心轴重合。

（1）单位长度电容

设同轴线内导体带有电荷 q（相应的外导体上电荷量为 $-q$），内外导体之间的电压为 U。忽略边缘效应，在圆柱坐标下，作长为 l 的 Gauss 面包围内导体，有

$$\oint_S \boldsymbol{E} \cdot \mathrm{d}\boldsymbol{S} = E_\rho 2\pi\rho l = \frac{q}{\varepsilon}, \quad E_\rho = \frac{q}{2\pi\varepsilon l\rho} \tag{1.8-1a}$$

$$U = \int_l \boldsymbol{E} \cdot \mathrm{d}\boldsymbol{l} = \int_{d/2}^{D/2} E_\rho \mathrm{d}\rho = \int_{d/2}^{D/2} \frac{q}{2\pi\varepsilon l} \frac{\mathrm{d}\rho}{\rho} = \frac{q}{2\pi\varepsilon l}\ln\frac{D}{d}, \quad q = 2\pi\varepsilon lU/\ln\frac{D}{d}$$

$$\tag{1.8-1b}$$

单位长度同轴线的电容

$$C = \frac{q}{Ul} = 2\pi\varepsilon/\ln\frac{D}{d} \tag{1.8-2}$$

电容与导体系统的几何结构及周围介质有关。

（2）单位长度电感

设同轴线内外导体上所载电流分别为 I 和 $-I$，忽略边缘效应，因趋肤效应微波波段磁场可视为仅存在于内外导体之间，故只需环绕内导体应用 Ampere 环路定律

$$\oint_l \boldsymbol{B} \cdot \mathrm{d}\boldsymbol{l} = \int_0^{2\pi} B_\varphi \mathrm{d}\varphi = B_\varphi 2\pi\rho = \mu I, \quad B_\varphi = \frac{\mu I}{2\pi\rho} \tag{1.8-3a}$$

长度为 l 的一段同轴线内外导体之间的磁通

$$\boldsymbol{\Psi}^\mathrm{m} = \int_S \boldsymbol{B} \cdot \mathrm{d}\boldsymbol{S} = \int_S \frac{\mu I}{2\pi\rho}\mathrm{d}S = \frac{\mu I}{2\pi}\int_0^l \mathrm{d}l\int_{d/2}^{D/2}\frac{\mathrm{d}\rho}{\rho} = \frac{\mu Il}{2\pi}\ln\frac{D}{d} \tag{1.8-3b}$$

单位长度同轴线的电感

$$L = \frac{\boldsymbol{\Psi}^\mathrm{m}}{Il} = \frac{\mu}{2\pi}\ln\frac{D}{d} \tag{1.8-4}$$

类似地，电感也与导体系统的几何结构及周围介质有关。

（3）单位长度电阻

由电磁理论和电路理论可知，在导体表面上电流产生的损耗功率为

$$P_L = \frac{R_\mathrm{s}}{2}\int_S |\boldsymbol{H}_\mathrm{t}|^2 \mathrm{d}S = \frac{1}{2}I^2 R \tag{1.8-5a}$$

式中，H_t 为导体表面上的切向磁场；$R_\mathrm{s} = \sqrt{\pi f\mu/\sigma_\mathrm{c}}$ 是导体表面阻抗，其中 f、σ_c、μ 分别是工作频率、导体电阻率和磁导率。同轴线导体表面切向磁场由式（1.8-3a）给出，由此可知单位长度同轴线的功耗

$$\frac{P_L}{l} = \frac{R_\mathrm{s}}{2l}\int_S H_\varphi^2 \mathrm{d}S = \frac{R_\mathrm{s}}{2l}\int_S \left(\frac{I}{2\pi\rho}\right)^2 \rho \mathrm{d}\varphi \mathrm{d}z$$

$$= \frac{R_\mathrm{s}I^2}{2\cdot 4\pi^2 l}\left(\frac{1}{d}+\frac{1}{D}\right)\int_0^l \mathrm{d}z\int_0^{2\pi}\mathrm{d}\varphi = \frac{R_\mathrm{s}I^2}{4\pi}\left(\frac{1}{d}+\frac{1}{D}\right) = \frac{1}{2}I^2 R \tag{1.8-5b}$$

单位长度同轴线的电阻

$$R = \frac{R_\mathrm{s}}{2\pi}\left(\frac{1}{d}+\frac{1}{D}\right) \tag{1.8-6}$$

显然，同轴线单位长度电阻与工作频率、导体的电阻率和磁导率有关。

（4）单位长度电导

根据电路和电磁理论公式，有如下的单位长度电导公式：

$$G = \frac{I}{Ul} = \frac{\int_s \boldsymbol{J} \cdot d\boldsymbol{S}}{Ul} = \frac{\sigma_d \int_s \boldsymbol{E} \cdot d\boldsymbol{S}}{Ul} \qquad (1.8-7)$$

将同轴线内外导体间的电场强度和电位公式(1.8-1)代入上式后得

$$G = \frac{\sigma_d \int_s E_\rho dS_\rho}{Ul} = \frac{\sigma_d \int_s E_\rho dS_\rho}{Ul} = \frac{\sigma_d \int_s E_\rho \rho d\varphi dz}{Ul}$$

$$= \frac{1}{l} \sigma_d \int_0^l dz \int_0^{2\pi} d\varphi / \ln \frac{D}{d} = 2\pi \sigma_d / \ln \frac{D}{d} \qquad (1.8-8)$$

式中，σ_d 是内外导体之间介质材料的电导率。

同轴线无耗时，仅有分布电容和分布电感。

(5) 同轴线的特性阻抗

当 $R = G = 0$ 时，将单位电容式(1.8-2)、单位电感式(1.8-4)代入无耗或小损耗传输线特性阻抗公式(1.3-3)和式(1.3-4)，有同轴线特性阻抗

$$Z_0 = \sqrt{\frac{L}{C}} = \frac{1}{2\pi}\sqrt{\frac{\mu}{\varepsilon}}\ln\frac{D}{d} = \frac{1}{2\pi}\sqrt{\frac{\mu_0\mu_r}{\varepsilon_0\varepsilon_r}}\ln\frac{D}{d} = 60\sqrt{\frac{\mu_r}{\varepsilon_r}}\ln\frac{D}{d} \qquad (1.8-9)$$

式中，μ_0、ε_0、μ_r、ε_r 分别是真空磁导率、真空介电常数、相对磁导率、相对介电常数。

1.8.2　同轴线的等效电路

在低频下，两根形状并无特殊要求的平行导线即可完成传输能量的任务。但随着频率升高，波长与导线间的距离可以相比拟时，能量通过导线辐射到空间中，致使辐射损耗增加、传输效率降低。为了避免辐射损耗，在较高的工作频率下，应用同轴线将电磁场限制在内外导体之间。在微波频段，同轴线结构固有的分布参数的作用变得显著，需要通过传输线方程进行分析。前面1.2.1节传输线等效电路，就是这种分布参数的表示。现在，以同轴线为例说明这种等效的过程。众所周知，电容在导体之间存在，电感在导体回路中存在，因此，在同轴线的等效电路中，有并联的内外导体之间的分布电容和串联的内外导体构成的回路中的分布电感。随着频率增高，趋肤效应也愈发显著，特别是在较细的内导体上，产生了较大的分布电阻，串联在电路中。此外，内外导体间填充的物质如果不是理想介质的话，还会有并联的分布漏电导存在。图1-27所示即为同轴线的等效电路。

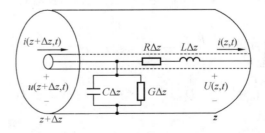

图 1-27　同轴线的等效电路

1.8.3　同轴线结构与特性阻抗的关系

设同轴线外导体接地，内外导体间传输的电压为 $U(z)$，当同轴线处于行波状态下

时，根据传输线方程(1.4-1a)和式(1.8-9)可知沿线的电压、电流和传输功率为

$$U(z) = A_+ e^{+j\beta z} = U_0 e^{+j\beta z} \tag{1.8-10a}$$

$$I(z) = \frac{U(z)}{Z_0} = \frac{2\pi U_0}{\sqrt{\mu/\varepsilon}\ln(D/d)} e^{+j\beta z} \tag{1.8-10b}$$

$$P = \frac{1}{2}\mathrm{Re}[UI^*] = \frac{2\pi U_0^2}{\sqrt{\mu/\varepsilon}\ln(D/d)} \tag{1.8-10c}$$

由特性阻抗公式可知，同轴线的特性阻抗和外径与内径之比 $D/d = x$ 有关。下面在固定外导体直径 D 的条件下，通过选择直径比 x，计算耐压最高、传输功率最大和衰减最小状态下的特性阻抗。

(1) 耐压最高时的特性阻抗

将 $\rho = d$ 代入公式(1.8-1)，有内导体表面的电场

$$E_d = \frac{U}{d\ln(D/d)} = \frac{U}{d\ln x} \tag{1.8-11a}$$

为达到耐压最大，令上式中 $E_d = E_{\max}$，即取介质的极限击穿电场，有

$$U_{\max} = dE_{\max}\ln x = DE_{\max}\frac{\ln x}{x} \tag{1.8-11b}$$

取极值 $\mathrm{d}U_{\max}/\mathrm{d}x = 0$，求得同轴线达到最大耐压时的直径比

$$x = \frac{D}{d} \approx 2.72 \tag{1.8-11c}$$

代入式(1.8-9)，可知当同轴线中填充空气时，耐压最大的特性阻抗

$$Z_0 = 60\sqrt{\frac{\mu_r}{\varepsilon_r}}\ln\frac{D}{d} \approx 60\ln 2.72 \approx 60\ \Omega \tag{1.8-11d}$$

(2) 传输功率最大时的特性阻抗

限制传输功率的因素也是内导体表面的电场，令 $P = P_{\max}$，将式(1.8-11b)代入式(1.8-10c)，得

$$P_{\max} = \frac{2\pi d^2 E_{\max}^2}{\sqrt{\mu/\varepsilon}}\ln x = \frac{2\pi D^2 E_{\max}^2}{\sqrt{\mu/\varepsilon}}\frac{\ln x}{x^2} \tag{1.8-12a}$$

取极值 $\mathrm{d}P_{\max}/\mathrm{d}x = 0$，得

$$x = \frac{D}{d} \approx 1.65 \tag{1.8-12b}$$

由式(1.8-9)可知，当同轴线中填充空气时，传输功率最大时的特性阻抗为

$$Z_0 = 60\sqrt{\frac{\mu_r}{\varepsilon_r}}\ln\frac{D}{d} \approx 60\ln 1.65 \approx 30\ \Omega \tag{1.8-12c}$$

(3) 衰减最小时的特性阻抗

同轴线的损耗由导体损耗和介质损耗引起，因导体损耗远大于介质损耗，故只计算导体损耗。由式(1.3-9)可知，介质漏电导 $G = 0$ 时的衰减系数为

$$\alpha_c = \frac{R}{2Z_0} \tag{1.8-13a}$$

将式(1.8-6)和式(1.8-9)代入上式，得

$$\alpha_c = \frac{R_s}{2\sqrt{\mu/\varepsilon}\ln x}\left(\frac{1}{d} + \frac{1}{D}\right) = \frac{R_s}{2D\sqrt{\mu/\varepsilon}\ln x}(1+x) \tag{1.8-13b}$$

求极值 $d\alpha_c/dx=0$，有

$$x\ln x - x - 1 = 0 \qquad (1.8-13c)$$

该超越方程的解为

$$x = \frac{D}{d} \approx 3.59 \qquad (1.8-13d)$$

回代到式(1.8-9)，有空气填充的同轴线获得衰减最小时的特性阻抗

$$Z_0 = 60\sqrt{\frac{\mu_r}{\varepsilon_r}}\ln\frac{D}{d} = 60\ln 3.59 \approx 76.7\ \Omega \qquad (1.8-13e)$$

目前在微波技术中常用的同轴线有特性阻抗为 50 Ω 和 75 Ω 两个标准值。其中，50 Ω 同轴线兼顾耐压、功率容量和衰减的要求，是一种通用型同轴传输线；75 Ω 同轴线是衰减最小的同轴线，主要用于远距离传输。相同特性阻抗的同轴线也有不同的规格（如 75-5，75-9）。一般来说，越粗的同轴线衰减越小。上述结论是在空气填充情况下得出的，如附录 1-7.1 的硬同轴线；填充其他绝缘介质同轴线，如附录 1-7.2 的同轴射频电缆，会有不同的结果。

本　章　小　结

本章将 Faraday 电磁感应定律和 Ampere 环路定律应用到微线元等效电路，从 Maxwell 方程到 Kirchhoff 电压和电流定律，建立了传输线方程，化场为路。在均匀传输线理论适用的 TEM 波传输线上，因电压和电场、电流和磁场之间一一对应的确定关系（证明在第 2 章中给出），传输线理论中的特性阻抗、传播常数、相速度、波长等和电磁理论中对应参数是等同的。在传输线方程表现了电压和电流沿线变化的波动性质后，电路理论中的功率、串并联等基本定律和公式等同样成立。

如果在分析 TEM 波导系统时注重波导的传输特性，就可用电压波和电流波进行分析，本章的电路方法比较简便。如果需要分析导波系统横截面结构对波传播的影响、了解横截面上的电磁场分布，就要用到第 2 章的场的方法。电路分析法中传输线的集总参数，如单位长电容、电感、电阻、电导等，也是用场的方法得出的。

习　题

1.1　什么叫传输线？微波传输线可分为哪几类？

1.2　什么是"长线"？什么是"短线"？

1.3　传输线长度为 10 cm，当信号频率为 937.5 MHz 时，此传输线是长线还是短线？当信号频率为 6 MHz 时，此传输线是长线还是短线？

1.4　什么叫做分布参数电路？它与集总参数电路在概念和处理方法上有何不同？为什么说分布电阻、分布电感、分布电容和分布电导随频率的增高不容忽略？

1.5　设双导线的分布电感 $L=0.999$ nH/mm，分布电容 $C=0.100\ 1$ pF/mm，比较工作频率为 50 Hz 和 5 GHz 时串联电抗和并联电纳的大小。

1.6 在图 1-5 至图 1-9 的传输线上正弦谐变的电压分布 U、电流分布 I 为什么用 $|U|$ 和 $|I|$ 表示?

1.7 有特性阻抗 $Z_0 = 100\ \Omega$ 的均匀无耗传输线,传送 3 GHz 信号,端接 $Z_l = 75 + j100\ \Omega$ 负载,试求传输线上的驻波系数、离负载 10 cm 处的反射系数、离负载 2.5 cm 处的输入阻抗。

1.8 有特性阻抗为 Z_0 的无耗传输线,第一个电压波节点到负载的距离 l_{minl},试证明终端负载为

$$Z_l = Z_0 \frac{1 - j\rho\tan(\beta l_{minl})}{\rho - j\tan(\beta l_{minl})}$$

式中,ρ 为驻波系数。

1.9 在特性阻抗 $Z_0 = 50\ \Omega$ 的均匀无耗传输线上,测得 $|U|_{max} = 100\ \text{mV}$,$|U|_{min} = 20\ \text{mV}$,第一个电压波节点的位置离负载 $l_{minl} = \lambda/3$,求负载阻抗 Z_l。

1.10 在特性阻抗 $Z_0 = 600\ \Omega$ 的无耗双导线上测得 $|U_{max}| = 200\ \text{V}$,$|U_{min}| = 40\ \text{V}$,第一电压波节点 $l_{minl} = 0.15\lambda$,求负载阻抗 Z_l。

1.11 求无耗传输线回波损耗分别为 3 dB 和 10 dB 时的驻波系数。

1.12 有如题 1.12 图所示的无耗传输线组成的电路,试分析:① 各段工作状态并求驻波比;② 绘制各段电压、电流振幅分布图,给出电压极大、极小值;③ 计算负载吸收功率。

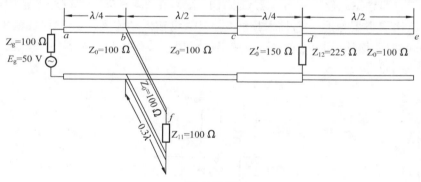

题 1.12 图

1.13 长度为 $\lambda/8$ 的均匀无耗传输线 $Z_0 = 100\ \Omega$,终端接 $Z_l = 200 + j300\ \Omega$ 负载,信源电压 $E_g = 500\ \text{V} \angle 0°$,内阻 $R_g = 100\ \Omega$。求传输线始端电压、电流,负载吸收的平均功率和终端电压。

1.14 无耗传输线特性阻抗 $Z_0 = 150\ \Omega$,终端负载 $Z_l = 250 + j100\ \Omega$,用如题 1.14 图所示的 $\lambda/4$ 阻抗变换器实现匹配,试求变换器的特性阻抗 Z_0' 和到负载的距离。

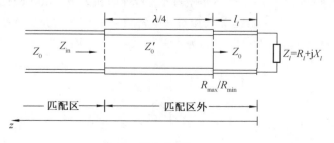

题 1.14 图

1.15 有特性阻抗 $Z_0 = 50\ \Omega$ 的均匀无耗传输线,终端接 $Z_l = 100 + j75\ \Omega$ 负载。如果用 $\lambda/4$ 阻抗变换器进行匹配,如题 1.15 图分别将短路线并接在 $\lambda/4$ 阻抗变换器前后,试求这两种情况下变换器的特性阻抗 Z_0' 和短路线长度 l。

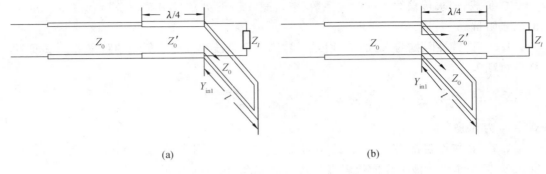

题 1.15 图

1.16 均匀无耗传输线特性阻抗 $Z_0 = 50\ \Omega$,负载阻抗 $Z_l = 10 + j30\ \Omega$。试用公式法和 Smith 圆图求串联单支节匹配器的位置和长度。

1.17 均匀无耗传输线特性阻抗 $Z_0 = 50\ \Omega$,负载阻抗 $Z_l = 25 - j75\ \Omega$。试用公式法和 Smith 圆图求出并联单支节匹配器的位置和长度。

1.18 有同轴型三路功率分配器(题 1.18 图),在 2.5～5.5 GHz 频率范围内输入端的输入驻波比均小于等于 1.5,插入损耗 0.5 dB,设输入功率平均分配到各输出端口,试求:输入端的回波损耗(用 dB 表示),各输出端口得到的输出功率与输入端总输入功率的比值(用%表示)。

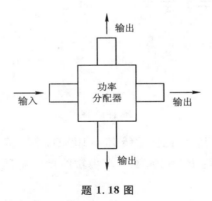

题 1.18 图

1.19 求内、外导体直径分别为 $d = 0.25$ cm,$D = 0.75$ cm 的空气同轴线的特性阻抗。若在内、外导体间填充 $\varepsilon_r = 2.25$ 的介质,求特性阻抗及 $f = 300$ MHz 时的波长。

1.20 有一空气介质同轴线,装入相对介电常数 $\varepsilon_r = 2.55$ 的介质支撑片。同轴线外导体内径和内导体外径如题 1.20 图所示,为不引起反射,介质填充部分导体的内径应为多少?

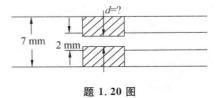

题 1.20 图

1.21 同轴线长 5 m，充有介质 $\varepsilon_r = 2.25$，传播 $f = 20\ \text{MHz}$ 电磁波，终端短路时测得输入阻抗 $Z_{ins} = j4.61\ \Omega$，终端理想开路时测得输入阻抗 $Z_{ino} = -j1\ 390\ \Omega$，试求同轴线特性阻抗 Z_0。

1.22 空气绝缘的同轴线外导体的内径 $D = 20\ \text{mm}$，当要求同轴线耐压最高、传输功率最大或衰减最小时，同轴线内导体的直径 d 各为多少？

1.23 常用的平行双导线的特性阻抗有 $250, 400, 600\ \Omega$ 三种，试阐述平行双导线传输线的设计原则。

第 2 章　规则波导

　　规则波导是指沿电磁波传播方向无限长（相当于波导在行波状态下工作，终端接匹配负载）的直波导，波导横截面的几何形状、尺寸和填充媒质不随波导长度变化。最简单、最重要的规则波导是金属空管波导和同轴线。其中，金属空管波导这类单导体传输线中不可能传播 TEM 波。因为如果有 TEM 波存在，那么磁力线完全在横截面内，且是闭合线。按照 Ampere 环路定律，磁场的环路积分应等于被环路包围的轴向电流，该电流可以是传导电流也可以是位移电流。在双导体或多导体系统中，轴向电流可以是导体上的传导电流。例如，在同轴传输线中，轴向电流就是内导体上的传导电流。但在空管波导中只能是位移电流，这表示沿轴线方向有电场存在，这是 TEM 波不允许有的现象。所以，空管波导中不可能存在 TEM 波，只有双导体或多导体系统才有可能传输 TEM 波。因此，一般采用场的方法分析空管波导。

2.1　规则波导中的场

　　规则金属波导中为空气，或填充了介电常数为 ε、磁导率为 μ 的均匀、线性、各向同性的其他介质，波导腔内无自由电荷和传导电流、信源（激励源）位于无限远处，那么时谐场的 Maxwell 方程为

$$\nabla \times \boldsymbol{E}(\boldsymbol{r}) = -\mathrm{j}\omega\mu\boldsymbol{H}(\boldsymbol{r}) \tag{2.1-1a}$$

$$\nabla \times \boldsymbol{H}(\boldsymbol{r}) = \mathrm{j}\omega\varepsilon\boldsymbol{E}(\boldsymbol{r}) \tag{2.1-1b}$$

$$\nabla \cdot \boldsymbol{E}(\boldsymbol{r}) = 0 \tag{2.1-1c}$$

$$\nabla \cdot \boldsymbol{H}(\boldsymbol{r}) = 0 \tag{2.1-1d}$$

　　对式（2.1-1a）两边取旋度，代入式（2.1-1b），应用矢量恒等式 $\nabla \times \nabla \times \boldsymbol{A} = \nabla\nabla \cdot \boldsymbol{A} - \nabla^2\boldsymbol{A}$ 后，将式（2.1-1c）代入，有电场 $\boldsymbol{E}$（单位 V/m）的齐次 Helmholtz 方程

$$\nabla^2\boldsymbol{E}(\boldsymbol{r}) + k^2\boldsymbol{E}(\boldsymbol{r}) = 0 \tag{2.1-2a}$$

　　同样对式（2.1-1b）两边取旋度，代入式（2.1-1a），应用上述矢量恒等式和式（2.1-1d），得到磁场 $\boldsymbol{H}$（单位 A/m）的齐次 Helmholtz 方程

$$\nabla^2\boldsymbol{H}(\boldsymbol{r}) + k^2\boldsymbol{H}(\boldsymbol{r}) = 0 \tag{2.1-2b}$$

式中

$$k^2 = \omega^2\mu\varepsilon = \left(\frac{2\pi}{\lambda}\right)^2 \tag{2.1-2c}$$

是信源的传播常数，λ 是信源波长。

　　电磁波在规则波导中传播的方向（一般取坐标 z 的方向）称为波导的纵向或轴向，与波传播方向垂直的方向为横向。分析波导中的场，是要得到电磁波沿波导纵向的传播规律和电磁波在波导横截面内的分布情况。根据规则波导的特点，显然在波导的任何一个

横截面上场的横向分布都与坐标 z 无关,故可将 E,H 进行如下的变量分离:

$$E(r) = E(t)Z(z) \tag{2.1-3a}$$

$$H(r) = H(t)Z(z) \tag{2.1-3b}$$

其中,t 表示横向坐标,可以代表直角坐标中的 (x,y),也可以代表圆柱坐标中的 (ρ,φ)。

设 ∇_t^2 为二维横向 Laplace 算符,那么有

$$\nabla^2 = \nabla_t^2 + \frac{\partial^2}{\partial z^2} \tag{2.1-4}$$

将式(2.1-3)和式(2.1-4)代入到 Helmholtz 方程(2.1-2)中,整理后得

$$\frac{(\nabla_t^2 + k^2)E(t)}{E(t)} + \frac{1}{Z(z)}\frac{d^2 Z(z)}{dz^2} = 0 \tag{2.1-5a}$$

$$\frac{(\nabla_t^2 + k^2)H(t)}{H(t)} + \frac{1}{Z(z)}\frac{d^2 Z(z)}{dz^2} = 0 \tag{2.1-5b}$$

式(2.1-5)中左边第一项是横向坐标 t 的函数,与变量 z 无关;第二项是 z 的函数,与 t 无关。只有二者均为常数,上式才能成立。设该常数为 γ^2,如果取

$$\frac{(\nabla_t^2 + k^2)E(t)}{E(t)} = -\gamma^2, \quad \frac{1}{Z(z)}\frac{d^2 Z(z)}{dz^2} = \gamma^2$$

得到两组方程

$$\left.\begin{array}{l} \nabla_t^2 E(t) + (k^2 + \gamma^2)E(t) = 0 \\ \dfrac{d^2 Z(z)}{dz^2} - \gamma^2 Z(z) = 0 \end{array}\right\} \tag{2.1-5c}$$

$$\left.\begin{array}{l} \nabla_t^2 H(t) + (k^2 + \gamma^2)H(t) = 0 \\ \dfrac{d^2 Z(z)}{dz^2} - \gamma^2 Z(z) = 0 \end{array}\right\} \tag{2.1-5d}$$

两组方程解的形式相同,其中的第二式是形如第 1 章式(1.2-11)的二阶常系数微分方程,通解为

$$Z(z) = A_+ e^{-\gamma z} + A_- e^{+\gamma z}$$

由于波导是无限长的,只有信源向负载沿 z 方向的入射波,没有反射波,故解的形式为

$$Z(z) = A_+ e^{-\gamma z}$$

与第 1 章纵向坐标由负载指向信源、入射波沿 $-z$ 方向传播不同,这里的坐标 z 的正向由信源指向负载。将上式回代到式(2.1-3)中,有

$$E(r) = E(t)e^{-\gamma z} \tag{2.1-6a}$$

$$H(r) = H(t)e^{-\gamma z} \tag{2.1-6b}$$

待定系数 A_+ 合入 $E(t)$ 和 $H(t)$ 中,γ 一般情况下是复数,可表示为

$$\gamma = \alpha + j\beta \tag{2.1-6c}$$

式中,γ 是纵向传播常数,α 是衰减常数,β 是相移常数。$E(t)$ 和 $H(t)$ 是电场和磁场在波导横截面上的分布函数,它们所满足的式(2.1-5c)和式(2.1-5d)还可写为

$$\nabla_t^2 E(t) + k_c^2 E(t) = 0 \tag{2.1-7a}$$

$$\nabla_t^2 H(t) + k_c^2 H(t) = 0 \tag{2.1-7b}$$

其中

$$k_c^2 = k^2 + \gamma^2 \tag{2.1-7c}$$

为传输系统的本征值,由波导的横截面形状、几何尺寸和波型决定。分布函数 $E(t)$,$H(t)$ 和 k_c 需要在给定横截面的具体边界条件后解出。直接求解方程(2.1−7)比较复杂。实际上,无源区中的场量仅需两个标量即可表示全部分量。故可利用 Maxwell 方程组中的两个旋度方程通过纵向分量求出横向分量,这种方法也称为纵向分量法。为此,将式(2.1−2)的场在直角和圆柱坐标中分解为如下的横向与纵向分量

$$E(r) = E_t(r) + \hat{z}E_z(r) \qquad (2.1-8a)$$

$$H(r) = H_t(r) + \hat{z}H_z(r) \qquad (2.1-8b)$$

把上式代回方程(2.1−2)后,根据相同矢量的对应分量相等,得到纵向分量的方程

$$\nabla^2 E_z(r) + k^2 E_z(r) = 0 \qquad (2.1-8c)$$

$$\nabla^2 H_z(r) + k^2 H_z(r) = 0 \qquad (2.1-8d)$$

将 E_z 和 H_z 变量分离成 $E_z(r) = E_z(t)Z(z)$,$H_z(r) = H_z(t)Z(z)$,与式(2.1−4)的二维 Laplace 算符 $\nabla^2 = \nabla_t^2 + \partial^2/\partial z^2$ 一起代入式(2.1−8c)式(2.1−8d)后,按照前面式(2.1−5)、式(2.1−6)和式(2.1−7)的步骤,得到

$$\left.\begin{array}{l} \nabla_t^2 E_z(t) + k_c^2 E_z(t) = 0 \\ E_z(r) = E_z(t)\mathrm{e}^{-\gamma z} \end{array}\right\} \qquad (2.1-9a)$$

$$\left.\begin{array}{l} \nabla_t^2 H_z(t) + k_c^2 H_z(t) = 0 \\ H_z(r) = H_z(t)\mathrm{e}^{-\gamma z} \end{array}\right\} \qquad (2.1-9b)$$

式中的 $E_z(t)$ 和 $H_z(t)$ 将在直角和圆柱坐标下进一步分离变量后,在给定横截面的具体边界条件后解出。

2.1.1 直角坐标中的纵向分量法

在直角坐标系中,式(2.1−6)可以写为

$$E(r) = E(t)\mathrm{e}^{-\gamma z} = [\hat{x}E_x(t) + \hat{y}E_y(t) + \hat{z}E_z(t) +]\mathrm{e}^{-\gamma z} \qquad (2.1-10a)$$

$$H(r) = H(t)\mathrm{e}^{-\gamma z} = [\hat{x}H_x(t) + \hat{y}H_y(t) + \hat{z}H_z(t)]\mathrm{e}^{-\gamma z} \qquad (2.1-10b)$$

将 Maxwell 旋度方程(2.1−1a)和方程(2.1−1b)在直角坐标系中展开

$$\nabla \times E = \left(\frac{\partial E_z}{\partial y} - \frac{\partial E_y}{\partial z}\right)\hat{x} + \left(\frac{\partial E_x}{\partial z} - \frac{\partial E_z}{\partial x}\right)\hat{y} + \left(\frac{\partial E_y}{\partial x} - \frac{\partial E_x}{\partial y}\right)\hat{z}$$

$$= -\mathrm{j}\omega\mu(H_x\hat{x} + H_y\hat{y} + H_z\hat{z}) \qquad (2.1-11a)$$

$$\nabla \times H = \left(\frac{\partial H_z}{\partial y} - \frac{\partial H_y}{\partial z}\right)\hat{x} + \left(\frac{\partial H_x}{\partial z} - \frac{\partial H_z}{\partial x}\right)\hat{y} + \left(\frac{\partial H_y}{\partial x} - \frac{\partial H_x}{\partial y}\right)\hat{z}$$

$$= \mathrm{j}\omega\varepsilon(E_x\hat{x} + E_y\hat{y} + E_z\hat{z}) \qquad (2.1-11b)$$

由矢量相等对应分量相等并将式(2.1−10)代入,整理后有

$$\left.\begin{array}{l} \dfrac{\partial H_z}{\partial y} + \gamma H_y = \mathrm{j}\omega\varepsilon E_x \\[2mm] -\gamma E_x - \dfrac{\partial E_z}{\partial x} = -\mathrm{j}\omega\mu H_y \end{array}\right\} \qquad (2.1-11c)$$

$$\left.\begin{array}{l} -\gamma H_x - \dfrac{\partial H_z}{\partial x} = \mathrm{j}\omega\varepsilon E_y \\[2mm] \dfrac{\partial E_z}{\partial y} + \gamma E_y = -\mathrm{j}\omega\mu H_x \end{array}\right\} \qquad (2.1-11d)$$

分别联立求解式(2.1−11c)和式(2.1−11d),有

$$E_x = -\frac{1}{k_c^2}\left(\gamma\frac{\partial E_z}{\partial x}+j\omega\mu\frac{\partial H_z}{\partial y}\right) \tag{2.1-12a}$$

$$E_y = -\frac{1}{k_c^2}\left(\gamma\frac{\partial E_z}{\partial y}-j\omega\mu\frac{\partial H_z}{\partial x}\right) \tag{2.1-12b}$$

$$H_x = \frac{1}{k_c^2}\left(j\omega\varepsilon\frac{\partial E_z}{\partial y}-\gamma\frac{\partial H_z}{\partial x}\right) \tag{2.1-12c}$$

$$H_y = -\frac{1}{k_c^2}\left(j\omega\varepsilon\frac{\partial E_z}{\partial x}+\gamma\frac{\partial H_z}{\partial y}\right) \tag{2.1-12d}$$

上面式中用到了式(2.1-2c)和式(2.1-7c)的关系 $k^2=\omega^2\mu\varepsilon$，$k_c^2=k^2+\gamma^2$。上述结果表明，只需求出纵向分量 E_z 和 H_z，即可求出其余横向分量。为此将公式(2.1-9)在直角坐标中展开，进一步分离变量。由于电场和磁场的方程有相同的形式，故用 $TZ(x,y,z)$ 和 $T(x,y)$ 统一地表示 $E_z(x,y,z)$、$H_z(x,y,z)$ 和 $E_z(x,y)$、$H_z(x,y)$，那么有

$$\left(\frac{\partial^2}{\partial x^2}+\frac{\partial^2}{\partial y^2}\right)T(x,y)+k_c^2 T(x,y)=0 \tag{2.1-13a}$$

$$T(x,y)=X(x)Y(y) \tag{2.1-13b}$$

将式(2.1-13b)代入式(2.1-13a)，整理后有

$$\frac{1}{X(x)}\frac{d^2 X(x)}{dx^2}+\frac{1}{Y(x)}\frac{d^2 Y(y)}{dy^2}+k_c^2=0 \tag{2.1-13c}$$

为使上式成立，等式左边第一项和第二项须为常数，设分别等于 $-k_x^2$ 和 $-k_y^2$，那么有

$$\frac{d^2 X(x)}{dx^2}+k_x^2 X(x)=0 \tag{2.1-14a}$$

$$\frac{d^2 Y(y)}{dy^2}+k_y^2 Y(y)=0 \tag{2.1-14b}$$

$$k_x^2+k_y^2=k_c^2 \tag{2.1-14c}$$

代入具体问题的边界条件求解 $X(x)$ 和 $Y(y)$ 后，代回式(2.1-9a)和式(2.1-9b)的第二式，有直角坐标下电场和磁场的纵向分量

$$TZ(x,y,z)=X(x)Y(y)e^{-\gamma z} \tag{2.1-14d}$$

2.1.2　圆柱坐标中的纵向分量法

在圆柱坐标系中，式(2.1-6)可以写为

$$\boldsymbol{E}(r)=\boldsymbol{E}(t)e^{-\gamma z}=[\hat{\rho}E_\rho(t)+\hat{\varphi}E_\varphi(t)+\hat{z}E_z(t)]e^{-\gamma z} \tag{2.1-15a}$$

$$\boldsymbol{H}(r)=\boldsymbol{H}(t)e^{-\gamma z}=[\hat{\rho}H_\rho(t)+\hat{\varphi}H_\varphi(t)+\hat{z}H_z(t)]e^{-\gamma z} \tag{2.1-15b}$$

将 Maxwell 旋度方程(2.1-1a)和方程(2.1-1b)在圆柱坐标系中展开，得到

$$\nabla\times\boldsymbol{E}=\left(\frac{1}{\rho}\frac{\partial E_z}{\partial\varphi}-\frac{\partial E_\varphi}{\partial z}\right)\hat{\rho}+\left(\frac{\partial E_\rho}{\partial z}-\frac{\partial E_z}{\partial\rho}\right)\hat{\varphi}+\left[\frac{1}{\rho}\frac{\partial(\rho E_\varphi)}{\partial\rho}-\frac{1}{\rho}\frac{\partial E_\rho}{\partial\varphi}\right]\hat{z}$$
$$=-j\omega\mu(H_\rho\hat{\rho}+H_\varphi\hat{\varphi}+H_z\hat{z}) \tag{2.1-16a}$$

$$\nabla\times\boldsymbol{H}=\left(\frac{1}{\rho}\frac{\partial H_z}{\partial\varphi}-\frac{\partial H_\varphi}{\partial z}\right)\hat{\rho}+\left(\frac{\partial H_\rho}{\partial z}-\frac{\partial H_z}{\partial\rho}\right)\hat{\varphi}+\left[\frac{1}{\rho}\frac{\partial(\rho H_\varphi)}{\partial\rho}-\frac{1}{\rho}\frac{\partial H_\rho}{\partial\varphi}\right]\hat{z}$$
$$=j\omega\varepsilon(E_\rho\hat{\rho}+E_\varphi\hat{\varphi}+E_z\hat{z}) \tag{2.1-16b}$$

同样地，根据相同矢量的对应分量相等并将式(2.1-15)代入后，有

$$\left.\begin{aligned}\frac{1}{\rho}\frac{\partial H_z}{\partial\varphi}+\gamma H_\varphi=j\omega\varepsilon E_\rho\\-\gamma E_\rho-\frac{\partial E_z}{\partial\rho}=-j\omega\mu H_\varphi\end{aligned}\right\} \tag{2.1-16c}$$

$$-\gamma H_\rho - \frac{\partial H_z}{\partial \rho} = \mathrm{j}\omega\varepsilon E_\varphi \left.\right\}$$
$$\frac{1}{\rho}\frac{\partial E_z}{\partial \varphi} + \gamma E_\varphi = -\mathrm{j}\omega\mu H_\rho \left.\right\} \tag{2.1-16d}$$

将式(2.1-16c)和式(2.1-16d)分别联立求解,有圆柱坐标中用纵向分量表示的横向分量

$$E_\rho = -\frac{1}{k_\mathrm{c}^2}\left(\gamma\frac{\partial E_z}{\partial \rho} + \mathrm{j}\omega\mu\frac{\partial H_z}{\rho\partial \varphi}\right) \tag{2.1-17a}$$

$$E_\varphi = -\frac{1}{k_\mathrm{c}^2}\left(\gamma\frac{\partial E_z}{\rho\partial \varphi} - \mathrm{j}\omega\mu\frac{\partial H_z}{\partial \rho}\right) \tag{2.1-17b}$$

$$H_\rho = \frac{1}{k_\mathrm{c}^2}\left(\mathrm{j}\omega\varepsilon\frac{\partial E_z}{\rho\partial \varphi} - \gamma\frac{\partial H_z}{\partial \rho}\right) \tag{2.1-17c}$$

$$H_\varphi = -\frac{1}{k_\mathrm{c}^2}\left(\mathrm{j}\omega\varepsilon\frac{\partial E_z}{\partial \rho} + \gamma\frac{\partial H_z}{\rho\partial \varphi}\right) \tag{2.1-17d}$$

上面式中同样用到了式(2.1-2c)和式(2.1-7c)的关系 $k^2 = \omega^2\mu\varepsilon$,$k_\mathrm{c}^2 = k^2 + \gamma^2$。进一步地,将公式(2.1-9)在圆柱坐标中展开,用 $TZ(\rho,\varphi,z)$ 和 $T(\rho,\varphi)$ 统一地表示 $E_z(\rho,\varphi,z)$、$H_z(\rho,\varphi,z)$ 和 $E_z(\rho,\varphi)$、$H_z(\rho,\varphi)$,那么有

$$\left[\frac{1}{\rho}\frac{\partial}{\partial \rho}\left(\rho\frac{\partial}{\partial \rho}\right) + \frac{1}{\rho^2}\frac{\partial^2}{\partial \varphi^2}\right]T(\rho,\varphi) + k_\mathrm{c}^2 T(\rho,\varphi) = 0 \tag{2.1-18a}$$

$$T(\rho,\varphi) = R(\rho)\Phi(\varphi) \tag{2.1-18b}$$

将式(2.1-18b)代入式(2.1-18a)整理后有

$$\frac{1}{\rho R(\rho)}\frac{\partial}{\partial \rho}\left[\rho\frac{\mathrm{d}R(\rho)}{\mathrm{d}\rho}\right] + \frac{1}{\rho^2\Phi(\varphi)}\frac{\mathrm{d}^2\Phi(\varphi)}{\mathrm{d}\varphi^2} + k_\mathrm{c}^2 = 0 \tag{2.1-18c}$$

展开后再整理,有

$$\frac{1}{R(\rho)}\left[\rho^2\frac{\mathrm{d}^2 R(\rho)}{\mathrm{d}\rho^2} + \rho\frac{\mathrm{d}R(\rho)}{\mathrm{d}\rho} + \rho^2 k_\mathrm{c}^2 R(\rho)\right] = -\frac{1}{\Phi(\varphi)}\frac{\mathrm{d}^2\Phi(\varphi)}{\mathrm{d}\varphi^2} \tag{2.1-18d}$$

为使上式成立,令两边均为常数 m^2,有

$$\frac{\mathrm{d}^2\Phi(\varphi)}{\mathrm{d}\varphi^2} + m^2\Phi(\varphi) = 0 \tag{2.1-19a}$$

$$\frac{1}{R(\rho)}\left[\rho^2\frac{\mathrm{d}^2 R(\rho)}{\mathrm{d}\rho^2} + \rho\frac{\mathrm{d}R(\rho)}{\mathrm{d}\rho} + \rho^2 k_\mathrm{c}^2 R(\rho)\right] = m^2 \tag{2.1-19b}$$

圆柱坐标中 φ 以 2π 为周期,故有

$$\Phi(\varphi) = \Phi(\varphi + 2\pi) \tag{2.1-20a}$$

式(2.1-20a)称为周期条件,也是一种边界条件。因此式(2.1-19a)的通解为

$$\Phi(\varphi) = A_1\cos(m\varphi) + A_2\sin(m\varphi) = A\begin{cases}\cos(m\varphi)\\\sin(m\varphi)\end{cases} \tag{2.1-20b}$$

为保证函数的周期性,要求 m 为整数。上式表明,因圆波导的轴对称性,使场的极化方向具有不确定性,导行波的场在 φ 方向存在 $\cos(m\varphi)$ 和 $\sin(m\varphi)$ 两种可能的分布,它们是线性无关的两个独立成分,相互正交,截止波长相同。

式(2.1-19b)为 Bessel 方程,通解为

$$R(\rho) = B_1\mathrm{J}_m(k_c\rho) + B_2\mathrm{N}_m(k_c\rho) \tag{2.1-21a}$$

式中,J_m 是 m 阶第一类 Bessel 函数,N_m 是 m 阶 Neumann 函数或称为第二类 Bessel 函

数,两者统称为柱谐函数。柱谐函数不是初等函数,可用适当的无穷级数表示(数学手册中可查到曲线和函数表)。附录式(2-2.1)是柱谐函数的性质;附录式(2-2.2)是柱谐函数曲线;附录图 2.1 是 0 阶、1 阶、2 阶 Bessel 函数曲线,其中与 u 轴的一系列交点 u_{m1}、u_{m2}、$\cdots$、u_{mi}、$\cdots$、u_{mn} 称为 m 阶 Bessel 函数的第 n 个 0 点,是 $J_m(u)=0$ 的根,有无穷多个;附录图 2.2 是 0 阶、1 阶、2 阶 Neumann 函数曲线。根据谐函数的性质(2-2.2)和附录图 2.2,可知 $N_m(0)\to-\infty$,对应式(2.1-21a)中 $k_c\rho\to0$,$N_m(k_c\rho)\to-\infty$,与场量应为有限值矛盾,故取 $B_2=0$,那么

$$R(\rho)=B_1J_m(k_c\rho)$$

将上式和式(2.1-20b)代回式(2.1-9a)和式(2.1-9b)的第二式,有圆柱坐标下电场和磁场的纵向分量

$$TZ(\rho,\varphi,z)=AB_1J_m(k_c\rho)\begin{cases}\cos(m\varphi)\\\sin(m\varphi)\end{cases}e^{-\gamma z} \tag{2.1-21b}$$

2.2 波导的传输特性

2.2.1 导行波的传输特性

描述波导传输特性的主要参数有相移常数、截止波数、相速度、群速度、波导波长、波阻抗和传输功率等,现在无耗假设下分别讨论。

(1) 相移常数与截止波数

由式(2.1-6c)可知,波导无耗时 $\gamma=j\beta$,根据式(2.1-7c)得

$$\gamma=j\beta=\sqrt{k_c^2-k^2}=jk\sqrt{1-\left(\frac{k_c}{k}\right)^2} \tag{2.2-1a}$$

当 $k_c<k$ 时,传播常数 $\gamma=j\beta$ 为纯虚数,β 为实数

$$\beta=k\sqrt{1-\left(\frac{k_c}{k}\right)^2} \tag{2.2-1b}$$

称为波的相移常数。

当 $k_c>k$ 时,γ 恒为实数,β 为虚数

$$\beta=-jk\sqrt{\left(\frac{k_c}{k}\right)^2-1} \tag{2.2-1c}$$

波沿 z 轴指数律迅速衰减,不能在波导中传播。

当 $k_c=k$ 时,波的传播刚好截止,那么

$$k_c=k=\omega\sqrt{\varepsilon\mu}=2\pi f\sqrt{\varepsilon\mu} \tag{2.2-2}$$

称 k_c 为截止波数,式中的频率定义为截止频率

$$f=f_c=\frac{k_c}{2\pi\sqrt{\varepsilon\mu}} \tag{2.2-3}$$

由截止波数定义的截止波长为

$$k_c\lambda_c=2\pi \quad\rightarrow\quad \lambda_c=\frac{2\pi}{k_c}=\frac{1}{f_c\sqrt{\varepsilon\mu}} \tag{2.2-4}$$

(2) 相速、群速与波导波长

波导中的相速指等相位面沿轴向移动的速率,将式(2.1-14d)和式(2.1-21b)中的 $e^{-\gamma z}$ 写成瞬时表达式,即

$$\mathrm{Re}(e^{-\gamma z}e^{j\omega t}) = \mathrm{Re}(e^{-\alpha-j\beta}e^{j\omega t}) = e^{-\alpha}\cos(\omega t - \beta z)$$

对等相位面求时间的导数,有

$$\frac{\mathrm{d}}{\mathrm{d}t}(\omega t - \beta z) = 0$$

那么相速度为

$$v_{\mathrm{p}} = \frac{\mathrm{d}z}{\mathrm{d}t} = \frac{\omega}{\beta} = \frac{\omega}{k}\frac{1}{\sqrt{1-\left(\frac{k_{\mathrm{c}}}{k}\right)^2}} = \frac{\frac{c}{\sqrt{\mu_{\mathrm{r}}\varepsilon_{\mathrm{r}}}}}{\sqrt{1-\left(\frac{k_{\mathrm{c}}}{k}\right)^2}} = \frac{\frac{c}{\sqrt{\mu_{\mathrm{r}}\varepsilon_{\mathrm{r}}}}}{\sqrt{1-\left(\frac{\lambda}{\lambda_{\mathrm{c}}}\right)^2}} \tag{2.2-5}$$

式中,c 为真空中的光速。可以看出,相速度与频率有关,具有色散特性,不同频率的波相速度不同。还可以看到,对导行波来说 $k_{\mathrm{c}} < k$,在这种情况下 $v_{\mathrm{p}} > c/\sqrt{\mu_{\mathrm{r}}\varepsilon_{\mathrm{r}}}$,即在规则波导中波的传播速度要比在无界空间媒质中传播的速度要快。实际上,色散波的相速并不代表信号或能量的传输速度。电磁波能够传输信号是对波进行调制的结果,信号的传递速度应为调制波中反映信号情况的包络的传播速度,为此引入群速(Group Velocity)的概念。

群速 v_{g} 指的是一群具有相近 ω 和 β 的波群在传输过程中的共同相速。与相速度一样,群速用场的瞬时表达式导出。设有两个等幅且频率及相位差很小的向 $+z$ 方向传播的正弦波

$$E_1 = E_0\cos(\omega t - \beta z)$$
$$E_2 = E_0\cos[(\omega-\Delta\omega)t + (\beta-\Delta\beta)z]$$

叠加后,运用三角函数和差化积公式并考虑到 $\Delta\omega \ll \omega$ 和 $\Delta\beta \ll \beta$,有

$$E = E_1 + E_2 = E_0\{\cos(\omega t - \beta z) + \cos[(\omega+\Delta\omega)t - (\beta+\Delta\beta)z]\}$$
$$= 2E_0\cos\left[\left(\omega+\frac{\Delta\omega}{2}\right)t - \left(\beta+\frac{\Delta\beta}{2}\right)z\right]\cos\left(\frac{\Delta\omega}{2}t - \frac{\Delta\beta}{2}z\right)$$
$$\approx \left[2E_0\cos\left(\frac{\Delta\omega}{2}t - \frac{\Delta\beta}{2}z\right)\right]\cos(\omega t - \beta z)$$

式中,包络的等相位面

$$\frac{\Delta\omega}{2}t - \frac{\Delta\beta}{2}z = \mathrm{const.} \quad \rightarrow \quad z = \frac{\Delta\omega}{\Delta\beta}t - \frac{2c}{\Delta\beta}$$

包络等相位面沿传播方向的速度即是群速

$$v_{\mathrm{g}} = \frac{\mathrm{d}z}{\mathrm{d}t} = \frac{\Delta\omega}{\Delta\beta} \rightarrow \frac{\mathrm{d}\omega}{\mathrm{d}\beta} = \frac{1}{\mathrm{d}\beta/\mathrm{d}\omega}$$

将式(2.2-1b)代入,当 k_{c} 为常数时,有

$$v_{\mathrm{g}} = \frac{c\sqrt{1-(k_{\mathrm{c}}/k)^2}}{\sqrt{\mu_{\mathrm{r}}\varepsilon_{\mathrm{r}}}} = \frac{c\sqrt{1-(\lambda/\lambda_{\mathrm{c}})^2}}{\sqrt{\mu_{\mathrm{r}}\varepsilon_{\mathrm{r}}}} \tag{2.2-6}$$

波导波长用纵向传播系数中的相移常数 β 定义,有

$$\lambda_{\mathrm{g}} = \frac{2\pi}{\beta} = \frac{2\pi}{k}\frac{1}{\sqrt{1-(k_{\mathrm{c}}/k)^2}} = \frac{\lambda}{\sqrt{1-(\lambda/\lambda_{\mathrm{c}})^2}} \tag{2.2-7}$$

（3）波阻抗

波导中的波阻抗为相互正交的横向电场和横向磁场之比，表达式为

$$Z = \frac{E_t}{H_t} \qquad (2.2-8)$$

式中，E_t、H_t 和传播方向 z 之间满足右手定则的关系。

（4）传输功率

由 Poynting 定理，波导中某个波型的传输功率 P 为

$$P = \frac{1}{2}\mathrm{Re}\iint_S (\boldsymbol{E} \times \boldsymbol{H}^*) \cdot \mathrm{d}\boldsymbol{S} = \frac{1}{2}\mathrm{Re}\iint_S (\boldsymbol{E}_t \times \boldsymbol{H}_t^*) \cdot \hat{z}\mathrm{d}S$$

$$= \frac{1}{2Z}\iint_S |\boldsymbol{E}_t|^2 \mathrm{d}S = \frac{Z}{2}\iint_S |\boldsymbol{H}_t|^2 \mathrm{d}S \qquad (2.2-9)$$

式中，$\mathrm{d}\boldsymbol{S}$ 是与波传播方向相一致的面元，Z 为该波型的波阻抗。

2.2.2　导行波的分类

（1）横电磁波

横电磁波的特征是沿电磁波传播方向的电场 $E_z = 0$、磁场 $H_z = 0$，场只有横向分量，没有纵向分量。根据式（2.1-12）和式（2.1-17）可知，要使电场和磁场的横向分量有非 0 解，即 TEM 波的各分量不为 0，须有 $k_c^2 = 0$。由式（2.2-3）和式（2.2-4）可知，此时 $f_c = 0$，$\lambda_c = \infty$。

（2）横电波

横电波的特征是 $E_z = 0$ 且 $H_z \neq 0$，电场只有横向分量，没有纵向分量，磁场有纵向分量，故又称为磁波（H 波）。

（3）横磁波

横磁波的特征是 $E_z \neq 0$ 且 $H_z = 0$，磁场只有横向分量，没有纵向分量，电场有纵向分量，故又称为电波（E 波）。

（4）混合波

混合波的特征是 $E_z \neq 0$ 且 $H_z \neq 0$。这种波可以表示为 TE 波和 TM 波的线性组合。按照组合中 E 波占优势还是 H 波占优势，混合波又可分为 EH 波或 HE 波。介质波导中这种工作波型居多。

2.3　矩形波导

矩形波导（Rectangular Waveguide）是横截面为矩形的空管波导，是微波技术中最常用的传输系统之一。根据构成波导边界的形状，可采用直角坐标系来分析，如图 2-1 所示，其中 a 为宽边，b 为窄边。

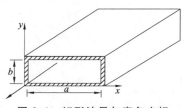

图 2-1　矩形波导与直角坐标

设波导内填充的介质无耗、波导壁为理想导体,在这种条件下式(2.1-6c)表示的纵向传播常数 $\gamma = j\beta$。理想导体和矩形波导内表面上的边界条件(见图 2-2)为

$$\begin{cases} \hat{n} \times (\boldsymbol{E}_1 - \boldsymbol{E}_2) = \hat{n} \times \boldsymbol{E} = 0 \\ \hat{n} \times (\boldsymbol{H}_1 - \boldsymbol{H}_2) = \hat{n} \times \boldsymbol{H} = \boldsymbol{J}_s \\ \hat{n} \cdot (\boldsymbol{D}_1 - \boldsymbol{D}_2) = \hat{n} \cdot \boldsymbol{D} = \rho_s \\ \hat{n} \cdot (\boldsymbol{B}_1 - \boldsymbol{B}_2) = \hat{n} \cdot \boldsymbol{B} = 0 \end{cases} \quad (2.3-1)$$

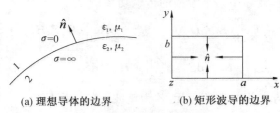

(a) 理想导体的边界　　　　(b) 矩形波导的边界

图 2-2　边界条件

根据上式有表 2-1 所示矩形波导内壁上的边界条件。

表 2-1　矩形波导内表面的边界条件

$x=0,y$		$x=a,y$		$x,y=0$		$x,y=b$	
$E_x = \dfrac{\rho_s}{\varepsilon}$	$H_x = 0$	$E_x = -\dfrac{\rho_s}{\varepsilon}$	$H_x = 0$	$E_x = 0$	$H_x = -J_z$	$E_x = 0$	$H_x = J_z$
$E_y = 0$	$H_y = J_z$	$E_y = 0$	$H_y = -J_z$	$E_y = \dfrac{\rho_s}{\varepsilon}$	$H_y = 0$	$E_y = -\dfrac{\rho_s}{\varepsilon}$	$H_y = 0$
$E_z = 0$	$H_z = -J_y$	$E_z = 0$	$H_z = J_y$	$E_z = 0$	$H_z = J_x$	$E_z = 0$	$H_z = -J_x$
根据式(2.1-11d)第一式 $-j\beta H_x - \dfrac{\partial H_z}{\partial x} = j\omega\varepsilon E_y$				根据式(2.1-11c)第一式 $\dfrac{\partial H_z}{\partial y} + j\beta H_y = j\omega\varepsilon E_x$			
$\dfrac{\partial H_z}{\partial x} = 0$		$\dfrac{\partial H_z}{\partial x} = 0$		$\dfrac{\partial H_z}{\partial y} = 0$		$\dfrac{\partial H_z}{\partial y} = 0$	

2.3.1　矩形波导中的场

如前所述,矩形波导不能存在 TEM 波,只能传输 TE 或 TM 波,分别讨论如下。

(1) 矩形波导中的 TE 波

此时 $E_z = 0$,根据公式(2.1-12),波导中的场有如下形式

$$E_x = -\frac{j\omega\mu}{k_c^2} \frac{\partial H_z}{\partial y} \quad (2.3-2a)$$

$$E_y = \frac{j\omega\mu}{k_c^2} \frac{\partial H_z}{\partial x} \quad (2.3-2b)$$

$$H_x = -\frac{j\beta}{k_c^2} \frac{\partial H_z}{\partial x} \quad (2.3-2c)$$

$$H_y = -\frac{j\beta}{k_c^2} \frac{\partial H_z}{\partial y} \quad (2.3-2d)$$

根据表 2-1 中的基本边界条件,有

$$H_z\big|_{x=0,y} = -J_y, \quad H_z\big|_{x=a,y} = J_y, \quad H_z\big|_{x,y=0} = J_x, \quad \frac{\partial H_z}{\partial y}\bigg|_{x,y=b} = -J_x$$

方程(2.1-14a)和方程(2.1-14b)表示的 $H_z(x,y)$ 解的形式为

$$H_z(x,y) = [A_1\cos(k_x x) + A_2\sin(k_x x)][B_1\cos(k_y y) + A_2\sin(k_y y)] \qquad (2.3-3a)$$

再利用表 2-1 中的导出边界条件

$$\left.\frac{\partial H_z}{\partial x}\right|_{x=0,y} = 0, \quad \left.\frac{\partial H_z}{\partial x}\right|_{x=a,y} = 0, \quad \left.\frac{\partial H_z}{\partial y}\right|_{x,y=0} = 0, \quad \left.\frac{\partial H_z}{\partial y}\right|_{x,y=b} = 0$$

确定式(2.3-3a)中的待定系数,可得

$$A_2 = 0, \quad B_2 = 0, \quad k_x = \frac{m\pi}{a}, \quad k_y = \frac{n\pi}{b} \qquad (2.3-3b)$$

将式(2.3-3b)代入式(2.3-3a)后再代入式(2.1-14d),矩形波导 TE 波纵向磁场的基本解为

$$H_z(x,y,z) = H_{mn}\cos\left(\frac{m\pi}{a}x\right)\cos\left(\frac{n\pi}{b}y\right)\mathrm{e}^{-\mathrm{j}\beta z} \qquad (2.3-4a)$$

$$m,n = 0,1,2,\cdots$$

式中,$H_{mn} = A_1 B_1$ 为模式磁场振幅常数,由激励源决定。

将式(2.3-4a)代入式(2.3-2)中,TE 波其他场分量的表达式

$$E_x = \frac{\mathrm{j}\omega\mu}{k_\mathrm{c}^2}\frac{n\pi}{b}H_{mn}\cos\left(\frac{m\pi}{a}x\right)\sin\left(\frac{n\pi}{b}y\right)\mathrm{e}^{-\mathrm{j}\beta z} \qquad (2.3-4b)$$

$$E_y = -\frac{\mathrm{j}\omega\mu}{k_\mathrm{c}^2}\frac{m\pi}{a}H_{mn}\sin\left(\frac{m\pi}{a}x\right)\cos\left(\frac{n\pi}{b}y\right)\mathrm{e}^{-\mathrm{j}\beta z} \qquad (2.3-4c)$$

$$H_x = \frac{\mathrm{j}\beta}{k_\mathrm{c}^2}\frac{m\pi}{a}H_{mn}\sin\left(\frac{m\pi}{a}x\right)\cos\left(\frac{n\pi}{b}y\right)\mathrm{e}^{-\mathrm{j}\beta z} \qquad (2.3-4d)$$

$$H_y = \frac{\mathrm{j}\beta}{k_\mathrm{c}^2}\frac{n\pi}{b}H_{mn}\cos\left(\frac{m\pi}{a}x\right)\sin\left(\frac{n\pi}{b}y\right)\mathrm{e}^{-\mathrm{j}\beta z} \qquad (2.3-4e)$$

将式(2.3-3b)代入式(2.1-14c)可知

$$k_\mathrm{c}^2 = k_x^2 + k_y^2 = \left(\frac{m\pi}{a}\right)^2 + \left(\frac{n\pi}{b}\right)^2 \qquad (2.3-5)$$

从上面的结果可以看出:

① 矩形波导中的 TE 波有与 $m,n = 0,1,2,\cdots$ 对应的无限多组解。一组 m、n 对应一种 TE 波,称作 TE_{mn} 模,也叫作 TE_{mn} 波。虽然从公式(2.3-4a)看,m、n 同时为 0 时有 $H_z \neq 0$,但是时变电场与时变磁场不再像静态场那样相互独立,不可能有独立的磁场存在。因此 m、n 不能同时为 0,否则场分量全部为 0。矩形波导中能够存在的 TE 波是 TE_{m0} 模、TE_{0n} 模和 TE_{mn} 模(m、n 不能同时为 0),其中 TE_{10} 是最低次模(m、n 较小的称为低次模;m、n 较大的称为高次模),其余称为高次模(High Mode)。

② 对于给定 m、n 值的每一组解,场为沿 z 方向传播的行波,在 x、y 方向为驻波分布,m、n 分别表示波导宽边和窄边上驻波的个数。不同 m、n 值的场,在横截面的场分布不同,沿传播方向的传播常数 β 也不同。

(2)矩形波导中的 TM 波

此时 $H_z = 0$,根据公式(2.1-12),波导中的场有如下形式

$$E_x = -\frac{\mathrm{j}\beta}{k_\mathrm{c}^2}\frac{\partial E_z}{\partial x} \qquad (2.3-6a)$$

$$E_y = -\frac{\mathrm{j}\beta}{k_\mathrm{c}^2}\frac{\partial E_z}{\partial y} \qquad (2.3-6b)$$

$$H_x = \frac{\mathrm{j}\omega\varepsilon}{k_\mathrm{c}^2}\frac{\partial E_z}{\partial y} \qquad (2.3-6c)$$

$$H_y = -\frac{\mathrm{j}\omega\varepsilon}{k_c^2}\frac{\partial E_z}{\partial x} \qquad (2.3-6\mathrm{d})$$

根据表 2-1 中基本边界条件,有

$$E_z\Big|_{x=0,y} = E_z\Big|_{x=a,y} = E_z\Big|_{x,y=0} = E_z\Big|_{x,y=b} = 0$$

可得出 E_z 的方程(2.1 - 14a)和方程(2.1 - 14b)解的形式

$$E_z(x,y) = [A_1\cos(k_x x) + A_2\sin(k_x x)][B_1\cos(k_y y) + B_2\sin(k_y y)] \qquad (2.3-7\mathrm{a})$$

和待定系数

$$A_1 = 0, \quad B_1 = 0, \quad k_x = \frac{m\pi}{a}, \quad k_y = \frac{n\pi}{b} \qquad (2.3-7\mathrm{b})$$

同样的步骤,由式(2.3 - 7b)、式(2.3 - 7a)和式(2.1 - 14d),矩形波导 TM 波纵向电场的基本解为

$$E_z(x,y,z) = E_{mn}\sin\left(\frac{m\pi}{a}x\right)\sin\left(\frac{n\pi}{b}y\right)\mathrm{e}^{-\mathrm{j}\beta z} \qquad (2.3-8\mathrm{a})$$

$$m,n = 1,2,\cdots$$

式中,$E_{mn} = A_2 B_2$ 为模式电场振幅常数,同样地由激励源决定。

将式(2.3 - 8a)代入式(2.3 - 6)后,TM 波其他场分量表达式为

$$E_x = -\frac{\mathrm{j}\beta}{k_c^2}\frac{m\pi}{a}E_{mn}\cos\left(\frac{m\pi}{a}x\right)\sin\left(\frac{n\pi}{b}y\right)\mathrm{e}^{-\mathrm{j}\beta z} \qquad (2.3-8\mathrm{b})$$

$$E_y = -\frac{\mathrm{j}\beta}{k_c^2}\frac{n\pi}{b}E_{mn}\sin\left(\frac{m\pi}{a}x\right)\cos\left(\frac{n\pi}{b}y\right)\mathrm{e}^{-\mathrm{j}\beta z} \qquad (2.3-8\mathrm{c})$$

$$H_x = \frac{\mathrm{j}\omega\varepsilon}{k_c^2}\frac{n\pi}{b}E_{mn}\sin\left(\frac{m\pi}{a}x\right)\cos\left(\frac{n\pi}{b}y\right)\mathrm{e}^{-\mathrm{j}\beta z} \qquad (2.3-8\mathrm{d})$$

$$H_y = -\frac{\mathrm{j}\omega\varepsilon}{k_c^2}\frac{m\pi}{a}E_{mn}\cos\left(\frac{m\pi}{a}x\right)\sin\left(\frac{n\pi}{b}y\right)\mathrm{e}^{-\mathrm{j}\beta z} \qquad (2.3-8\mathrm{e})$$

其中

$$k_c^2 = k_x^2 + k_y^2 = \left(\frac{m\pi}{a}\right)^2 + \left(\frac{n\pi}{b}\right)^2 \qquad (2.3-9)$$

由以上结果可以看出:

① 矩形波导中的 TM 波也有取不同值的无限多组解。一组 m、n 对应一种 TM 波,称作 TM_{mn} 模。由式(2.3 - 8)可见,m、n 只要有一个为 0,场分量就都为 0,故 m,$n = 1$,2,$\cdots$。TM_{11} 是矩形波导 TM 波的最低次模,其余均为高次模。

② 和 TE 波的情形一样,对于给定 m、n 值的每一组解,场为沿 z 方向传播的行波,在 x、y 方向为驻波分布,m、n 分别表示波导宽边和窄边上驻波的个数。不同 m、n 值的场,横截面的场分布不同,沿传播方向的传播常数 β 不同。

2.3.2　矩形波导的传输特性

(1) 截止波数与截止波长

根据式(2.3 - 5)和式(2.3 - 9)可知,矩形波导 TE_{mn} 和 TM_{mn} 模的截止波数(Cutoff Wave Number)为

$$k_c = k_{c\mathrm{TE}_{mn}} = k_{c\mathrm{TM}_{mn}} = \sqrt{\left(\frac{m\pi}{a}\right)^2 + \left(\frac{n\pi}{b}\right)^2} \qquad (2.3-10)$$

代入式(2.2-4)后,对应的截止波长(Cutoff Wave Length)为

$$\lambda_c = \lambda_{cTE_{mn}} = \lambda_{cTM_{mn}} = \frac{2\pi}{k_{cmn}} = \frac{2}{\sqrt{(m/a)^2 + (n/b)^2}} \quad (2.3-11)$$

再由式(2.2-1b)可知,矩形波导的相移常数为

$$\beta = k\sqrt{1-\left(\frac{k_c}{k}\right)^2} = \frac{2\pi}{\lambda}\sqrt{1-\left(\frac{\lambda}{\lambda_c}\right)^2} = \frac{2\pi}{\lambda}\sqrt{1-\lambda^2\left[\left(\frac{m}{2a}\right)^2 + \left(\frac{n}{2b}\right)^2\right]} \quad (2.3-12)$$

其中,$\lambda = 2\pi/k$ 为信源波长,也称工作波长。由上式可知,当 λ 小于某个模式的截止波长 λ_c 时,β 为实数,该模式可以在波导中传播;当工作波长 λ 大于某个模式的截止波长 λ_c 时,β 为虚数,此模不能传播,称为截止模。一种模式能否在波导中传播取决于波导结构和工作波长(或频率)。如标准矩形波导 BJ-32(附录2-1),截面尺寸 $a = 7.2$ cm,$b = 3.4$ cm,代入式(2.3-11),得到不同模式的截止波长分别列于表2-2和绘于图2-3中。

表 2-2　BJ-32 型矩形波导截止波长

模式	TE$_{10}$	TE$_{20}$	TE$_{30}$	TE$_{01}$	TE$_{02}$	TE$_{11}$ TM$_{11}$	TE$_{21}$ TM$_{21}$	TE$_{31}$ TM$_{31}$	TE$_{12}$ TM$_{12}$
截止波长/cm	14.4	7.20	4.80	6.80	3.40	6.16	4.95	3.93	3.31

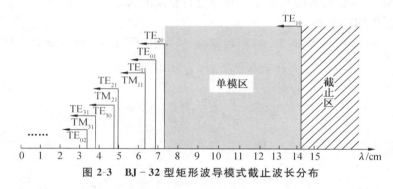

图 2-3　BJ-32 型矩形波导模式截止波长分布

由式(2.3-11)还可以知道,矩形波导中 TE$_{10}$ 模是最低次模,该模式的截止波长最长。在表2-2和图2-3中 BJ-32 的最大截止波长 $\lambda_c = 14.4$ cm,$\lambda > \lambda_c$ 模式全部被截止,$\lambda < \lambda_c$ 的模式可以被传播。例如,当工作波长 $\lambda = 15$ cm 时,对于这种尺寸的波导,λ 落在"截止区"中,全部模式都被截止,该波导称为"截止波导";当 $\lambda = 10$ cm 时,只有 TE$_{10}$ 一种模式可以被传播,其余模式全被截止,这便是"单模波导";当 $\lambda = 6$ cm 时,有 TE$_{10}$、TE$_{20}$、TE$_{01}$、TM$_{11}$、TE$_{11}$ 五种模式被传播,称为"多模波导"。其中,单模波导中只传播一种模,不存在模式干扰,功率传输效率也相应高些,实用中的波导一般使用单模传播。

(2) 模式的简并

截止波长不仅与波导横截面有关,还与波型指数 m、n 相关,不同的 m、n 对应不同的模式。波导的传输特性由工作波长和截止波长决定。当工作波长一定时,如果截止波长相同,那么不同的模式可具有相同的传输特性。这种截止波长相同,但场结构不同的情况称为模式的简并(Degenerating Mode)。对于矩形波导,m、n 均不为 0 的 TE$_{mn}$ 和 TM$_{mn}$ 是简并波型,称为 E-H 简并,也叫波型简并。

(3) 波阻抗

根据式(2.2-8),矩形波导中的波阻抗为

$$Z = \frac{E_x}{H_y} = -\frac{E_y}{H_x} \tag{2.3-13}$$

由式(2.3-4)、式(2.3-8)和式(2.3-12),有 TE 和 TM 波的波阻抗

$$Z_{TE} = \frac{\omega\mu}{\beta} = \frac{\omega\mu}{k\sqrt{1-(\lambda/\lambda_c)^2}} = \frac{\sqrt{\mu/\varepsilon}}{\sqrt{1-(\lambda/\lambda_c)^2}} \tag{2.3-14}$$

$$Z_{TM} = \frac{\beta}{\omega\varepsilon} = \frac{k\sqrt{1-(\lambda/\lambda_c)^2}}{\omega\varepsilon} = \sqrt{\mu/\varepsilon} \cdot \sqrt{1-(\lambda/\lambda_c)^2} \tag{2.3-15}$$

从上面波阻抗公式可以看出,当 $\lambda < \lambda_c$,波处于传输状态时,β 是实数,波阻抗相当于纯电阻,传播行波,说明波导传输能量;当 $\lambda > \lambda_c$,波处于截止状态时,β 为虚数,波阻抗相当于纯电抗(Z_{TE} 为容性电抗、Z_{TM} 为感性电抗),波导不传输能量,成为存储能量的元件。

2.3.3 矩形波导的主模 TE$_{10}$ 模

导行波中截止波长 λ_c 最长的模式称为该导波系统的主模(Principal Mode)。由截止波长公式(2.3-11)可知,矩形波导的主模为 TE$_{10}$ 模。由于该模式具有场结构简单、稳定、频带较宽、可以获得单方向极化和损耗小等特点,在矩形波导中大多采用这种模式,因此有必要对 TE$_{10}$ 模的场分布和工作特性进行重点分析。

(1) TE$_{10}$ 模的场分布

将 $m=1$,$n=0$ 代入式(2.3-4)和式(2.3-5),有 TE$_{10}$ 模各场分量的复数表达式

$$E_y = -\frac{j\omega\mu a}{\pi} H_{10} \sin\left(\frac{\pi}{a}x\right) e^{-j\beta z} \tag{2.3-16a}$$

$$H_x = \frac{j\beta a}{\pi} H_{10} \sin\left(\frac{\pi}{a}x\right) e^{-j\beta z} \tag{2.3-16b}$$

$$H_z = H_{10} \cos\left(\frac{\pi}{a}x\right) e^{-j\beta z} \tag{2.3-16c}$$

$$E_x = E_z = H_y = 0 \tag{2.3-16d}$$

TE$_{10}$ 模的瞬时表达式

$$e_y = \frac{\omega\mu a}{\pi} H_{10} \sin\left(\frac{\pi}{a}x\right) \cos\left(\omega t - \beta z - \frac{\pi}{2}\right) \tag{2.3-17a}$$

$$h_x = \frac{\beta a}{\pi} H_{10} \sin\left(\frac{\pi}{a}x\right) \cos\left(\omega t - \beta z + \frac{\pi}{2}\right) \tag{2.3-17b}$$

$$h_z = H_{10} \cos\left(\frac{\pi}{a}x\right) \cos(\omega t - \beta z) \tag{2.3-17c}$$

$$e_x = e_z = h_y = 0 \tag{2.3-17d}$$

由此可见,场强与 y 无关,各分量沿 y 轴均匀分布。沿 x 方向的变化规律为

$$e_y \propto \sin\left(\frac{\pi}{a}x\right), \quad h_x \propto \sin\left(\frac{\pi}{a}x\right), \quad h_z \propto \cos\left(\frac{\pi}{a}x\right) \tag{2.3-18a}$$

在 $x=0$ 和 $x=a$ 处,$e_y=0$,$h_x=0$,h_z 有极值;在 $x=a/2$ 处,e_y 和 h_x 有极值,$h_z=0$。沿 z 方向的变化规律为

$$e_y \propto \cos\left(\omega t - \beta z - \frac{\pi}{2}\right), \quad h_x \propto \cos\left(\omega t - \beta z + \frac{\pi}{2}\right), \quad h_z \propto \cos(\omega t - \beta z) \tag{2.3-18b}$$

表明 e_y、h_x、h_z 均沿 z 轴按行波状态周期性变化,e_y、h_x、h_z 有 90°相位差,电磁波沿横向为

驻波分布。图 2-4 是根据式(2.3-17)和上述规律绘出的场结构图。由于波导中的电磁场是交变的,实际上图中表示的是某时刻 $t=t_0$ 的电磁力线图。

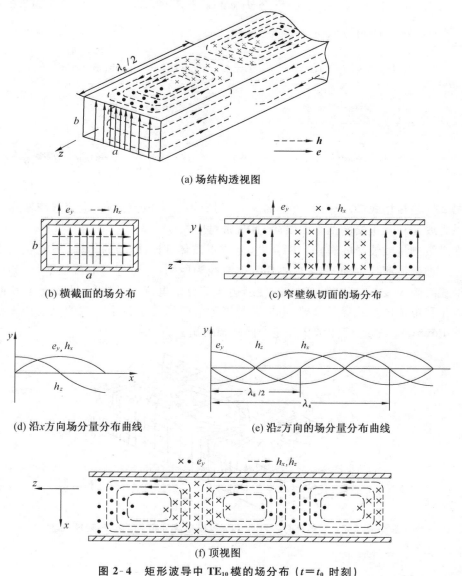

(a) 场结构透视图

(b) 横截面的场分布　　　　(c) 窄壁纵切面的场分布

(d) 沿 x 方向场分量分布曲线　　　　(e) 沿 z 方向的场分量分布曲线

(f) 顶视图

图 2-4　矩形波导中 TE_{10} 模的场分布 ($t=t_0$ 时刻)

(2) 波导内壁表面电流的分布

电磁波在波导中传播时会在波导壁上感应高频电流,称为壁电流。根据图 2-2、表 2-1 和式(2.3-1)、式(2.3-17),有波导内壁上 TE_{10} 模的壁电流密度

$$\boldsymbol{j}_s \Big|_{x=0,y} = \hat{x} \times \hat{z} h_z \Big|_{x=0,y} = -\hat{y} h_z \Big|_{x=0,y}$$

$$= -\hat{y} H_{10} \cos\left(\frac{\pi}{a} x\right) \cos(\omega t - \beta z) \Big|_{x=0,y}$$

$$= -\hat{y} H_{10} \cos(\omega t - \beta z) \qquad (2.3-19\text{a})$$

$$\boldsymbol{j}_s \Big|_{x=a,y} = -\hat{x} \times \hat{z} h_z \Big|_{x=a,y} = \hat{y} h_z \Big|_{x=a,y}$$

$$= \hat{y} H_{10} \cos\left(\frac{\pi}{a}x\right) \cos(\omega t - \beta z)\Big|_{x=a,y}$$

$$= -\hat{y} H_{10} \cos(\omega t - \beta z) \tag{2.3-19b}$$

$$\boldsymbol{j}_s\Big|_{x,y=0} = \hat{y} \times \hat{z} h_z + \hat{y} \times \hat{x} h_x\Big|_{x,y=0} = \hat{x} h_z - \hat{z} h_x\Big|_{x,y=0}$$

$$= \hat{x} H_{10} \cos\left(\frac{\pi}{a}x\right) \cos(\omega t - \beta z) - \hat{z}\frac{\beta a}{\pi} H_{10} \sin\left(\frac{\pi}{a}x\right) \cos\left(\omega t - \beta z + \frac{\pi}{2}\right)$$

$$\tag{2.3-19c}$$

$$\boldsymbol{j}_s\Big|_{x,y=b} = -\hat{y} \times \hat{z} h_z - \hat{y} \times \hat{x} h_x\Big|_{x,y=b} = -\hat{x} h_z + \hat{z} h_x\Big|_{x,y=b}$$

$$= -\hat{x} H_{10} \cos\left(\frac{\pi}{a}x\right) \cos(\omega t - \beta z) + \hat{z}\frac{\beta a}{\pi} H_{10} \sin\left(\frac{\pi}{a}x\right) \cos\left(\omega t - \beta z + \frac{\pi}{2}\right)$$

$$\tag{2.3-19d}$$

图 2-5 是根据式(2.3－19)绘出的 $t = t_0$ 时刻波导壁电流分布,电流线与紧靠波导内壁的磁力线是相互正交的两个曲线簇,且疏密对应。

在微波测量或波导的激励和耦合中,为了不破坏 TE_{10} 模场的传输,不能切断内壁上的电流。如微波测量中的开缝,以不切割电流线为原则,缝隙应与电流线平行;如要辐射能量形成缝隙天线,就要切断壁电流,使缝边缘部分壁电流改道绕行,大部分被切断的壁电流以位移电流的形式穿越缝隙,形成跨越缝隙的电场与平行于缝隙的磁场构成指向波导外的 Poynting 矢量,使能量从开缝处向外辐射出去。

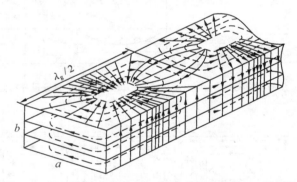

图 2-5　矩形波导内壁上 TE_{10} 模壁电流分布 ($t = t_0$ 时刻)

（3）TE_{10} 模的传输特性

① 截止波数、截止波长,相移常数

将 $m = 1, n = 0$ 代入式(2.3－10)、式(2.3－11)和式(2.3－12),有 TE_{10} 模的截止波数、截止波长和相移常数

$$k_{cTE_{10}} = \frac{\pi}{a} \tag{2.3-20a}$$

$$\lambda_{cTE_{10}} = 2a \tag{2.3-20b}$$

$$\beta_{TE_{10}} = \frac{2\pi}{\lambda}\sqrt{1 - \left(\frac{\lambda}{2a}\right)^2} \tag{2.3-20c}$$

② 波导波长与波阻抗

将式(2.3－20b)代入式(2.2－7)和式(2.3－14),有 TE_{10} 模的波导波长和波阻抗

$$\lambda_{gTE_{10}} = \frac{\lambda}{\sqrt{1 - \left(\frac{\lambda}{2a}\right)^2}} \tag{2.3 - 21a}$$

$$Z_{TE_{10}} = \frac{\sqrt{\frac{\mu}{\varepsilon}}}{\sqrt{1 - \left(\frac{\lambda}{2a}\right)^2}} \tag{2.3 - 21b}$$

③ 相速与群速

将式(2.3-20b)代入式(2.2-5)和式(2.2-6)，有 TE_{10} 模的相速与群速

$$v_{pTE_{10}} = \frac{\frac{c}{\sqrt{\mu_r \varepsilon_r}}}{\sqrt{1 - \left(\frac{\lambda}{2a}\right)^2}} \tag{2.3 - 22a}$$

$$v_{gTE_{10}} = \frac{c \sqrt{1 - \left(\frac{\lambda}{2a}\right)^2}}{\sqrt{\mu_r \varepsilon_r}} \tag{2.3 - 22b}$$

④ 传输功率

将式(2.3-16a)或式(2.3-16b)代入公式(2.2-9)，有

$$P = \frac{1}{2Z_{TE_{10}}} \iint_S |E_y|^2 \mathrm{d}x\mathrm{d}y = \frac{1}{2Z_{TE_{10}}} \left(\frac{\omega\mu a}{\pi} H_{10}\right)^2 \int_0^a \sin^2\left(\frac{\pi}{a}x\right) \mathrm{d}x \int_0^b \mathrm{d}y = \frac{abE_{10}^2}{4Z_{TE_{10}}} \tag{2.3 - 23a}$$

式中，$E_{10} = \frac{\omega\mu a H_{10}}{\pi}$ 是 E_y 分量在波导宽边中心处的振幅值。将上式中 E_{10} 设为击穿电压幅值 E_{br}，再将式(2.3-21b)代入，有波导传输 TE_{10} 模时的功率容量

$$P_{br} = \frac{abE_{10}^2}{4Z_{TE_{10}}} = \frac{abE_{br}^2}{4Z_{TE_{10}}} = \frac{abE_{br}^2}{4\sqrt{\mu/\varepsilon}}\sqrt{1 - \left(\frac{\lambda}{2a}\right)^2} \tag{2.3 - 23b}$$

可见，波导尺寸越大，频率越高，功率容量就越大。当负载不匹配时，驻波使电场振幅变大，要避免波导中的介质被击穿，应使波腹点处的电场强度 E_{max} 小于介质的击穿电场强度 E_{br}。设反射系数为 Γ，式(2.3-23b)中传输的 E_{10} 波减小为

$$E_{max} \leqslant E_{br} \quad \rightarrow \quad E_{10}(1 + |\Gamma|) \leqslant E_{br} \quad \rightarrow \quad E_{10} \leqslant \frac{E_{br}}{1 + |\Gamma|} \tag{2.3 - 24a}$$

有反射时的传输功率 P 等于入射功率 P_i 减去反射功率 $P_r = |\Gamma|^2 P_i$，于是有

$$P = P_i - P_r = P_i(1 - |\Gamma|^2) \tag{2.3 - 24b}$$

将式(2.3-24a)代入式(2.3-23b)后，令式(2.3-24b)中的 $P_i = P_{br}$，有失配时的功率容量 $P = P_{br}'$，则

$$P_{br}' = \frac{abE_{br}^2}{4Z_{TE_{10}}} \frac{1 - |\Gamma|}{1 + |\Gamma|} = \frac{P_{br}}{\rho} \tag{2.3 - 24c}$$

其中，ρ 是电压驻波比。

⑤ 衰减特性

矩形波导的损耗包括导体损耗和介质损耗。导体损耗是由波导金属壁的热损耗引起的，主要集中在波导内表面附近的薄层里，是矩形波导衰减的主要因素；介质损耗是波导内填充介质损耗引起的能量或功率的衰减，空气波导的介质损耗很小可忽略不计，故

只考虑导体损耗。根据式(2.1-6c)，当波导中有损耗时，导行波的纵向传播常数为复数 $\gamma = \alpha + \mathrm{j}\beta$，此时行波场的式(2.1-6a)和式(2.1-6b)为

$$\boldsymbol{E}(\boldsymbol{r}) = \boldsymbol{E}(t)\mathrm{e}^{-\alpha z}\,\mathrm{e}^{-\mathrm{j}\beta z} \qquad (2.3-25\mathrm{a})$$

$$\boldsymbol{H}(\boldsymbol{r}) = \boldsymbol{H}(t)\mathrm{e}^{-\alpha z}\,\mathrm{e}^{-\mathrm{j}\beta z} \qquad (2.3-25\mathrm{b})$$

根据式(2.2-9)可知，功率与场强的平方成正比，于是有

$$P(z) \propto \mathrm{e}^{-2\alpha z} \quad \rightarrow \quad P(z) = P(0)\mathrm{e}^{-2\alpha z}$$

那么，一段长度为 L 的矩形波导传输系统，输入功率 P_i 与输出功率 P_t 之间的关系是

$$P_\mathrm{t} = P_\mathrm{i}\mathrm{e}^{-2\alpha L} \quad \rightarrow \quad \frac{P_\mathrm{i}}{P_\mathrm{t}} = \mathrm{e}^{2\alpha L} \quad \rightarrow \quad \alpha = \frac{1}{2L}\ln\left(\frac{P_\mathrm{i}}{P_\mathrm{t}}\right) \qquad (2.3-26\mathrm{a})$$

这段长度为 L 的矩形波导传输系统的损耗功率为

$$P_L = P_\mathrm{i} - P_\mathrm{t} \qquad (2.3-26\mathrm{b})$$

将式(2.3-26b)代入式(2.3-26a)后，考虑到 $P_L \ll P_\mathrm{i}$，得衰减常数

$$\alpha = \frac{1}{2L}\ln\left(\frac{P_\mathrm{i}}{P_\mathrm{i}-P_L}\right) = \frac{1}{2L}\ln\left(1 - \frac{P_L}{P_\mathrm{i}}\right)^{-1} \approx \frac{1}{2L}\left(\frac{P_L}{P_\mathrm{i}}\right) \qquad (2.3-27\mathrm{a})$$

式中用到了幂级数展开式 $\ln(1-x) = -(x + x^2/2 + x^3/3 + x^4/4 + \cdots + x^n/n + \cdots)$（$-1 \leqslant x < 1$）的第一项。损耗功率 P_L 用式(1.8-5a)计算，式中的切向磁场可仍然使用理想导体边界条件下的 TE_{10} 波式(2.3-16b)和式(2.3-16c)。

$$
\begin{aligned}
P_L &= 2\left(\frac{R_\mathrm{s}}{2}\int_S |\boldsymbol{H}_t|^2\mathrm{d}S\right) \\
&= R_\mathrm{s}\left[\int_0^L\mathrm{d}z\int_0^a(|H_x|^2 + |H_z|^2)\Big|_{y=0}\mathrm{d}x + \int_0^L\mathrm{d}z\int_0^b(|H_z|^2)\Big|_{x=0}\mathrm{d}y\right] \\
&= R_\mathrm{s}(H_{10})^2\left\{\int_0^L\mathrm{d}z\int_0^a\left[\left(\frac{\beta a}{\pi}\right)^2\sin^2\left(\frac{\pi}{a}x\right) + \cos^2\left(\frac{\pi}{a}x\right)\right]\mathrm{d}x + \int_0^L\mathrm{d}z\int_0^b\mathrm{d}y\right\} \\
&= R_\mathrm{s}(H_{10})^2 L\left(\frac{\beta^2 a^3}{2\pi^2} + \frac{a}{2} + b\right) \qquad (2.3-27\mathrm{b})
\end{aligned}
$$

式中考虑到了矩形波导的两个宽壁和两个窄壁。输入功率 P_i 可直接利用式(2.3-23a)的结果，连同式(2.3-27b)一起代入式(2.3-27a)，因导体损耗产生的衰减为

$$\alpha = \frac{R_\mathrm{s}}{\sqrt{\dfrac{\mu_0}{\varepsilon_0}}\,b\sqrt{1 - \left(\dfrac{\lambda}{2a}\right)^2}}\left[1 + 2\frac{b}{a}\left(\frac{\lambda}{2a}\right)^2\right]\ \mathrm{Np/m} \qquad (2.3-28\mathrm{a})$$

将上式中的表面电阻用 $R_\mathrm{s} = \sqrt{\pi f\mu/\sigma_\mathrm{c}}$ 表示，并用 $\dfrac{f_\mathrm{c}}{f}$ 代替 $\dfrac{\lambda}{2a}$，衰减常数还可以写为

$$\alpha = \frac{1}{b}\sqrt{\frac{\pi f_\mathrm{c}\varepsilon_0}{\sigma\left[\left(\dfrac{f}{f_\mathrm{c}}\right)^2 - 1\right]}}\left[\left(\frac{f}{f_\mathrm{c}}\right)^{\frac{3}{2}} + 2\frac{b}{a}\left(\frac{f}{f_\mathrm{c}}\right)^{-\frac{1}{2}}\right]\ \mathrm{Np/m} \qquad (2.3-28\mathrm{b})$$

工程中衰减常以 dB/m 为单位，换算关系为 1 Np/m = 8.86 dB/m。

2.3.4　矩形波导截面尺寸的选择

对于工作在 TE_{10} 模的矩形波导，截面尺寸要在保证单模传输的基础上兼顾带宽、功率容量和衰减。根据式(2.3-11)和图 2-3，矩形波导中实现单一的 TE_{10} 模传输应满足

$$\lambda_{c\mathrm{TE}_{20}} < \lambda < \lambda_{c\mathrm{TE}_{10}} \qquad (2.3-29\mathrm{a})$$

$$\lambda_{c\mathrm{TE}_{01}} < \lambda < \lambda_{c\mathrm{TE}_{10}} \qquad (2.3-29\mathrm{b})$$

由式(2.3-11)计算 TE_{10} 模、TE_{20} 模、TE_{01} 模的截止波长后代入上式可得

$$a < \lambda < 2a \tag{2.3-30a}$$

$$2b < \lambda < 2a \tag{2.3-30b}$$

当矩形波导尺寸满足

$$\max(a, 2b) < \lambda < 2a \tag{2.3-31a}$$

时只传输 TE_{10} 模。对于 $b = a/2$ 的矩形波导,单模传输的条件是

$$a < \lambda < 2a \tag{2.3-31b}$$

当上式中的 $\lambda \to 2a$ 时,TE_{10} 模趋于截止,最大传输功率急剧下降;但当 $\lambda \to a$ 时,又极易产生 TE_{20} 高次模,因此实际上一般取

$$a < \lambda < 1.8a \tag{2.3-31c}$$

中心工作波长可取上下限波长的几何中值

$$\lambda = 1.4a \quad \to \quad a = 0.7\lambda \tag{2.3-31d}$$

由此选定波导宽边尺寸。

上面的讨论在 $b = a/2$ 的情况下进行,这种波导称为标准波导(附录 2-1)。为提高传输功率,有时也选择 $b > a/2$ 的高波导;为减小体积、减轻重量,有时也选用 $b < a/2$ 的扁波导。

2.4 圆形波导

圆形波导(Circular Waveguide)简称圆波导,是横截面为圆形的空管波导,具有加工方便、双极化、低损耗等优点,是一种较为常用的规则金属波导。图 2-6 是所用的圆柱坐标系,其中 a 为波导外导体的内径。

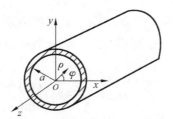

图 2-6　圆形波导与圆柱坐标

与矩形波导的讨论相同,圆形波导内填充的也是无耗介质,波导壁为理想导体,式(2.1-6c)的 $\gamma = j\beta$。根据式(2.3-1)和图 2-7,在圆波导的内表面上,有表 2-3 所列的边界条件。

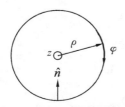

图 2-7　圆波导内壁的边界

表 2-3　圆波导内表面的边界条件

$\rho = a$	
$E_\rho = -\rho_s/\varepsilon$	$H_\rho = 0$
$E_\varphi = 0$	$H_\varphi = J_\varphi$
$E_z = 0$	$H_z = J_z$
$-j\beta H_\rho - \partial H_z/\partial\rho = j\omega\varepsilon E_\varphi$ (2.1-16d)第一式	
$\partial H_z/\partial\rho = 0$	

2.4.1 圆形波导中的场

圆波导作为空管波导同样也不能存在 TEM 波,只能传输 TE 波或 TM 波。

(1) 圆形波导中的 TE 波

此时 $E_z=0$,根据公式(2.1-17),波导中的场有如下形式

$$E_\rho=-\frac{\mathrm{j}\omega\mu}{k_c^2}\frac{\partial H_z}{\rho\partial\varphi} \qquad (2.4-1a)$$

$$E_\varphi=\ \ \frac{\mathrm{j}\omega\mu}{k_c^2}\frac{\partial H_z}{\partial\rho} \qquad (2.4-1b)$$

$$H_\rho=-\frac{\mathrm{j}\beta}{k_c^2}\frac{\partial H_z}{\partial\rho} \qquad (2.4-1c)$$

$$H_\varphi=-\frac{j\beta}{k_c^2}\frac{\partial H_z}{\rho\partial\varphi} \qquad (2.4-1d)$$

式中,纵向磁场分量 H_z 的解由式(2.1-21b)给出,即

$$H_z=AB_1\mathrm{J}_m(k_c\rho)\begin{Bmatrix}\cos(m\varphi)\\\sin(m\varphi)\end{Bmatrix}\mathrm{e}^{-\mathrm{j}\beta z} \qquad (2.4-2a)$$

其中的待定系数由表 2-3 中的导出边界条件确定

$$\left.\frac{\partial H_z}{\partial\rho}\right|_{\rho=a}=0 \qquad (2.4-2b)$$

将式(2.4-2a)代入式(2.4-2b)后,应有 $\mathrm{J}'_m(k_c a)=0$,其中 $k_c a$ 是 J'_m 的 0 点。设 u_{mn} 是 m 阶 Bessel 函数一阶导数的第 n 个根,那么

$$k_c a=u_{mn}\quad\rightarrow\quad k_c=\frac{u_{mn}}{a}\quad n=1,2,\cdots \qquad (2.4-2c)$$

根据柱谐函数的性质,附录式(2-2.3),$\mathrm{J}'_m(u_{mn})$ 可由递推关系算出,附录式(2-3.1)列有 $\mathrm{J}'_m(u_{mn})$ 的部分根。将式(2.4-2c)代入式(2.4-2a),有圆形波导 TE 波纵向磁场的基本解

$$H_z(\rho,\varphi,z)=H_{mn}\mathrm{J}_m\left(\frac{u_{mn}}{a}\rho\right)\begin{Bmatrix}\cos(m\varphi)\\\sin(m\varphi)\end{Bmatrix}\mathrm{e}^{-\mathrm{j}\beta z} \qquad (2.4-3a)$$

$$m=0,1,2,\cdots;\ n=1,2,\cdots$$

式中,$H_{mn}=AB_1$ 是由激励源决定的模式振幅。将式(2.4-3a)和式(2.4-2c)代入式(2.4-1)中,得到 TE 波其他场分量的表达式

$$E_\rho=\pm\frac{\mathrm{j}\omega\mu ma^2}{u_{mn}^2\ \rho}H_{mn}\mathrm{J}_m\left(\frac{u_{mn}}{a}\rho\right)\begin{Bmatrix}\sin(m\varphi)\\\cos(m\varphi)\end{Bmatrix}\mathrm{e}^{-\mathrm{j}\beta z} \qquad (2.4-3b)$$

$$E_\varphi=\ \ \frac{\mathrm{j}\omega\mu a}{u_{mn}}H_{mn}\mathrm{J}'_m\left(\frac{u_{mn}}{a}\rho\right)\begin{Bmatrix}\cos(m\varphi)\\\sin(m\varphi)\end{Bmatrix}\mathrm{e}^{-\mathrm{j}\beta z} \qquad (2.4-3c)$$

$$H_\rho=-\frac{\mathrm{j}\beta a}{u_{mn}}\ H_{mn}\mathrm{J}'_m\left(\frac{u_{mn}}{a}\rho\right)\begin{Bmatrix}\cos(m\varphi)\\\sin(m\varphi)\end{Bmatrix}\mathrm{e}^{-\mathrm{j}\beta z} \qquad (2.4-3d)$$

$$H_\varphi=\pm\frac{\mathrm{j}\beta ma^2}{u_{mn}^2\ \rho}H_{mn}\mathrm{J}_m\left(\frac{u_{mn}}{a}\rho\right)\begin{Bmatrix}\sin(m\varphi)\\\cos(m\varphi)\end{Bmatrix}\mathrm{e}^{-\mathrm{j}\beta z} \qquad (2.4-3e)$$

将式(2.4-2c)代入式(2.2-1b),圆形波导 TE 波的相移常数为

$$\beta_{\mathrm{TE}_{mn}} = \sqrt{k^2 - k_{\mathrm{c}}^2} = \sqrt{k^2 - \left(\frac{u_{mn}}{a}\right)^2} \qquad (2.4-4\mathrm{a})$$

式中，$k_{\mathrm{c}} = \dfrac{u_{mn}}{a}$ 为截止波数。

将式(2.4-3)和式(2.4-4a)代入式(2.2-8)，有圆形波导 TE 波的波阻抗

$$Z_{\mathrm{TE}_{mn}} = \frac{E_\rho}{H_\varphi} = -\frac{E_\varphi}{H_\rho} = \frac{\omega\mu}{\beta_{\mathrm{TE}_{mn}}} = \omega\mu \Big/ \sqrt{k^2 - \left(\frac{u_{mn}}{a}\right)^2} \qquad (2.4-4\mathrm{b})$$

（2）圆形波导中的 TM 波

横磁波的 $H_z = 0$，根据公式(2.1-17)，波导中的场有如下形式

$$E_\rho = -\frac{\mathrm{j}\beta}{k_{\mathrm{c}}^2}\frac{\partial E_z}{\partial\rho} \qquad (2.4-5\mathrm{a})$$

$$E_\varphi = -\frac{\mathrm{j}\beta}{k_{\mathrm{c}}^2}\frac{\partial E_z}{\rho\partial\varphi} \qquad (2.4-5\mathrm{b})$$

$$H_\rho = \frac{\mathrm{j}\omega\varepsilon}{k_{\mathrm{c}}^2}\frac{\partial E_z}{\rho\partial\varphi} \qquad (2.4-5\mathrm{c})$$

$$H_\varphi = -\frac{\mathrm{j}\omega\varepsilon}{k_{\mathrm{c}}^2}\frac{\partial E_z}{\partial\rho} \qquad (2.4-5\mathrm{d})$$

同样地，由式(2.1-21b)有 $E_z(\rho,\varphi,z)$ 的通解

$$E_z(\rho,\varphi,z) = AB_1 \mathrm{J}_m(k_{\mathrm{c}}\rho) \begin{Bmatrix} \cos(m\varphi) \\ \sin(m\varphi) \end{Bmatrix} \mathrm{e}^{-\mathrm{j}\beta z} \qquad (2.4-6\mathrm{a})$$

其中的待定系数由表 2-3 中的基本边界条件确定：

$$E_z \Big|_{\rho=a} = 0 \qquad (2.4-6\mathrm{b})$$

将(2.4-6a)代入上式后，应有 $\mathrm{J}_m(k_{\mathrm{c}}a) = 0$。设 m 阶 Bessel 函数的第 n 个根为 v_{mn}，则

$$k_{\mathrm{c}} = \frac{v_{mn}}{a} \quad n=1,2,\cdots \qquad (2.4-6\mathrm{c})$$

式中，$\mathrm{J}_m(v_{mn})$ 的部分根见附录式(2-3.2)。由此得圆波导 TM 波纵向电场的基本解

$$E_z(\rho,\varphi,z) = E_{mn} \mathrm{J}_m\left(\frac{v_{mn}}{a}\rho\right) \begin{Bmatrix} \cos(m\varphi) \\ \sin(m\varphi) \end{Bmatrix} \mathrm{e}^{-\mathrm{j}\beta z} \qquad (2.4-7\mathrm{a})$$

$$m=0,1,2,\cdots; \quad n=1,2,\cdots$$

式中，$E_{mn} = AB_1$ 是由激励源决定的模式振幅。将式(2.4-7a)和式(2.4-6c)代入式(2.4-5)中，得到 TM 波其他场分量的表达式

$$E_\rho = -\frac{\mathrm{j}\beta a}{v_{mn}} E_{mn} \mathrm{J}_m'\left(\frac{v_{mn}}{a}\rho\right) \begin{Bmatrix} \cos(m\varphi) \\ \sin(m\varphi) \end{Bmatrix} \mathrm{e}^{-\mathrm{j}\beta z} \qquad (2.4-7\mathrm{b})$$

$$E_\varphi = \pm\frac{\mathrm{j}\beta m a^2}{v_{mn}^2 \rho} E_{mn} \mathrm{J}_m\left(\frac{v_{mn}}{a}\rho\right) \begin{Bmatrix} \sin(m\varphi) \\ \cos(m\varphi) \end{Bmatrix} \mathrm{e}^{-\mathrm{j}\beta z} \qquad (2.4-7\mathrm{c})$$

$$H_\rho = \mp\frac{\mathrm{j}\omega\varepsilon m a^2}{v_{mn}^2 \rho} E_{mn} \mathrm{J}_m\left(\frac{v_{mn}}{a}\rho\right) \begin{Bmatrix} \sin(m\varphi) \\ \cos(m\varphi) \end{Bmatrix} \mathrm{e}^{-\mathrm{j}\beta z} \qquad (2.4-7\mathrm{d})$$

$$H_\varphi = -\frac{\mathrm{j}\omega\varepsilon a}{v_{mn}} E_{mn} \mathrm{J}_m'\left(\frac{v_{mn}}{a}\rho\right) \begin{Bmatrix} \cos(m\varphi) \\ \sin(m\varphi) \end{Bmatrix} \mathrm{e}^{-\mathrm{j}\beta z} \qquad (2.4-7\mathrm{e})$$

将式(2.4-6c)代入式(2.2-1b)，圆形波导 TM 波的相移常数

$$\beta_{\mathrm{TM}_{mn}} = \sqrt{k^2 - k_c^2} = \sqrt{k^2 - \left(\frac{v_{mn}}{a}\right)^2} \qquad (2.4-8a)$$

式中,$k_c = v_{mn}/a$ 为截止波数。

将式(2.4-7a)及式(2.4-8a)代入式(2.2-8),有圆形波导 TM 波的波阻抗

$$Z_{\mathrm{TM}_{mn}} = \frac{E_\rho}{H_\varphi} = -\frac{E_\varphi}{H_\rho} = \frac{\beta_{\mathrm{TM}_{mn}}}{\omega\varepsilon} = \sqrt{k^2 - \left(\frac{v_{mn}}{a}\right)^2} \Big/ \omega\varepsilon \qquad (2.4-8b)$$

2.4.2 圆波导的传输特性

从圆波导中场的分布表达式(2.4-3)和式(2.4-7)可以看出,场沿圆周 φ 方向按三角函数的规律变化。其中,m 代表在整个圆周上场分量变化的周期数,n 表示沿径向 Bessel 函数(TM 波)或 Bessel 函数导数(TE 波)的 0 点个数。和矩形波导一样,圆波导中可存在 TE_{mn} 和 TM_{mn} 两个系列的无限多种模式。某一模式能否传输,同样要满足传输条件。

(1)截止波长

根据式(2.4-2c)和式(2.4-6c)可知,TE 波和 TM 波的截止波长为

$$\lambda_{\mathrm{cTE}_{mn}} = \frac{2\pi}{k_{\mathrm{cTE}_{mn}}} = \frac{2\pi a}{u_{mn}} \qquad (2.4-9a)$$

$$\lambda_{\mathrm{cTM}_{mn}} = \frac{2\pi}{k_{\mathrm{cTM}_{mn}}} = \frac{2\pi a}{v_{mn}} \qquad (2.4-9b)$$

根据上式和附录2-3,可给出圆波导中若干模式的截止波长(表2-4)和圆波导的截止波长分布(图2-8)。

表 2-4　圆波导中的截止波长

模式	TE_{11}	TM_{01}	TE_{21}	TE_{01} TM_{11}	TE_{31}	TM_{21}	TE_{12}	TM_{02}	TE_{22} TM_{31}	TE_{02} TM_{12}	TM_{22}
截止波长/cm	3.41a	2.62a	2.06a	1.64a	1.50a	1.22a	1.18a	1.14a	0.94a	0.90a	0.75a

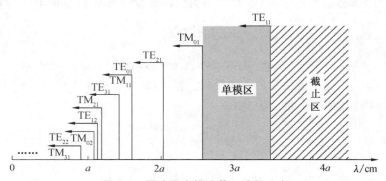

图 2-8　圆波导中模式截止波长分布

将式(2.4-9)代入式(2.2-5)、式(2.2-6)和式(2.2-7),还可以求出圆波导的相速、群速、波导波长等。

(2)圆波导中模式的简并

圆波导中有两种简并模:E-H 简并和极化简并。

① E-H 简并。由 Bessel 函数性质附录式(2-2.3)可知

$$J_0'(x) = -J_1(x) \tag{2.4-10}$$

1 阶 Bessel 函数的根和 0 阶 Bessel 函数的根相等，那么 $u_{0n} = v_{1n}$ $(n = 1, 2, 3, \cdots)$，故 $\lambda_{cTE_{0n}} = \lambda_{cTM_{1n}}$，所以 TE_{0n} 模和 TM_{1n} 模简并，即波型简并，也叫 E-H 简并。

② 极化简并。圆波导 TE_{mn} 和 TM_{mn} 模式场方程(2.4-3)及方程(2.4-7)中都含有因子 $A\cos(m\varphi)$ 或 $A\sin(m\varphi)$。在圆波导场方程的求解中，由公式(2.1-20b)可知

$$A_1\cos(m\varphi) + A_2\sin(m\varphi) = A\cos(m\varphi)\cos\varphi_0 + A\sin(m\varphi)\sin\varphi_0$$
$$= A\cos(m\varphi - \varphi_0) \tag{2.4-11}$$

上式表明极化方向 φ_0 的不确定性表现为场在圆周 φ 方向有 $\cos(m\varphi)$(偶)和 $\sin(m\varphi)$(奇) 两个线性无关的独立成分，但却具有相同的截止波长，这种简并称为极化简并。除 $m = 0$ 的模式在 φ 方向无变化以外，其余所有模式都有这种简并。由于存在极化简并，波在传播过程中会因圆波导的细微不均匀产生极化旋转，导致不能单模传输。

（3）传输功率

由传输功率式(2.2-9)和场表达式(2.4-3)，有 TE_{mn} 模的传输功率

$$P_{TE_{mn}} = \frac{Z_{TE_{mn}}}{2}\iint_S |H_t|^2 dS = \frac{Z_{TE_{mn}}}{2}\iint_S (H_\rho^2 + H_\varphi^2)\rho d\rho d\varphi$$

$$= \frac{1}{2}\left(\frac{\beta a}{u_{mn}}\right)^2 Z_{TE_{mn}} H_{mn}^2 \int_0^{2\pi}\int_0^a \left[J_m'^2\left(\frac{u_{mn}}{a}\rho\right)\cos^2(m\varphi - \varphi_0)\right.$$

$$\left. + \left(\frac{ma}{\rho u_{mn}}\right)^2 J_m^2\left(\frac{u_{mn}}{a}\rho\right)\sin^2(m\varphi - \varphi_0)\right]\rho d\rho d\varphi$$

$$= \frac{\pi}{2}\left(\frac{\beta a}{u_{mn}}\right)^2 Z_{TE_{mn}} H_{mn}^2 \int_0^a \left[\rho J_m'^2\left(\frac{u_{mn}}{a}\rho\right) + \left(\frac{ma}{\rho u_{mn}}\right)^2 J_m^2\left(\frac{u_{mn}}{a}\rho\right)\right]d\rho$$

令 $u_{mn}\rho/a = x$，利用 Bessel 函数积分公式(2-4.1)(附录 2-4)可得

$$P_{TE_{mn}} = \frac{\pi}{2}\left(\frac{\beta a}{u_{mn}}\right)^2 Z_{TE_{mn}} H_{mn}^2 \frac{a^2}{u_{mn}^2}\int_0^{u_{mn}}\left[J_m'^2(x) + \frac{m^2}{x^2}J_m^2(x)\right]x dx$$

$$= \frac{\pi a^2}{2\delta_m}\left(\frac{\beta a}{u_{mn}}\right)^2 Z_{TE_{mn}} H_{mn}^2\left(1 - \frac{m^2}{u_{mn}^2}\right)J_m^2(u_{mn}) \tag{2.4-12a}$$

由传输功率式(2.2-9)和场表达式(2.4-7)，有 TM_{mn} 模的传输功率

$$P_{TM_{mn}} = \frac{1}{2Z_{TM_{mn}}}\iint_S |E_t|^2 dS = \frac{1}{2Z_{TM_{mn}}}\iint_S (E_\rho^2 + E_\varphi^2)\rho d\rho d\varphi$$

$$= \frac{1}{2}\left(\frac{\beta a}{v_{mn}}\right)^2 \frac{E_{mn}^2}{Z_{TM_{mn}}}\int_0^{2\pi}\int_0^a \left[J_m'^2\left(\frac{v_{mn}}{a}\rho\right)\cos^2(m\varphi - \varphi_0)\right.$$

$$\left. + \left(\frac{ma}{v_{mn}}\right)^2 J_m^2\left(\frac{v_{mn}}{a}\rho\right)\sin^2(m\varphi - \varphi_0)\right]\rho d\rho d\varphi$$

$$= \frac{\pi}{2}\left(\frac{\beta a}{v_{mn}}\right)^2 \frac{E_{mn}^2}{Z_{TM_{mn}}}\int_0^a \left[\rho J_m'^2\left(\frac{v_{mn}}{a}\rho\right) + \left(\frac{ma}{v_{mn}}\right)^2 J_m^2\left(\frac{v_{mn}}{a}\rho\right)\right]d\rho$$

令 $u_{mn}\rho/a = x$，利用 Bessel 函数积分公式(2-4.2)(附录 2-4)可得

$$P_{TM_{mn}} = \frac{\pi}{2}\left(\frac{\beta a}{v_{mn}}\right)^2 \frac{E_{mn}^2}{Z_{TM_{mn}}}\frac{a^2}{v_{mn}^2}\int_0^a \left[\rho J_m'^2(x) + \frac{m^2}{x^2}J_m^2(x)\right]x dx$$

$$= \frac{\pi a^2}{2\delta_m}\left(\frac{\beta a}{v_{mn}}\right)^2 \frac{E_{mn}^2}{Z_{TM_{mn}}}J_m'^2(v_{mn}) \tag{2.4-12b}$$

在式(2.4-12a)和式(2.4-12b)中

$$\delta_m = \begin{cases} 2, & m \neq 0 \\ 1, & m = 0 \end{cases} \qquad (2.4-12c)$$

2.4.3　几种常用模式

和矩形波导不同,圆波导中除最低模式外,高次模也经常被用到,常用的有 TE_{11} 模、TM_{01} 模和 TE_{01} 模。

(1) 主模 TE_{11} 模

由表 2-4 和图 2-8 可知,TE_{11} 模的截止波长最长,是圆波导中的最低次模,也是主模,截止波长为 $\lambda_{cTE_{11}} \approx 3.41a$。将 $m = 1$,$n = 1$ 和 $u_{11} = 1.841$(附录表 2-3.1)代入式 (2.4-3) 中

$$E_\rho = \pm \frac{j\omega\mu a^2}{1.841^2 \rho} H_{11} J_1 \left(\frac{1.841}{a} \rho \right) \begin{cases} \sin\varphi \\ \cos\varphi \end{cases} e^{-j\beta z} \qquad (2.4-13a)$$

$$E_\varphi = \frac{j\omega\mu a}{1.841} H_{11} J_1' \left(\frac{1.841}{a} \rho \right) \begin{cases} \cos\varphi \\ \sin\varphi \end{cases} e^{-j\beta z}$$

$$= \frac{j\omega\mu a}{1.841} H_{11} \left\{ \frac{1}{1.841} \frac{a}{\rho} \left[1 - 2J_1 \left(\frac{1.841}{a} \rho \right) \right] - J_0 \left(\frac{1.841}{a} \rho \right) \right\} \begin{cases} \cos\varphi \\ \sin\varphi \end{cases} e^{-j\beta z} \qquad (2.4-13b)$$

$$H_\rho = -\frac{j\beta a}{1.841} H_{11} J_1' \left(\frac{1.841}{a} \rho \right) \begin{cases} \cos\varphi \\ \sin\varphi \end{cases} e^{-j\beta z}$$

$$= -\frac{j\beta a}{1.841} H_{11} \left\{ \frac{1}{1.841} \frac{a}{\rho} \left[1 - 2J_1 \left(\frac{1.841}{a} \rho \right) \right] - J_0 \left(\frac{1.841}{a} \rho \right) \right\} \begin{cases} \cos\varphi \\ \sin\varphi \end{cases} e^{-j\beta z} \qquad (2.4-13c)$$

$$H_\varphi = \pm \frac{j\beta a^2}{1.841^2 \rho} H_{11} J_1 \left(\frac{1.841}{a} \rho \right) \begin{cases} \sin\varphi \\ \cos\varphi \end{cases} e^{-j\beta z} \qquad (2.4-13d)$$

$$H_z = H_{11} J_1 \left(\frac{1.814}{a} \rho \right) \begin{cases} \cos\varphi \\ \sin\varphi \end{cases} e^{-j\beta z} \qquad (2.4-13e)$$

$$E_z = 0 \qquad (2.4-13f)$$

圆波导中 TE_{11} 模的场分布如图 2-9 所示。

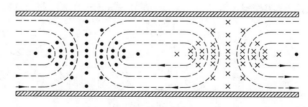

(a) 横截面上的场分布　　　　　　　　　(b) 纵剖面上的场分布

图 2-9　圆波导 TE_{11} 模场结构分布图

从表 2-4 和图 2-8 可知,当 $2.62a < \lambda < 3.41a$ 时,圆波导中只有 TE_{11} 模传播,其他模式截止。但这并不能保证圆波导单模工作,因为该模式的场存在极化简并。图 2-10 是圆波导 TE_{11} 模极化简并的场分布。其中的水平极化(图 2-10a)和垂直极化(图 2-10b)的场因截止波数相同,都可以在波导中传输,仅靠波导尺寸的选择不能阻止这种情况的发生。即使在激励时设法只激起其中一种极化模,在传播过程中若遇到不均匀性仍可能会转化为另一种极化模。两种极化并存(图 2-10c)还会使 TE_{11} 模极化面旋转,所以 TE_{11} 模虽是圆波导中的最低次模,却不是理想的工作模式。比较图 2-9 和图 2-4 可以看出,圆波导 TE_{11} 模和矩形

波导 TE₁₀ 模的场分布十分相似，在工程上可构成方圆波导变换器（图 2-11），还可以利用 TE₁₁ 模的极化简并构成极化衰减器、极化变换器、铁氧体环形器等。

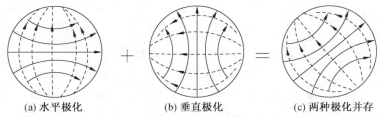

(a) 水平极化 　+　 (b) 垂直极化 　=　 (c) 两种极化并存

图 2-10　圆波导 TE₁₁ 模的极化简并

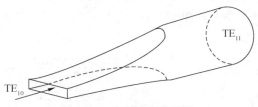

图 2-11　方圆波导变换器

（2）圆对称 TM₀₁ 模

TM₀₁ 模是圆波导的第一个高次模，截止波长 $\lambda_{cTM_{01}} \approx 2.62a$。将 $m=0, n=1, v_{01} = 2.405$（附录表 2-3.2）代入式（2.4-7）中，得 TM₀₁ 模的场分量

$$E_\rho = -\frac{\mathrm{j}\beta a}{2.405} E_{01} \mathrm{J}_0' \left(\frac{2.405}{a}\rho\right) \mathrm{e}^{-\mathrm{j}\beta z} = \frac{\mathrm{j}\beta a}{2.405} E_{01} \mathrm{J}_1 \left(\frac{2.405}{a}\rho\right) \mathrm{e}^{-\mathrm{j}\beta z} \quad (2.4-14\mathrm{a})$$

$$E_z = E_{01} \mathrm{J}_0 \left(\frac{2.405}{a}\rho\right) \mathrm{e}^{-\mathrm{j}\beta z} \quad (2.4-14\mathrm{b})$$

$$H_\varphi = -\frac{\mathrm{j}\omega\varepsilon a}{2.405} E_{01} \mathrm{J}_0' \left(\frac{2.405}{a}\rho\right) \mathrm{e}^{-\mathrm{j}\beta z} = \frac{\mathrm{j}\omega\varepsilon a}{2.405} E_{01} \mathrm{J}_1 \left(\frac{2.405}{a}\rho\right) \mathrm{e}^{-\mathrm{j}\beta z} \quad (2.4-14\mathrm{c})$$

$$E_\varphi = 0, H_\rho = 0, H_z = 0 \quad (2.4-14\mathrm{d})$$

式中用到了附录式（2-2.3）$\mathrm{J}_0'(u) = -\mathrm{J}_1(u)$ 的关系，场分布如图 2-12 所示。TM₀₁ 模是圆波导的第一个高次模，具有圆对称性，不存在极化简并模，常作为雷达天线与馈能波导间的旋转接头。磁场只有 H_φ 分量，波导内壁电流只有纵向分量，能有效地和轴向流动的电子流交换能量，是一种可应用于微波电子管中的谐振腔及直线电子加速器中的工作模式。

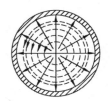 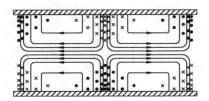

(a) 横截面上的场分布　　　　　(b) 纵剖面上的场分布

图 2-12　圆波导 TM₀₁ 模场结构分布图

（3）低损耗 TE₀₁ 模

TE₀₁ 模是圆波导的高次模（比它低的有 TE₁₁ 模、TM₀₁ 模和 TE₂₁ 模），截止波长 $\lambda_{cTE_{01}} \approx 1.64a$，将 $m=0, n=1, u_{01} = 3.832$（附录表 2-3.1）代入式（2.4-3）中，有 TE₀₁ 模的场分量

$$E_\varphi = \frac{j\omega\mu a}{3.832} H_{01} J_0'\left(\frac{3.832}{a}\rho\right)e^{-j\beta z} = -\frac{j\omega\mu a}{3.832} H_{01} J_1\left(\frac{3.832}{a}\rho\right)e^{-j\beta z} \quad (2.4-15a)$$

$$H_\rho = -\frac{j\beta}{3.832} H_{01} J_0'\left(\frac{3.832}{a}\rho\right)e^{-j\beta z} = \frac{j\beta}{3.832} H_{01} J_1\left(\frac{3.832}{a}\rho\right)e^{-j\beta z} \quad (2.4-15b)$$

$$H_z = H_{01} J_0\left(\frac{3.832}{a}\rho\right)e^{-j\beta z} \quad (2.4-15c)$$

$$E_\rho = 0, \quad E_z = 0, \quad H_\varphi = 0 \quad (2.4-15d)$$

TE_{01} 模的场结构如图 2-13 所示。TE_{01} 模也是圆对称模无极化简并,但与 TM_{11} 模形成 E-H 简并。磁场只有径向 H_ρ 和轴向 H_z 分量,波导管壁无纵向电流,只有周向电流;电场只有周向分量 E_φ,电力线为横截面内的同心圆,所以又称为圆电模式。可以证明,TE_{01} 模的衰减系数 α 随频率升高单调下降,这是一般波型不具备的特性,是毫米波段的优选工作模。

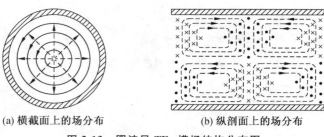

(a) 横截面上的场分布 (b) 纵剖面上的场分布

图 2-13　圆波导 TE_{01} 模场结构分布图

2.5　同轴线的场分析

同轴线也称为同轴波导,是一种双导体传输线。依尺寸与波长之间的关系同轴线可以传输 TEM 波,也可以传输 TE 或 TM 波。图 2-14 是内导体直径为 d、外导体内径为 D 的同轴线和圆柱坐标系。

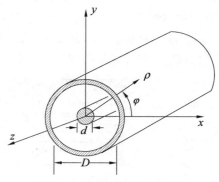

图 2-14　同轴线和圆柱坐标

2.5.1　同轴线的 TEM 模

同轴线传输的主模是 TEM 模,$E_z = H_z = 0$ 无纵向分量。由式(2.1-17)可知,为使横向电场和磁场分量有非 0 解,应有截止波数 $k_c^2 = 0$,如果同轴线内外导体为理想导体、

填充的介质无耗,那么由式(2.1-7c)有

$$k_c^2 = k^2 - \beta^2 = 0 \tag{2.5-1a}$$

$$\beta = k = \omega\sqrt{\varepsilon\mu} \tag{2.5-1b}$$

式(2.1-7)变成

$$\nabla_t^2 \boldsymbol{E}(t) = 0 \tag{2.5-2a}$$

$$\nabla_t^2 \boldsymbol{H}(t) = 0 \tag{2.5-2b}$$

式中,$\boldsymbol{E}_t$ 和 $\boldsymbol{H}_t$ 均满足 Laplace 方程,矢量场可以用标量电位和磁位的梯度表示为

$$\boldsymbol{E}_t(t) = -\nabla_t \boldsymbol{\Psi}^e(t) \tag{2.5-3a}$$

$$\boldsymbol{H}_t(t) = -\nabla_t \boldsymbol{\Psi}^m(t) \tag{2.5-3b}$$

可以证明,式中电位 $\boldsymbol{\Psi}^e$ 和磁位 $\boldsymbol{\Psi}^m$ 满足

$$\nabla_t^2 \boldsymbol{\Psi}^e(t) = 0 \tag{2.5-4a}$$

$$\nabla_t^2 \boldsymbol{\Psi}^m(t) = 0 \tag{2.5-4b}$$

可代入边界条件求解。需要注意的是,同轴线中的电磁场并不是真正的静态场,只是横向分布函数与相同边界条件下的静态场相同,电磁场还沿轴向以行波 $e^{-j\beta z}$ 的方式传播,电场和磁场之间存在关系

$$\nabla \times \boldsymbol{E} = -j\omega\mu\boldsymbol{H} \tag{2.5-4c}$$

故可先求解电位 $\boldsymbol{\Psi}^e$。将方程(2.5-4a)在圆柱坐标中展开,有

$$\frac{\partial^2 \boldsymbol{\Psi}^e(\rho,\varphi)}{\partial\rho^2} + \frac{\partial \boldsymbol{\Psi}^e(\rho,\varphi)}{\rho\partial\rho} + \frac{\partial^2 \boldsymbol{\Psi}^e(\rho,\varphi)}{\rho^2\partial\varphi^2} = 0 \tag{2.5-5a}$$

由于同轴线的圆周对称性,$\boldsymbol{\Psi}^e$ 仅为 ρ 的函数,式(2.5-5a)化为如下的常微分方程

$$\frac{d^2 \boldsymbol{\Psi}^e(\rho)}{d\rho^2} + \frac{1}{\rho}\frac{d\boldsymbol{\Psi}^e(\rho)}{d\rho} = 0 \tag{2.5-5b}$$

上式是 Euler 方程,一般解为

$$\boldsymbol{\Psi}^e(\rho) = C - D\ln\rho \tag{2.5-5c}$$

将上式代入式(2.5-3a)得

$$\hat{\rho}E_\rho(\rho,z) = -\nabla_t \boldsymbol{\Psi}^e(\rho)e^{-j\beta z} = -\left(\hat{\rho}\frac{\partial}{\partial\rho} + \hat{\varphi}\frac{\partial}{\rho\partial\varphi}\right)[\boldsymbol{\Psi}^e(\rho)]e^{-j\beta z}$$

$$= -\hat{\rho}\frac{\partial(A - B\ln\rho)}{\partial\rho}e^{-j\beta z} = \hat{\rho}\frac{B}{\rho}e^{-j\beta z} \tag{2.5-5d}$$

内外导体间的电位差 U 是 $E_\rho(\rho,z)$ 在横截面上沿任一路径在内外导体间的线积分

$$U = \int_l \boldsymbol{E} \cdot d\boldsymbol{l} = \int_l (\hat{\rho}E_\rho + \hat{\varphi}E_\varphi + \hat{z}E_z) \cdot (d\rho\hat{\rho} + \rho d\varphi\hat{\varphi} + dz\hat{z})$$

$$= \int_{\frac{d}{2}}^{\frac{D}{2}} E_\rho(\rho)d\rho = \int_{\frac{d}{2}}^{\frac{D}{2}} \frac{B}{\rho}e^{-j\beta z}d\rho = B\ln\frac{D}{d}e^{-j\beta z} = U_0 e^{-j\beta z} \tag{2.5-6}$$

式中,U_0 是 $z=0$ 处的电压,那么待定系数

$$B = \frac{U_0}{\ln(D/d)}$$

代入式(2.5-5d)可得横向电场

$$E_\rho(\rho,z) = \frac{U_0}{\rho\ln(D/d)}e^{-j\beta z} \tag{2.5-7a}$$

在圆柱坐标中展开式(2.5-4c)后,将式(2.5-7a)、式(2.5-1b)及 $E_z = H_z = E_\varphi = 0$,

有横向磁场

$$H_\varphi = \frac{U_0}{\rho \ln(D/d)} \sqrt{\varepsilon/\mu}\, e^{-j\beta z} \qquad (2.5-7b)$$

电流强度定义为单位时间流过导体截面的电荷量,当磁场仅有横向分量、没有纵向分量时,在同轴线中可以定义流过导体的电流:横截面上 H_φ 沿包围内导体的闭合路径的线积分为导体上的电流

$$I = \oint_l \boldsymbol{H} \cdot \mathrm{d}\boldsymbol{l} = \int_l (\hat{\rho}H_\rho + \hat{\varphi}H_\varphi + \hat{z}H_z) \cdot (\mathrm{d}\rho\hat{\rho} + \rho\mathrm{d}\varphi\hat{\varphi} + \mathrm{d}z\hat{z})$$

$$= \int_0^{2\pi} H_\varphi \rho\, \mathrm{d}\varphi = \int_0^{2\pi} \frac{\sqrt{\varepsilon/\mu}\, U_0}{\ln(D/d)} e^{-j\beta z}\, \mathrm{d}\varphi = \frac{2\pi \sqrt{\varepsilon/\mu}\, U_0}{\ln(D/d)} e^{-j\beta z} \qquad (2.5-8)$$

式(2.5-6)和式(2.5-8)表明,电压和积分路径无关,电流和积分环路形状无关,因此在 TEM 波传输线中可以定义电压波和电流波。同轴线空腔中电场强度和内外导体间的电压波对应,磁场强度和内外导体中流动的电流波对应。第 1 章传输线理论将场化场为路的条件,就是在电场和电压、磁场和电流之间存在一一对应的关系,TEM 传输线中存在这样的关系。

根据公式(2.5-7),有图 2-15 所示的同轴线 TEM 波场结构。

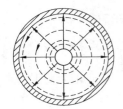 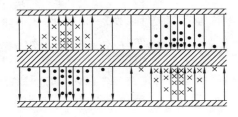

(a) 横截面上的场分布　　　　　　　(b) 纵剖面上的场分布

图 2-15　同轴线 TEM 波场结构

从式(2.2-8)和式(2.5-7)可知,同轴线的波阻抗

$$Z_{\mathrm{TEM}} = \frac{E_\rho}{H_\varphi} = \sqrt{\frac{\mu}{\varepsilon}} \qquad (2.5-9)$$

根据式(2.2-5)、式(2.2-6)、式(2.2-7)和式(2.5-1)可知,同轴线的相速、群速为

$$v_p = \frac{\omega}{\beta} = \frac{\omega}{\omega \sqrt{\varepsilon\mu}} = \frac{1}{\sqrt{\varepsilon\mu}} \qquad (2.5-10a)$$

$$v_g = \frac{c \sqrt{1-(k_c/k)^2}}{\sqrt{\mu_r \varepsilon_r}} = \frac{1}{\sqrt{\varepsilon\mu}} \qquad (2.5-10b)$$

同轴线中传播的 TEM 波的相速不随频率变化,是非色散的,相速和群速相等。

波导波长为

$$\lambda_g = \frac{2\pi}{\beta} = \frac{2\pi}{\omega \sqrt{\varepsilon\mu}} = \frac{1}{f \sqrt{\varepsilon\mu}} \qquad (2.5-11)$$

根据式(2.5-1)和式(2.2-4)还可以知道,同轴线的截止频率 $f_c = 0$,截止波长 $\lambda_c = \infty$,说明同轴线是一种宽频带微波传输线,从直流到毫米波段都可应用。当工作波长 $\lambda > 10$ cm 时,矩形波导和圆波导都因尺寸过大显得笨重,但相应的同轴线尺寸却不大。当然,和矩形波导和圆波导相比,高频时同轴线的衰减较大。

2.5.2　同轴线的高次模

同轴线除传输主模 TEM 模以外，在一定条件下还可能传输 TE 和 TM 波。同轴线内 TE 模或 TM 模的求解方法与圆波导中求解 TE 模、TM 模类似，场分布也与圆波导中相应模式的场分布相似。区别在于分离变量法中 $R(\rho)$ 的通解式(2.1－21a)中除了第一类 Bessel 函数外还允许保留第二类 Bessel 函数，截止波数满足的方程为超越方程，经数值计算求解的截止波长有

$$\lambda_{c\text{TE}_{11}} \approx \pi(D+d)，\quad \lambda_{c\text{TE}_{m1}} \approx \frac{\pi}{m}(D+d)$$

$$\lambda_{c\text{TM}_{0n}} \approx 2(D-d)，\quad \lambda_{c\text{TM}_{mn}} \approx \frac{2(D-d)}{n} \tag{2.5－12}$$

可见 TE$_{11}$ 模的截止波长最长，要使同轴线工作在 TEM 模式，内外半径应满足

$$\pi(D+d) < \lambda_{\min} \tag{2.5－13}$$

式中，$\lambda_{\min}$ 为最短工作波长。

本节关于同轴线的结论可以推广到其他双导体系统。

2.6　波导的激励与耦合

如何在波导中产生导行波，如何从波导中获取微波能量，涉及波导的激励与耦合。本质上，波导的激励与耦合就是电磁波的辐射和接收，因辐射和接收互易，激励与耦合有相同的场结构，故只需介绍波导的激励。严格地用数学方法分析波导的激励问题比较复杂，这里仅对激励波导的三种常用方法——电激励、磁激励、电流激励做定性的说明。

2.6.1　电激励

在传输线已知波型的电场最强处，沿所需波型电力线平行的方向伸入一探针，激励起电场。这种激励类似电偶极子的辐射，故称为电激励(Electrical Encouragement)。例如要在矩形波导中激励起主模 TE$_{10}$ 波，可以将同轴线的内导体从波导宽壁电场最强处插入到波导内，构成探针激励(图 2-16a)。在探针附近电场强度会有 E_z 分量，场分布与 TE$_{10}$ 模有所不同，有高次模被激发，但是当波导尺寸只允许主模传播时，激发的高次模将在探针附近迅速衰减，不会在波导内传播。为在波导内建立起单方向的波，可在波导一端配置短路活塞(图 2-16b)，通过调节短路活塞的位置和探针插入深度，使同轴线与波导间阻抗匹配。

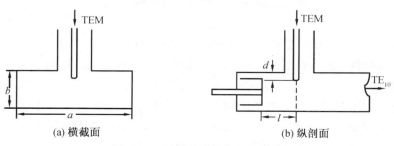

(a) 横截面　　　　　　　　　(b) 纵剖面

图 2-16　同轴－波导电激励装置

2.6.2 磁激励

在传输线磁场最强处引入一个小环,环的平面与所需波型的磁力线相垂直,激励起磁场。由于这种激励类似于磁偶极子辐射,故称为磁激励(Magnetic Encouragement)。例如通过磁激励建立起矩形波导的主模 TE_{10} 波,可将同轴线内导体弯成一小圆环,放置在 TE_{10} 模磁场最强处,如波导的窄壁上(图 2-17),圆环端点连接到波导壁上,圆环平面与 TE_{10} 波的磁力线垂直。与探针激励一样,通过调节小环插入深度和短路活塞的位置,实现同轴线与波导的阻抗匹配。

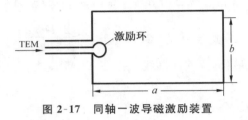

图 2-17 同轴—波导磁激励装置

2.6.3 电流激励

波导之间的激励往往采用小孔耦合,在两个波导的公共壁上开孔或缝,使一部分能量辐射到另一波导中去,由此建立所要求的模式。由于波导开口处的辐射类似于电流源的辐射,故称为电流激励(Current Encouragement)。小孔耦合最典型的应用是定向耦合器,通过在主波导和耦合波导的公共壁上开口,实现主波导向耦合波导传送能量(图 2-18)。另外,小孔或缝的激励还可以采用波导与谐振腔之间的耦合、两条微带之间的耦合等。

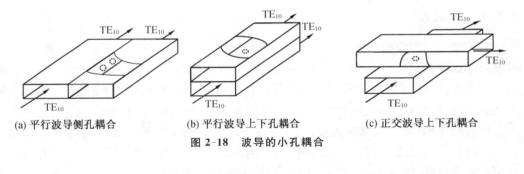

(a) 平行波导侧孔耦合   (b) 平行波导上下孔耦合   (c) 正交波导上下孔耦合

图 2-18 波导的小孔耦合

第 1 章 TEM 传输线的横向电场和磁场可用标量电压和电流表示,可取入射波传播的方向为 z 轴的负方向方便讨论。但当考虑横向电场和磁场时,如仍取 $-z$ 为入射波方向,为使右旋坐标系成立,还应使 x 或 y 轴为负增加了表达的复杂程度,故场分析法中通常取 z 轴正向为入射波方向。在场结构公式中,传输系统的本征值(截止波数) $k_c^2 = k^2 - \beta^2$,如果 $k_c^2 = 0$ 必有 $E_z = 0$ 和 $H_z = 0$,只有横向电场 E_t 和磁场 H_t;如果 $k_c^2 > 0$, E_z 和 H_z 不能同时为 0,否则 E_t 和 H_t 全为 0。此时 $\beta = \sqrt{k^2 - k_c^2} < k$,相速 $v_p = \omega/\beta > c/\sqrt{\mu_r \varepsilon_r}$ 比无

界空间中的相速度要快,称为快波;如果 $k_c^2 < 0$,则 $\beta = \sqrt{k^2 - k_c^2} > k$,那么 $v_p = \omega/\beta < c/\sqrt{\mu_r \varepsilon_r}$ 比无界空间中的相速度要慢,称为慢波。截止波数的三种情况对应了三种导波结构,即 TEM 传输线、空管金属波导和表面波导(见第 3 章)。

2.1　表 2-1 矩形波导内壁上的边界条件 $E_x(x=0,y) = \rho_s/\varepsilon$, $E_x(x=a,y) = -\rho_s/\varepsilon$, $E_x(x,y=0,) = \rho_s/\varepsilon$, $E_x(x,y=b) = -\rho_s/\varepsilon$ 会使电力线交叉吗?对此如何解释?

2.2　矩形波导 TE_{10} 波的电场两点之间的线积分

$$\int_a^b \boldsymbol{E} \cdot \mathrm{d}\boldsymbol{l}$$

是否和积分路径有关?为什么?

2.3　可应用哪些场分析法求解矩形波导、圆波导和同轴线中的场分布?

2.4　什么是工作波长 λ,波导波长 λ_g 和截止波长 λ_c?三者之间的关系如何?

2.5　空气填充的矩形波导,$a = 7.2$ cm,$b = 3.4$ cm,求:

① 当工作波长 λ 分别是 18,10,6.5 cm 时,此波导可能出现哪几个传播模?

② TE_{10} 模单模传输的频率范围,且要求此频带的低端比 TE_{10} 模的 f_c 高 5%,高端比第一高次模的 f_c 低 5%。

2.6　一空气填充的矩形波导,$a = 22.86$ mm,$b = 10.16$ mm,信号的工作频率 $f = 10$ GHz,求:

① 波导中主模的波导波长 λ_g,相速 v_p 和群速 v_g;

② 若尺寸不变,工作频率变为 15 GHz,除了主模,还能传输什么模?

2.7　有频率为 $f_1 = 5$ GHz,$f_2 = 15$ GHz 的电磁波,用 BJ – 100($a = 22.86$ mm,$b = 10.16$ mm)传输时,波导中可能传输哪些波型?

2.8　若矩形波导截面尺寸 $a = b = 8$ cm,试问当频率为 5 GHz 时,波导中能传输哪些模式?若要只传输主模,工作频率应当如何选择?

2.9　BJ – 100 型矩形波导($a = 22.86$ mm,$b = 10.16$ mm)填充 $\varepsilon_r = 2.25$ 的介质。

① 当工作频率为 10 GHz 时,求 TE_{10} 模的波导波长 λ_g 和相速 v_p;

② 改变波导中的填充介质,试比较 $\varepsilon_r = 1$ 和 $\varepsilon_r = 2.25$ 两种情况下波导的最低单模传输的工作频率,试述该问题的意义。

2.10　写出圆波导的相速、群速和波导波长公式。

2.11　已知圆波导的半径 $a = 4.5$ cm,波导内充有空气,试求:

① TE_{11}、TM_{01}、TE_{01}、TM_{11}、TE_{21} 五种模式的截止波长;

② 当工作波长为 $\lambda = 10$ cm 时,圆波导可存在哪些模式?

③ 单模传输时的频率范围。

2.12　在矩形波导 BJ – 320($a = 7.112$ mm,$b = 3.556$ mm)中以主模传输工作波长 $\lambda = 8$ cm 的波,现欲转换为圆波导中的 TE_{01} 模传输,要求波的相速不变,试计算圆波导的半径 a。若转换为 TE_{11} 模的圆波导,半径应为多少?

2.13　为什么一般矩形测量线探针开槽在波导宽壁的中心线上?

2.14　空气填充圆波导内半径 $a=2$ cm,工作频率 $f=7.5$ GHz,问圆波导可能存在哪些波型?

2.15　已知工作波长 $\lambda=15$ mm,要求单模传输,试确定圆波导的半径。

2.16　什么是波导中的模式简并? 矩形波导和圆波导中的简并有什么异同?

2.17　矩形波导、圆形波导和同轴线单模传输的条件各是什么?

2.18　在波导激励和耦合中常用的激励方式有哪些?

第3章 微波集成传输线

规则金属波导损耗小、结构牢固、功率容量高,电磁波被限定在导管内传输,同时具有体积大、重量重的特点,机械加工比较复杂,制作成本较高,不易调整。随着航空航天的发展和各方面的需要,对微波设备提出了体积小、重量轻、可靠性高、成本批量制作等要求,促成了微波技术与半导体器件和集成电路的结合,产生了微波集成电路(Microwave Integrated Circuit)。为实现集成化,要求微波传输元件具有平面型(或低剖面)结构,可以通过调节平面上的二维尺寸控制传输特性。

微波集成传输线有多种结构形式(有些结构如带状线、微带线、共面波导、槽线、镜像线、介质线等在第1章图1-1中出现过),图3-1是它们的横截面。归纳起来可以分为四类:

① 准 TEM 波传输线,主要包括微带传输线和共面波导等;

② 非 TEM 波传输线,主要包括槽线、鳍线等;

③ 开放式介质波导传输线,主要包括介质波导、镜像波导等;

④ 半开放式介质波导,主要包括 H 形波导、G 形波导等。

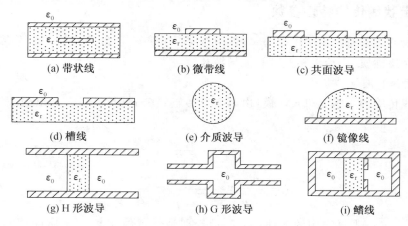

图 3-1 各种微波集成传输线

本章主要介绍带状线、微带线、介质波导和光纤。与金属规则波导相比,微波集成传输线损耗比较大、功率容量较小,通常在中小功率微波系统中使用。

3.1 带状线

带状线(Strip Line)又称三板线,由两块相距为 b 的接地板与宽度为 w、厚度为 t 的中心导体带构成。中心导带一般位于上、下接地板的对称面上,接地板之间填充均匀介质或空气,如图3-2所示。

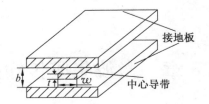

图 3-2 带状线结构图

带状线可以看成由同轴线演化得来,先将同轴线的外导体对称分开,然后将它们向上下两个方向展平,内导体压成扁平状态,即可得到带状线,演变过程如图 3-3 所示。带状线的传输特性和同轴线类似,传输主模也是 TEM 模,TE 和 TM 都是高次模,选择合适的尺寸可以抑制高次模的产生。

带状线的场结构也和同轴线类似,电力线由金属导体指向接地板,磁力线环绕导体带,如图 3-3c 所示。

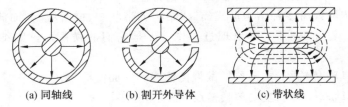

(a) 同轴线   (b) 割开外导体   (c) 带状线

图 3-3 带状线的演化过程

3.1.1 带状线传输特性参数

带状线的传输特性参量主要有:特性阻抗 Z_0、相速 v_p 和波导波长 λ_g。考虑构成带状线材料的介质性质,先给出相速度和波导波长。

(1) 相速和波导波长

带状线传输的主模是 TEM 模,由第 1 章传输线公式(1.3 - 13)和电磁理论可知,相速度

$$v_p = \frac{1}{\sqrt{LC}} \tag{3.1 - 1a}$$

$$v_p = \frac{1}{\sqrt{\varepsilon\mu}} = \frac{1}{\sqrt{\varepsilon_0\mu_0\varepsilon_r\mu_r}} = \frac{c}{\sqrt{\varepsilon_r\mu_r}} \tag{3.1 - 1b}$$

式中,$c = 1/\sqrt{\varepsilon_0\mu_0}$ 为真空中的光速,ε_r 和 μ_r 分别是带状线中填充介质的相对介电常数和相对磁导率(通常 $\mu_r = 1$)。TEM 传输线的电压和电场、电流和磁场之间具有一一对应的确定关系,因此传输线理论中的相速度、波长等和电磁理论中对应参数是等同的,故有

$$v_p = \frac{1}{\sqrt{LC}} = \frac{1}{\sqrt{\varepsilon\mu}} = \frac{c}{\sqrt{\varepsilon_r}} \tag{3.1 - 1c}$$

类似地,由波长公式(1.3 - 15)和电磁理论的波长公式,带状线的波导波长

$$\lambda_g = \frac{2\pi}{\omega\sqrt{LC}} = \frac{1}{f\sqrt{\varepsilon\mu}} = \frac{\lambda_0}{\sqrt{\varepsilon_r}} \tag{3.1 - 2}$$

式中,L、C 是带状线单位长度的分布电容和电感,λ_0 是信源在自由空间中的波长。

（2）特性阻抗

根据式（1.3-3）、式（1.3-4）和式（3.1-1c）可知，无耗或小损耗带状线的特性阻抗为

$$Z_0 = \sqrt{\frac{L}{C}} = \frac{1}{v_{\mathrm{p}} C} \tag{3.1-3}$$

可见，如果确定了制作带状线的介质材料、单位长度分布电容 C，特性阻抗 Z_0 就确定了。用场分析的方法求解带状线的分布电容比较困难，通常采用复变函数中的保角变换法（附录 3-1）简化计算。即便如此，推导过程和得到的结果仍然是繁琐和复杂的。为了便于工程应用，有通过对精确解曲线拟合得到的、导带厚度趋于 0 和不为 0 两种情况下的实用公式：

① 中心导带厚度很薄可以忽略，$t \to 0$，特性阻抗公式为

$$Z_0 = \frac{30\pi}{\sqrt{\varepsilon_{\mathrm{r}}}} \frac{1}{\frac{w_{\mathrm{e}}}{b} + 0.441} \tag{3.1-4}$$

式中，w_{e} 是中心导带的有效宽度，根据导带宽度 w 与接地板距离 b 之比，分两种情况

$$\frac{w_{\mathrm{e}}}{b} = \frac{w}{b} - \begin{cases} 0, & w/b > 0.35 \\ (0.35 - w/b)^2, & w/b < 0.35 \end{cases} \tag{3.1-5}$$

② 中心导带的厚度不可忽略，特性阻抗公式为

$$Z_0 = \frac{30}{\sqrt{\varepsilon_{\mathrm{r}}}} \ln \left\{ 1 + \frac{4}{\pi} \cdot \frac{1}{m} \left[\frac{8}{\pi} \cdot \frac{1}{m} + \sqrt{\left(\frac{8}{\pi} \cdot \frac{1}{m} \right)^2 + 6.27} \right] \right\} \tag{3.1-6}$$

式中

$$m = \frac{w}{b-t} + \frac{\Delta w}{b-t}, \quad \frac{\Delta w}{b-t} = \frac{x}{\pi(1-x)} \left\{ 1 - 0.5 \ln \left[\left(\frac{x}{2-x} \right)^2 + \left(\frac{0.079\,6x}{w/b + 1.1x} \right)^n \right] \right\}$$

$$n = \frac{2}{1 + \frac{2}{3} \cdot \frac{x}{1-x}}, \quad x = \frac{t}{b}$$

根据式（3.1-6）绘制的特性阻抗曲线如图 3-4 所示。可见带状线特性阻抗随 w/b 的增大减小，并且也随着 t/b 的增大减小。

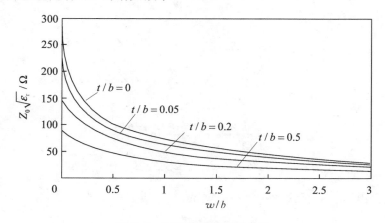

图 3-4　带状线特性阻抗曲线

在工程上，通常给定特性阻抗 Z_0、填充介质的介电常数 ε_{r} 和接地板间距 b，求 w。同

样地,分为两种情况:

① 中心导带厚度 $t \to 0$

$$\frac{w}{b} = \begin{cases} x, & Z_0\sqrt{\varepsilon_r} < 120 \ \Omega \\ 0.85 \pm \sqrt{0.6-x}, & Z_0\sqrt{\varepsilon_r} > 120 \ \Omega \end{cases} \tag{3.1-7}$$

其中

$$x = \frac{30\pi}{\sqrt{\varepsilon_r}Z_0} - 0.441 \tag{3.1-8}$$

② 中心导带厚度为 t

$$\frac{w}{b} = \frac{w_e}{b} - \frac{\Delta w}{b} \tag{3.1-9}$$

其中

$$\frac{w_e}{b} = \frac{8(1-t/b)}{\pi} \cdot \frac{\sqrt{e^A + 0.568}}{e^A - 1}$$

$$\frac{\Delta w}{b} = \frac{t/b}{\pi}\left\{1 - \frac{1}{2}\ln\left[\left(\frac{t/b}{2-t/b}\right)^2 + \left(\frac{0.079\ 6t/b}{w_e/b - 0.26t/b}\right)^m\right]\right\}$$

$$m = \frac{2}{1 + \dfrac{2t/b}{3(1-t/b)}}, \qquad A = \frac{Z_0\sqrt{\varepsilon_r}}{30}$$

3.1.2 带状线的衰减常数 α

带状线的损耗包括中心导带和接地板导体的导体损耗、两接地板间填充的介质损耗和辐射损耗。通常接地板比中心导带大得多,因此辐射损耗可忽略不计,故损耗主要由导体损耗 α_c 和介质损耗 α_d 引起,总的衰减常数可表示为

$$\alpha = \alpha_c + \alpha_d \tag{3.1-10}$$

根据公式(1.3-9)可知

$$\alpha_c = \frac{1}{2}RY_0, \quad \alpha_d = \frac{1}{2}GZ_0$$

其中,R 和 G 分别为带状线单位长度等效电阻和单位长度漏电导。导体衰减常数 α_c(单位 Np/m)由下式给出:

$$\alpha_c = \begin{cases} \dfrac{2.7 \times 10^{-3}R_S\varepsilon_r Z_0}{30\pi(b-t)}A, & \sqrt{\varepsilon_r}Z_0 < 120 \ \Omega \\[3mm] \dfrac{0.16R_S}{Z_0 b}B, & \sqrt{\varepsilon_r}Z_0 > 120 \ \Omega \end{cases} \tag{3.1-11}$$

式中

$$A = 1 + \frac{2w}{b-t} + \frac{1}{\pi}\frac{b+t}{b-t}\ln\left(\frac{2b-t}{t}\right)$$

$$B = 1 + \frac{b}{0.5w + 0.7t}\left(0.5 + \frac{0.414t}{w} + \frac{1}{2\pi}\ln\frac{4\pi w}{t}\right)$$

R_S 为导体表面电阻。利用式(3.1-2)的关系,有介质衰减常数

$$a_d = \frac{1}{2}GZ_0 = \frac{1}{2}\frac{G}{\omega C}\omega Z_0\sqrt{LC} = \frac{\pi\sqrt{\varepsilon_r}}{\lambda_0}\tan\delta \ \text{Np/m} = \frac{27.3\sqrt{\varepsilon_r}}{\lambda_0}\tan\delta \ \text{dB/m}$$

$$\tag{3.1-12}$$

其中，$\tan\delta$ 是介质材料的损耗角正切。

3.1.3　带状线的尺寸选择

为使带状线传输主模 TEM 模、抑制高次模，确定尺寸时应考虑以下因素。

（1）中心导带宽度

在 TE 模中，最低次的 TE_{10} 模的截止波长为

$$\lambda_{cTE_{10}} \approx 2w\sqrt{\varepsilon_r} \qquad (3.1-13a)$$

为了抑制 TE_{10} 模，带状线的最短工作波长应该满足

$$\lambda_{0min} \geqslant \lambda_{cTE_{10}} = 2w\sqrt{\varepsilon_r} \qquad (3.1-13b)$$

中心导带宽度 w 应满足

$$w < \frac{\lambda_{0min}}{2\sqrt{\varepsilon_r}} \qquad (3.1-14)$$

（2）接地板间距

增大接地板间距 b 有助于降低导体损耗和增加功率容量，但会加大横向辐射损耗，还可能出现径向 TM 高次模，其中最低次模 TM_{01} 的截止波长为

$$\lambda_{cTM_{01}} \approx 2b\sqrt{\varepsilon_r} \qquad (3.1-15a)$$

为了抑制 TM_{01} 模，带状线的最短工作波长应该满足

$$\lambda_{0min} \geqslant \lambda_{cTM_{01}} = 2b\sqrt{\varepsilon_r} \qquad (3.1-15b)$$

接地板间距 b 应满足

$$b < \frac{\lambda_{0min}}{2\sqrt{\varepsilon_r}} \qquad (3.1-16)$$

于是工作波长

$$\lambda_{0min} > [\lambda_{cTE_{10}}, \lambda_{cTM_{01}}] \qquad (3.1-17)$$

3.2　微带线

微带线结构如图 3-5 所示，是由沉积在介质基片上的金属导体带和接地板构成的一个特殊传输系统。其中，导带的宽度为 w，厚度为 t，介质基片的厚度为 h。

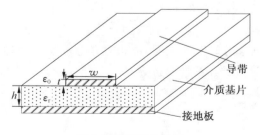

图 3-5 微带线结构图

微带线可由双导体传输线演化得来，将无限薄的导体板垂直插入双导体中间，因导体板和电力线垂直，故不影响原来的场分布，然后抽去下方导线，并将上方导线压扁成导体带，在导体带之间加入介质材料，构成微带线。图 3-6 是微带线的演化过程和结构。

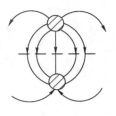 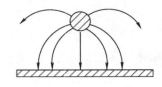 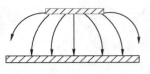

(a) 双导体传输线　　　　(b) 插入导体板轴取下方导线　　　　(c) 微带线

图 3-6　微带线演化过程

由于在中心导带和接地板之间加入了介质,微带线所传输的已经不是单纯的 TEM 模,因有纵向分量存在(附录 3-2),是 TE 模和 TM 模的混合模。但是当微波频率不很高,且微带线基片厚度 h 远小于微带波长时,纵向分量很小,可以近似地看成 TEM 模,因此微带线中传输的主模被称为准 TEM 模(Quasi TEM Mode)。

3.2.1　微带线传输特性参数

(1) 准 TEM 模的相速与特性阻抗

忽略纵向分量的无耗或小损耗微带线的相速和特性阻抗与带状线相同,即

$$v_{\mathrm{p}} = \frac{1}{\sqrt{LC}} \tag{3.2-1}$$

$$Z_0 = \sqrt{\frac{L}{C}} = \frac{1}{v_{\mathrm{p}}C} \tag{3.2-2}$$

式中,L 和 C 是微带线的单位长度分布电感和单位长度分布电容。

(2) 真实微带线的特性阻抗

由电磁理论(附录 3-2)可知,微带线的导带周围填充的是同一种介质时,传输的是纯 TEM 模,可以分为两种情况:

① 完全被空气填充,相速 $v_{\mathrm{p}} \approx c$;

② 完全被同种介质填充,相速 $v_{\mathrm{p}} = c/\sqrt{\varepsilon_{\mathrm{r}}}$。

实际上,在微带线的导带与接地板之间填充的是介质,其他部分为空气,相速应介于光速 c 和 $c/\sqrt{\varepsilon_{\mathrm{r}}}$ 之间。由此引入有效介电常数 ε_{e},定义为介质微带线的分布电容 C_1 和空气微带线的分布电容 C_0 之比,即

$$\varepsilon_{\mathrm{e}} = \frac{C_1}{C_0} \tag{3.2-3}$$

有效介电常数 ε_{e} 的取值介于 1 与 ε_{r} 之间,由相对介电常数 ε_{r} 和边界条件决定。

微带线的相速、波导波长和特性阻抗为

$$v_{\mathrm{p}} = \frac{c}{\sqrt{\varepsilon_{\mathrm{e}}}} \tag{3.2-4}$$

$$\lambda_{\mathrm{g}} = \frac{\lambda_0}{\sqrt{\varepsilon_{\mathrm{e}}}} \tag{3.2-5}$$

$$Z_0 = \frac{Z_0^{\mathrm{a}}}{\sqrt{\varepsilon_{\mathrm{e}}}} \tag{3.2-6}$$

式中,Z_0^{a} 是空气微带线的特性阻抗。和带状线类似,通过保角变换求得特性阻抗的严格

解为较复杂的超越函数,工程上一般采用近似公式。

① 导带厚度 $t \to 0$ 可以忽略,空气微带线特性阻抗和等效介电常数的近似式为

$$Z_0^a = \begin{cases} 59.952 \ln\left(\dfrac{8h}{w} + \dfrac{w}{4h}\right), & \dfrac{w}{h} \leqslant 1 \\[2ex] \dfrac{119.904\pi}{\dfrac{w}{h} + 2.42 - 0.44\dfrac{w}{h} + \left(1 - \dfrac{h}{w}\right)^6}, & \dfrac{w}{h} > 1 \end{cases} \qquad (3.2-7)$$

$$\varepsilon_e = \begin{cases} \dfrac{\varepsilon_r + 1}{2} + \dfrac{\varepsilon_r - 1}{2}\left[\left(1 + \dfrac{12h}{w}\right)^{-\frac{1}{2}} + 0.041\left(1 - \dfrac{w}{h}\right)^2\right], & w/h \leqslant 1 \\[2ex] \dfrac{\varepsilon_r + 1}{2} + \dfrac{\varepsilon_r - 1}{2}\left(1 + \dfrac{12h}{w}\right)^{-\frac{1}{2}}, & w/h > 1 \end{cases} \qquad (3.2-8a)$$

式中,w/h 称为导带的形状比。

工程上,有时用有效填充因子 q 来定义有效介电常数 ε_e,即

$$\varepsilon_e = 1 + q(\varepsilon_r - 1) \qquad (3.2-8b)$$

q 值的大小反映了介质填充的程度。当 $q = 0$ 时,$\varepsilon_e = 1$,表示导带周围全部填充空气;当 $q = 1$ 时,$\varepsilon_e = \varepsilon_r$,表示导带周围全部填充相对介电常数为 ε_r 的介质,通常 $0 < q < 1$。

② 导带厚度 $t \neq 0$ 不可忽略,导带的边缘电容将增大,相当于导带的等效宽度增加,特性阻抗公式与式(3.2-7)相同,但需把宽度 w 用等效宽度 w_e 替代,公式修正为

$$\frac{w_e}{h} = \begin{cases} \dfrac{w}{h} + \dfrac{t}{\pi h}\left(1 + \ln\dfrac{2h}{t}\right), & \dfrac{w}{h} \geqslant \dfrac{1}{2\pi} \\[2ex] \dfrac{w}{h} + \dfrac{t}{\pi h}\left(1 + \ln\dfrac{4\pi w}{t}\right), & \dfrac{w}{h} \leqslant \dfrac{1}{2\pi} \end{cases} \qquad (3.2-9)$$

图 3-7 是根据上述公式绘制的特性阻抗曲线。可见,介质微带特性阻抗随 w/h 增大减小;相同尺寸条件下,ε_r 越大,特性阻抗就越小。

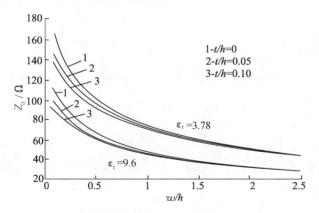

图 3-7 微带线特性阻抗随 w/h 的变化曲线

工程上,很多时候是已知微带线的特性阻抗 Z_0 及介质的相对介电常数 ε_r,反算 w/h,可以分为两种情形:

a. $Z_0 > (44 - 2\varepsilon_r)$ Ω

$$\frac{w}{h} = \left(\frac{e^A}{8} - \frac{1}{4e^A}\right)^{-1} \qquad (3.2-10)$$

其中

$$A = \frac{Z_0}{84.85} \sqrt{\varepsilon_r + 1} + \frac{\varepsilon_r - 1}{\varepsilon_r + 1} \left(0.23 + \frac{0.12}{\varepsilon_r} \right)$$

此时的有效介电常数为

$$\varepsilon_e = \frac{\varepsilon_r + 1}{2} \left[1 - \frac{\varepsilon_r - 1}{A(\varepsilon_r + 1)} \left(0.23 + \frac{0.12}{\varepsilon_r} \right) \right]^{-2} \tag{3.2-11}$$

b. $Z_0 < (44 - 2\varepsilon_r) \ \Omega$

$$\frac{w}{h} = \frac{2}{\pi} \left[(B-1) - \ln(2B-1) \right] + \frac{\varepsilon_r - 1}{\pi \varepsilon_r} \left[\ln(B-1) + 0.293 - \frac{0.517}{\varepsilon_r} \right] \tag{3.2-12}$$

其中

$$B = \frac{591.68}{Z_0 \sqrt{\varepsilon_r}}$$

此时的有效介电常数为

$$\varepsilon_e = \frac{\varepsilon_r + 1}{2} + \frac{\varepsilon_r - 1}{2} \left(1 + 10 \frac{h}{w} \right)^{-0.555} \tag{3.2-13}$$

若已知特性阻抗 Z_0 和相对介电常数 ε_r,有效介电常数也可以由下式求得:

$$\varepsilon_e = \frac{\varepsilon_r}{0.96 + \varepsilon_r (0.109 - 0.004\varepsilon_r)[\lg(10 + Z_0) - 1]} \tag{3.2-14}$$

3.2.2 微带线的衰减常数 α

微带线的损耗包括导体损耗、介质损耗和辐射损耗。其中的主要部分是金属导带和接地板上存在高频表面电流引起的热损耗,次要部分是介质的大量分子交替极化彼此摩擦、来回碰撞产生的热损耗,还有因微带线的半开放结构使导带两边向外辐射电磁波造成的辐射损耗。当介质基片厚度远小于导带宽度、相对介电常数 ε_r 较大、工作频率不很高时,辐射损耗相比其他两种热损耗很小,可忽略不计。故衰减常数只有导体衰减常数和介质衰减常数两部分,即

$$\alpha = \alpha_c + \alpha_d \tag{3.2-15}$$

(1)导体衰减常数 α_c

微带线金属导体带和接地板的高频表面电流的精确分布难于求得,工程上可以用以下近似公式计算(以 dB 表示):

① 当 $w/h \leqslant \frac{1}{2\pi}$ 时

$$\frac{a_c Z_0 h}{R_S} = \frac{8.68}{2\pi} \left[1 - \left(\frac{w_e}{4h} \right)^2 \right] \left[1 + \frac{h}{w_e} + \frac{h}{\pi w_e} \left(\ln \frac{4\pi w}{t} + \frac{t}{w} \right) \right] \tag{3.2-16a}$$

② 当 $\frac{1}{2\pi} \leqslant w/h \leqslant 2$ 时

$$\frac{a_c Z_0 h}{R_S} = \frac{8.68}{2\pi} \left[1 - \left(\frac{w_e}{4h} \right)^2 \right] \left[1 + \frac{h}{w_e} + \frac{h}{\pi w_e} \left(\ln \frac{2h}{t} - \frac{t}{h} \right) \right] \tag{3.2-16b}$$

③ 当 $w/h \geqslant 2$ 时

$$\frac{a_c Z_0 h}{R_S} = \frac{8.68}{\frac{w_e}{h} + \frac{2}{\pi} \ln \left[2\pi e \left(\frac{w_e}{2h} + 0.94 \right) \right]} \left(\frac{\frac{w_e}{h} + \frac{w_e}{\pi h}}{\frac{w_e}{2h} + 0.094} \right) \left[1 + \frac{h}{w_e} + \frac{h}{\pi w_e} \left(\ln \frac{2h}{t} - \frac{t}{h} \right) \right]$$

$$\tag{3.2-16c}$$

式中，w_e 为 $t \neq 0$ 时导带的等效宽度，R_S 为导体表面电阻。

为了降低导体损耗，除选择表面电阻率小的导体材料（金、银、铜）外，还需加大导体带厚度（一般为 5～8 倍的趋肤深度），减少趋肤效应带来的导体损耗。微带线的加工工艺也有严格的要求，导体带表面的粗糙度要尽可能小，一般应在微米量级以下。

（2）介质衰减常数 a_d

设微带线的电磁场全部处于介质基片中，有形如式（3.1-12）的均匀传输线介质衰减常数

$$a_d = \frac{\pi \sqrt{\varepsilon_r}}{\lambda_0} \tan \delta \ \text{Np/m} = \frac{27.3 \sqrt{\varepsilon_r}}{\lambda_0} \tan \delta \ \text{dB/m} \tag{3.2-17a}$$

实际上微带线中的场并不全部集中在介质中，因此 a_d 的值比上式算出的值小一些，可以使用以下修正公式：

$$a_d = \frac{27.3 \sqrt{\varepsilon_r}}{\lambda_0} q_e \tan \delta \tag{3.2-17b}$$

式中

$$q_e = \frac{\varepsilon_r (\varepsilon_e - 1)}{\varepsilon_e (\varepsilon_r - 1)}$$

为介质损耗角的填充系数。

通常微带线的导体损耗比基片的介质损耗大得多，a_d 的作用可以忽略；但当用硅和砷化镓等半导体作介质基片时，微带线的介质衰减相对较大，不可忽略。

3.2.3 微带线的色散特性

当频率较低时，可在准 TEM 模条件下对微带线进行分析；当频率较高时，微带线中 TE 和 TM 组成的混合模不能忽略，微带线的波导波长、相速和特性阻抗将随频率变化，这就是微带线的色散特性。对于给定的微带线，存在着一个临界频率 f_c，低于这一频率时色散现象可以忽略，高于这一频率时需考虑色散现象，临界频率的近似计算公式为

$$f_c = \frac{0.95}{\sqrt[4]{\varepsilon_r - 1}} \sqrt{\frac{Z_0}{h}} \ \text{GHz} \tag{3.2-18}$$

式中，介质基片厚度 h 的单位为 mm。

微带线的波导波长、相速和特性阻抗的色散特性，可用有效介电常数 ε_e 随频率的变化式 $\varepsilon_e(f)$ 来表示。在 $f \leqslant 100 \ \text{GHz}, 2 \leqslant \varepsilon_r \leqslant 16, 0.06 \leqslant w/h \leqslant 16$ 的条件下，有

$$\varepsilon_e(f) = \left(\frac{\sqrt{\varepsilon_r} - \sqrt{\varepsilon_e}}{1 + 4F^{-1.5}} + \sqrt{\varepsilon_e} \right)^2 \tag{3.2-19}$$

式中

$$F = \frac{4h \sqrt{\varepsilon_r - 1}}{\lambda_0} \left\{ 0.5 + \left[1 + 2\ln\left(1 + \frac{w}{h}\right) \right]^2 \right\}$$

相应的特性阻抗

$$Z_0(f) = z_0 \frac{\varepsilon_e(f) - 1}{\varepsilon_e - 1} \sqrt{\frac{\varepsilon_e}{\varepsilon_e(f)}} \tag{3.2-20}$$

3.2.4 高次模与微带线尺寸的选择

微带线的高次模有两种：波导模和表面波模。为实现微带线的主模准 TEM 的传输，

应使微带线的尺寸对高次模形成抑制。

（1）波导模的抑制

波导模存在于导带和接地板之间所填充的介质中，分为 TE 模和 TM 模，其中 TE 模最低模是 TE_{10} 模，截止波长为

$$\lambda_{cTE_{10}} = \begin{cases} 2w\sqrt{\varepsilon_r}, & t=0 \\ 2\sqrt{\varepsilon_r}(w+0.4h), & t\neq0 \end{cases} \qquad (3.2-21)$$

TM 模最低模是 TM_{01} 模，截止波长为

$$\lambda_{cTM_{01}} = 2h\sqrt{\varepsilon_r} \qquad (3.2-22)$$

为了抑制波导模，微带线的最小工作波长应该满足

$$\lambda_{0min} > \max[\lambda_{cTE_{10}}, \lambda_{cTM_{01}}] \qquad (3.2-23)$$

（2）表面波模的抑制

表面波模是沿介质表面传输的波型。当接地板上有介质基片时，微带线导带一侧为空气，另一侧为介质。电磁场在微带线中不能像封闭金属波导那样限制在一个有限空间范围内，而是散布在空气和介质中。当满足条件 $\varepsilon_r > 1$ 时，介质外空气中的电磁场，在介质-空气、介质-导体两界面来回反射，形成相当于吸附在介质表面的电磁波。表面波也分为 TE 模和 TM 模，可以假定所有的场分量在 x 方向无变化，只在 y 方向有变化，因此只用一个表示 y 方向的下标即可，如 TE_1、TE_2、TE_3、$\cdots$、TM_0、TM_1、TM_2 等。表面波中 TE 模的最低次模为 TE_1，截止波长

$$\lambda_{TE_1} = 4h\sqrt{\varepsilon_r - 1} \qquad (3.2-24)$$

TM 模的最低次模为 TM_0，截止波长

$$\lambda_{cTM_0} = \infty \qquad (3.2-25)$$

对于 TE_1 模可以通过选取低 ε_r 的介质材料或者设计微带线的尺寸使工作波长大于截止波长抑制 TE 模，但无法抑制 TM_0 模。不过，只有当表面波的相速与准 TEM 波的相速相同时，这两种模式才会发生强耦合，使准 TEM 波不能正常传播，因此只需避免强耦合的情况发生。TE 模和 TM 模与准 TEM 模发生强耦合的频率分别为

$$f_{TE} = \frac{3\sqrt{2}c}{8h\sqrt{\varepsilon_r - 1}} \qquad (3.2-26a)$$

$$f_{TM} \approx \frac{\sqrt{2}c}{4h\sqrt{\varepsilon_r - 1}} \qquad (3.2-26b)$$

故工作频率应低于 f_{TE} 和 f_{TM} 两者中的较低者。若需要有较高的工作频率，可用 ε_r 和 h 较小的介质基片提高强耦合频率，达到避免强耦合的目的。综合起来，微带线的尺寸应满足

$$h < \min\left[\frac{\lambda_{0min}}{2\sqrt{\varepsilon_r}}, \frac{\lambda_{0min}}{4\sqrt{\varepsilon_r - 1}}\right] \qquad (3.2-27)$$

$$w < \frac{\lambda_{0min}}{2\sqrt{\varepsilon_r}} - 0.4h \qquad (3.2-28)$$

常用的微带基片有纯度为 99.5% 的氧化铝陶瓷（$\varepsilon_r = 9.5 \sim 10, \tan\delta = 0.0003$）、聚四氯乙烯（$\varepsilon_r = 2.1, \tan\delta = 0.0004$）和聚四氯乙烯玻璃纤维板（$\varepsilon_r = 2.55, \tan\delta = 0.008$），基片厚度一般在 $0.008 \sim 0.08$ mm 之间，通常用金属屏蔽盒避免外界干扰。屏蔽盒的高

度 $H \geqslant (5\sim6)h$，接地板宽度 $a \geqslant (5\sim6)w$。

3.2.5 耦合微带线

在微带线的介质基片上再加一条导带，由于相互距离较近产生电磁耦合现象，构成了耦合微带线(Coupled Microstrip)。两根导带尺寸完全相同的为对称耦合微带线，尺寸不同的为不对称耦合微带线。这里只介绍图 3-8 所示的对称耦合微带线。

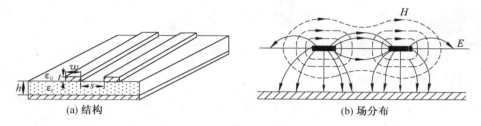

(a) 结构　　　　　　　　　　　(b) 场分布

图 3-8 对称耦合微带线

耦合微带线传输的主模也是准 TEM 模，若耦合微带线填充的介质是均匀的，可用奇、偶模激励理论分析耦合微带线。设两耦合线上的电压分别为 $U_1(z)$ 和 $U_2(z)$，线上电流分别为 $I_1(z)$ 和 $I_2(z)$。此时耦合线上任一微分段 $\mathrm{d}z$ 可等效为图 3-9 所示的等效电路(设传输线无耗)。

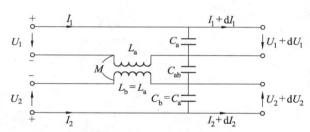

图 3-9　对称耦合微带线的等效电路

图 3-9 中，C_a 和 C_b 为各自独立的电容，C_{ab} 为互分布电容；L_a 和 L_b 为各自独立的电感，L_{ab} 为互分布电感。对于对称耦合微带线有

$$C_a = C_b, \quad L_a = L_b, \quad L_{ab} = M \tag{3.2-29}$$

仿照第 1 章 1.2.2 节，由 Kirchhoff 电压和电流定律，有耦合传输线方程

$$\left. \begin{aligned} -\frac{\mathrm{d}U_1}{\mathrm{d}z} &= \mathrm{j}\omega L I_1 + \mathrm{j}\omega L_{ab} I_2 \\ -\frac{\mathrm{d}U_2}{\mathrm{d}z} &= \mathrm{j}\omega L_{ab} I_1 + \mathrm{j}\omega L I_2 \end{aligned} \right\} \tag{3.2-30a}$$

$$\left. \begin{aligned} -\frac{\mathrm{d}I_1}{\mathrm{d}z} &= \mathrm{j}\omega C U_1 - \mathrm{j}\omega C_{ab} U_2 \\ -\frac{\mathrm{d}I_2}{\mathrm{d}z} &= -\mathrm{j}\omega C_{ab} I_1 + \mathrm{j}\omega C U_2 \end{aligned} \right\} \tag{3.2-30b}$$

式中，$L = L_a$，$C = C_a + C_{ab}$ 分别表示另一根耦合线存在时的单线分布电感和分布电容。

在奇、偶模激励分析法中，对称耦合微带线的两个激励电压 U_1 和 U_2 可以表示为两个等幅同相电压 U_e 激励(偶模激励)及两个等幅反相电压 U_o 激励(奇模激励)。U_1、U_2

和 U_e、U_o 之间的关系为

$$\left.\begin{array}{l} U_e+U_o=U_1 \\ U_e-U_o=U_2 \end{array}\right\} \rightarrow \left.\begin{array}{l} U_e=(U_1+U_2)/2 \\ U_o=(U_1-U_2)/2 \end{array}\right\} \tag{3.2-31}$$

（1）偶模激励

偶模激励时，对称面上的磁场强度的切向分量为 0，对称面等效为磁壁（见图 3-10a）。此时，令式（3.2-30）中的 $U_1=U_2=U_e$，$I_1=I_2=I_e$，得

$$\left.\begin{array}{l} -\dfrac{\mathrm{d}U_e}{\mathrm{d}z}=\mathrm{j}\omega(L+L_{ab})I_e \\[2mm] -\dfrac{\mathrm{d}I_e}{\mathrm{d}z}=\mathrm{j}\omega(C-C_{ab})U_e \end{array}\right\} \tag{3.2-32}$$

于是有偶模传输线方程

$$\left.\begin{array}{l} \dfrac{\mathrm{d}^2U_e}{\mathrm{d}z^2}+\omega^2LC(1+K_L)(1-K_C)U_e=0 \\[2mm] \dfrac{\mathrm{d}^2I_e}{\mathrm{d}z^2}+\omega^2LC(1+K_L)(1-K_C)I_e=0 \end{array}\right\} \tag{3.2-33}$$

式中，$K_L=L_{ab}/L$，$K_C=C_{ab}/C$，分别为电感耦合函数和电容耦合函数。

根据第 1 章 1.3 节的分析，可得偶模传输常数 β_e、相速 v_{pe} 和特性阻抗 Z_{0e}

$$\beta_e=\omega\sqrt{LC(1+K_L)(1-K_C)} \tag{3.2-34a}$$

$$v_{pe}=\frac{\omega}{\beta_e}=\frac{1}{\sqrt{LC(1+K_L)(1-K_C)}} \tag{3.2-34b}$$

$$Z_{0e}=\frac{1}{v_{pe}C_{0e}}=\sqrt{\frac{L(1+K_L)}{C(1-K_C)}} \tag{3.2-34c}$$

式中，$C_{0e}=C(1-K_C)=C_a$ 为偶模电容。

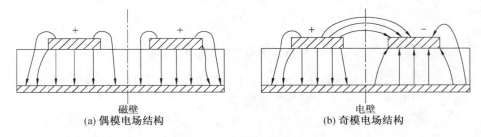

磁壁
(a) 偶模电场结构

电壁
(b) 奇模电场结构

图 3-10　对称耦合微带线的电场分布

（2）奇模激励

奇模激励时，对称面上电场强度的切向分量为 0，对称面等效为电壁（图 3-10b）。此时，令式（3.2-30）中的 $U_1=-U_2=U_o$，$I_1=-I_2=I_o$。经同样的分析，可得奇模传输常数 β_o、相速 v_{po} 和特性阻抗 Z_{0o}

$$\beta_o=\omega\sqrt{LC(1-K_L)(1+K_C)} \tag{3.2-35a}$$

$$v_{po}=\frac{\omega}{\beta_o}=\frac{1}{\sqrt{LC(1-K_L)(1+K_C)}} \tag{3.2-35b}$$

$$Z_{0o}=\frac{1}{v_{po}C_{0o}}=\sqrt{\frac{L(1-K_L)}{C(1+K_C)}} \tag{3.2-35c}$$

式中，$C_{0o} = C(1 + K_C) = C_a + 2C_{ab}$ 为奇模电容。

（3）奇偶模有效介电常数与耦合系数

设完全填充空气介质情况下，奇、模电容为 $C_{0o}(1)$ 和 $C_{0e}(1)$；完全填充相同介质的奇、模电容为 $C_{0o}(\varepsilon_r)$ 和 $C_{0e}(\varepsilon_r)$，定义有效介电常数

$$\varepsilon_{eo} = \frac{C_{0o}(\varepsilon_r)}{C_{0o}(1)} = 1 + q_o(\varepsilon_r - 1) \qquad (3.2-36a)$$

$$\varepsilon_{ee} = \frac{C_{0e}(\varepsilon_r)}{C_{0e}(1)} = 1 + q_e(\varepsilon_r - 1) \qquad (3.2-36b)$$

式中，q_o 和 q_e 为奇、偶模的填充因子。

用耦合介电常数表示的奇、偶模的相速、波导波长和特性阻抗为

$$v_{po} = \frac{c}{\sqrt{\varepsilon_{eo}}}, \quad v_{pe} = \frac{c}{\sqrt{\varepsilon_{ee}}}, \quad \lambda_{go} = \frac{\lambda_0}{\sqrt{\varepsilon_{eo}}}, \quad \lambda_{ge} = \frac{\lambda_0}{\sqrt{\varepsilon_{ee}}} \qquad (3.2-37a)$$

$$Z_{0o} = \frac{1}{v_{po}C_{0o}(\varepsilon_r)} = \frac{Z_{0o}^a}{\sqrt{\varepsilon_{eo}}}, \quad Z_{0e} = \frac{1}{v_{pe}C_{0e}(\varepsilon_r)} = \frac{Z_{0e}^a}{\sqrt{\varepsilon_{ee}}} \qquad (3.2-37b)$$

式中，Z_{0o}^a 和 Z_{0e}^a 分别是空气耦合微带的奇、偶模特性阻抗。

当介质为空气时，$\varepsilon_{eo} = \varepsilon_{ee} = 1$，奇、偶模相速均为光速，此时

$$K_L = K_C = K \qquad (3.2-38)$$

称 K 为耦合系数。式（3.2-34c）和式（3.2-35c）变为

$$Z_{0e} = \sqrt{\frac{L}{C}}\sqrt{\frac{(1+K)}{(1-K)}}, \quad Z_{0o} = \sqrt{\frac{L}{C}}\sqrt{\frac{(1-K)}{(1+K)}} \qquad (3.2-39a)$$

设 $Z_{0C}^a = \sqrt{L/C}$。它是考虑到另一根耦合线存在时，全空气填充单根微带线的特性阻抗，于是有

$$\sqrt{Z_{0e}Z_{0o}} = Z_{0C}^a, \quad Z_{0C}^a = Z_0^a\sqrt{1 - K^2} \qquad (3.2-39b)$$

式中，Z_{0C}^a 是全空气填充孤立单线的特性阻抗。

3.3 介质波导

随着工作频率的升高，特别是到毫米波波段时，微带线的高次模将很难避免，色散特性影响越来越大，损耗也将变得越来越大，自然会想到用波导来传输信号。但是频率越高，波导的尺寸越小，小尺寸金属波导的制造变得十分困难。于是出现了在毫米波段、亚毫米波段得到了广泛应用的各种形式的介质波导。

介质波导是由介质做成的没有封闭金属屏蔽的一种波导结构，传输的是表面波，故也称为表面波导。按结构形状的不同，可以分为两大类：一类是开放式介质波导，主要有圆形介质波导和介质镜像线等；另一类是半开放介质波导，主要有 H 形波导、G 形波导等。

本节着重讨论圆形介质波导的传输特性，对介质镜像线和 H 形波导加以简单的介绍。

3.3.1 圆形介质波导

圆形介质波导(Circular Dielectric Waveguide)由半径为 a、相对介电常数为 $\varepsilon_r(\mu_r = 1)$ 的

介质圆柱组成,如图 3-11 所示。

(1) 圆形介质波导的场方程

第 2 章 2.1.2 给出的 Bessel 方程(2.1-19b) 在圆柱体内部的通解(2.1-21a)仍然适合介质波导内的场。在介质波导外还有沿波导表面轴向传播且沿径向衰减的场,故还有 Bessel 方程(2.1-19b)另外一种形式的通解,即用 m 阶第二类 Hankel 函数 $H_m^{(2)}$ 表示的衰减外行波。为确定起见,取

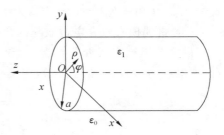

图 3-11　圆形介质波导的结构

Helmholtz 方程(2.1-19a)通解(2.1-20b)的 $\cos(m\varphi)$ 模,那么纵向电场和磁场分量在介质波导内外的通解为

$$\left.\begin{array}{c} E_{z1} \\ H_{z1} \end{array}\right\} = ABJ_m(k_{c1}\rho)\cos(m\varphi)e^{-j\beta z} , \quad \left.\begin{array}{c} E_{z2} \\ H_{z2} \end{array}\right\} = ABH_m^{(2)}(k_{c2}\rho)\cos(m\varphi)e^{-j\beta z} \quad (3.3-1a)$$

利用介质与空气界面上的边界条件

$$E_{z1} = E_{z0} , \quad H_{z1} = H_{z0} \quad (3.3-1b)$$

确定待定系数后,代入公式(2.1-17)有圆形介质波导内外的场分量。

在波导内($\rho \leqslant a$)为驻波型解:

$$\left.\begin{array}{l} E_z = A\dfrac{k_{c1}^2}{j\omega\varepsilon_1}J_m(k_{c1}\rho)\sin(m\varphi)e^{-j\beta z} \\[2mm] H_z = -B\dfrac{k_{c1}^2}{j\omega\mu_0}J_m(k_{c1}\rho)\cos(m\varphi)e^{-j\beta z} \\[2mm] E_\rho = -\left[A\dfrac{k_{c1}\beta}{\omega\varepsilon_1}J_m'(k_{c1}\rho) + B\dfrac{m}{\rho}J_m(k_{c1}\rho)\right]\sin(m\varphi)e^{-j\beta z} \\[2mm] E_\varphi = -\left[A\dfrac{m\beta}{\rho\omega\varepsilon_1}J_m(k_{c1}\rho) + Bk_{c1}J_m'(k_{c1}\rho)\right]\cos(m\varphi)e^{-j\beta z} \\[2mm] H_\rho = \left[A\dfrac{m}{\rho}J_m(k_{c1}\rho) + B\dfrac{\beta k_{c1}}{\omega\mu_0}J_m'(k_{c1}\rho)\right]\cos(m\varphi)e^{-j\beta z} \\[2mm] H_\varphi = -\left[Ak_{c1}J_m'(k_{c1}\rho) + B\dfrac{m\beta}{\rho\omega\mu_0}J_m(k_{c1}\rho)\right]\sin(m\varphi)e^{-j\beta z} \end{array}\right\} \quad (3.3-2)$$

在波导外($\rho > a$)为衰减场:

$$\left.\begin{array}{l} E_z = C\dfrac{k_{c2}^2}{j\omega\varepsilon_0}H_m^{(2)}(k_{c0}\rho)\sin(m\varphi)e^{-j\beta z} \\[2mm] H_z = -D\dfrac{k_{c2}^2}{j\omega\mu_0}H_m^{(2)}(k_{c0}\rho)\cos(m\varphi)e^{-j\beta z} \\[2mm] E_\rho = -\left[C\dfrac{k_{c2}\beta}{\omega\varepsilon_0}H_m^{(2)\,'}(k_{c0}\rho) + D\dfrac{m}{\rho}H_m^{(2)}(k_{c0}\rho)\right]\sin(m\varphi)e^{-j\beta z} \\[2mm] E_\varphi = -\left[C\dfrac{m\beta}{\rho\omega\varepsilon_0}H_m^{(2)}(k_{c0}\rho) + Dk_{c2}H_m^{(2)\,'}(k_{c0}\rho)\right]\cos(m\varphi)e^{-j\beta z} \\[2mm] H_\rho = \left[C\dfrac{m}{\rho}H_m^{(2)}(k_{c0}\rho) + D\dfrac{\beta k_{c2}}{\omega\mu_0}H_m^{(2)\,'}(k_{c0}\rho)\right]\cos(m\varphi)e^{-j\beta z} \\[2mm] H_\varphi = -\left[Ck_{c2}H_m^{(2)\,'}(k_{c0}\rho) + D\dfrac{m\beta}{\rho\omega\mu_0}H_m^{(2)}(k_{c0}\rho)\right]\sin(m\varphi)e^{-j\beta z} \end{array}\right\} \quad (3.3-3)$$

由此可见,圆形介质波导不存在纯 TE_{mn} 和 TM_{mn} 模,但存在 TE_{0n} 和 TM_{0n} 模,一般情

况下为混合 HE_{mn} 模或 EH_{mn} 模。

式(3.3-2)、式(3.3-3)与第 2 章式(2.1-7c)对应的关系是

$$k_{c1} = \omega^2 \mu_0 \varepsilon_1 - \beta^2 = \frac{u^2}{\rho^2} \qquad (3.3-4)$$

$$k_{c0} = \omega^2 \mu_0 \varepsilon_0 - \beta^2 = \frac{w^2}{\rho^2} \qquad (3.3-5)$$

令 $u = k_{c1}\rho$，$w = k_{c0}\rho$，利用 E_z、H_z 和 E_φ、H_φ 在 $\rho = a$ 处的连续条件，可有以下本征方程

$$\left(\frac{X}{u} - \frac{Y}{w}\right)\left(\frac{\varepsilon_{r1}X}{u} - \frac{Y}{w}\right) = m^2\left(\frac{1}{u^2} - \frac{1}{w^2}\right)\left(\frac{\varepsilon_{r1}}{u^2} - \frac{1}{w^2}\right)$$

$$u^2 - w^2 = k_0^2(\varepsilon_{r1} - 1)a^2 \qquad (3.3-6)$$

其中

$$X = \frac{J_m'(u)}{J_m(u)}, \quad Y = \frac{H_m^{(2)'}(w)}{H_m^{(2)}(w)}$$

由此方程可求得相移常数 β。对每一个 m 模数的色散方程有无数个根（用 n 来表示），相应的相移常数为 β_{mn}，对应的模式为 HE_{mn} 或 EH_{mn} 模。

（2）介质波导模式

① $m = 0$。由式(3.3-6)有 TE_{0n} 模和 TM_{0n} 模的特征方程：

$$\frac{1}{u}\frac{J_0'(u)}{J_0(u)} - \frac{1}{w}\frac{H_0^{(2)'}(w)}{H_0^{(2)}(w)} = 0 \qquad (3.3-7a)$$

$$\frac{\varepsilon_{r1}}{u}\frac{J_0'(u)}{J_0(u)} - \frac{1}{w}\frac{H_0^{(2)'}(w)}{H_0^{(2)}(w)} = 0 \qquad (3.3-7b)$$

② $m \neq 0$。式(3.3-6)可以改写为

$$\varepsilon_1 X^2 + \varepsilon_0 Y^2 + \varepsilon_1\varepsilon_0 XY = m^2\left(\frac{1}{u^2} + \frac{1}{w^2}\right)\left(\frac{\varepsilon_1}{u^2} + \frac{\varepsilon_0}{w^2}\right)$$

上式两边同除以 ε_1 可得

$$X^2 + \frac{\varepsilon_0}{\varepsilon_1}Y^2 + \left(1 + \frac{\varepsilon_0}{\varepsilon_1}\right)XY = m^2\left(\frac{1}{u^2} + \frac{1}{w^2}\right)\left(\frac{1}{u^2} + \frac{\varepsilon_0}{\varepsilon_1}\frac{\varepsilon_0}{w^2}\right)$$

整理可得

$$X^2 + \left(1 + \frac{\varepsilon_0}{\varepsilon_1}\right)XY + \left[\frac{\varepsilon_0}{\varepsilon_1}Y^2 - m^2\left(\frac{1}{u^2} + \frac{1}{w^2}\right)\left(\frac{1}{u^2} + \frac{\varepsilon_0}{\varepsilon_1}\frac{\varepsilon_0}{w^2}\right)\right] = 0 \qquad (3.3-8)$$

上式是以 X 为未知数的二次方程，可以求得

$$X = -\frac{1}{2}\left(1 + \frac{\varepsilon_0}{\varepsilon_1}\right)Y \pm \frac{1}{2}\sqrt{\left(1 - \frac{\varepsilon_0}{\varepsilon_1}\right)^2 Y^2 + 4m^2\left(\frac{1}{u^2} + \frac{1}{w^2}\right)\left(\frac{1}{u^2} + \frac{\varepsilon_0}{\varepsilon_1}\frac{1}{w^2}\right)} \qquad (3.3-9)$$

式(3.3-9)中根号前取"＋"表示 EH_{mn} 模，取"－"表示 HE_{mn} 模。

若 $\varepsilon_1 \approx \varepsilon_0$，有

$$X = -Y \pm m\left(\frac{1}{u^2} + \frac{1}{w^2}\right) \qquad (3.3-10)$$

（3）截止条件

同金属波导一样，圆形介质波导中的模也有截止现象。但和封闭金属波导无外部电磁场不同的是，介质波导的电磁波不仅沿 z 方向传播，而且沿 ρ 方向有辐射，在导体外有辐射场（称为辐射模）。介质波导外无辐射场的条件是 $k_{c0} \geqslant 0$，所以圆形介质波导中的截止条件是 $k_{c0} = 0$，由式(3.3-5)可知圆形介质波导的截止条件为 $w = 0$。

① $m=0$。要使 $w=0$ 同时满足式(3.3-7a)和式(3.3-7b),须有 $J_0(u)=0$,可见圆形介质波导的 TE_{0n} 和 TM_{0n} 模在截止时是简并的,截止频率均为

$$f_{c0n}=\frac{u_{0n}c}{2\pi a\sqrt{\varepsilon_{r1}-1}} \tag{3.3-11}$$

式中,u_{0n} 是 0 阶 Bessel 函数 $J_0(u)$ 的第 n 个根。特别地,$n=1$ 时,有

$$u_{01}=2.405, \quad f_{c01}=\frac{2.405c}{2\pi a\sqrt{\varepsilon_{r1}-1}} \tag{3.3-12}$$

② $m\neq0$。当 $m=1$ 时,式(3.3-6)变为

$$\left(\frac{X}{u}+\frac{Y}{w}\right)\left(\frac{\varepsilon_1 X}{u}+\frac{\varepsilon_0 Y}{w}\right)=\left(\frac{1}{u^2}+\frac{1}{w^2}\right)\left(\frac{\varepsilon_1}{u^2}+\frac{\varepsilon_0}{w^2}\right) \tag{3.3-13}$$

显然 $X=1/u,Y=1/w$ 满足上式,由式(3.3-6)有

$$J_1'(u)=\frac{1}{u}J_1(u) \tag{3.3-14}$$

根据附录 Bessel 函数递推公式(附录 2-2.1),又有

$$J_1'(u)=J_0(u)-\frac{1}{u}J_1(u) \tag{3.3-15}$$

将式(3.3-14)代入上式可得

$$J_1(u)=\frac{u}{2}J_0(u) \tag{3.3-16}$$

当 $u=0$ 时上式成立,故圆形介质波导的 HE_{1n} 模截止时有

$$J_1(u)=0 \tag{3.3-17}$$

设 u_{1n} 是 1 阶 Bessel 函数 $J_1(u)$ 的第 n 个根,则 $u_{11}=0,u_{12}=3.83,u_{13}=7.01,\cdots$。所以 HE_{1n} 模的截止频率为

$$f_{c1n}=\frac{u_{1n}c}{2\pi a\sqrt{\varepsilon_{r1}-1}} \tag{3.3-18}$$

其中,$f_{c11}=0$,即 HE_{11} 模没有截止频率,截止波长无穷大。HE_{11} 模是圆形介质波导传输的主模,第一个高次模为 TE_{01} 或 TM_{01} 模。因此,当工作频率 $f<f_{c01}$ 时,圆形介质波导内将会实现单模传输。

HE_{11} 模有以下特点:

a. 截止波长无穷大,所以没有截止波长。其他的模式只有当波导直径大于 0.625λ 时才有可能传输。

b. 在很宽的频带和较大的直径变化范围内,HE_{11} 模的损耗较小。

c. 可以直接由矩形波导的主模 TE_{10} 激励,不需要波型变换。

图 3-12 是 HE_{11} 模的场分布图,其中,实线是电力线,虚线是磁力线。图 3-13 是 HE_{11} 模的色散曲线,由图可见,介电常数越大,色散就越严重。

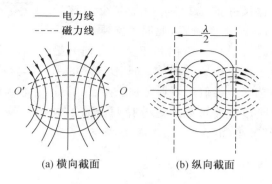

(a) 横向截面　　　(b) 纵向截面

图 3-12　HE$_{11}$ 模场分布图

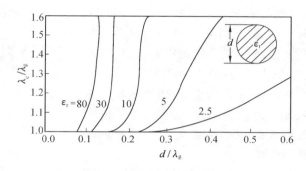

图 3-13　HE$_{11}$ 模的色散曲线

3.3.2　介质镜像线

圆形介质镜像线由一根半圆形介质杆和一块接地的金属片组成(图 3-14a)，由于金属片和 OO' 对称平面(图 3-12)吻合，因此在金属片上半个空间内，电磁场分布与圆形介质波导中 OO' 平面的上半空间的情况完全一样，场分布具有对称性(如图 3-12a 主模 HE$_{11}$ 的场分布)。所以在 OO' 平面放一金属导电板不影响场的分布，由此构成介质镜像线。介质镜像线可解决介质波导的屏蔽和支架的困难。在毫米波波段内，由于这类传输线比较容易制造，并且具有较低的损耗，因此有较多的应用。除了圆形介质镜像线外，还有在有源电路中有较多应用的矩形介质镜像线，如图 3-14b 所示。

(a) 圆形介质镜像线　　　　(b) 矩形介质镜像线

图 3-14　圆形介质镜像线和矩形介质镜像线

3.3.3　H 形波导

H 形波导由两块平行的金属板中间插入一块介质条带组成，如图 3-15 所示。该波导的传输模式通常是混合模式，可分为 LSM 和 LSE 两类，且又分为奇模和偶模。电力线位于与空气-介质交界面相平行的平面内的为 LSE 模(纵截面电模)，磁力线位于空气-介质交界面的为 LSM 模(纵截面磁模)。H 形波导中传输的模式取决于介质条带的宽度和金属平板的间距。通过尺寸的选择，可获得与金属波导 TE_{0n} 模有类似特性的 LSM 工作模式，此时两金属板上无纵向电流，并且可以通过与波传播方向相正交的方向开槽来抑制其他模式，而不会对该模式有影响。H 形波导的主模为 LSE_{10e}，此时场结构完全类似于矩形金属波导的 TE_{10} 模，但截止频率为 0。H 形波导可以通过选择两金属平板的间距使边缘场衰减到最小，消除因辐射引起的衰减。

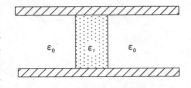

图 3-15　H 形波导的结构

3.4　光　　纤

　　光纤是光导纤维（Optical Fiber）的简写，是利用光在玻璃或塑料制成的纤维中的全反射原理制成的一种传播光波的介质。光纤可以看成在圆形介质波导的基础上发展起来的导光传输系统，结构如图 3-16 所示。光纤分为三层：中心为高折射率 n_1 的纤芯；中间为低折射率 n_2 的硅玻璃包层，作用是和纤芯一起形成全反射和控制纤芯内传输模式；最外层的树脂涂层除了可以保护光纤表面、提高光纤抗拉强度，还可以使传输的光波免受外界干扰。

纤芯　　包层　　保护套

图 3-16　光纤的结构

　　为了实现光波在光纤中的全反射传输，n_1 和 n_2 应满足

$$\frac{n_1 - n_2}{n_1} \ll 1 \tag{3.4-1}$$

光纤的主要工作波长有短波长 850 nm，长波长 1 310 nm 和 1 550 nm。

3.4.1　光纤的种类

　　光纤的种类很多，根据用途不同，功能和性能也有所差异。按原材料可分为石英光纤、多成分玻璃光纤、塑料光纤、复合材料（如塑料包层、液体纤芯等）和红外材料光纤等；按被覆材料可分为无机材料（碳等）、金属材料（铜、镍等）和塑料等；按工作波长可分为紫外光纤、可观光纤、近红外光纤和红外光纤；按折射率可分为阶跃（SI）型光纤、近阶跃型光纤和渐变（GI）型光纤；按传输模式可分为单模光纤和多模光纤。

　　（1）单模光纤

　　中心纤芯很细（8~10 μm），一般为 8.3 μm，包层外直径 125 μm，光波以直线形状沿纤芯轴线方向传播，只有一种传播模式，工作波长 1 310 nm 和 1 550 nm，避免了模态色散，使得传输频带宽，传输容量大，光信号损耗小，离散小，适用于大容量、长距离通信，是目前应用最广泛的光纤，如图 3-17a 所示。但存在着材料色散和波导色散，以及与光器件的耦合相对困难等问题，还要有谱宽窄、稳定性好的光源。

　　光纤是一种特殊的圆形介质波导，所以具有圆形介质波导的特性。单模光纤的主模是 HE_{11} 模，没有截止频率。根据前面的分析，圆形介质波导中第一个高次模为 TM_{01} 模，截止波长为

$$\lambda_{c\text{TM}_{01}} = \frac{c}{f_{c01}} = \frac{\pi D \sqrt{n_1^2 - n_2^2}}{u_{01}} \tag{3.4-2}$$

式中，$u_{01} = 2.405$ 是 0 阶 Bessel 函数 $J_0(u)$ 的第 1 个根，n_1 和 n_2 分别为光纤内芯与包层的折射率，D 为光纤的直径。为避免高次模，单模光纤的直径 D 应满足

$$D < \frac{2.405\lambda}{\pi} \frac{1}{\sqrt{n_1^2 - n_2^2}} \qquad (3.4-3)$$

其中，λ 是工作波长。上式表明，单模光纤尺寸的上限应和工作波长在同一数量级上，由于光纤工作波长在 1 μm 量级，工艺实现是十分困难的。但当 n_1 和 n_2 相差不大且满足全反射的条件时，光纤的直径可不与波长在同一个数量级上。例如，若 $n_1 = 1.5$，$\lambda = 1$ μm，为了实现全反射应满足式(3.4-1)，令 $(n_1 - n_2)/n_1 = 0.001$，根据式(3.4-3)可以求得 $D = 11.414\ 8$ μm，此时光纤的直径可以比波长大一个量级。也就是说，适当选择包层折射率 n_2，可降低光纤制造难度，还可以保证光纤单模传输，这也是光纤包层抑制高次模的原理。

（2）多模光纤

纤芯较粗，纤芯直径为 50～62.5 μm，包层外直径125 μm，以多个模式（可达几百个）同时传输。但因模间色散较大，限制了传输数字信号的频率，且会随距离的增加越发严重。例如，600 MB/km 的光纤在 2 km 时只有300 MB的带宽。故多模光纤传输的距离比较近，一般只有几千米。

多模光纤按折射率可分为阶跃(SI)型光纤和渐变(GI)型光纤。

阶跃型光纤的纤芯直径 50～60 μm，光线以折射形状沿纤芯轴线方向传播，存在多条路径，传输模态较多，所以带宽较窄，传输容量较小，并有较大的时延差，信号畸变大，如图 3-17b 所示。最早的多模光纤即属即此类。

渐变型光纤的纤芯直径为 50 μm，光线以曲线形状沿纤芯轴线方向传播，各条路径时延差较小，纤芯中折射率随半径增加减少，可获得比较小的模态色散，因此信号畸变较小、频带较宽、传输容量较大，如图 3-17c 所示。纤芯的折射率分布近似为抛物线型，又称梯度光纤，目前的多模光纤均为此类。

多模光纤在历史上曾用于有线电视和通信系统的短距离传输，自从出现单模光纤后，似乎已成历史产品。但实际上，多模光纤较单模光纤的芯径大且与 LED 等光源结合容易，在短距离传输中还有很多的应用。

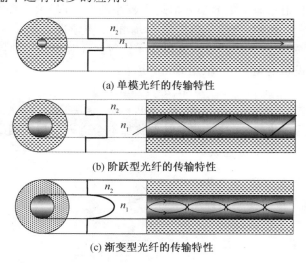

(a) 单模光纤的传输特性

(b) 阶跃型光纤的传输特性

(c) 渐变型光纤的传输特性

图 3-17　光纤的传输特性

3.4.2 光纤的基本参数

光纤的基本参数除了光纤的直径 D 外,还有光波波长 λ_g、纤芯与包层的相对折射率差 Δ、折射率分布因子 g 和数值孔径 NA 等。

(1) 光波波长 λ_g

同描述电磁波传播一样,光纤传播因子为 $e^{j(\omega t - \beta z)}$。其中,$\omega$ 是传导模的工作角频率,β 是光纤的相移常数。对于传导模,应满足

$$\frac{2\pi n_2}{\lambda} < |\beta| < \frac{2\pi n_1}{\lambda} \tag{3.4-4}$$

其中,λ 为工作波长。对应的光波波长为

$$\lambda_g = \frac{2\pi}{\beta} \tag{3.4-5}$$

(2) 相对折射率差 Δ

光纤芯与包层相对折射率差 Δ 定义为

$$\Delta = \frac{n_1 - n_2}{n_1} \tag{3.4-6}$$

反映了包层与光纤芯折射率的接近程度。当 $\Delta \ll 1$ 时,可以实现光波在光纤中的全反射传输,称此光纤为弱传导光纤,此时有 $\beta \approx 2\pi n_2/\lambda$,光纤近似工作在线极化状态。

(3) 折射率分布因子 g

光纤折射率分布因子 g 是描述光纤折射率分布的参数,该参数随径向的变化为

$$n(r) = \begin{cases} n_1 \left[1 - 2\Delta \left(\dfrac{r}{a}\right)^g\right], & r \leqslant a \\ n_2, & r \geqslant a \end{cases} \tag{3.4-7}$$

式中,a 为纤芯半径。阶跃型光纤 $g \to \infty$,渐变型光纤 g 为常数,$g=2$ 的为抛物型光纤。

(4) 数值孔径 NA

从几何光学的关系看,并不是所有入射到光纤端面上的光都能进入光纤内部进行传播,都能从光纤入射端进去从出射端出来,只有小于某个角度 θ 的入射光,才能在光纤内部传播。当光波从折射率较大的介质入射进入较小的介质时,会在两种介质的边界发生折射和反射,如图 3-18 所示,光线从折射率为 n_0 的介质中进入光纤纤芯,光线与光纤轴 z 之间的夹角为 θ。光线进入纤芯后以入射角 α 投射到纤芯与包层的界面上,并在界面上发生折射和反射。设折射角是 θ_2,根据 Snell 定律,有

$$n_1 \sin \alpha = n_2 \sin \theta_2$$
$$n_0 \sin \theta = n_1 \sin \theta_1 = n_1 \cos \alpha \tag{3.4-8}$$

当 $\alpha = \theta_c$ 时,折射角 $\theta_2 = \pi/2$,这时所有入射光波都不会进入包层。当 $\alpha \geqslant \theta_c$ 时,纤芯和包层的界面上有全反射发生。

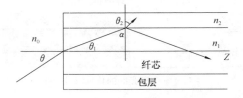

图 3-18　阶跃型光纤中光线传播的射线光学表示

由式(3.4-8)可知,当纤芯和包层的界面上有全反射发生时,在空气($n_0=1$)中光线的最大入射角 $\theta_{\max}$ 应满足

$$n_0 \sin \theta_{\max} = n_1 \sin\left(\frac{\pi}{2} - \theta_c\right) = \sqrt{n_1^2 - n_2^2}$$

定义数值孔径 NA

$$NA = n_0 \sin \theta_{\max} = \sqrt{n_1^2 - n_2^2} \approx n_1 \sqrt{2\Delta} \tag{3.4-9}$$

这是一个无量纲的数,表示光纤接收和传输光波的能力。通常 NA 的数值为 $0.14 \sim 0.5$,数值孔径 NA 越大,光线就越容易地被耦合到光纤中。

3.4.3 光纤的传输特性

描述光纤传输特性的主要有损耗和色散,损耗影响传输距离,色散影响带宽和通信容量。

(1)光纤的损耗

光纤损耗是指光纤每单位长度上的衰减,单位为 dB/km,光纤损耗的高低直接影响传输距离或中继站间隔距离的远近。引起光纤损耗的主要原因有光纤材料不纯、光纤几何结构不完善及光纤材料的本征损耗等,大致分为吸收损耗、散射损耗和其他损耗。

吸收损耗是指光在光纤中传播时,被光纤材料吸收变成热能的一种损耗,主要有本征吸收、杂质吸收和原子缺陷吸收;散射损耗是由于光纤结构的不均匀,在光纤中传输的一部分光因散射改变了传输方向,不能到达收端所产生的损耗,主要有瑞利散射损耗、非线性散射损耗和波导效应散射损耗;其他损耗主要有连接损耗、弯曲损耗和微弯损耗。不论哪种损耗,都可归纳为光在光纤传播过程中引起的功率衰减,常用衰减常数 α 来表示,单位 dB/km。

$$\alpha = -\frac{10}{L} \lg \frac{P_{\text{out}}}{P_{\text{in}}} \text{ dB/km} \tag{3.4-10a}$$

式中,L 为光纤长度,以 km 为单位;P_{in} 和 P_{out} 分别为光纤的输入和输出功率,以 mW 或 μW 为单位。当功率采用 dBm 表示时,衰减常数 α 变为

$$\alpha = -\frac{P_{\text{out}}(\text{dBm}) - P_{\text{in}}(\text{dBm})}{L} \text{ dB/km} \tag{3.4-10b}$$

光纤损耗随波长加长减小,850 nm 损耗为 3 dB/km,1 310 nm 损耗为 0.5 dB/km,1 550 nm 损耗为 0.20 dB/km,这也是光纤的理论最低损耗。

(2)光纤的色散特性

光纤的色散是指随传输距离增加,在光纤中传输的信号由于不同成分的光传输时延不同引起的脉冲展宽的物理效应。光纤色散主要有材料色散、波导色散和模式色散三种色散效应。材料色散指的是光纤的折射率随波长变化引起的色散;波导色散是波导结构引起的色散,主要体现在相移常数是频率的函数,传输过程中调制信号频谱的各个分量经受不同延迟,使信号发生畸变;模式色散是光纤中不同模式在同一波长下传播速度不同,使传播时延不同产生的色散。波导色散和材料色散都是模式的本身色散,也称模内色散。多模光纤既有模式色散,又有模内色散,以模式色散为主。单模光纤不存在模式色散,只有材料色散和波导色散。波导色散比材料色散小很多,通常可以忽略。

不同模式或不同波长传输同样距离产生的时间差称为时延差,通常可用来表示色散

引起的光脉冲展宽程度。材料色散引起的时延差 $\Delta\tau_m$ 可表示为

$$\Delta\tau_m = \frac{L}{c} \cdot \frac{\Delta\lambda}{\lambda}\lambda^2 \frac{d^2 n}{d\lambda^2} = -L \frac{\Delta\lambda}{\lambda}D_n \qquad (3.4-11)$$

其中，c 为真空中光速，L 为光纤长度，$\Delta\lambda/\lambda$ 为光源的相对谱线宽度，D_n 为材料色散系数。

波导色散引起的时延差 $\Delta\tau_\beta$ 可表示为

$$\Delta\tau_\beta = -L \frac{\lambda}{\omega} \frac{d\beta}{d\lambda} \qquad (3.4-12)$$

其中，$\beta^2 = n_1^2 k_0^2 - k_{c1}^2$，$k_0 = \omega\sqrt{u_0\varepsilon_0}$，$k_{c1}$ 是截止波数。材料色散和波导色散随波长的变化呈相反的变化趋势，因此总会存在着两种色散大小相等符号相反的波长区，即总色散为 0 或很小的区域。1 550 nm 零色散单模光纤就是据此制成的。

本章接触了平面型的介质波导和圆柱形的介质波导。和第 1 章的情况一样，TEM 带状线和准 TEM 微带线可用路的方法分析，分布参数用场的方法求解。但即使利用保角变换简化了平面标量场的计算，得到的单位长电容仍然繁琐和复杂，为此工程上给出了在某种限定（如导带厚度 $t=0$ 和 $t\neq 0$）条件下的近似公式。圆柱形介质波导和光纤像第 2 章一样，用了场的方法进行分析。

习　题

3.1　带状线接地板间距离 $b=5$ mm，中心导带宽度 $w=3$ mm，厚度 $t=0.1$ mm，填充 $\varepsilon_r=2.5$ 的介质，求主模相速和特性阻抗。

3.2　带状线接地板间距离 $b=10$ mm，中心导带宽度 $w=2$ mm，厚度 $t=0.5$ mm，填充介质的相对介电常数 $\varepsilon_r=2.1$，求特性阻抗和不出现高次模的最高工作频率。

3.3　带状线接地板间距离 $b=5$ mm，厚度 $t=0.5$ mm，填充 $\varepsilon_r=2.25$ 的介质，求 $Z_0=50$ Ω 和 $Z_0=75$ Ω 时中心导带宽度 w。

3.4　微带线的特性阻抗 $Z_0=50$ Ω，陶瓷介质基片的相对介电常数 $\varepsilon_r=9$，基片厚度 $h=0.8$ mm，求导带宽度 w。

3.5　微带线的特性阻抗 $Z_0=75$ Ω，陶瓷介质基片的相对介电常数 $\varepsilon_r=9$，基片厚度 $h=0.8$ mm，求传输 TEM 波的最短波长。

3.6　在厚度为 $h=1$ mm，$\varepsilon_r=9.6$ 的陶瓷介质基片上制作 $\lambda_g=\lambda/4$ 的 50 Ω 微带线，求导带宽度 w 和长度 l（工作频率 6 GHz，导带厚度 $t\approx 0$）。

3.7　微带线导带宽度 $w=2$ mm、厚度 $t\approx 0$，介质基片厚度 $h=1$ mm，$\varepsilon_r=9$，求有效填充因子 q、有效介电常数 ε_e 及特性阻抗 Z_0（设空气微带特性阻抗 $Z_0^a=88$ Ω）。

3.8　耦合微带线介质为空气时，奇偶特性阻抗分别是 $Z_{0o}^a=40$ Ω 和 $Z_{0e}^a=100$ Ω，当填充 $\varepsilon_r=10$ 的介质时，奇、偶模填充因子 $q_o=0.4$，$q_e=0.6$，工作频率 $f=10$ GHz。介质填充耦合微带线的奇偶模特性阻抗、相速和波导波长分别是多少？

3.9　圆形介质波导中有哪些传输模式？主模是什么？有哪些特点？

3.10　介质波导的模的截止条件是什么？与金属波导传输模的截止条件有何不同？

3.11　有 $n_1 = 1.485$，$n_2 = 1.480$ 的阶跃光纤，求 $\lambda_1 = 1\ 310$ nm 和 $\lambda_2 = 1\ 550$ nm 的单模光纤直径，并求此光纤的数值孔径 NA。

3.12　阶跃光纤的纤芯和包层的折射率分别为 1.51 和 1.50，周围媒质是空气，求光纤的数值孔径和入射线的入射角范围。若光纤的直径 $D = 10\ \mu$m，求单模光纤的频率范围。

第4章 微波网络初步

在微波系统中,除了规则导波系统外,还包括具有独立功能的各种微波器件,如连接匹配元件、功率分配元件、谐振元件、铁氧体器件等。在这些元器件的内部以及元件与传输线的连接处,存在着不连续的非均匀区域。这些问题的电磁场边界条件极为复杂,数学形式十分繁难,要得到工程上较为实用的公式有时甚至是不可能的。将不均匀区等效为网络,尽管不能了解元件内部的场结构,却可以给出系统的一般传输特性,如功率传递、阻抗匹配等,使工程上的计算分析变得简便易行。微波网络也是把本质上属于电磁场的问题转换成电路问题,适用于 TEM 和非 TEM 传输线、规则和不规则导波系统;内容包括将 TEM 和非 TEM 传输线统一表示成等效传输线,将构成微波器件的不规则波导等效成微波网络。

4.1 广义传输线

在均匀传输线理论中,作为基本物理量的电压和电流有明确的物理意义,但对于色散波的非 TEM 波传输线,电压和电流均失去意义,况且在微波频率下,TEM 传输线的电压和电流值也难以直接测量。为使传输线理论普遍适用于微波传输系统,还需引进某种等效参量代替原有的电压、电流,并且要求引进这种等效参量后,仍然保留 TEM 模传输线理论中的基本关系,仍能利用 Smith 圆图进行阻抗和阻抗匹配等计算。

在微波技术中,功率是可以直接测量的基本参量之一,可以通过功率关系引入等效参量。由第 2 章的电磁理论公式(2.2-9)可知,各模式的传输功率为

$$P = \frac{1}{2}\text{Re}\int_S (\boldsymbol{E} \times \boldsymbol{H}^*) \cdot \text{d}\boldsymbol{S} = \frac{1}{2}\text{Re}\iint_S (\boldsymbol{E}_t \times \boldsymbol{H}_t^*) \cdot \text{d}\boldsymbol{S} \qquad (4.1-1)$$

上式表明,横向场分量形成了传输线中的功率流,纵向场分量对功率流无贡献。根据传输线理论公式(1.4-2),通过传输线的功率为

$$P(z) = \frac{1}{2}\text{Re}[U(z)I^*(z)] \qquad (4.1-2)$$

希望引入的等效参量能使上述两个功率关系一致,为此将式(4.1-1)中的横向场分量分解为两部分之积,即

$$\left.\begin{array}{l} \boldsymbol{E}_t(t,z) = \sum \boldsymbol{e}_k(t)U_k(z) \\ \boldsymbol{H}_t(t,z) = \sum \boldsymbol{h}_k(t)I_k(z) \end{array}\right\} \qquad (4.1-3)$$

式中,$\boldsymbol{e}_k(t)$ 和 $\boldsymbol{h}_k(t)$ 是二维的矢量实函数,代表工作模式的场在传输线横截面上的分布,其中 t 是横向坐标,$U_k(z)$ 和 $I_k(z)$ 是一维标量函数,代表导行波在纵向的传播特性,称为模式等效电压和模式等效电流。需要指出的是,公式(4.1-3)的分解形式和第 2 章用分离变量法代表的导行波的一般形式有本质的区别,在第 2 章中寻找的是实际场的分布规

律,这里寻找的是一种功率的等效关系。将式(4.1-3)中的 $e_k(t)$ 和 $h_k(t)$ 分别作为 $U_k(z)$ 和 $I_k(z)$ 的系数,代入式(4.1-1)中有

$$P = \frac{1}{2} \mathrm{Re}[U_k(z)I_k^*(z)] \int_S [e_k(t) \times h_k(t)] \cdot \mathrm{d}S \tag{4.1-4}$$

如果选择适当的 $e_k(t)$ 和 $h_k(t)$,使

$$\int_S [e_k(t) \times h_k(t)] \cdot \mathrm{d}S = 1 \tag{4.1-5}$$

那么式(4.1-3)中定义的模式等效电压和电流便满足式(4.1-2)的功率关系,式(4.1-5)即称为归一化条件。但是,上述归一化条件下定义的 $U_k(z)$ 和 $I_k(z)$ 并不唯一,因为满足同一等式的两乘积因子可以有无穷多个。等效电压和电流的不确定性实际上反映了色散波阻抗 Z_0 的不确定性(附录4-1),因此由等效电压和等效电流之比定义的某个模式的等效阻抗

$$Z_e = \frac{U_k(z)}{I_k(z)} \tag{4.1-6}$$

不唯一。为此先将 $U_k(z)$ 和 $I_k(z)$ 代入到式(1.3-24)中,有

$$\left.\begin{aligned} U_k(z) &= U_{k+}(z) + U_{k-}(z) = U_{k+}(z)\left[1 + \frac{U_{k-}(z)}{U_{k+}(z)}\right] = U_{k+}(z)[1 + \Gamma(z)] \\ I_k(z) &= I_{k+}(z) + I_{k-}(z) = \frac{1}{Z_0}[U_{k+}(z) - U_{k-}(z)] = \frac{U_{k+}(z)}{Z_0}[1 - \Gamma(z)] \end{aligned}\right\} \tag{4.1-7}$$

然后用 $\sqrt{Z_0}$ 分别除和乘式(4.1-7)的上下两式,得

$$\left.\begin{aligned} \widetilde{U}_k(z) &= \frac{U_k(z)}{\sqrt{Z_0}} = \frac{U_{k+}(z)}{\sqrt{Z_0}}[1 + \Gamma(z)] = \widetilde{U}_{k+}(z)[1 + \Gamma(z)] \\ \widetilde{I}_k(z) &= I_k(z)\sqrt{Z_0} = \frac{U_{k+}(z)}{\sqrt{Z_0}}[1 - \Gamma(z)] = \widetilde{U}_{k+}(z)[1 - \Gamma(z)] \end{aligned}\right\} \tag{4.1-8}$$

再用式(4.1-8)的上式除以下式,定义归一化模式等效电阻

$$\tilde{z}_e = Z_e = \frac{\widetilde{U}_k(z)}{\widetilde{I}_k(z)} = \frac{U_k(z)/\sqrt{Z_0}}{I_k(z)\sqrt{Z_0}} = \frac{1 + \Gamma(z)}{1 - \Gamma(z)} \tag{4.1-9}$$

由此定义了归一化等效电压和电流

$$\widetilde{U}_k(z) = \frac{U_k(z)}{\sqrt{Z_0}} \tag{4.1-10a}$$

$$\widetilde{I}_k(z) = I_k(z)\sqrt{Z_0} \tag{4.1-10b}$$

上式中的 $\widetilde{U}_k$ 和 $\widetilde{I}_k$ 并不具有电路理论中电压和电流的意义,归一化等效电压、归一化等效电流只是一种方便的运算符号。根据定义式(4.1-10),并将式(4.1-7)和式(4.1-8)代入后,式(4.1-4)可以写成

$$P = \frac{1}{2}\mathrm{Re}[U_k(z)I_k^*(z)] = \frac{1}{2}\mathrm{Re}[\widetilde{U}_k(z)\widetilde{I}_k^*(z)]$$

$$= \frac{1}{2Z_0}|U_{k+}(z)|^2[1 - |\Gamma(z)|^2] = \frac{1}{2}|\widetilde{U}_{k+}(z)|^2[1 - |\Gamma(z)|^2] \tag{4.1-11}$$

对于色散波,通常采用两种方法处理等效参量问题:

① 全部采用归一化等效参量,如 $\tilde{z}_e$、$\widetilde{U}_k$、$\widetilde{I}_k$ 等。由于归一化时特性阻抗已被约去,不存在参量不确定问题,此时对均匀传输线理论的应用是完全严格的,未引入任何近似。

② 在工程上还可以定义等效特性阻抗 Z_0^e（附录 4-1），这是一种近似的方法，当解决不同截面传输系统的接连时比较方便。

当传输系统中出现多模传播时，总的传输功率应为各个模式传输功率之和，正如公式（4.1-3）表示的那样。由第 2 章可知，各模式的传播特性各不相同，因此每一个模式可用一个独立的等效传输线来表示，把传输 N 个模式的导波系统等效为 N 个独立的模式等效传输线（图 4-1）。在只考虑主模和不引起混淆的情况下，等效电压 U_k、等效电流 I_k、归一化等效电压 $\tilde{U}_k$、归一化等效电流 $\tilde{I}_k$ 中表示某个模式的下标 k 略去不再写出。此时需要注意的是，等效电路及参量只针对一个工作模式，只适用于一个频段。

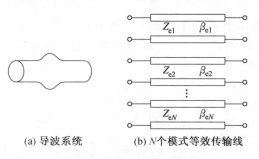

(a) 导波系统   (b) N 个模式等效传输线

图 4-1　多模导波系统的等效传输线

由不均匀性引起的高次模的振幅按指数规律衰减，通常不能在传输系统中传播，只在不均匀区附近存在，形成局部场。在离开不均匀处一段距离后，高次模的场就衰减到可以忽略的程度，只有工作模式的入射波和反射波。通常把参考面选在这些地方（也有因结构的缘故，将参考面选在不连续区内的情况），将不均匀问题化为等效网络来处理，如图 4-2 所示。参考面一旦选定便不能再随便改变，否则会影响网络参量的值（见附录 4-2）。参考面应与波传输方向垂直、与场的横向分量共面。同轴线参考面上的电压指内外导体之间的电压，电流指内导体流过的总电流；微带线参考面上的电压是导带与接地板之间的电压，电流指流过导带的总电流；波导参考面上的电压指等效电压，电流指等效电流。此外还规定：参考面上流入网络的电流为正向电流，流出的电流为反向电流。

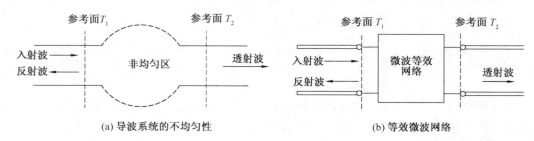

(a) 导波系统的不均匀性   (b) 等效微波网络

图 4-2　微波传输系统的不均匀性及等效网络

建立在等效电压、等效电流和等效阻抗基础上的传输线称为等效传输线（Equivalence Transmission Liner），将传输系统中不均匀性引起的传输变化归结为等效微波网络（Equivalence Microwave Network），那么均匀传输线中的许多分析法都可以应用于等效传输线的分析。

4.2　单端口网络

具有一个端口的微波元件，都可视为单端口网络（Single Port Network），如图 4-3 所示。单端口网络通常作为负载应用，如短路活塞、匹配负载、失配负载等。实际上，任何单端口负载都可以看作是双端口网络接终端。

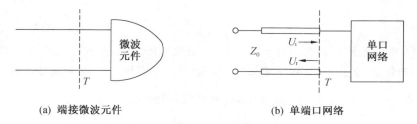

(a) 端接微波元件　　　　　　　　　　(b) 单端口网络

图 4-3　端接微波元件的传输线及等效网络

单端口可用一个反射系数来表示。令参考面 T 处的电压反射系数为 Γ_l，由均匀传输线理论公式（1.3 - 23）可知，等效传输线上任意一点的反射系数为

$$\Gamma(z) = \Gamma_l e^{-j2\beta z} = |\Gamma_l| e^{j(\phi_l - 2\beta z)} \qquad (4.2-1a)$$

图 4-3b 中的 U_i 相当于传输功率公式（4.1 - 11）中的 U_{k+}，故有

$$P(z) = \frac{1}{2Z_0}|U_{k+}(z)|^2[1-|\Gamma(z)|^2] = \frac{1}{2Z_0}|U_i|^2[1-|\Gamma_l|^2] \qquad (4.2-2)$$

4.3　双端口网络

任何具有两个端口的微波元件都可视为双端口网络。设线性无源双端口网络（Linear Passive 2-Port Network）中，参考面 T_1 处的电压、电流分别为 U_1 和 I_1，外接传输线的特性阻抗为 Z_{01}，特性导纳 $Y_{01} = 1/Z_{01}$；参考面 T_2 处的电压、电流分别为 U_2 和 I_2，外接传输线的特性阻抗为 Z_{02}，特性导纳 $Y_{02} = 1/Z_{02}$，如图 4-4 所示。

在各种微波网络中，双端口网络最基本，应用最为广泛。根据两端口参考面上选取的不同物理量，可以定义多种网络参数，其中主要的有阻抗参数、导纳参数、转移参数、散射参数和传输参数等。

图 4-4　双端口网络

4.3.1　阻抗参量

现取 I_1 和 I_2 为自变量，U_1 和 U_2 为因变量，对线性网络应用叠加原理，可知任一参

考面上的电压为各参考面上的电流单独作用时产生的电压之和,即

$$\left.\begin{array}{l} U_1 = Z_{11} I_1 + Z_{12} I_2 \\ U_2 = Z_{21} I_1 + Z_{22} I_2 \end{array}\right\} \qquad (4.3-1a)$$

写成矩阵形式(阻抗矩阵 Impedance Matrix)

$$\begin{bmatrix} U_1 \\ U_2 \end{bmatrix} = \begin{bmatrix} Z_{11} & Z_{12} \\ Z_{21} & Z_{22} \end{bmatrix} \begin{bmatrix} I_1 \\ I_2 \end{bmatrix} \qquad (4.3-1b)$$

或简写为

$$[U] = [Z][I] \qquad (4.3-1c)$$

式中,$[U]$为电压矩阵,$[I]$为电流矩阵,$[Z]$为阻抗矩阵。其中 Z_{11}、Z_{22} 分别是端口"1"和端口"2"的自阻抗,Z_{12}、Z_{21} 分别是端口"1"和端口"2"的互阻抗。各阻抗参量的定义

$$Z_{11} = \frac{U_1}{I_1}\bigg|_{I_2=0} \quad \text{表示 } T_2 \text{ 面开路时,端口"1"的输入阻抗;} \qquad (4.3-2a)$$

$$Z_{12} = \frac{U_1}{I_2}\bigg|_{I_1=0} \quad \text{表示 } T_1 \text{ 面开路时,端口"2"至端口"1"的转移阻抗;} \qquad (4.3-2b)$$

$$Z_{21} = \frac{U_2}{I_1}\bigg|_{I_2=0} \quad \text{表示 } T_2 \text{ 面开路时,端口"1"至端口"2"的转移阻抗;} \qquad (4.3-2c)$$

$$Z_{22} = \frac{U_2}{I_2}\bigg|_{I_1=0} \quad \text{表示 } T_1 \text{ 面开路时,端口"2"的输入阻抗。} \qquad (4.3-2d)$$

由上述定义可见,$[Z]$矩阵中的各个阻抗参数可用开路法测量,故也称为开路阻抗参数。这些网络参量的定义与低频集总元件构成的线性网络是完全一致的。对于线性的微波网络,可将各端口的电压和电流分别用 T_1、T_2 面的外接传输线特性阻抗 Z_{01} 和 Z_{02} 归一化

$$\tilde{U}_1 = \frac{U_1}{\sqrt{Z_{01}}}, \quad \tilde{I}_1 = I_1 \sqrt{Z_{01}}, \quad \tilde{U}_2 = \frac{U_2}{\sqrt{Z_{02}}}, \quad \tilde{I}_2 = I_2 \sqrt{Z_{02}} \qquad (4.3-3)$$

相应的归一化阻抗参量为

$$\tilde{Z}_{11} = \frac{\tilde{U}_1}{\tilde{I}_1}\bigg|_{I_2=0} = \frac{U_1/\sqrt{Z_{01}}}{I_1 \sqrt{Z_{01}}} = \frac{Z_{11}}{Z_{01}} \qquad (4.3-4a)$$

$$\tilde{Z}_{12} = \frac{\tilde{U}_1}{\tilde{I}_2}\bigg|_{I_1=0} = \frac{U_1/\sqrt{Z_{01}}}{I_2 \sqrt{Z_{02}}} = \frac{Z_{12}}{\sqrt{Z_{01} Z_{02}}} \qquad (4.3-4b)$$

$$\tilde{Z}_{21} = \frac{\tilde{U}_2}{\tilde{I}_1}\bigg|_{I_2=0} = \frac{U_2/\sqrt{Z_{02}}}{I_1 \sqrt{Z_{01}}} = \frac{Z_{21}}{\sqrt{Z_{01} Z_{02}}} \qquad (4.3-4c)$$

$$\tilde{Z}_{22} = \frac{\tilde{U}_2}{\tilde{I}_2}\bigg|_{I_1=0} = \frac{U_2/\sqrt{Z_{02}}}{I_2 \sqrt{Z_{02}}} = \frac{Z_{22}}{Z_{02}} \qquad (4.3-4d)$$

即

$$\left.\begin{array}{l} \tilde{U}_1 = \tilde{Z}_{11} \tilde{I}_1 + \tilde{Z}_{12} \tilde{I}_2 \\ \tilde{U}_2 = \tilde{Z}_{21} \tilde{I}_1 + \tilde{Z}_{22} \tilde{I}_2 \end{array}\right\} \qquad (4.3-5a)$$

表示成矩阵形式有

$$[\tilde{U}] = [\tilde{Z}][\tilde{I}] \qquad (4.3-5b)$$

其中

$$[\widetilde{Z}] = \begin{bmatrix} Z_{11}/Z_{01} & Z_{12}/\sqrt{Z_{01}Z_{02}} \\ Z_{21}/\sqrt{Z_{01}Z_{02}} & Z_{22}/Z_{02} \end{bmatrix} \tag{4.3-5c}$$

4.3.2 导纳参量

在双端口线性网络中，以 U_1 和 U_2 为自变量，I_1 和 I_2 为因变量，可得另一组方程

$$\left.\begin{array}{l} I_1 = Y_{11}U_1 + Y_{12}U_2 \\ I_2 = Y_{21}U_1 + Y_{22}U_2 \end{array}\right\} \tag{4.3-6a}$$

写成矩阵形式（导纳矩阵 Admittance Matrix）

$$\begin{bmatrix} I_1 \\ I_2 \end{bmatrix} = \begin{bmatrix} Y_{11} & Y_{12} \\ Y_{21} & Y_{22} \end{bmatrix} \begin{bmatrix} U_1 \\ U_2 \end{bmatrix} \tag{4.3-6b}$$

或简写为

$$[I] = [Y][U] \tag{4.3-6c}$$

其中，$[Y]$ 是双端口网路的导纳矩阵，各参数的物理意义为

$$Y_{11} = \frac{I_1}{U_1}\Big|_{U_2=0} \quad 表示\ T_2\ 面短路时，端口"1"的输入导纳； \tag{4.3-7a}$$

$$Y_{12} = \frac{I_1}{U_2}\Big|_{U_1=0} \quad 表示\ T_1\ 面短路时，端口"2"至端口"1"的转移导纳； \tag{4.3-7b}$$

$$Y_{21} = \frac{I_2}{U_1}\Big|_{U_2=0} \quad 表示\ T_2\ 面短路时，端口"1"至端口"2"的转移导纳； \tag{4.3-7c}$$

$$Y_{22} = \frac{I_2}{U_2}\Big|_{U_1=0} \quad 表示\ T_1\ 面短路时，端口"2"的输入导纳。 \tag{4.3-7d}$$

由上述定义可见，$[Y]$ 矩阵中的各个阻抗参数可用短路法测量，故也称为短路导纳参数。其中 Y_{11}、Y_{22} 分别是端口"1"和端口"2"的自导纳，Y_{12}、Y_{21} 分别是端口"1"和端口"2"的互导纳。

同样地，将各端口的电压和电流用 T_1、T_2 面的外接传输线特性导纳 Y_{01} 和 Y_{02} 归一化后有

$$\widetilde{I}_1 = \frac{I_1}{\sqrt{Y_{01}}}, \quad \widetilde{U}_1 = U_1\sqrt{Y_{01}}, \quad \widetilde{I}_2 = \frac{I_2}{\sqrt{Y_{02}}}, \quad \widetilde{U}_2 = U_2\sqrt{Y_{02}} \tag{4.3-8}$$

相应的归一化导纳参量为

$$\widetilde{Y}_{11} = \frac{\widetilde{I}_1}{\widetilde{U}_1}\Big|_{U_2=0} = \frac{I_1/\sqrt{Y_{01}}}{U_1\sqrt{Y_{01}}} = \frac{Y_{11}}{Y_{01}} \tag{4.3-9a}$$

$$\widetilde{Y}_{12} = \frac{\widetilde{I}_1}{\widetilde{U}_2}\Big|_{U_1=0} = \frac{I_1/\sqrt{Y_{01}}}{U_2\sqrt{Y_{02}}} = \frac{Y_{12}}{\sqrt{Y_{01}Y_{02}}} \tag{4.3-9b}$$

$$\widetilde{Y}_{21} = \frac{\widetilde{I}_2}{\widetilde{U}_1}\Big|_{U_2=0} = \frac{I_2/\sqrt{Y_{02}}}{U_1\sqrt{Y_{01}}} = \frac{Y_{21}}{\sqrt{Y_{01}Y_{02}}} \tag{4.3-9c}$$

$$\widetilde{Y}_{22} = \frac{\widetilde{I}_2}{\widetilde{U}_2}\Big|_{U_1=0} = \frac{I_2/\sqrt{Y_{02}}}{U_2\sqrt{Y_{02}}} = \frac{Y_{22}}{Y_{02}} \tag{4.3-9d}$$

即

$$\left.\begin{array}{l} \widetilde{I}_1 = Y_{11}\widetilde{U}_1 + Y_{12}\widetilde{U}_2 \\ \widetilde{I}_2 = Y_{21}\widetilde{U}_1 + Y_{22}\widetilde{U}_2 \end{array}\right\} \tag{4.3-10a}$$

表示成矩阵形式有

$$[\tilde{I}] = [\tilde{Y}][\tilde{U}] \tag{4.3-10b}$$

其中

$$[\tilde{Y}] = \begin{bmatrix} Y_{11}/Y_{01} & Y_{12}/\sqrt{Y_{01}Y_{02}} \\ Y_{21}/\sqrt{Y_{01}Y_{02}} & Y_{22}/Y_{02} \end{bmatrix} \tag{4.3-10c}$$

4.3.3　转移参量

当在双端口线性网络中，若用端口"2"的电压 U_2、电流 $-I_2$ 为自变量，端口"1"的电压 U_1、电流 I_1 为因变量，可得如下线性方程组

$$\left. \begin{aligned} U_1 &= aU_2 - bI_2 \\ I_1 &= cU_2 - dI_2 \end{aligned} \right\} \tag{4.3-11a}$$

网络转移矩阵规定电流参考方向指向网络外部，因此上式中电流 I_2 前加负号（这样规定在实用中更为方便）。将式(4.3-11a)写成矩阵形式(转移矩阵 Transfer Matrix)

$$\begin{bmatrix} U_1 \\ I_1 \end{bmatrix} = \begin{bmatrix} a & b \\ c & d \end{bmatrix} \begin{bmatrix} U_2 \\ -I_2 \end{bmatrix} = [a] \begin{bmatrix} U_2 \\ -I_2 \end{bmatrix} \tag{4.3-11b}$$

其中各参量的物理意义是

$$a = \frac{U_1}{U_2} \bigg|_{I_2=0} \qquad \text{表示 } T_2 \text{ 面开路时端口"2"至端口"1"的电压传输系数；} \tag{4.3-12a}$$

$$b = \frac{U_1}{-I_2} \bigg|_{U_2=0} \qquad \text{表示 } T_2 \text{ 面短路时端口"2"至端口"1"的转移阻抗；} \tag{4.3-12b}$$

$$c = \frac{I_1}{U_2} \bigg|_{I_2=0} \qquad \text{表示 } T_2 \text{ 面开路时端口"2"至端口"1"的转移导纳；} \tag{4.3-12c}$$

$$d = \frac{I_1}{-I_2} \bigg|_{U_2=0} \qquad \text{表示 } T_2 \text{ 面短路时端口"2"至端口"1"的电流传输系数。} \tag{4.3-12d}$$

转移参量 $[a]$ 具有明确的物理意义，描述的都是端口"2"至端口"1"的转移或传输特性，特别适合处理网络间的级联问题。

用式(4.3-3)两端口外接传输线的特性阻抗 Z_{01} 和 Z_{02} 归一化的电压、电流表示的 $[A]$ 矩阵为

$$A = \frac{\tilde{U}_1}{\tilde{U}_2} \bigg|_{I_2=0} = \frac{U_1/\sqrt{Z_{01}}}{U_2/\sqrt{Z_{02}}} = a\sqrt{\frac{Z_{02}}{Z_{01}}} \tag{4.3-13a}$$

$$B = \frac{\tilde{U}_1}{-\tilde{I}_2} \bigg|_{U_2=0} = \frac{U_1/\sqrt{Z_{01}}}{-I_1\sqrt{Z_{02}}} = \frac{b}{\sqrt{Z_{01}Z_{02}}} \tag{4.3-13b}$$

$$C = \frac{\tilde{I}_1}{\tilde{U}_2} \bigg|_{I_2=0} = \frac{I_1\sqrt{Z_{01}}}{U_2/\sqrt{Z_{02}}} = c\sqrt{Z_{01}Z_{02}} \tag{4.3-13c}$$

$$D = \frac{\tilde{I}_1}{-\tilde{I}_2} \bigg|_{U_2=0} = \frac{I_1\sqrt{Z_{01}}}{-I_2\sqrt{Z_{02}}} = d\sqrt{\frac{Z_{01}}{Z_{02}}} \tag{4.3-13d}$$

即

$$\left. \begin{aligned} \tilde{U}_1 &= A\tilde{U}_2 - B\tilde{I}_2 \\ \tilde{I}_1 &= C\tilde{U}_2 - D\tilde{I}_2 \end{aligned} \right\} \tag{4.3-14a}$$

写成矩阵形式

$$\begin{bmatrix} \tilde{U}_1 \\ \tilde{I}_1 \end{bmatrix} = \begin{bmatrix} A & B \\ C & D \end{bmatrix} \begin{bmatrix} \tilde{U}_2 \\ -\tilde{I}_2 \end{bmatrix} = [A] \begin{bmatrix} \tilde{U}_2 \\ -\tilde{I}_2 \end{bmatrix} \qquad (4.3-14b)$$

其中

$$[A] = \begin{bmatrix} a\sqrt{\dfrac{Z_{02}}{Z_{01}}} & \dfrac{b}{\sqrt{Z_{01}Z_{02}}} \\ c\sqrt{Z_{01}Z_{02}} & d\sqrt{\dfrac{Z_{01}}{Z_{02}}} \end{bmatrix} \qquad (4.3-14c)$$

4.3.4 散射参量

取归一化入射电压 $\tilde{U}_{i1}$、$\tilde{U}_{i2}$，归一化反射电压 $\tilde{U}_{r1}$、$\tilde{U}_{r2}$（图 4-5）

$$\tilde{U}_{i1} = \frac{U_{i1}}{\sqrt{Z_{01}}}, \quad \tilde{U}_{r1} = \frac{U_{r1}}{\sqrt{Z_{01}}}, \quad \tilde{U}_{i2} = \frac{U_{i2}}{\sqrt{Z_{02}}}, \quad \tilde{U}_{r2} = \frac{U_{r2}}{\sqrt{Z_{02}}} \qquad (4.3-15)$$

分别作为自变量和因变量，有如下线性网络的方程组

$$\left. \begin{array}{l} \tilde{U}_{r1} = S_{11}\tilde{U}_{i1} + S_{12}\tilde{U}_{i2} \\ \tilde{U}_{r2} = S_{21}\tilde{U}_{i1} + S_{22}\tilde{U}_{i2} \end{array} \right\} \qquad (4.3-16a)$$

写成矩阵的形式（散射矩阵 Scattering Matrix）

$$\begin{bmatrix} \tilde{U}_{r1} \\ \tilde{U}_{r2} \end{bmatrix} = \begin{bmatrix} S_{11} & S_{12} \\ S_{21} & S_{22} \end{bmatrix} \begin{bmatrix} \tilde{U}_{i1} \\ \tilde{U}_{i2} \end{bmatrix} \qquad (4.3-16b)$$

简写成

$$[\tilde{U}_r] = [S][\tilde{U}_i] \qquad (4.3-16c)$$

各散射参量的定义和物理意义为

$$S_{11} = \frac{\tilde{U}_{r1}}{\tilde{U}_{i1}} \bigg|_{\tilde{U}_{i2}=0} \text{ 表示 } T_2 \text{ 面接匹配负载时 } T_1 \text{ 面的电压反射系数；} \qquad (4.3-17a)$$

$$S_{12} = \frac{\tilde{U}_{r1}}{\tilde{U}_{i2}} \bigg|_{\tilde{U}_{i1}=0} \text{ 表示 } T_1 \text{ 面接匹配负载时端口"2"至端口"1"的电压传输系数；}$$

$$\qquad (4.3-17b)$$

$$S_{21} = \frac{\tilde{U}_{r2}}{\tilde{U}_{i1}} \bigg|_{\tilde{U}_{i2}=0} \text{ 表示 } T_2 \text{ 面接匹配负载时端口"1"至端口"2"的电压传输系数；}$$

$$\qquad (4.3-17c)$$

$$S_{22} = \frac{\tilde{U}_{r2}}{\tilde{U}_{i2}} \bigg|_{\tilde{U}_{i1}=0} \text{ 表示 } T_1 \text{ 面接匹配负载时 } T_2 \text{ 面的电压反射系数。} \qquad (4.3-17d)$$

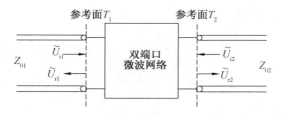

图 4-5 双端口网络的入射波和反射波

散射参量由等效意义下的归一化电压值式(4.3-15)定义,仿照式(4.1-11)的推导过程可知,当负载匹配 $\Gamma(z)=0$ 时入射波和反射波功率为

$$P_{ij}=\frac{1}{2}\widetilde{U}_{ij}^2=\frac{1}{2}\frac{U_{ij}^2}{Z_{0j}} \quad (i=\mathrm{i,r};j=1,2) \tag{4.3-18}$$

当 $i=\mathrm{i},j=1$ 时,$\widetilde{U}_{\mathrm{i1}}^2/2=U_{\mathrm{i1}}^2/(2Z_{01})$ 为进入网络端口"1"的功率 P_{i1};当 $i=\mathrm{r},j=2$ 时,$\widetilde{U}_{\mathrm{r2}}^2/2$ $=U_{\mathrm{r2}}^2/(2Z_{02})$ 为从网络端口"2"输出的功率 P_{r2}。由此使得微波系统中可实测的功率与仅作为运算符号,无实际电压、电流意义的归一化电压和归一化电流之间建立了量的对应关系。各散射参量在某端口接"匹配负载"情况下获得,根据传输线理论,当某端口所接负载与该端口外接传输线的特性阻抗相等时,该端口无反射,所接负载为"匹配负载"。

散射参量在微波技术中占有非常重要的地位,$[S]$ 矩阵中的各参数不仅具有明确的物理意义,而且可直接测量。

4.3.5　传输参量

归一化反射波 $\widetilde{U}_{\mathrm{r2}}$ 和入射波 $\widetilde{U}_{\mathrm{i2}}$ 为自变量,归一化入射波 $\widetilde{U}_{\mathrm{i1}}$ 和反射波 $\widetilde{U}_{\mathrm{r1}}$ 为因变量,有如下双端口线性网络方程组

$$\left.\begin{array}{l}\widetilde{U}_{\mathrm{i1}}=T_{11}\widetilde{U}_{\mathrm{r2}}+T_{12}\widetilde{U}_{\mathrm{i2}}\\ \widetilde{U}_{\mathrm{r1}}=T_{21}\widetilde{U}_{\mathrm{r2}}+T_{22}\widetilde{U}_{\mathrm{i2}}\end{array}\right\} \tag{4.3-19a}$$

写成矩阵的形式(传输矩阵 Transmission Matrix)

$$\begin{bmatrix}\widetilde{U}_{\mathrm{i1}}\\ \widetilde{U}_{\mathrm{r1}}\end{bmatrix}=\begin{bmatrix}T_{11} & T_{12}\\ T_{21} & T_{22}\end{bmatrix}\begin{bmatrix}\widetilde{U}_{\mathrm{r2}}\\ \widetilde{U}_{\mathrm{i2}}\end{bmatrix}=[T]\begin{bmatrix}\widetilde{U}_{\mathrm{r2}}\\ \widetilde{U}_{\mathrm{i2}}\end{bmatrix} \tag{4.3-19b}$$

依照线性网络参数定义规则,式(4.3-19a)表达的是:T_1 面上的入射电压或反射电压,为 T_2 面上反射电压或入射电压单独作用之和。根据传输参量的定义和散射参量方程组(4.3-16a),有同为归一化入射、反射电压表示的这两种网络参量的关系

$$T_{11}=\left.\frac{\widetilde{U}_{\mathrm{i1}}}{\widetilde{U}_{\mathrm{r2}}}\right|_{\widetilde{U}_{\mathrm{i2}}=0}=\frac{1}{S_{21}} \tag{4.3-20a}$$

$$T_{12}=\left.\frac{\widetilde{U}_{\mathrm{i1}}}{\widetilde{U}_{\mathrm{i2}}}\right|_{\widetilde{U}_{\mathrm{r2}}=0}=-\frac{S_{22}}{S_{21}} \tag{4.3-20b}$$

$$T_{21}=\left.\frac{\widetilde{U}_{\mathrm{r1}}}{\widetilde{U}_{\mathrm{r2}}}\right|_{\widetilde{U}_{\mathrm{i2}}=0}=\frac{S_{11}}{S_{21}} \tag{4.3-20c}$$

$$T_{22}=\left.\frac{\widetilde{U}_{\mathrm{r1}}}{\widetilde{U}_{\mathrm{i2}}}\right|_{\widetilde{U}_{\mathrm{r2}}=0}=S_{12}-\frac{S_{11}S_{22}}{S_{21}} \tag{4.3-20d}$$

其中,T_{11} 表示 T_2 面接匹配负载时端口"1"至端口"2"的电压传输系数的倒数,其余 T_{12}、T_{21}、T_{22} 三个参数没有明确的物理意义。

从式(4.3-20)还可以求得

$$S_{11}=\frac{T_{21}}{T_{11}} \tag{4.3-21a}$$

$$S_{12}=T_{22}-\frac{T_{12}T_{21}}{T_{11}} \tag{4.3-21b}$$

$$S_{21}=\frac{1}{T_{11}} \tag{4.3-21c}$$

$$S_{22} = -\frac{T_{12}}{T_{11}} \tag{4.3-21d}$$

传输矩阵表示了网络输入端的物理量与输出端物理量之间的关系,和转移矩阵一样适合处理网络级联问题。

4.4 网络各参量之间的关系

微波网络的特性可以用以上五种网络参量来描述,阻抗参量和导纳参量描述的是微波网络各端口的电压和电流之间的关系,比较适合处理网络间的串、并联等问题;转移参量和传输参量描述的是微波网络输入端的物理量与输出端的物理量之间的关系,比较适合处理微波网络的级联问题;散射参量描述的是网络端口及各端口间的归一化反射波电压与归一化入射波电压之间的关系,可以用仪器直接测量,在微波技术中占有重要地位。互补利用各网络参量是微波工程中解决实际问题的重要途径,为了便于在不同场合使用不同的网络参量,本节给出了散射参量$[S]$与转移参量$[A]$之间相互转换的推导过程和结果。其余各网络参量之间转换关系的推导方法类似,结果在表 4-1 中列出。

4.4.1 散射参量与转移参量

根据传输线理论公式(1.2-12),沿线电压、电流可用入射量与反射量表示为

$$\left.\begin{array}{l} U = U_i + U_r \\ I = \dfrac{1}{Z_0}(U_i - U_r) \end{array}\right\} \tag{4.4-1a}$$

将上式的第一个等式两边同除以$\sqrt{Z_0}$,第二个等式两边同乘以$\sqrt{Z_0}$,得

$$\left.\begin{array}{l} \widetilde{U} = \dfrac{U}{\sqrt{Z_0}} = \dfrac{1}{\sqrt{Z_0}}(U_i + U_r) \\ \widetilde{I} = I\sqrt{Z_0} = \dfrac{1}{\sqrt{Z_0}}(U_i - U_r) \end{array}\right\} \tag{4.4-1b}$$

于是可得到如下等效意义下归一化电压、归一化电流的关系式

$$\left.\begin{array}{l} \widetilde{U} = \widetilde{U}_i + \widetilde{U}_r \\ \widetilde{I} = \widetilde{U}_i - \widetilde{U}_r \end{array}\right\} \tag{4.4-2a}$$

或者

$$\left.\begin{array}{l} \widetilde{U}_i = \dfrac{1}{2}(\widetilde{U} + \widetilde{I}) \\ \widetilde{U}_r = \dfrac{1}{2}(\widetilde{U} - \widetilde{I}) \end{array}\right\} \tag{4.4-2b}$$

根据式(4.4-2a),在T_1面上和T_2面上分别有

$$\left.\begin{array}{l} \widetilde{U}_1 = \widetilde{U}_{i1} + \widetilde{U}_{r1} \\ \widetilde{I}_1 = \widetilde{U}_{i1} - \widetilde{U}_{r1} \end{array}\right\} \tag{4.4-3a}$$

$$\left.\begin{array}{l} \widetilde{U}_2 = \widetilde{U}_{i2} + \widetilde{U}_{r2} \\ \widetilde{I}_2 = \widetilde{U}_{i2} - \widetilde{U}_{r2} \end{array}\right\} \tag{4.4-3b}$$

将上式代入转移参量 $[A]$ 所描述的线性方程组(4.3-14a)中,有

$$\widetilde{U}_1 = \widetilde{U}_{i1} + \widetilde{U}_{r1} = A(\widetilde{U}_{i2} + \widetilde{U}_{r2}) - B(\widetilde{U}_{i2} - \widetilde{U}_{r2})$$

$$\widetilde{I}_1 = \widetilde{U}_{i1} - \widetilde{U}_{r1} = C(\widetilde{U}_{i2} + \widetilde{U}_{r2}) - D(\widetilde{U}_{i2} - \widetilde{U}_{r2}) \quad (4.4-4a)$$

将 $\widetilde{U}_{i1}$ 和 $\widetilde{U}_{i2}$ 作为自变量,$\widetilde{U}_{r1}$ 和 $\widetilde{U}_{r2}$ 作为因变量,整理得

$$\widetilde{U}_{r1} = \frac{A+B-C-D}{A+B+C+D}\widetilde{U}_{i1} + \frac{2(AD-BC)}{A+B+C+D}\widetilde{U}_{i2}$$

$$\widetilde{U}_{r2} = \frac{2}{A+B+C+D}\widetilde{U}_{i1} - \frac{A-B+C-D}{A+B+C+D}\widetilde{U}_{i2} \quad (4.4-4b)$$

将上式与 S 参量的线性方程组(4.3-16a)比较后

$$[S] = \frac{1}{A+B+C+D}\begin{bmatrix} A+B-C-D & 2(AD-BC) \\ 2 & -A+B-C-D \end{bmatrix} \quad (4.4-4c)$$

得到归一化 A 参量到 S 参量的转换关系式。

反过来,根据式(4.4-2b),在 T_1 面上和 T_2 面上分别有

$$\left.\begin{aligned}\widetilde{U}_{i1} &= \frac{1}{2}(\widetilde{U}_1 + \widetilde{I}_1) \\ \widetilde{U}_{r1} &= \frac{1}{2}(\widetilde{U}_1 - \widetilde{I}_1)\end{aligned}\right\} \quad (4.4-5a)$$

$$\left.\begin{aligned}\widetilde{U}_{i2} &= \frac{1}{2}(\widetilde{U}_2 + \widetilde{I}_2) \\ \widetilde{U}_{r2} &= \frac{1}{2}(\widetilde{U}_2 - \widetilde{I}_2)\end{aligned}\right\} \quad (4.4-5b)$$

将式(4.4-5)代入散射参量 $[S]$ 描述的线性方程组(4.3-16a),有

$$\widetilde{U}_{r1} = \frac{1}{2}(\widetilde{U}_1 - \widetilde{I}_1) = S_{11}\frac{1}{2}(\widetilde{U}_1 + \widetilde{I}_1) + S_{12}\frac{1}{2}(\widetilde{U}_2 + \widetilde{I}_2)$$

$$\widetilde{U}_{r2} = \frac{1}{2}(\widetilde{U}_2 - \widetilde{I}_2) = S_{21}\frac{1}{2}(\widetilde{U}_1 + \widetilde{I}_1) + S_{22}\frac{1}{2}(\widetilde{U}_2 + \widetilde{I}_2) \quad (4.4-6a)$$

将 $\widetilde{U}_2$ 和 $\widetilde{I}_2$ 作为自变量,$\widetilde{U}_1$ 和 $\widetilde{I}_1$ 作为因变量,整理得

$$\widetilde{U}_1 = \frac{(1+S_{11})(1-S_{22})+S_{12}S_{21}}{2S_{21}}\widetilde{U}_2 + \frac{(1+S_{11})(1+S_{22})-S_{12}S_{21}}{2S_{21}}(-\widetilde{I}_2)$$

$$\widetilde{I}_1 = \frac{(1-S_{11})(1-S_{22})-S_{12}S_{21}}{2S_{21}}\widetilde{U}_2 + \frac{(1-S_{11})(1+S_{22})+S_{12}S_{21}}{2S_{21}}(-\widetilde{I}_2)$$

$$(4.4-6b)$$

将上式与 A 参量的线性方程组(4.3-14a)比较后

$$[A] = \frac{1}{2S_{21}}\begin{bmatrix} (1+S_{11})(1-S_{22})+S_{12}S_{21} & (1+S_{11})(1+S_{22})-S_{12}S_{21} \\ (1-S_{11})(1-S_{22})-S_{12}S_{21} & (1-S_{11})(1+S_{22})+S_{12}S_{21} \end{bmatrix}$$

$$(4.4-6c)$$

得到由 S 参量到 A 参量的转换关系。

其他双端口网络参量之间的关系见表 4-1。

表 4-1　双端口网络各参量之间的转换关系

	以 S 表示	以 $\widetilde{Z}$ 表示	以 $\widetilde{Y}$ 表示	以 A 表示
$[S]$	$\begin{bmatrix} S_{11} & S_{12} \\ S_{21} & S_{22} \end{bmatrix}$	$\begin{aligned} S_{11} &= \dfrac{\lvert\widetilde{Z}\rvert-1+\widetilde{Z}_{11}-\widetilde{Z}_{22}}{\lvert\widetilde{Z}\rvert+1+\widetilde{Z}_{11}+\widetilde{Z}_{22}} \\ S_{12} &= \dfrac{2\widetilde{Z}_{12}}{\lvert\widetilde{Z}\rvert+1+\widetilde{Z}_{11}+\widetilde{Z}_{22}} \\ S_{21} &= \dfrac{2\widetilde{Z}_{21}}{\lvert\widetilde{Z}\rvert+1+\widetilde{Z}_{11}+\widetilde{Z}_{22}} \\ S_{22} &= \dfrac{\lvert\widetilde{Z}\rvert-1-\widetilde{Z}_{11}+\widetilde{Z}_{22}}{\lvert\widetilde{Z}\rvert+1+\widetilde{Z}_{11}+\widetilde{Z}_{22}} \end{aligned}$	$\begin{aligned} S_{11} &= \dfrac{1-\lvert\widetilde{Y}\rvert-\widetilde{Y}_{11}+\widetilde{Y}_{22}}{\lvert\widetilde{Y}\rvert+1+\widetilde{Y}_{11}+\widetilde{Y}_{22}} \\ S_{12} &= \dfrac{-2\widetilde{Y}_{12}}{\lvert\widetilde{Y}\rvert+1+\widetilde{Y}_{11}+\widetilde{Y}_{22}} \\ S_{21} &= \dfrac{-2\widetilde{Y}_{21}}{\lvert\widetilde{Y}\rvert+1+\widetilde{Y}_{11}+\widetilde{Y}_{22}} \\ S_{22} &= \dfrac{1-\lvert\widetilde{Y}\rvert+\widetilde{Y}_{11}-\widetilde{Y}_{22}}{\lvert\widetilde{Y}\rvert+1+\widetilde{Y}_{11}+\widetilde{Y}_{22}} \end{aligned}$	$\begin{aligned} S_{11} &= \dfrac{A+B-C-D}{A+B+C+D} \\ S_{12} &= \dfrac{2\lvert A\rvert}{A+B+C+D} \\ S_{21} &= \dfrac{2}{A+B+C+D} \\ S_{22} &= \dfrac{-A+B-C+D}{A+B+C+D} \end{aligned}$
$[\widetilde{Z}]$	$\begin{aligned} \widetilde{Z}_{11} &= \dfrac{1-\lvert S\rvert+S_{11}-S_{22}}{\lvert S\rvert+1-S_{11}-S_{22}} \\ \widetilde{Z}_{12} &= \dfrac{2S_{12}}{\lvert S\rvert+1-S_{11}-S_{22}} \\ \widetilde{Z}_{21} &= \dfrac{2S_{21}}{\lvert S\rvert+1-S_{11}-S_{22}} \\ \widetilde{Z}_{22} &= \dfrac{1-\lvert S\rvert-S_{11}+S_{22}}{\lvert S\rvert+1-S_{11}-S_{22}} \end{aligned}$	$\begin{bmatrix} \widetilde{Z}_{11} & \widetilde{Z}_{12} \\ \widetilde{Z}_{21} & \widetilde{Z}_{22} \end{bmatrix}$	$\dfrac{1}{\lvert\widetilde{Y}\rvert}\begin{bmatrix} \widetilde{Y}_{22} & -\widetilde{Y}_{12} \\ -\widetilde{Y}_{21} & \widetilde{Y}_{11} \end{bmatrix}$	$\dfrac{1}{C}\begin{bmatrix} A & \lvert A\rvert \\ 1 & D \end{bmatrix}$
$[\widetilde{Y}]$	$\begin{aligned} \widetilde{Y}_{11} &= \dfrac{1-\lvert S\rvert-S_{11}+S_{22}}{\lvert S\rvert+1+S_{11}+S_{22}} \\ \widetilde{Y}_{12} &= \dfrac{-2S_{12}}{\lvert S\rvert+1+S_{11}+S_{22}} \\ \widetilde{Y}_{21} &= \dfrac{-2S_{21}}{\lvert S\rvert+1+S_{11}+S_{22}} \\ \widetilde{Y}_{22} &= \dfrac{1-\lvert S\rvert+S_{11}-S_{22}}{\lvert S\rvert+1+S_{11}+S_{22}} \end{aligned}$	$\dfrac{1}{\lvert\widetilde{Z}\rvert}\begin{bmatrix} \widetilde{Z}_{22} & -\widetilde{Z}_{12} \\ -\widetilde{Z}_{21} & \widetilde{Z}_{11} \end{bmatrix}$	$\begin{bmatrix} \widetilde{Y}_{11} & \widetilde{Y}_{12} \\ \widetilde{Y}_{21} & \widetilde{Y}_{22} \end{bmatrix}$	$\dfrac{1}{B}\begin{bmatrix} D & -\lvert A\rvert \\ -1 & A \end{bmatrix}$
$[A]$	$\begin{aligned} A &= \dfrac{1}{2S_{21}}(1-\lvert S\rvert+S_{11}-S_{22}) \\ B &= \dfrac{1}{2S_{21}}(1+\lvert S\rvert+S_{11}+S_{22}) \\ C &= \dfrac{1}{2S_{21}}(1-\lvert S\rvert-S_{11}-S_{22}) \\ D &= \dfrac{1}{2S_{21}}(1-\lvert S\rvert-S_{11}+S_{22}) \end{aligned}$	$\dfrac{1}{\widetilde{Z}_{21}}\begin{bmatrix} \widetilde{Z}_{11} & \lvert\widetilde{Z}\rvert \\ 1 & \widetilde{Z}_{22} \end{bmatrix}$	$-\dfrac{1}{\widetilde{Y}_{21}}\begin{bmatrix} \widetilde{Y}_{22} & 1 \\ \lvert\widetilde{Y}\rvert & \widetilde{Y}_{11} \end{bmatrix}$	$\begin{bmatrix} A & B \\ C & D \end{bmatrix}$

注:表中 $\lvert S\rvert$、$\lvert\widetilde{Z}\rvert$、$\lvert\widetilde{Y}\rvert$、$\lvert A\rvert$ 分别为矩阵 $[S]$、$[\widetilde{Z}]$、$[\widetilde{Y}]$、$[A]$ 相应的行列式;$\lvert S\rvert$ 与 $\lvert T\rvert$ 的相互转换见式 (4.3-20) 和式 (4.3-21)。

4.4.2　散射参量与反射系数

将双端口网络散射参量方程 (4.3-16a) 重写如下:

$$\widetilde{U}_{r1} = S_{11}\widetilde{U}_{i1} + S_{12}\widetilde{U}_{i2} \tag{4.4-7a}$$

$$\widetilde{U}_{r2} = S_{21}\widetilde{U}_{i1} + S_{22}\widetilde{U}_{i2} \tag{4.4-7b}$$

根据反射系数的定义,输入端反射系数 Γ_{in} 和负载反射系数 Γ_l 可表示为

$$\Gamma_{\text{in}} = \frac{\widetilde{U}_{r1}}{\widetilde{U}_{i1}} \tag{4.4-8a}$$

$$\Gamma_l = \frac{\widetilde{U}_{i2}}{\widetilde{U}_{r2}} \tag{4.4-8b}$$

对负载来说，$\widetilde{U}_{i2}$ 是反射波，$\widetilde{U}_{r2}$ 是入射波，故有式(4.4-8b)形式的负载反射系数。

由式(4.4-7a)得到

$$\Gamma_{in} = \frac{\widetilde{U}_{r1}}{\widetilde{U}_{i1}} = S_{11} + S_{12}\frac{\widetilde{U}_{i2}}{\widetilde{U}_{i1}} \tag{4.4-9a}$$

又由式(4.4-7b)得到

$$\frac{1}{\Gamma_l} = \frac{\widetilde{U}_{r2}}{\widetilde{U}_{i2}} = S_{21}\frac{\widetilde{U}_{i1}}{\widetilde{U}_{i2}} + S_{22} \tag{4.4-9b}$$

将式(4.4-9a)和式(4.4-9b)联立

$$\Gamma_{in} = S_{11} + \frac{S_{12}S_{21}\Gamma_l}{1 - S_{22}\Gamma_l} \tag{4.4-10}$$

得到 S 参量与输入反射系数 Γ_{in}、负载反射系数 Γ_l 之间的关系。

4.5　多端口网络的散射矩阵

双端口网络的阻抗、导纳、转移、散射、传输参量可以推广至 n 端口微波网络。现以 $[S]$ 参量矩阵为例说明。图 4-6 是由 n 对输入、输出端口组成的线性微波网络，其中各端口的归一化入射波电压和归一化反射波电压分别为 $\widetilde{U}_{ij}$ 和 $\widetilde{U}_{rj}$，其中 $j = 1, 2, \cdots, n$，那么有

$$\begin{bmatrix} \widetilde{U}_{r1} \\ \widetilde{U}_{r2} \\ \vdots \\ \widetilde{U}_{rn} \end{bmatrix} = \begin{bmatrix} S_{11} & S_{12} & \cdots & S_{1n} \\ S_{21} & S_{22} & \cdots & S_{2n} \\ \vdots & \vdots & & \vdots \\ S_{n1} & S_{n2} & \cdots & S_{nn} \end{bmatrix} \begin{bmatrix} \widetilde{U}_{i1} \\ \widetilde{U}_{i2} \\ \vdots \\ \widetilde{U}_{in} \end{bmatrix} \tag{4.5-1}$$

或简写为

$$[\widetilde{U}_r] = [S][\widetilde{U}_i] \tag{4.5-2}$$

式中

$$[S] = \begin{bmatrix} S_{11} & S_{12} & \cdots & S_{1n} \\ S_{21} & S_{22} & \cdots & S_{2n} \\ \vdots & \vdots & & \vdots \\ S_{n1} & S_{n2} & \cdots & S_{nn} \end{bmatrix} \tag{4.5-3}$$

是 n 端口微波网络的散射参量矩阵，各散射参量的定义和物理意义为

$$S_{jk} = \frac{\widetilde{U}_{rj}}{\widetilde{U}_{ik}}\bigg|_{\widetilde{U}_{i1} = \widetilde{U}_{i2} = \cdots = \widetilde{U}_{im} = \cdots = 0} \qquad (j, k, m = 1, 2, \cdots, n; \ m \neq j) \tag{4.5-4}$$

如果 $j = k$，S_{jk} 为除端口 j 外其余各端口接匹配负载时第 j 端口的电压反射系数；如果 $j \neq k$，S_{jk} 为除端口 k 外的其余各端口接匹配负载时第 k 端口至第 j 端口的电压传输系数。

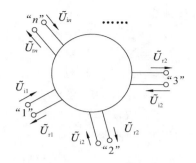

图 4-6　多端口网络

4.6　互易、对称、无耗网络

4.6.1　互易网络

如果网络由各向同性器件或介质构成,那么该网络互易(或称为可逆)。如一段用来改变相位或变换阻抗的传输线,当制作材料是均匀、各向同性的,该传输线的等效网络是互易的;用铁氧体(各向异性)材料制成的微波铁氧体器件的等效网络是非互易的。

对于互易网络,若交换输入输出端口,在相同的激励信号下,网络的输出响应不变。互易网络的各转移参量相等,阻抗参量和导纳参量有如下关系:

$$Z_{12} = Z_{21}, \quad \tilde{Z}_{12} = \tilde{Z}_{21} \tag{4.6-1a}$$

$$Y_{12} = Y_{21}, \quad \tilde{Y}_{12} = \tilde{Y}_{21} \tag{4.6-1b}$$

由定义式(4.3-12)和式(4.3-13)可以看出,[a]或[A]矩阵的转移参量分别为转移阻抗和转移导纳,量纲不同,不能直接比较。因此,a 或 A 参量的关系可由阻抗、导纳等其他参量导出。如根据网络互易时 $Z_{12} = Z_{21}$ 利用网络参量的相互转换关系,可以证明

$$ad - bc = AD - BC = 1 \tag{4.6-1c}$$

散射参量有如下关系:

$$S_{12} = S_{21} \tag{4.6-1d}$$

在传输参量中除 T_{11} 外,其余的 T_{12}、T_{21}、T_{22} 没有明确的物理意义,故双端口网络传输参量的互易关系由 $S_{12} = S_{21}$ 和式(4.3-21)得到

$$T_{11}T_{22} - T_{12}T_{21} = 1 \tag{4.6-1e}$$

互易的双端口网络的独立参量数由 4 个减为 3 个。对于 n 端口网络,互易性体现为

$$S_{ij} = S_{ji} \quad (i,j = 1,2,\cdots,n, \quad i \neq j)$$

即

$$[S]^{\mathrm{T}} = [S] \tag{4.6-2}$$

4.6.2　对称网络

如果器件具有某种对称结构,即相对于某一对称面,从器件的等效网络不同端口看进去有完全相同的结构,该网络是对称网络。一段均匀无耗传输线的等效网络就是对称的。互换对称网络的端口标号,网络参量矩阵不会变化,反映在网络参量上便是各端口的自参量相等、互参量也相等。

对于双端口网络,对称性体现为

$$Z_{11} = Z_{22}, \quad Z_{12} = Z_{21} \tag{4.6-3a}$$

$$Y_{11} = Y_{22}, \quad Y_{12} = Y_{21} \tag{4.6-3b}$$

$$a = d, \quad a^2 - bc = 1 \tag{4.6-3c}$$

$$S_{11} = S_{22}, \quad S_{12} = S_{21} \tag{4.6-3d}$$

$$T_{12} = -T_{21} \tag{4.6-3e}$$

对于 n 端口网络,对称性体现为

$$S_{ii} = S_{jj}, \quad S_{ij} = S_{ji} \quad (i, j = 1, 2, \cdots, n) \tag{4.6-4}$$

很明显,对称网络必是互易网络,但互易网络不一定是对称网络。

4.6.3 无耗网络

若构成微波网络的元器件由理想导体($\sigma \to \infty$)构成,元器件内部填充的介质是理想介质($\sigma = 0$),无功率损耗元器件的等效网络即为无耗网络。无耗网络各端口输出功率之和等于输入到网络的总功率,也就是损耗功率为 0,反映在网络各端口阻抗和导纳参量的实部为 0,即

$$Z_{ij} = \mathrm{j}X_{ij}, \quad Y_{ij} = \mathrm{j}B_{ij} \quad (i, j = 1, 2, \cdots, n) \tag{4.6-5}$$

无耗网络的散射参量(证明见附录 4-3)

$$[S]^{\mathrm{T}}[S]^* = [1] \tag{4.6-6}$$

其中,$[S]^{\mathrm{T}}$ 为 $[S]$ 的转置矩阵,$[S]^*$ 是 $[S]$ 的共轭矩阵,$[1]$ 是单位矩阵。

若网络同时又具有互易性,即 $[S]^{\mathrm{T}} = [S]$,那么无耗互易网络散射参量满足

$$\sum_{i=1}^{n} S_{ij} S_{ij}^* = 1 \quad (j = 1, 2, \cdots, n) \tag{4.6-7a}$$

$$\sum_{i=1}^{n} S_{ij} S_{ik}^* = 0 \quad (j \neq k; j, k = 1, 2, \cdots, n) \tag{4.6-7b}$$

故互易无耗双端口网络的 $[S]$ 参量矩阵满足

$$\begin{bmatrix} S_{11} & S_{12} \\ S_{12} & S_{22} \end{bmatrix} \begin{bmatrix} S_{11}^* & S_{12}^* \\ S_{12}^* & S_{22}^* \end{bmatrix} = \begin{bmatrix} 1 & 0 \\ 0 & 1 \end{bmatrix} \tag{4.6-8}$$

展开上式后,有

$$|S_{11}|^2 + |S_{12}|^2 = 1 \tag{4.6-9a}$$

$$S_{11} S_{12}^* + S_{12} S_{22}^* = 0 \tag{4.6-9b}$$

$$S_{12} S_{11}^* + S_{22} S_{12}^* = 0 \tag{4.6-9c}$$

$$|S_{12}|^2 + |S_{22}|^2 = 1 \tag{4.6-9d}$$

由式(4.6-9a)和式(4.6-9d)得到

$$|S_{11}| = |S_{22}| \tag{4.6-10a}$$

由式(4.6-9a)得到

$$|S_{12}| = \sqrt{1 - |S_{11}|^2} \tag{4.6-10b}$$

由此可见,只要知道互易无耗双端口的 $|S_{11}|$,就能求出其他参量的模。$[S]$ 矩阵中的各参量通常是复数,为确定相位,令 $S_{11} = |S_{11}| \mathrm{e}^{\mathrm{j}\phi_{11}}$,$S_{12} = |S_{12}| \mathrm{e}^{\mathrm{j}\phi_{12}}$,$S_{22} = |S_{22}| \mathrm{e}^{\mathrm{j}\phi_{22}}$,代入式(4.6-9b),有

$$|S_{11}||S_{12}| \mathrm{e}^{\mathrm{j}(\phi_{11} - \phi_{12})} + |S_{12}||S_{22}| \mathrm{e}^{\mathrm{j}(\phi_{12} - \phi_{22})} = 0 \tag{4.6-11a}$$

得

$$\phi_{11} - \phi_{12} = \phi_{12} - \phi_{22} \pm \pi \longrightarrow \phi_{12} = \frac{1}{2}(\phi_{11} + \phi_{22}) \pm \frac{\pi}{2} \qquad (4.6-11b)$$

可见,测定 $|S_{11}|$、ϕ_{11} 和 ϕ_{22} 后,即可确定互易无耗双端口网络的全部 S 参量。

从转移参量定义式(4.3－12)还可以看出,互易无耗双端口网络转移参量的 a 和 d 为实数,b 和 c 为虚数。

4.7 网络的组合

4.7.1 网络的级联

第二级网络的输入端与第一级网络的输出端相对接,称为两级网络的级联。a 和 T 参量联系的是网络输入端的物理量与输出端物理量之间的关系,比较适合网络间的级联问题。其中,a 参量建立的是网络输出端口的电流、电压与输入端口电流、电压之间的关系(图 4-7)。

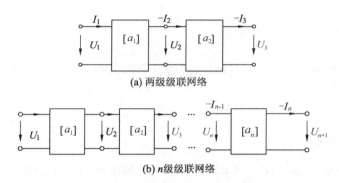

(a) 两级级联网络

(b) n 级级联网络

图 4-7 网络级联的 a 参量描述

根据图 4-7a,两级级联的网络

$$\begin{bmatrix} U_1 \\ I_1 \end{bmatrix} = \begin{bmatrix} a_1 & b_1 \\ c_1 & d_1 \end{bmatrix} \begin{bmatrix} U_2 \\ -I_2 \end{bmatrix}, \quad \begin{bmatrix} U_2 \\ -I_2 \end{bmatrix} = \begin{bmatrix} a_2 & b_2 \\ c_2 & d_2 \end{bmatrix} \begin{bmatrix} U_3 \\ -I_3 \end{bmatrix} \qquad (4.7-1a)$$

因此有

$$\begin{bmatrix} U_1 \\ I_1 \end{bmatrix} = \begin{bmatrix} a_1 & b_1 \\ c_1 & d_1 \end{bmatrix} \begin{bmatrix} a_2 & b_2 \\ c_2 & d_2 \end{bmatrix} \begin{bmatrix} U_3 \\ -I_3 \end{bmatrix} = [a_1][a_2] \begin{bmatrix} U_3 \\ -I_3 \end{bmatrix} = [a] \begin{bmatrix} U_3 \\ -I_3 \end{bmatrix} \qquad (4.7-1b)$$

其中

$$[a] = [a_1][a_2] \qquad (4.7-1c)$$

那么,转移矩阵分别为$[a_1]$,$[a_2]$,$\cdots$,$[a_n]$的 n 个网络级联时(图 4-7b),总的网络转移矩阵为

$$[a] = [a_1][a_2] \cdots [a_n] \qquad (4.7-1d)$$

如果用归一化入射波、反射波电压反映各端口的情况,可用 T 参量表示网络的级联(图 4-8)。

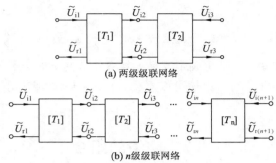

(a) 两级级联网络

(b) n 级级联网络

图 4-8　网络级联的 T 参量描述

由图 4-8a 可见

$$\begin{bmatrix} \widetilde{U}_{i1} \\ \widetilde{U}_{r1} \end{bmatrix} = \begin{bmatrix} T_1 \end{bmatrix} \begin{bmatrix} \widetilde{U}_{i2} \\ \widetilde{U}_{r2} \end{bmatrix}, \quad \begin{bmatrix} \widetilde{U}_{i2} \\ \widetilde{U}_{r2} \end{bmatrix} = \begin{bmatrix} T_2 \end{bmatrix} \begin{bmatrix} \widetilde{U}_{r3} \\ \widetilde{U}_{i3} \end{bmatrix} \tag{4.7-2a}$$

级联后

$$\begin{bmatrix} U_{i1} \\ U_{r1} \end{bmatrix} = \begin{bmatrix} T_1 \end{bmatrix} \begin{bmatrix} T_2 \end{bmatrix} \begin{bmatrix} U_{r3} \\ U_{i3} \end{bmatrix} = \begin{bmatrix} T \end{bmatrix} \begin{bmatrix} U_{r3} \\ U_{i3} \end{bmatrix} \tag{4.7-2b}$$

其中

$$\begin{bmatrix} T \end{bmatrix} = \begin{bmatrix} T_1 \end{bmatrix} \begin{bmatrix} T_2 \end{bmatrix}$$

当转移矩阵分别为 $[a_1]$, $[a_2]$, $\cdots$, $[a_n]$ 的 n 个网络级联时(图 4-8b),总的网络传输矩阵为

$$\begin{bmatrix} T \end{bmatrix} = \begin{bmatrix} T_1 \end{bmatrix} \begin{bmatrix} T_2 \end{bmatrix} \cdots \begin{bmatrix} T_n \end{bmatrix} \tag{4.7-2c}$$

4.7.2　串联-串联

两个网络的输入、输出端口相串联称为两网络的串联-串联,如图 4-9 所示。

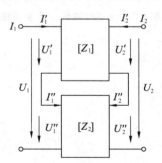

图 4-9　网络串联的 Z 参量描述

由图可见,网络串联-串联时

$$\begin{cases} U_1 = U_1' + U_1'' \\ U_2 = U_2' + U_2'' \end{cases}, \quad \begin{cases} I_1 = I_1' = I_1'' \\ I_2 = I_2' = I_2'' \end{cases} \tag{4.7-3a}$$

显然,采用 Z 参量比较方便。根据图 4-9 和式(4.7-3a)、式(4.3-1)得

$$\begin{bmatrix} U_1 \\ U_2 \end{bmatrix} = \begin{bmatrix} U_1' \\ U_2' \end{bmatrix} + \begin{bmatrix} U_1'' \\ U_2'' \end{bmatrix} = \{ \begin{bmatrix} Z_1 \end{bmatrix} + \begin{bmatrix} Z_2 \end{bmatrix} \} \begin{bmatrix} I_1 \\ I_2 \end{bmatrix} \tag{4.7-3b}$$

当阻抗参量分别为 $[Z_1],[Z_2],\cdots,[Z_n]$ 的 n 个网络串联-串联组合后,总阻抗矩阵为

$$[Z]=[Z_1]+[Z_2]+\cdots+[Z_n] \tag{4.7-3c}$$

4.7.3 并联-并联

两个网络的输入、输出端口相并联称为两网络的并联-并联,如图 4-10 所示。

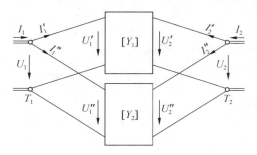

图 4-10 网络并联的 Y 参量描述

由图可见,网络并联-并联时

$$\begin{cases} I_1=I_1'+I_1'' \\ I_2=I_2'+I_2'' \end{cases}, \quad \begin{cases} U_1=U_1'=U_1'' \\ U_2=U_2'=U_2'' \end{cases} \tag{4.7-4a}$$

采用 Y 参量处理并联问题比较方便。根据图 4-10 和式(4.7-4a)、式(4.3-6)得

$$\begin{bmatrix} I_1 \\ I_2 \end{bmatrix}=\begin{bmatrix} I_1' \\ I' \end{bmatrix}+\begin{bmatrix} I_1'' \\ I_2'' \end{bmatrix}=\{[Y_1]+[Y_2]\}\begin{bmatrix} U_1 \\ U_2 \end{bmatrix} \tag{4.7-4b}$$

当导纳参量分别为 $[Y_1],[Y_2],\cdots,[Y_n]$ 的 n 个网络并联-并联组合后,总导纳矩阵为

$$[Y]=[Y_1]+[Y_2]+\cdots+[Y_n] \tag{4.7-4c}$$

4.8 基本单元电路的网络参量

复杂微波网络往往能够分解成基本的网络单元:串联阻抗、并联导纳、传输线段、理想变压器、不同特性阻抗的均匀传输线段等。可采用"三负载法"、电路方程、均匀传输线方程等确定基本单元网络的 a、A 参量,也可以直接实测网络的 S 参量,其余参量通过参量间的转换关系算出。根据基本电路单元的矩阵参量,复杂网络的矩阵参量通过矩阵运算得到。

采用"三负载法"时,先由 a 参量方程组(4.3-11a)写出输入、输出端的负载阻抗

$$Z_1=\frac{U_1}{I_1}=\frac{aU_2-bI_2}{cU_2-dI_2}=\frac{aZ_2+b}{cZ_2+d} \tag{4.8-1a}$$

$$Z_2=\frac{U_2}{-I_2} \tag{4.8-1b}$$

利用上式,设输出端接不同负载阻抗 Z_2,求出相应的输入阻抗 Z_1,再将各对 (Z_1,Z_2) 代入式(4.8-1a),建立 a、b、c、d 的方程组,联立求解。如果网络互易,满足式(4.6-1c),只需列三个独立的方程;如网络对称,满足式(4.6-3c),只需列两个独立方程。归一化参量 A、B、C、D 与非归一化参量 a、b、c、d 之间的换算,由式(4.3-13)给出。

【例 4.8 - 1】 求表 4-2 中串联阻抗的 a、A 网络参量。

解: 从电路和网络结构分析,这是一个互易对称网络。根据式(4.6 - 3c),有

$$a = d, \quad a^2 - bc = 1 \tag{4.8 - 2a}$$

因此只需两个独立方程即可。

令 T_2 短路,$Z_2 = 0$,由式(4.8 - 1a)及表 4-2 中的等效电路可知,此时输入阻抗为

$$Z_{1,s} = \frac{U_1}{I_1} = \frac{b}{d} = Z \tag{4.8 - 2b}$$

再令 T_2 开路,$Z_2 = \infty$,此时输入阻抗为

$$Z_{1,o} = \frac{U_1}{I_1} = \frac{a}{c} = (Z + Z_2) = \infty \tag{4.8 - 2c}$$

将上面(4.8 - 2)各式联立后,得到

$$c = 0, \quad a = 1, \quad d = a = 1, \quad b = Z \tag{4.8 - 3a}$$

根据式(4.3 - 13),归一化参量

$$A = \sqrt{\frac{Z_{02}}{Z_{01}}}, \quad B = \frac{Z}{\sqrt{Z_{01} Z_{02}}}, \quad C = 0, \quad D = \sqrt{\frac{Z_{01}}{Z_{02}}} \tag{4.8 - 3b}$$

由式(4.8 - 3)可以看出,串联阻抗的双端口网络本身虽然对称,有 $a = d$,但如果 $Z_{01} \neq Z_{02}$,那么 $A \neq B$。原因是非归一化 a 参量只考虑网络自身的特性,归一化 A 参量不仅与网络自身特性有关,还与输入、输出传输线的特性阻抗相关,因此当 $Z_{01} \neq Z_{02}$ 时,即使网络本身对称,归一化 A 参量也是不对称的。

有些问题的 a、A 参量可以直接用电路方程获得,例如理想变压器。

【例 4.8 - 2】 求表 4-2 中理想变压器的 a、A 网络参量。

解: 变压器初级和次级的电压、电流方程分别为

$$U_1 = \pm \frac{1}{n} U_2, \quad I_1 = \pm n I_2 \tag{4.8 - 4a}$$

式中,n 是变压器的变换比,正负号与变压器的极性有关,现在仅考虑取正号的一组方程。

将上式与 a 参量方程(4.3 - 11a)比较,可知

$$a = \frac{1}{n}, \quad b = 0, \quad c = 0, \quad d = n \tag{4.8 - 4b}$$

由归一化关系式(4.3 - 13)得到

$$A = \frac{1}{n} \sqrt{\frac{Z_{02}}{Z_{01}}}, \quad B = 0, \quad C = 0, \quad D = n \sqrt{\frac{Z_{01}}{Z_{02}}} \tag{4.8 - 4c}$$

对于均匀传输线,可以通过传输线方程获得 a、A 参量。

【例 4.8 - 3】 求表 4-2 中均匀传输线段的 a、A 网络参量。

解: 根据第 1 章无耗传输线方程(1.3 - 16),有

$$U_1 = \cos(\beta l) U_2 + j Z_0 \sin(\beta l) I_2, \quad I_1 = \frac{j \sin(\beta l)}{Z_0} U_2 + \cos(\beta l) I_2 \tag{4.8 - 5a}$$

与 a 参量方程(4.3 - 11a)比较后,有

$$a = \cos(\beta l), \quad b = j Z_0 \sin(\beta l), \quad c = \frac{j \sin(\beta l)}{Z_0}, \quad d = \cos(\beta l) \tag{4.8 - 5b}$$

再利用归一化关系式(4.3 - 13),有

$$A = \cos(\beta l), \quad B = j \sin(\beta l), \quad C = j \sin(\beta l), \quad D = \cos(\beta l) \tag{4.8 - 5c}$$

表 4-2 双端口基本单元电路的网络参量

名 称	等效电路	$[a]$ 矩阵	$[A]$ 矩阵
串联阻抗	T_1 Z T_2 Z_{01} Z_{02}	$\begin{bmatrix} 1 & Z \\ 0 & 1 \end{bmatrix}$	$\begin{bmatrix} \sqrt{\dfrac{Z_{02}}{Z_{01}}} & \dfrac{Z}{\sqrt{Z_{01}Z_{02}}} \\ 0 & \sqrt{\dfrac{Z_{01}}{Z_{02}}} \end{bmatrix}$
并联导纳	T_1 T_2 Z_{01} Y Z_{02}	$\begin{bmatrix} 1 & 0 \\ Y & 1 \end{bmatrix}$	$\begin{bmatrix} \sqrt{\dfrac{Z_{02}}{Z_{01}}} & 0 \\ Y\sqrt{Z_{01}Z_{02}} & \sqrt{\dfrac{Z_{01}}{Z_{02}}} \end{bmatrix}$
理想变压器	T_1 $1:n$ T_2 Z_{01} Z_{02}	$\begin{bmatrix} \dfrac{1}{n} & 0 \\ 0 & n \end{bmatrix}$	$\begin{bmatrix} \dfrac{1}{n}\sqrt{\dfrac{Z_{02}}{Z_{01}}} & 0 \\ 0 & n\sqrt{\dfrac{Z_{01}}{Z_{02}}} \end{bmatrix}$
均匀传输线段	T_1 βl T_2 Z_0 Z_0 Z_0	$\begin{bmatrix} \cos(\beta l) & jZ_0\sin(\beta l) \\ \dfrac{j}{Z_0}\sin(\beta l) & \cos(\beta l) \end{bmatrix}$	$\begin{bmatrix} \cos(\beta l) & j\sin(\beta l) \\ j\sin(\beta l) & \cos(\beta l) \end{bmatrix}$
不同特性阻抗的均匀传输线段	T_1 βl T_2 Z_{01} Z_0 Z_{02}	$\begin{bmatrix} \cos(\beta l) & jZ_0\sin(\beta l) \\ \dfrac{j}{Z_0}\sin(\beta l) & \cos(\beta l) \end{bmatrix}$	$\begin{bmatrix} \sqrt{\dfrac{Z_{02}}{Z_{01}}}\cos(\beta l) & j\dfrac{Z_0\sin(\beta l)}{\sqrt{Z_{01}Z_{02}}} \\ j\dfrac{\sqrt{Z_{01}Z_{02}}\sin(\beta l)}{Z_0} & \sqrt{\dfrac{Z_{01}}{Z_{02}}}\cos(\beta l) \end{bmatrix}$

注：① 所有网络参量均相对于图中标出的参考面；② 传输线特性阻抗已在图中标出；③ 图中双线是有电长度的传输线，单线电长度为 0。

4.9 微波网络的外特性参量

微波器件的外特性参量主要有电压传输系数、插入损耗、插入相移、输入驻波比和回波损耗等，外特性参量在网络输出端接匹配负载，输入端接匹配信号源情况下定义。当将微波器件等效为网络时，微波器件的外特性参量可用网络参量表述。下面以双端口网络为例，介绍微波网络的主要外特性参量。

4.9.1 电压传输系数

电压传输系数 T 定义为网络输出端接匹配负载时，输出端参考面上的归一化反射波电压 $\widetilde{U}_{r2}$ 与输入端参考面上的归一化入射波电压 $\widetilde{U}_{i1}$ 之比

$$T = \frac{\widetilde{U}_{r2}}{\widetilde{U}_{i1}}\bigg|_{\widetilde{U}_{i2}=0} \tag{4.9-1}$$

与微波网络的 S 参量定义式(4.3-17)比较，可知

$$T = S_{21} \tag{4.9-2a}$$

对于互易双端口网络,根据式(4.6-1d),有

$$T = S_{21} = S_{12} \qquad (4.9-2b)$$

4.9.2　插入损耗与插入相移

插入损耗 L_i 定义为网络输出端接匹配负载时,网络输入端入射波功率 P_i 与负载吸收功率 P_t 之比

$$L_i = 10 \lg \frac{P_i}{P_t} \bigg|_{\widetilde{U}_{i2}=0} \text{dB} \qquad (4.9-3a)$$

根据公式(4.1-9),有 $P_i = |\widetilde{U}_{i1}|^2/2$,$P_t = |\widetilde{U}_{r2}|^2/2$,代入上式后与式(4.3-17)比较,得

$$L_i = 10 \lg \frac{1}{|S_{21}|^2} \text{dB} \qquad (4.9-3b)$$

对于无源网络,必有 $P_i > P_t$,故 $L_i > 0$ dB。如果将式(4.9-3b)改写为

$$L_i = 10 \lg \frac{1-|S_{11}|^2}{|S_{21}|^2} + 10 \lg \frac{1}{1-|S_{11}|^2} \text{dB} \qquad (4.9-4)$$

可见插入损耗由两项组成:第一项表示网络损耗引起吸收损耗,当网络无耗时由公式(4.6-9a)可知 $|S_{11}|^2 + |S_{12}|^2 = 1$,该项等于0;第二项表示网络输入端的反射损耗,当网络输入端与外接传输线完全匹配时,$\widetilde{U}_{r1} = 0 \rightarrow |S_{11}| = 0$,该项等于0。

插入相移 θ 定义为网络输出波 $\widetilde{U}_{r2}$ 与输入波 $\widetilde{U}_{i1}$ 之间的相位差,即网络电压传输系数的相角。由式(4.9-1)和式(4.9-2a)可得

$$T = \frac{\widetilde{U}_{r2}}{\widetilde{U}_{i1}} \bigg|_{\widetilde{U}_{i2}=0} = |T| \mathrm{e}^{\mathrm{j}\theta} = |S_{21}| \mathrm{e}^{\mathrm{j}\phi_{21}} \qquad (4.9-5a)$$

插入相移

$$\theta = \phi_{21} \qquad (4.9-5b)$$

4.9.3　输入驻波比和回波损耗

输入驻波比 ρ 定义为网络输出端接匹配负载时($\Gamma_l = 0$)网络输入端的驻波比。根据公式(4.4-10),此时

$$\Gamma_{in} = S_{11} \qquad (4.9-6a)$$

所以驻波比为

$$\rho = \frac{1+|S_{11}|}{1-|S_{11}|} \quad \text{或} \quad |S_{11}| = \frac{\rho-1}{\rho+1} \qquad (4.9-6b)$$

在无耗网络中仅有反射损耗,式(4.9-4)中的第一项等于0,把上式代入第二项中得

$$L_i = 10 \lg \frac{1}{1-|S_{11}|^2} = 10 \lg \frac{(\rho+1)^2}{4\rho} \text{dB} \qquad (4.9-6c)$$

工程中有时用回波损耗衡量器件输入端的反射引起的功率损耗,定义为器件输出端匹配时输入端的入射波功率 P_i 与反射波功率 P_r 之比,记为 L_r,则

$$L_r = 10 \lg \frac{P_i}{P_r} \bigg|_{\widetilde{U}_{i2}=0} \text{dB} \qquad (4.9-7a)$$

考虑到散射参量定义式有 $S_{11} = \widetilde{U}_{r1}/\widetilde{U}_{i1} \rightarrow P_r = |S_{11}|^2 P_i$,因此上式

$$L_r = 10 \lg \frac{1}{|S_{11}|^2} = -20 \lg |S_{11}| \text{dB} \qquad (4.9-7b)$$

显然回波损耗 L_r 为正值。式(1.5-5b)是用反射系数表示的回波损耗,重写如下:

$$L_r(z) = 10 \lg \frac{1}{|\Gamma_l|^2 e^{-4\alpha z}} = -20 \lg |\Gamma_l| + 2(8.686\alpha z) \text{ dB} \qquad (4.9-7c)$$

由此可以看出,无耗传输线沿线回波损耗与位置无关。如果是有耗传输线,输入端回波损耗等于负载回波损耗与沿线来回波程损耗之和。

网络的外特性参量均与散射参量有关,只要能计算或测定出 S 参量,就可以通过上述公式计算网络的外特性参量。

4.10 散射参量的三点测量法

如图 4-11 所示双端口网络,若 $S_{12} = S_{21}$ 网络互易,测量 S_{11}、S_{22} 及 S_{12} 三个参量就可以求得散射矩阵。设输入端参考面 T_1 处的反射系数为 Γ_1,输出端参考面 T_2 处的负载反射系数为 Γ_2,有

$$\left. \begin{array}{l} \widetilde{U}_{r1} = S_{11} \widetilde{U}_{i1} + S_{12} \widetilde{U}_{i2} \\ \widetilde{U}_{r2} = S_{12} \widetilde{U}_{i1} + S_{22} \widetilde{U}_{i2} \end{array} \right\} \qquad (4.10-1)$$

那么

$$\Gamma_1 = \frac{\widetilde{U}_{r1}}{\widetilde{U}_{i1}} = S_{11} + S_{12} \frac{\widetilde{U}_{i2}}{\widetilde{U}_{i1}} = S_{11} + S_{12} \frac{\widetilde{U}_{i2}}{\dfrac{1}{S_{21}}(\widetilde{U}_{r2} - S_{22} \widetilde{U}_{i2})}$$

$$= S_{11} + S_{12}^2 \frac{\dfrac{\widetilde{U}_{i2}}{\widetilde{U}_{r2}}}{\left(1 - S_{22} \dfrac{\widetilde{U}_{i2}}{\widetilde{U}_{r2}}\right)} = S_{11} + S_{12}^2 \frac{\Gamma_2}{1 - \Gamma_2 S_{22}} \qquad (4.10-2)$$

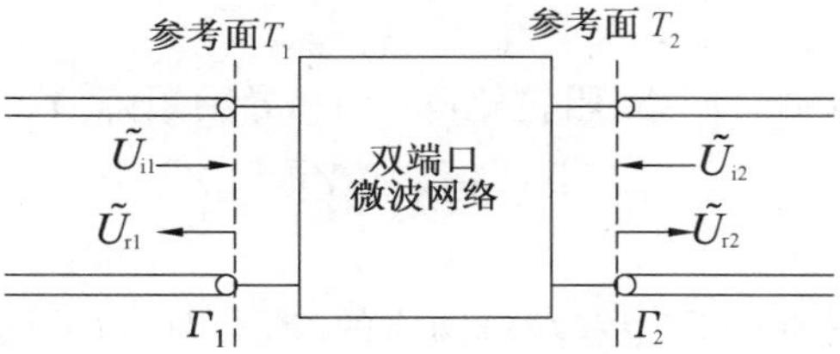

图 4-11 三点测量法示意图

当终端接匹配负载($\Gamma_2 = 0$)时,测得输入端反射系数 Γ_{1m},代入式(4.10-2)后

$$\Gamma_{1m} = S_{11} \qquad (4.10-3a)$$

当终端短路($\Gamma_2 = -1$)时,测得输入端反射系数 Γ_{1s},代入式(4.10-2)后

$$\Gamma_{1s} = S_{11} - \frac{S_{12}^2}{1 + S_{22}} \qquad (4.10-3b)$$

当终端开路($\Gamma_2 = 1$)时,测得输入端反射系数 Γ_{1o},代入式(4.10-2)后

$$\Gamma_{1o} = S_{11} + \frac{S_{12}^2}{1 - S_{22}} \qquad (4.10-3c)$$

求解式(4.10-3)可以得出散射参量

$$\left.\begin{aligned} S_{11} &= \Gamma_{1m} \\ S_{12}^2 &= \frac{2(\Gamma_{1m}-\Gamma_{1s})(\Gamma_{1o}-\Gamma_{1m})}{\Gamma_{1o}-\Gamma_{1s}} \\ S_{22} &= \frac{\Gamma_{1o}-2\Gamma_{1m}+\Gamma_{1s}}{\Gamma_{1o}-\Gamma_{1s}} \end{aligned}\right\} \qquad (4.10-4)$$

虽然三点测量即可求出散射参量,但实际测量时往往进行多点测量确保精度。

若双端口网络互易并且对称,$S_{12}=S_{21}$,$S_{11}=S_{22}$,只需测量 S_{11} 和 S_{12} 两个散射参量就可求得散射矩阵。

对于 n 端口微波网络,可将其中 $n-2$ 个端口接固定负载阻抗,简化为双端口网络用三点测量法测得对应的散射参量,然后依此类推,测得全部的散射参量。

本　章　小　结

微波网络理论是研究微波系统的重要方法。在此系统中,有单模的均匀传输线,也有多模的非规则波导。微波网络理论通过引入归一化等效电压和电流,将多模工作的非 TEM 传输线等效为多条单模工作的 TEM 传输线;将不均匀区等效为网络,仅考虑微波元器件的外部特性,根据不同需要引入的网络参量可以通过测量验证,为微波工程中解决实际问题提供更多的途径。

本章针对线性无源网络介绍了微波网络理论中的一些最基本的内容,非线性的、有源微波网络请参看相应的书籍与文献。

习　题

4.1　证明对同一双端口网络,阻抗矩阵 $[Z]$ 和导纳矩阵 $[Y]$ 有以下关系:
$$[Z][Y]=[1], \quad [Y]=[Z]^{-1}$$
其中,$[1]$ 是单位矩阵。

4.2　试求题 4.2 图所示 T 型双端口网络的 $[Z]$ 矩阵和 $[Y]$ 矩阵。

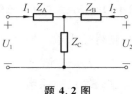

题 4.2 图

4.3　推导双端口网络的散射矩阵 $[S]$ 与归一化阻抗矩阵 $[\tilde{Z}]$、导纳矩阵 $[\tilde{Y}]$ 的转换关系。

4.4　推导双端口网络的转移矩阵 $[A]$ 与归一化阻抗矩阵 $[\tilde{Z}]$、导纳矩阵 $[\tilde{Y}]$ 的转换关系。

4.5　在 3 GHz 频率下,测得一个双端口器件的 $[S]$ 参数如下所示

$$[S] = \begin{bmatrix} 0.776\angle 189° & 0.631\angle -81° \\ 0.631\angle -81° & 0.776\angle 153° \end{bmatrix}$$

试分析该网络的特性。

4.6 推导表 4-2 中并联导纳的 a、A 网络参量。

4.7 推导表 4-2 中不同特性阻抗的均匀传输线段的 a、A 网络参量。

4.8 设双端口无耗互易对称网络如题 4.8 图所示,在终端参考面 T_2 处接匹配负载,测得与参考面 T_1 距离 $l_1 = 0.125\lambda_g$ 处为电压波节点,驻波系数 1.5,求该网络的散射矩阵。

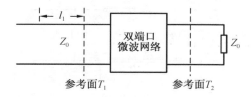

题 **4.8** 图

4.9 无耗互易四端口网络的散射矩阵为

$$[S] = \frac{1}{\sqrt{2}} \begin{bmatrix} 0 & 1 & 0 & j \\ 1 & 0 & j & 0 \\ 0 & j & 0 & 1 \\ j & 0 & 1 & 0 \end{bmatrix}$$

当端口"1"的输入功率为 P_1(输入归一化电压波为 $\tilde{U}_{i1}$),其余端口接匹配负载时,试求:

① 端口"2"、"3"、"4"的输出信号的功率及相对于端口"1"输入信号的相位差;

② 当端口"2"接一个反射系数为 Γ 的负载时,端口"3"、"4"的输出信号。

4.10 已知二端口网络的散射矩阵

$$[S] = \begin{bmatrix} 0.2e^{j3\pi/2} & 0.98e^{j\pi} \\ 0.98e^{j\pi} & 0.2e^{j3\pi/2} \end{bmatrix}$$

求该网络的电压传输系数、插入损耗、插入相移和输入驻波比。

4.11 利用级联法求出题 4.11 图所示的系统总的转移矩阵,推导出对应的阻抗矩阵和散射矩阵,讨论矩阵的对称性和无耗性。

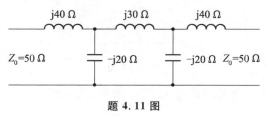

题 **4.11** 图

4.12 测得某二端口网络的 S 参量为

$$[S] = \begin{bmatrix} 0.1\angle 0° & 0.8\angle 90° \\ 0.8\angle 90° & 0.2\angle 0° \end{bmatrix}$$

此二端口网络是否互易和无耗?若端口"2"短路,求端口"1"处的反射损耗。

4.13 一微波元件的等效网络如题 4.13 图所示,其中 $\theta = \pi/2$,试利用网络级联的方法计算该网络的电压传输系数、插入损耗、插入相移和输入驻波比。

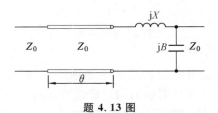

题 **4.13** 图

4.14 均匀波导中设置两组长度 $l=\lambda_g/2$ 的金属膜片,等效网络如题 4.14 图所示,试利用网络级联的方法计算该网络的电压传输系数、插入损耗、插入相移和输入驻波比。

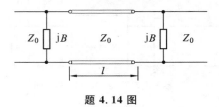

题 **4.14** 图

4.15 如题 4.15 图所示双端口网络,$R_2=2Z_0$,$l=\lambda_g/4$。终端接匹配负载时,要求输入端匹配,试求:

① 电阻 R_1;

② 网络的电压传输系数、插入损耗、插入相移。

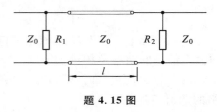

题 **4.15** 图

4.16 如题 4.16 图所示双端口网络,$l=\lambda_g/4$,$Z_0=50\ \Omega$,试求:

① 电阻 R_1、R_2 满足何种关系时,网络的输入端反射系数等于 0?

② 上述情况下,要使网络的插入损耗 $L_i=20$ dB,电阻 R_1、R_2 的值?

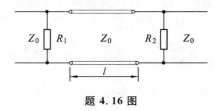

题 **4.16** 图

4.17 微波元件的等效网络如题 4.17 图所示,当理想传输线 θ 为何值时,网络没有反射?

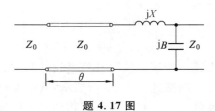

题 **4.17** 图

第5章　微波元器件

工作在各频段的电子设备都有各种功能的元器件,如实行信号匹配、分配、滤波等的无源器件,还有实行信号产生、放大、调制、变频等有源元器件。微波系统中进行信号和能量处理与变换的各种无源和有源元器件,是微波系统的重要组成部分。微波元器件按传输线类型可分为波导型、同轴型和微带型;按端口数量分为一(单)端口、二(双)端口、三端口、四端口元件等;按工作带宽可为宽带元件和窄带元件;按功能分为终端元件、连接元件、衰减与相移元件、匹配元件、功率分配元器件、谐振元器件、滤波元器件等;按变换性质可分为线性互易元器件、线性非互易元器件以及非线性元器件三大类(附录 5-1)。微波元器件的分析和设计方法有电磁场分析法和网络分析法。如果只关心元器件的外部传输参量,不考虑内部的场分布,可用网络分析法(图 5-1)研究微波元器件及组合系统的传输特性。

图 5-1　网络分析法

近年来,为了实现微波系统的小型化,开始采用由微带和集中参数元件组成的微波集成电路。在一块基片上可以做出大量的元件,组成复杂的微波系统,完成各种不同功能。微波元器件的种类很多,本章将选择典型的微波无源元器件——连接匹配元件、功率分配元器件、微波谐振器件、微波滤波器和微波铁氧体器件,利用已经学过的概念和方法讨论它们的工作原理和用途。

5.1　连接匹配元件

微波连接匹配元件包括终端负载元件、微波连接元件、衰减与相移元件、阻抗匹配元件四大类。

5.1.1　终端负载元件

终端负载元件(Terminal Load Devices)是在传输系统终端实现终端短路、匹配或标准失配等功能的元件,终端负载元件是典型的一(单)端口互易元件,散射参量 $S_{11}=(Z-Z_0)/(Z+Z_0)$,主要包括短路负载、匹配负载和失配负载。

(1) 短路负载

短路负载(Short Circuit Load)是实现微波系统短路的器件,在终端形成全反射,将微波功率全部反射回去,即 $Z_l=0$,$\rho=\infty$,$\Gamma_l=-1$,在传输系统中形成驻波。短路负载可分为固定式和移动式(短路活塞),其中短路活塞又可分为接触式和扼流式。接触式因活塞在移动过程中接触不稳定或逐渐磨损,在大功率情况下还会发生打火现象,故不太常用,较常用的是扼流式短路活塞。图 5-2a、图 5-2b 分别是同轴扼流式短路活塞和波导扼流式短路活塞,它们的有效短路面与波导内壁无直接接触,活塞长 $\lambda_g/4$。在图 5-2c 的等效电路中,bc 段可看作 $\lambda_g/4$ 终端开路传输线,cd 段可看作 $\lambda_g/4$ 终端短路传输线,bc 和 cd 之间串有接触电阻 R_k。由于 ab 面的输入阻抗 $Z_{ab}=U(z)/I(z)=U_{min}/I_{max}=0$,故 ab 面等效为短路面,当活塞移动时短路面移动。扼流短路活塞的优点是能确保良好的电接触且损耗小,但扼流活塞的尺寸和工作波长有关,一般只有 $10\%\sim15\%$ 的带宽,频带较窄。图 5-2d 是同轴 S 型扼流短路活塞,工作原理与所述扼流短路活塞类似,但具有宽带特性。

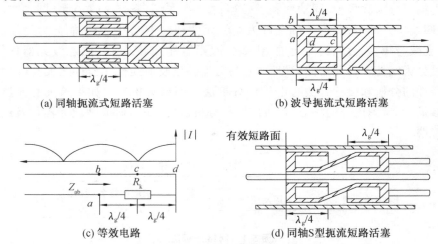

(a) 同轴扼流式短路活塞　　　　　　　　　(b) 波导扼流式短路活塞

(c) 等效电路　　　　　　　　　　　　(d) 同轴S型扼流短路活塞

图 5-2　扼流短路活塞及其等效电路

(2) 匹配负载

匹配负载(Matched Load)的作用是吸收输入微波功率不发生反射,即 $Z_l=Z_0$,$\rho=1$,$\Gamma_l=0$,在传输系统中形成行波,有波导式、同轴线式、带状线式和微带线式等,还有用于大功率发射设备的高功率匹配负载和用于微波测量的低功率匹配负载。图 5-3a 是波导式匹配负载结构图,在一段终端短路的波导内放置一块或几块劈形吸收片(通常由介质片如陶瓷、胶木片等涂以金属膜或炭木制成)。当吸收片平行地放置在波导中场最强处时,吸收作用最强,使反射变小。劈尖长度越长吸收效果越好,匹配性能越好,劈尖长度一般取波导波长的整数倍。当功率较大时可在短路波导内放置楔形吸收体,或在波导外侧加装散热片散热,如图 5-3b、图 5-3c 所示;功率很大时,可用图 5-3d 所示水负载由流动的水将热量带走。

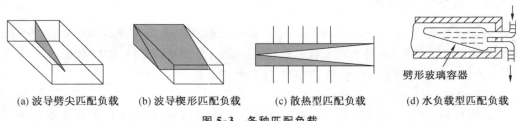

(a) 波导劈尖匹配负载　　(b) 波导楔形匹配负载　　(c) 散热型匹配负载　　(d) 水负载型匹配负载

图 5-3　各种匹配负载

同轴线式匹配负载有图 5-4a 在同轴线内外导体间放置的圆锥形吸收体,图 5-4b 的阶梯形吸收体构成的。微带匹配负载一般用半圆形的电阻作为吸收体,如图 5-5 所示,这种负载不仅频带宽,而且功率容量大。

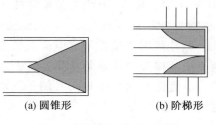

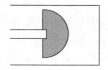

(a) 圆锥形 　　　　(b) 阶梯形

图5-4　同轴线式匹配负载　　　图5-5　微带半圆形匹配负载

（3）失配负载

失配负载(Unmatched Load)既吸收一部分微波功率,又反射一部分微波功率,通常制成一定大小驻波比的标准失配负载,主要用于微波测量。失配负载和匹配负载的制作相似,如制作波导失配负载,就是将匹配负载的窄边 b_0 变为 b,产生反射具有一定的驻波比 ρ,即

$$\rho=\frac{b_0}{b} \quad 或 \quad k=\frac{1}{\rho}=\frac{b}{b_0} \tag{5.1-1}$$

例如,3 cm 的波段标准波导 BJ-100 的窄边为 10.16 mm,若要求驻波比为 1.1 和 1.2,那么失配负载的窄边分别为 9.236 mm 和 8.467 mm。

实际上天线可视为存在一定驻波比的失配负载,如图 5-6 所示。

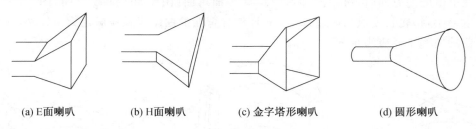

(a) E面喇叭　　　(b) H面喇叭　　　(c) 金字塔形喇叭　　　(d) 圆形喇叭

图 5-6　波导喇叭天线

5.1.2　微波连接元件

微波连接元件(Microwave Connector)的作用是将不同功能的微波元器件按一定要求连接起来,微波连接元件是二端口互易元件,散射矩阵为

$$[S]=\begin{bmatrix} S_{11} & S_{12} \\ S_{21} & S_{22} \end{bmatrix} \tag{5.1-2}$$

其中 $S_{12}=S_{21}$。主要指标要求:接触损耗小、驻波系数小、功率容量大、频带宽。

微波连接元件是微波系统中应用最为广泛的元件之一,连接相同类型器件的连接元件统称为接头,连接不同类型器件的连接元件称为转接器或转换接头。

（1）连接接头

常用的有波导接头和同轴线接头,这里介绍波导接头。

① 平法兰接头和扼流法兰接头

用于波导之间的连接。图 5-7a 为平法兰接头,是波导直接连接的一种机械接触方法,优点是结构简单、体积小、加工方便、频带宽、驻波比可以做到 1.002 以下,缺点是对接触表面光洁度要求较高,否则接触不严易产生电磁辐射。图 5-7b 为扼流法兰接头,由一个刻有扼流槽的法兰和一个平法兰对接构成,通常扼流槽的深度为 $\lambda_g/4$,扼流槽至波导宽壁的长度也是 $\lambda_g/4$,故槽底距波导内表面为 $\lambda_g/2$,连接时对接处形成电流波腹点,使波导连接处即使接触不良也有良好的电接触。扼流法兰接头的特点是功率容量大,接触表面光洁度要求不高,但工作频带较窄,驻波比的典型值是 1.02。平接头常用于低功率、宽频带场合,扼流接头一般用于高功率、窄频带的场合。

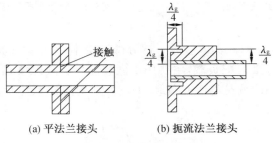

(a) 平法兰接头 (b) 扼流法兰接头

图 5-7 波导法兰接头

② 扭转和弯曲接头

当需要改变电磁波的极化方向不改变传输方向时,用波导扭转元件(图 5-8a),当需要改变电磁波的方向时,可用波导弯曲。有 E 面弯曲(图 5-8b)和 H 弯曲(图 5-8c)。为使反射最小,扭转长度取 $(2n+1)\lambda_g/4$,E 面波导弯曲的曲率半径应满足 $R \geqslant 1.5b$,H 面波导弯曲的曲率半径应满足 $R \geqslant 1.5a$。

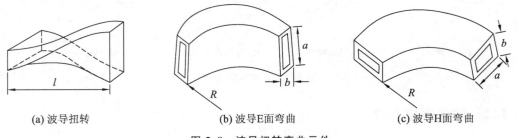

(a) 波导扭转 (b) 波导E面弯曲 (c) 波导H面弯曲

图 5-8 波导扭转弯曲元件

(2) 转换接头

转换接头要实现不同形状器件转换时阻抗的匹配,保证信号有效传送,还因为不同形状器件的主模不同,因此还要保证工作模式的转换。

① 同轴线-波导转接器

将同轴线的一端插入波导中,结构如图 5-9 所示。当同轴线的另一端加入信号时,波导中的同轴线产生的 TEM 模将激发波导中的 TE_{10} 模,实现从同轴线到波导的转换;反之,波导中产生的 TE_{10} 模也会激发波导内的同轴线产生 TEM 模,实现从波导到同轴线的转换。

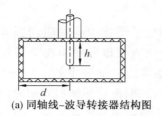

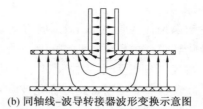

(a) 同轴线–波导转接器结构图　　　　(b) 同轴线–波导转接器波形变换示意图

图 5-9　同轴线–波导转接器

通过调整同轴线的插入深度 h 和插入位置 d，可以进行同轴线与波导间的阻抗匹配。

② 同轴线–微带线转接器

将同轴线内导体延伸一小段（1.5～2 mm），切成平面后与微带线中心导带搭接，同轴线外导体与微带线的接地平面相连，如图 5-10 所示。同轴线中心导体电流可以在微带线上激励出准 TEM 模；反之，微带线的准 TEM 波也会在同轴线中心导体上激励出电流，实现转接。

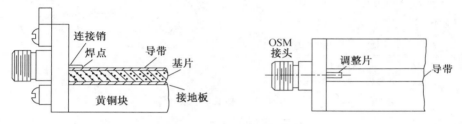

图 5-10　同轴线–微带线转接器

为了实现同轴线与微带线的特性阻抗匹配，同轴线内导体的直径应等于微带线中心导带的宽度。

③ 波导–微带线转接器

波导的等效阻抗一般为 100～500 Ω，微带线的特性阻抗一般为 50 Ω，波导的高度比微带线的介质基片的厚度大得多，故通常在波导与微带线之间加一段特性阻抗 80～90 Ω 的阶梯式脊波导过渡段（图 5-11），使微带线与波导间结构渐变，减小不连续性带来的反射；然后再在脊波导与微带线连接处加一段空气微带线，实现阻抗匹配和波导 TE_{10} 模与微带线准 TEM 模的相互转换。

④ 矩形波导–圆形波导转换器

矩形波导–圆形波导转换器也称为方圆波转换器，通过矩形截面逐渐变化成圆形横截面，实现矩形波导 TE_{10} 模与圆波导 TE_{11} 模的相互转换（图 5-12）。

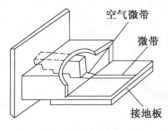

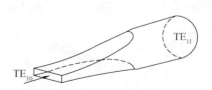

图 5-11　波导–微带线转接器　　　　**图 5-12　矩形波导–圆形波导转换器**

⑤ 极化转换器

微波传输系统往往是线极化的,但雷达通信和电子干扰中经常用到圆极化波,为此需要进行极化转换。由电磁场理论可知,一个圆极化波可以分解为在空间互相垂直、相位相差90°、幅度相等的两个线极化波。因此,只要将线极化波中的一个分量产生附加90°相移,再合成起来就可以得到圆极化波。常用的线-圆极化转换器有两种:多螺钉极化转换器和介质极化转换器,如图 5-13 所示。这两种结构都是慢波结构,相速度比空心圆波导小。如果变换器输入端输入的是线极化波,此 TE_{11} 模的电场与慢波结构所在平面成45°,该线极化分量将分解为垂直和平行于慢波结构所在平面的两个分量 E_u 和 E_v,它们在空间互相垂直,且都是主模 TE_{11},只要螺钉数足够多或介质板足够长,就可以使平行分量产生附加90°的相位滞后,在极化转换器的输出端两个分量合成便是一个圆极化波。至于是左极化还是右极化,要根据极化转换器输入端的线极化方向与慢波平面之间的夹角确定。

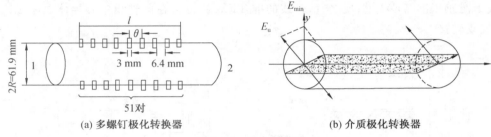

(a) 多螺钉极化转换器　　　　　　(b) 介质极化转换器

图 5-13　极化转换器

5.1.3　衰减与相移元件

衰减元件(Attenuators Shifters)和相移元件(Phase Shifters)的作用是用来改变导行系统中电磁波的幅度和相位。

(1) 衰减器

衰减器的作用是使通过它的微波能量产生衰减,理想的衰减器应是只有衰减而无相移的二端口网络,散射矩阵为

$$[S_a] = \begin{bmatrix} 0 & e^{-\alpha l} \\ e^{-\alpha l} & 0 \end{bmatrix} \qquad (5.1-3)$$

衰减器的种类很多,常用的有吸收式衰减器、截止式衰减器和极化式衰减器。

① 吸收式衰减器

在矩形波导内放入与电场方向平行的吸收片,当微波能量通过吸收片时,吸收一部分能量产生衰减。吸收片由胶木板表面涂覆石墨或在玻璃片上蒸发一层厚的电阻膜组成,通常做成尖劈形减小反射。若吸收片在波导中的位置固定(图 5-14a),称为固定式衰减器;若吸收片的位置可调(图 5-14b),称为可变式衰减器。

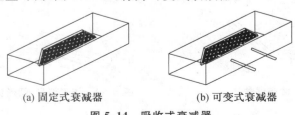

(a) 固定式衰减器　　　　　　(b) 可变式衰减器

图 5-14　吸收式衰减器

矩形波导 TE_{10} 模的电场在宽边中心位置最强,逐渐向两边减小到 0,当吸收片沿波导横向移动时,就可改变衰减量。吸收式衰减器的优点是频带宽,功率容量大,起始衰减量小,稳定性好,缺点是精度较差。

② 截止式衰减器

在传输线中插入一小段横向尺寸较小的传输线,电磁波经过这段传输线后能量很快衰减。控制截止传输线的长度,可以调节衰减量的大小(图 5-15a)。图中的输入功率 P_{in} 经过长度为 l 的截止传输线后,输出功率 P_{out} 衰减量的大小与长度 l 呈线性关系(图 5-15b)。当 $z=0$ 时有一个起始衰减量,一般为 $20\sim30$ dB;当 $z=l$ 时衰减量达最大值,可用下式来表示

$$A=A_0+10 \lg e^{2\alpha l}=A_0+8.68\alpha l \tag{5.1-4a}$$

式中,A_0 是起始衰减量,$\alpha=2\pi/\lambda_g$。截止式衰减器频带宽,精度高,可用作标准衰减器,但是起始衰减量较大。

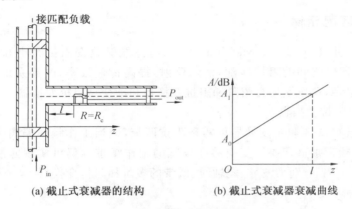

(a) 截止式衰减器的结构　　　　(b) 截止式衰减器衰减曲线

图 5-15　截止式衰减器

③ 极化式衰减器

又称旋转式衰减器,由两端的方圆过渡波导和中间的圆形波导构成。在方圆过渡波导中,吸收片 I 和 III 平行于波导的宽壁,圆波导中的吸收片 II 可以绕纵轴旋转,如图5-16所示。通过控制吸收片的极化角和入射波的极化角度,可实现 $0\sim\infty$ 的衰减。极化式衰减器的衰减量为

$$L=-40 \lg|\cos\theta| \text{ dB} \tag{5.1-4b}$$

式中 θ 是吸收片 II 的旋转角度。可见衰减量 L 只与 θ 有关,与波导尺寸无关,故可通过角度 θ 来标定衰减量(借助光学装置,角度的测量能达到很高的精度)。极化式衰减器频带宽,精度高,起始衰减量小,但是结构复杂,比较昂贵。

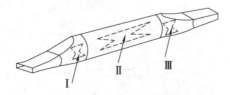

图 5-16　极化式衰减器

（2）移相器

移相器是使电磁波只产生相移不产生能量衰减的微波元件，是一个无反射、无衰减的二端口网络，理想相移元件的散射矩阵为

$$[S_\theta]=\begin{bmatrix}0 & e^{-j\theta}\\ e^{-j\theta} & 0\end{bmatrix} \tag{5.1-5a}$$

$$\theta=\beta l=\frac{2\pi l}{\lambda_g} \tag{5.1-5b}$$

上式表明改变相移量 θ 有两种途径：① 改变传输线的长度 l。显然任何一种能改变传输线长度的结构，都可看成一种可变相移器。② 改变传输线的相位常数 β。如将吸收式衰减器的吸收片换成介电常数 $\varepsilon_r>1$ 的无耗介质片，即构成介质移相器，在这种移相器中，波导波长随介质片位置变化，实现相位的改变。如果将衰减器和移相器联合使用，就可以调节导行系统中电磁波的幅度和相位两个传播常数。

5.1.4　阻抗匹配元件

阻抗匹配元件（Impedance Matching Device）是能够改变阻抗大小和性质的微波元件，可以实现元器件之间的阻抗匹配，消除反射，提高传输效率，改善系统稳定性。阻抗匹配元件种类很多，这里主要介绍阶梯阻抗变换器和渐变型阻抗变换器。

（1）多阶梯阻抗变换器

由第 1 章已知，$\lambda/4$ 阻抗变换器可实现阻抗匹配，但当工作频率偏离中心频率 f_0 时将会失配，工作频带很窄。要使变换器在较宽的工作频带内仍可实现匹配，可用多阶梯阻抗变换器，图 5-17 分别为波导、同轴线、微带的多阶梯阻抗变换器。

(a) 波导多阶梯阻抗变换器　　(b) 同轴多阶梯阻抗变换器　　(c) 微带多阶梯阻抗变换器

图 5-17　各种多阶梯阻抗变换器

图 5-18 是两节 $\lambda/4$ 阻抗变换器的等效电路图，设 $Z_l>Z_2>Z_1>Z_0$，参考面 T_0、T_1、T_2 的反射系数分别是 Γ_0、Γ_1、Γ_2，有

$$\Gamma_0=\frac{Z_1-Z_0}{Z_1+Z_0},\quad \Gamma_1=\frac{Z_2-Z_1}{Z_2+Z_1},\quad \Gamma_2=\frac{Z_l-Z_2}{Z_l+Z_2}$$

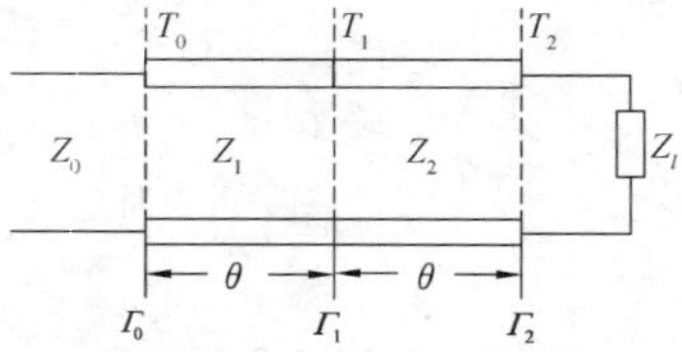

图 5-18　两节 $\lambda/4$ 阻抗变换器的等效电路

T_0 参考面上的总反射电压波为

$$U_r = \Gamma_0 U_i + \Gamma_1 U_i e^{-j2\theta} + \Gamma_2 U_i e^{-j4\theta} \tag{5.1-6}$$

T_0 面上的总反射系数为

$$\Gamma = U_r / U_i = \Gamma_0 + \Gamma_1 e^{-j2\theta} + \Gamma_2 e^{-j4\theta} \tag{5.1-7}$$

当工作在中心频率 f_0 时,有 $\theta = \pi/2$,并要求 $\Gamma = 0$,即

$$\Gamma_0 - \Gamma_1 + \Gamma_2 = 0 \tag{5.1-8}$$

如果取 $\Gamma_0 = \Gamma_2$,得

$$\Gamma_1 = 2\Gamma_2 \tag{5.1-9}$$

当工作频率偏移 f_0 时,θ 值接近 $\pi/2$,根据式(5.1-7),反射系数为

$$\Gamma = \Gamma_0 + 2\Gamma_0 e^{-j2\theta} + \Gamma_0 e^{-j4\theta} = 4\Gamma_0 e^{-j2\theta} \cos^2\theta \tag{5.1-10a}$$

总反射系数的幅值为

$$|\Gamma| = 4 |\Gamma_0| \cos^2\theta \tag{5.1-10b}$$

若输入端允许最大反射系数为 Γ_{max},由式(5.1-10b)可得

$$\theta_{max} = \arccos\sqrt{\frac{\Gamma_{max}}{4|\Gamma_0|}} \tag{5.1-11}$$

又因

$$\theta = \beta l = \frac{2\pi}{\lambda_g} \frac{\lambda}{4} = \frac{\pi}{2} \frac{\lambda}{\lambda_g} = \frac{\pi}{2} \frac{f_g}{f_0}$$

带宽

$$\Delta f = 2(f_0 - f_g) = 2\left(f_0 - \frac{2f_0}{\pi}\theta_{max}\right) \tag{5.1-12}$$

相对带宽

$$\Delta f / f_0 = 2 - \frac{4\theta_{max}}{\pi} = 2 - \frac{4}{\pi}\arccos\sqrt{\frac{\Gamma_{max}}{4|\Gamma_0|}} \tag{5.1-13}$$

可见,两节阻抗变换器的频率特性比单节阻抗变换器的频率特性平滑了很多,这是因为两节变换器三个参考面的反射波相互抵消,使总反射波减小,增加了工作带宽。以上结论可以推广到 n 阶的多阶梯阻抗变化器,参考面分别为 T_0、T_1、T_2、$\cdots$、T_n 共 $n+1$ 个,如图 5-19 所示。

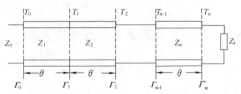

图 5-19　多阶梯阻抗变换器的等效电路

如果对称选取各参考面的反射系数

$$\Gamma_0 = \Gamma_n, \quad \Gamma_1 = \Gamma_{n-1}, \quad \Gamma_2 = \Gamma_{n-2}, \quad \cdots \tag{5.1-14}$$

那么参考面 T_0 上总反射系数 Γ 为

$$\begin{aligned}
\Gamma &= \Gamma_0 + \Gamma_1 e^{-j2\theta} + \Gamma_2 e^{-j4\theta} + \cdots + \Gamma_{n-1} e^{-j2(n-1)\theta} + \Gamma_n e^{-j2n\theta} \\
&= (\Gamma_0 + \Gamma_n e^{-j2n\theta}) + (\Gamma_1 e^{-j2\theta} + \Gamma_{n-1} e^{-j2(n-1)\theta}) + \cdots \\
&= e^{-jn\theta}[\Gamma_0(e^{jn\theta} + e^{-jn\theta}) + \Gamma_1(e^{-j(n-2)\theta} + e^{j(n-2)\theta}) + \cdots] \\
&= 2e^{-jn\theta}[\Gamma_0\cos(n\theta) + \Gamma_1\cos(n-2)\theta + \cdots]
\end{aligned} \tag{5.1-15}$$

总反射系数的模值为

$$|\Gamma| = 2|\Gamma_0 \cos(n\theta) + \Gamma_1 \cos[(n-2)\theta] + \cdots| \tag{5.1-16}$$

当 Γ_0、Γ_1、$\cdots$ 值给定时,上式右端为余弦函数 $\cos\theta$ 的多项式。满足 $|\Gamma| = 0$ 的 $\cos\theta$ 有很多解,即在许多工作频率上都能实现阻抗匹配,由此拓宽频带。阶梯级数越多,频带越宽。

(2) 渐变型阻抗变换器

增加阶梯的级数,就能增加多阶梯阻抗变化器的工作带宽,但随着阶数 n 的增加,变换器的尺寸也随之增加,结构设计就会变得十分困难,因此产生了渐变线代替多阶梯。将阶梯的数目无限增加,每个阶梯的长度无限减小,演变为渐变线阻抗变化器(图 5-20)。设渐变线总长度 l,特性阻抗从 $z=0$ 处的 Z_0 变换到 $z=l$ 处的 Z_l,渐变线的特性阻抗为 $Z_0(z)$,z 处的反射系数为

$$\Gamma(z) = \frac{Z_{in}(z) - Z_0(z)}{Z_{in}(z) + Z_0(z)} \tag{5.1-17}$$

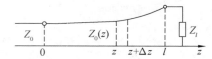

图 5-20 渐变线阻抗变化器

渐变线上任意微分段 $z \to z+\Delta z$,输入阻抗 $Z_{in}(z)$ 为

$$Z_{in}(z) = Z(z) \frac{[Z_{in}(z) + \Delta Z_{in}(z)] + jZ_0(z)\tan(\beta\Delta z)}{Z_0(z) + j[Z_{in}(z) + \Delta Z_{in}(z)]\tan(\beta\Delta z)} \tag{5.1-18}$$

式中,$Z_{in}(z) + \Delta Z_{in}(z)$ 是 $z+\Delta z$ 处的输入阻抗,β 为渐变线的相移常数。当 $\beta\Delta z \to 0$ 时,$\tan(\beta\Delta z) \approx \beta\Delta z$,代入上式可得

$$Z_{in}(z) = [Z_{in}(z) + \Delta Z_{in}(z) + jZ_0(z)\beta\Delta z]\left[1 - j\frac{Z_{in}(z) + \Delta Z_{in}(z)}{Z_0(z)}\beta\Delta z\right] \tag{5.1-19}$$

忽略高阶无穷小量,整理后有

$$\frac{dZ_{in}(z)}{dz} = j\beta\left[\frac{Z_{in}^2(z)}{Z_0(z)} - Z_0(z)\right] \tag{5.1-20}$$

代入式(5.1-17)并经整理可得关于反射系数的非线性方程

$$\frac{d\Gamma(z)}{dz} - j2\beta\Gamma(z) + \frac{1}{2}[1 - \Gamma^2(z)]\frac{d\ln Z_0(z)}{dz} = 0 \tag{5.1-21}$$

因渐变线的变化非常缓慢,故有 $1 - \Gamma^2(z) \approx 1$,上式变为

$$\frac{d\Gamma(z)}{dz} - 2j\beta\Gamma(z) + \frac{d\ln Z_0(z)}{dz} = 0 \tag{5.1-22}$$

通解为

$$\Gamma(z) = e^{j2\beta z}\frac{1}{2}\int \frac{d\ln Z_0(z)}{dz}e^{-j2\beta z}dz \tag{5.1-23}$$

渐变线输入端($z=0$)总的反射系数为

$$\Gamma_{in} = \frac{1}{2}\int_0^l \frac{d\ln Z_0(z)}{dz}e^{-j2\beta z}dz \tag{5.1-24}$$

显然,只要给定渐变线特性阻抗 $Z(z)$,就可以求得输入端的反射系数 Γ_{in}。因特性阻

抗函数 $Z(z)$ 不同, 用于阻抗匹配的渐变线也不同, 常用的有指数型、三角函数型及 Chebyshev 型三种类型。其中指数型渐变线的特性阻抗函数为

$$Z_0(z) = Z_0 \, \exp\left(\frac{z}{l} \ln \frac{Z_l}{Z_0}\right) \tag{5.1-25}$$

当 $z=0$ 时, $Z_0(z) = Z_0$; 当 $z = l$ 时, $Z_0(z) = Z_l$。

将式(5.1-25)代入式(5.1-24)得

$$\Gamma_{in} = \frac{1}{2} \int_0^l e^{-j2\beta z} \frac{d}{dz} \ln\left[Z_0 \, \exp\left(\frac{z}{l} \ln \frac{Z_l}{Z_0}\right)\right] dz$$

$$= \frac{1}{2l} \ln \frac{Z_l}{Z_0} \int_0^l e^{-j2\beta z} dz = \frac{1}{2} \frac{\sin(\beta l)}{\beta l} e^{-j\beta l} \ln \frac{Z_l}{Z_0} \tag{5.1-26}$$

反射系数的幅值为

$$|\Gamma_{in}| = \frac{1}{2} \left| \frac{\sin(\beta l)}{\beta l} \right| \ln \frac{Z_l}{Z_0} \tag{5.1-27}$$

图 5-21 是反射系数模值随 βl 的变化曲线。由图可见, Z_l/Z_0 越小, 反射系数的模值越小; 当渐变线长度 l 增大时, 反射系数的模值呈周期性震荡下降, 第一零点出现在 $\beta l = \pi$ 处; 当渐变线长度 l 一定时, 波长 λ 越小, βl 越大, $|\Gamma_{in}|$ 也就越小, 特别地, 当 $\lambda \to 0$ 时 $\beta l \to \infty$, 那么 $|\Gamma_{in}| \to 0$, 说明指数渐变线阻抗变换器工作频带无上限, 频带的下限取决于 $|\Gamma_{in}|$ 的容许值。

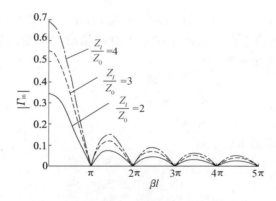

图 5-21 反射系数模值随 βl 的变化曲线

5.2 功率分配元器件

在微波系统中, 经常需要将一路微波功率按比例分成几路, 即功率分配问题, 实现这一功能的元件称为功率分配元器件, 主要有定向耦合器、功率分配器及各种微波分支器件。这些元器件一般都是线性多端口互易网络, 可用微波网络理论进行分析。

5.2.1 定向耦合器

定向耦合器(Directional Coupler)是一种具有定向传输特性的四端口元件, 可按一定的比例从主传输线(主线)中提取能量, 在耦合传输线(副线)中沿一定方向输出(图 5-22)。定向耦合器的种类很多, 根据传输线类型可分为同轴线型、波导型、带状线型和微带线型, 根据耦合输出方向可分为同相耦合和反相耦合, 根据耦合方式可分为单孔耦

合、多孔耦合、连续耦合和平行耦合,根据输出相位可分为90°定向耦合和180°定向耦合。

定向耦合器是一种用途广泛的微波元件,耦合出的能量可用作信号源功率、频率检测,进行功率分配与合成,作为固定衰减器;还可用于自动增益控制、平衡放大器、调相器、反射计和阻抗电桥等微波测量系统中。

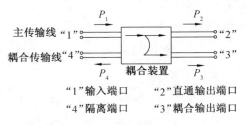

"1"输入端口   "2"直通输出端口
"4"隔离端口   "3"耦合输出端口

图 5-22 定向耦合器原理图

(1) 定向耦合器的等效网络分析

四端口网络的散射矩阵[S]为

$$[S] = \begin{bmatrix} S_{11} & S_{12} & S_{13} & S_{14} \\ S_{21} & S_{22} & S_{23} & S_{24} \\ S_{31} & S_{32} & S_{33} & S_{34} \\ S_{41} & S_{42} & S_{43} & S_{44} \end{bmatrix} \qquad (5.2-1a)$$

理想定向耦合器是一个可逆无耗四端口网络,各个端口完全匹配,有一个端口同输入端口完全隔离,输入功率在其余两个端口上分配输出。根据理想定向耦合器的互易性、对称性(幺正性)、完全匹配性有

$$\left.\begin{array}{l} S_{ij} = S_{ji} \quad (i \neq j;\ i,j = 1,2,3,4) \\ S_{11} = S_{22} = S_{33} = S_{44}, \quad S_{21} = S_{43}, \quad S_{31} = S_{42}, \quad S_{41} = S_{32} \\ S_{11} = S_{22} = S_{33} = S_{44} = 0 \end{array}\right\} \qquad (5.2-1b)$$

有理想定向耦合器的散射矩阵

$$[S] = \begin{bmatrix} 0 & S_{21} & S_{31} & S_{41} \\ S_{21} & 0 & S_{41} & S_{31} \\ S_{31} & S_{41} & 0 & S_{21} \\ S_{41} & S_{31} & S_{21} & 0 \end{bmatrix} \qquad (5.2-2a)$$

如果端口"4"为隔离口(图5-22),有 $S_{41} = 0$,散射矩阵变为

$$[S] = \begin{bmatrix} 0 & S_{21} & S_{31} & 0 \\ S_{21} & 0 & 0 & S_{31} \\ S_{31} & 0 & 0 & S_{21} \\ 0 & S_{31} & S_{21} & 0 \end{bmatrix} \qquad (5.2-2b)$$

同理,端口"2"、端口"3"为隔离口的散射矩阵分别为

$$[S] = \begin{bmatrix} 0 & 0 & S_{31} & S_{41} \\ 0 & 0 & S_{32} & S_{42} \\ S_{31} & S_{32} & 0 & 0 \\ S_{41} & S_{42} & 0 & 0 \end{bmatrix} \qquad (5.2-2c)$$

$$[S] = \begin{bmatrix} 0 & S_{21} & 0 & S_{41} \\ S_{31} & 0 & S_{32} & 0 \\ 0 & S_{32} & 0 & S_{43} \\ S_{41} & 0 & S_{43} & 0 \end{bmatrix} \qquad (5.2-2d)$$

(2) 定向耦合器的性能指标

定向耦合器的主要技术指标有耦合度、隔离度、定向性、输入驻波比和工作带宽。

① 耦合度 C

定义为输入端口的输入功率 P_1 与耦合端口的输出功率 P_3 之比。

$$C = 10 \lg \frac{P_1}{P_3} = 20 \lg \frac{1}{|S_{31}|} \ \text{dB} \qquad (5.2-3)$$

可见,dB 数愈大耦合愈弱。通常,$0 \leqslant C < 10$ dB 称为强耦合定向耦合器,$10 \leqslant C \leqslant 20$ dB 称为中等耦合定向耦合器,$C > 20$ dB 称为弱耦合定向耦合器。

② 隔离度 I

定义为输入端口的输入功率 P_1 和隔离端口的输出功率 P_4 之比。

$$I = 10 \lg \frac{P_1}{P_4} = 20 \lg \left| \frac{1}{S_{41}} \right| \ \text{dB} \qquad (5.2-4)$$

理想情况下的隔离端口没有功率输出,但因制造工艺的限制,隔离端口总会有一定的功率输出。由于 $P_1 > P_4$,所以隔离度 I 为非负值,I 越大,表示隔离端口的输出功率越小,耦合性越好。

③ 定向度 D

定义为耦合端口输出功率 P_3 与隔离端口的输出功率 P_4 之比。

$$D = 10 \lg \frac{P_3}{P_4} = 20 \lg \left| \frac{S_{31}}{S_{41}} \right| \ \text{dB} \qquad (5.2-5)$$

由于 $P_3 > P_4$,定向度 D 为非负值,D 越大,表示隔离端口的输出功率越小,耦合性越好。理想情况下,$P_4 = 0$,$D = \infty$。实际应用中,通常对工作频带内的定向度提出一个最低要求,称作最小定向度 $D_{\min}$。

耦合度 C、隔离度 I 和定向度 D 之间满足关系

$$D = 10 \lg \frac{P_3}{P_4} = 20 \lg \left| \frac{S_{31}}{S_{41}} \right| = 20 \lg |S_{31}| - 20 \lg |S_{41}| = I - C \qquad (5.2-6)$$

④ 输入驻波比 ρ

为隔离端口、耦合端口和直通端口均接匹配负载时,输入端口的驻波比。

$$\rho = \frac{1 + |S_{11}|}{1 - |S_{11}|} \qquad (5.2-7)$$

⑤ 工作带宽

指耦合度、隔离度、定向度和输入驻波比等参数均满足指标要求时,定向耦合器的工作频率范围。

(3) 波导双孔定向耦合器

这是最简单的波导定向耦合器,主、副波导通过公共窄壁上两个相距 $d = (2n+1)\lambda_{g0}/4$（相位相差 $90°$）的小孔实现耦合。λ_{g0} 是与中心频率对应的波导波长,n 为正整数,一般取 $n=0$。耦合孔一般是圆形,也可以是其他形状(图 5-23)。设信号由端口"1"输入,大部分功率向端口"2"传输,一部分功率通过两个孔耦合到副波导中,两孔相距 $\lambda_{g0}/4$,结

果在端口"3"的波因相位同相增强,在端口"4"的波因相位反相相互抵消。圆孔耦合系数为

$$q = \frac{1}{ab\beta}\left(\frac{\pi}{\alpha}\right)^2 \frac{4}{3} r^3 \qquad (5.2-8)$$

式中,a、b分别为矩形波导的宽边和窄边,r为小孔半径,β为TE_{10}模的相移常数。

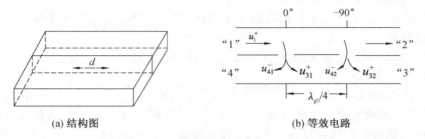

(a) 结构图　　　　　　　　　　　(b) 等效电路

图 5-23　波导双孔定向耦合器

设端口"1"的入射波为u_1^+,第一个小孔耦合到副波导的波为$u_{41}^- = qu_1^+$和$u_{31}^+ = qu_1^+$,因小孔很小,可认为到达第二个小孔的电磁波能量不变,相位变化了βd,第二个小孔耦合到副波导的波为$u_{42}^- = qu_1^+ \, e^{-j\beta d}$和$u_{32}^+ = qu_1^+ \, e^{-j\beta d}$,副波导输出端口"3"合成波为

$$u_3^+ = u_{31}^+ \, e^{-j\beta d} + u_{32}^+ = 2qu_1^+ \, e^{-j\beta d} \qquad (5.2-9a)$$

副波导输出端口"4"合成波为

$$u_4^- = u_{41}^- + u_{42}^- \, e^{-j\beta d} = qu_1^+ (1 + e^{-j2\beta d}) = 2qu_1^+ \, e^{-j\beta l} \cos(\beta d) \qquad (5.2-9b)$$

波导双孔定向耦合器的耦合度为

$$C = 20 \lg \left| \frac{u_1^+}{u_3^+} \right| = -10 \lg |2q| \quad \mathrm{dB} \qquad (5.2-10)$$

定向度为

$$D = 20 \lg \left| \frac{u_3^+}{u_4^-} \right| = 20 \lg \frac{2|q|}{2|q\cos(\beta d)|} = 20 \lg |\sec(\beta d)| \qquad (5.2-11)$$

波导双孔定向耦合器依靠波的相互干涉实现主波导的定向输出,在耦合口上同相叠加,在隔离口上反相抵消。为增加定向耦合器的耦合度,拓宽工作频带,可采用多孔定向耦合器。

(4) 双分支定向耦合器

双分支定向耦合器(图 5-24)由主线、副线和两条分支线组成,分支线的长度和间距均为$\lambda_{g0}/4$,"1"、"2"、"3"、"4"分别是主线入口、主线出口、副线耦合端口和副线隔离端口,其中主线入口"1"和副线隔离端口"4"的特性阻抗为Z_0,主线出口"2"和副线耦合端"3"的特性阻抗为kZ_0(k为阻抗变换比),平行连接线的特性阻抗为Z_{0p},两个分支线特性阻抗为Z_{t1}和Z_{t2}。

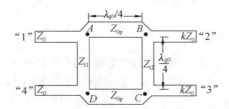

图 5-24　双分支定向耦合器

假设输入电压信号从端口"1"输入,经 A 点到达 C 点的信号有两路,一路 $A \to B \to C$,波程 $\lambda_{g0}/2$;另一路 $A \to D \to C$,波程 $\lambda_{g0}/2$。两路信号波程相等,故同相,在端口"3"两路信号同相相加,相位比端口"1"的输入相位滞后 $180°$。

当信号从端口"1"输入,经 A 点到达 D 点的信号有两路,一路 $A \to D$,波程 $\lambda_{g0}/4$;另一路 $A \to B \to C \to D$,波程 $3\lambda_{g0}/4$,故两条路径到达的波程差为 $\lambda_{g0}/2$,相位差为 π。因此若选择合适的特性阻抗,使到达的两路信号的振幅相等,端口"4"处的两路信号相互抵消,实现隔离。

端口"2"和端口"3"的输出信号有 $90°$ 相位差,故也称为正交($90°$)混合网络。

设输入端"1"的输入电压是归一化的,若耦合端"3"的反射波电压为 $|U_{r3}|$,该耦合器的耦合度为

$$C = 10 \lg \frac{k}{|U_{r3}|^2} \text{ dB} \tag{5.2-12}$$

各线的特性阻抗与 $|U_{3r}|$ 的关系式为

$$Z_{0p} = Z_0 \sqrt{k - |U_{r3}|^2} \tag{5.2-13a}$$

$$Z_{t1} = \frac{Z_{0p}}{|U_{r3}|} \tag{5.2-13b}$$

$$Z_{t2} = \frac{Z_{0p} k}{|U_{r3}|} \tag{5.2-13c}$$

给定耦合度 C 及阻抗变换比 k,可由式(5.2-12)求得 $|U_{r3}|$,得出各线特性阻抗,设计定向耦合器。

5.2.2 功率分配器

功率分配器简称功分器,是将一路微波功率按一定比例分成多路输出的微波元件;反之,将多路微波功率合成一路输出的微波元件为合成器。按输出功率比例不同,有等功率分配器和不等功率分配器。在结构上,大功率功分器往往采用同轴线、中小功率常采用微带线。下面介绍两路微带功率分配器以及微带环形电桥的工作原理。

(1)两路微带功率分配器

两路微带功率分配器是一个三端口网络,平面结构如图 5-25a 所示,其中输入端口特性阻抗为 Z_0,两段微带线电长度均为 $\lambda_{g0}/4$,特性阻抗 Z_{02}、Z_{03},端口"2"和"3"之间跨接一个隔离电阻 R_j,终端分别接有负载电阻 R_2 和 R_3。

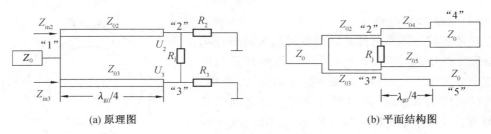

(a) 原理图　　　　　　　　　　(b) 平面结构图

图 5-25　两路微带功率分配器

功分器应满足三个基本条件:

① 输入端口"1"无反射;

② 端口"2"和"3"的输出电压相等且同相;

③ 端口"2"和"3"的输出功率比值为任意指定值,设为 $1/k^2$。

两段微带线的输入阻抗为 $Z_{in2}=Z_{02}^2/R_2$,$Z_{in3}=Z_{03}^2/R_3$,要满足条件①,需 Z_{in2} 和 Z_{in3} 的并联阻抗等于 Z_0,即

$$\frac{1}{Z_{in2}}+\frac{1}{Z_{in3}}=\frac{1}{Z_0} \tag{5.2-14a}$$

端口"2"和"3"的功率为

$$P_2=\frac{U_2^2}{2R_2},\quad P_3=\frac{U_3^2}{2R_3} \tag{5.2-14b}$$

根据条件③有

$$\frac{P_2}{P_3}=\frac{1}{k^2} \tag{5.2-14c}$$

根据功分器的三个条件可得如下的方程组

$$\frac{1}{Z_{in2}}+\frac{1}{Z_{in3}}=\frac{1}{Z_0} \tag{5.2-15a}$$

$$k^2\frac{U_2^2}{R_2}=\frac{U_3^2}{R_3} \tag{5.2-15b}$$

$$U_2=U_3 \tag{5.2-15c}$$

方程组有 R_2、R_3、Z_{02}、Z_{03} 四个参数,但只有三个约束条件,因此,可以任意指定其中的一个参数,一般选取 $R_2=kZ_0$,代入式(5.2-15)可得

$$Z_{02}=Z_0\sqrt{k(1+k^2)} \tag{5.2-16a}$$

$$Z_{03}=Z_0\sqrt{(1+k^2)/k^3} \tag{5.2-16b}$$

$$R_3=\frac{Z_0}{k} \tag{5.2-16c}$$

实际的功率分配器在端口"2"和"3"所接的负载不是电阻 R_2 和 R_3,往往是特性阻抗为 Z_0 的传输线,中间加入 $\lambda_{g0}/4$ 阻抗变换器变换所需的电阻,图 5-25b 是实际功率分配器平面结构,变换段的特性阻抗 Z_{04} 和 Z_{05} 及隔离电阻 R_j 的计算公式为

$$Z_{04}=\sqrt{R_2Z_0}=Z_0\sqrt{k} \tag{5.2-17a}$$

$$Z_{05}=\sqrt{R_3Z_0}=\frac{Z_0}{\sqrt{k}} \tag{5.2-17b}$$

$$R_j=Z_0\frac{1+k^2}{k} \tag{5.2-17c}$$

(2)微带环形电桥

这是在波导环形电桥基础上发展起来的一种功率分配元件(图 5-26),由全长为 $3\lambda_{g0}/2$ 的环及相连的四个分支组成,总相移量 3π。分支端口"2"和"3"之间的长度为 $3\lambda_{g0}/4$,其他相邻分支端口之间的长度均为 $\lambda_{g0}/4$,各分支特性阻抗均为 Z_0,环行线的特性阻抗 $\sqrt{2}Z_0$。

若信号由端口"1"输入,端口"2"和"4"为等幅同相输出,端口"3"无输出(隔离端口)。

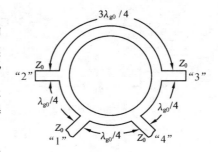

图 5-26 微带环形电桥结构

若信号由端口"4"输入,端口"1"和"3"等幅同相输出,端口"2"无输出。

当用作功率合成器时,输入信号分别加于端口"2"和"3",在端口"1"输出和信号(和端口),在端口"4"输出差信号(差端口)。

微带环形电桥的散射矩阵为

$$[S] = \frac{1}{\sqrt{2}} \begin{bmatrix} 0 & -j & 0 & -j \\ -j & 0 & j & 0 \\ 0 & j & 0 & -j \\ -j & 0 & -j & 0 \end{bmatrix} \qquad (5.2-18)$$

5.2.3 波导分支器

将微波能量从主波导中分配给若干个分支输出的元件称为波导分支器,也是功率分配器件的一种,常用的波导分支器有 E 面 T 型分支器、H 面 T 型分支器和匹配双 T 器。

（1）E-T 分支器

图 5-27a 是 E 面 T 型分支器,简称 E-T 分支。分支波导在主波导的宽壁上与主波导垂直,分支波导平面与主波导的 TE_{10} 模的电场方向平行,场分布图如图 5-27b 所示。E-T 分支器相当于分支波导与主波导串联。

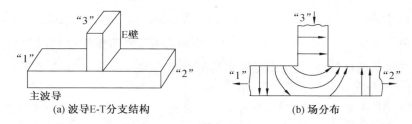

(a) 波导E-T分支结构　　　　(b) 场分布

图 5-27　E-T 分支结构及场分布

当主波导中只有主模 TE_{10} 模传输时,E-T 分支器具有以下特性:

① 端口"1"输入,端口"2"和"3"均有信号输出;

② 端口"2"输入,端口"1"和"3"均有信号输出;

③ 端口"3"输入,端口"1"和"2"有等幅反相信号输出,即 $S_{23} = -S_{13}$;

④ 当信号由端口"1"和"2"同相输入时,在端口"3"的对称面上,电场反相相减,端口"3"输出两信号之差,称为差信号,若两输入信号等幅,端口"3"无输出;

⑤ 当信号由端口"1"和"2"反相输入时,在端口"3"的对称面上,电场同相相加,端口"3"输出两信号之和,称为和信号,若两输入信号等幅,端口"3"输出最大。

根据以上性质可知,端口"1"和"2"对称,$S_{11} = S_{22}$。

E-T 分支器是三端口网络,通常端口"3"作为输入端时,网络是匹配的,所以 $S_{33} = 0$;又由网络的互易性,有 $S_{ij} = S_{ji}(i, j = 1, 2, 3)$,散射矩阵可以写为

$$[S] = \begin{bmatrix} S_{11} & S_{12} & S_{13} \\ S_{12} & S_{11} & -S_{13} \\ S_{13} & -S_{13} & 0 \end{bmatrix} \qquad (5.2-19)$$

如网络无耗,根据第 4 章公式(4.6-6)可知,散射矩阵满足幺正性,即

$$[S]^T [S]^* = [1]$$

于是有

$$S_{13} = \frac{1}{\sqrt{2}}$$

$$S_{11} = S_{12} = \frac{1}{2}$$

散射矩阵为

$$[S] = \begin{bmatrix} \dfrac{1}{2} & \dfrac{1}{2} & \dfrac{1}{\sqrt{2}} \\ \dfrac{1}{2} & \dfrac{1}{2} & -\dfrac{1}{\sqrt{2}} \\ \dfrac{1}{\sqrt{2}} & -\dfrac{1}{\sqrt{2}} & 0 \end{bmatrix} \qquad (5.2-20)$$

公式(5.2-20)表示的 E-T 分支器散射矩阵参数的含义为：

① 当信号由端口"1"输入时，$S_{11} = 1/2$ 表示端口"1"的反射功率占 $1/4$，$S_{21} = 1/2$ 表示端口"2"同相输出且输出功率占 $1/4$，$S_{31} = 1/\sqrt{2}$ 表示端口"3"同相输出且输出功率占 $1/2$；

② 当信号由端口"2"输入时，$S_{12} = 1/2$ 表示端口"1"同相输出且输出功率占 $1/4$，$S_{22} = 1/2$ 表示端口"2"的反射功率占 $1/4$，$S_{32} = -1/\sqrt{2}$ 表示端口"3"反相输出且输出功率占 $1/2$；

③ 当信号由端口"3"输入时，$S_{13} = 1/\sqrt{2}$ 表示端口"1"同相输出且反射功率占 $1/2$，$S_{23} = -1/\sqrt{2}$ 表示端口"2"反相输出且输出功率占 $1/2$，$S_{33} = 0$ 表示端口"3"匹配，无反射。

（2）H-T 分支器

图 5-28a 是 H 面 T 型分支器，简称 H-T 分支。分支波导在主波导的窄壁上与主波导垂直，分支波导平面与主波导的 TE_{10} 模的磁场方向平行，场分布如图 5-28b 所示。H-T 分支器相当于分支波导与主波导并联。

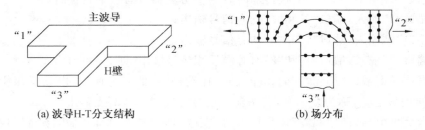

(a) 波导H-T分支结构   (b) 场分布

图 5-28　H-T 分支结构及场分布

当主波导中只有主模 TE_{10} 模传输时，H-T 分支器具有以下特性：

① 端口"1"输入，端口"2"和"3"均有信号输出；

② 端口"2"输入，端口"1"和"3"均有信号输出；

③ 端口"3"输入，端口"1"和"2"有等幅同相信号输出，$S_{23} = S_{13}$；

④ 当信号由端口"1"和"2"同相输入时，在端口"3"的对称面上，磁场反相相加，端口"3"输出两信号之和，称为和信号，若两输入信号等幅，端口"3"输出最大；

⑤ 当信号由端口"1"和"2"反相输入时，在端口"3"的对称面上，磁场同相相减，端口"3"输出两信号之差，称为差信号，若两输入信号等幅，端口"3"无输出。

H-T 分支器的散射矩阵为

$$[S] = \begin{bmatrix} \dfrac{1}{2} & \dfrac{1}{2} & \dfrac{1}{\sqrt{2}} \\[3mm] \dfrac{1}{2} & \dfrac{1}{2} & \dfrac{1}{\sqrt{2}} \\[3mm] \dfrac{1}{\sqrt{2}} & \dfrac{1}{\sqrt{2}} & 0 \end{bmatrix} \qquad (5.2-21)$$

H-T 分支器的散射矩阵的推导和参数含义的分析请读者参考 E-T 分支器自行做出。

H-T 分支器和 E-T 分支器的散射矩阵表明：当信号从端口"1"输入时，将有 1/4 的功率被反射回来，1/4 的功率传送到端口"2"，1/2 的功率被传送到端口"3"；当信号从端口"3"输入时，无反射波，端口"1"和端口"2"各得一半功率，故称为 3 dB 功分器。

（3）波导双 T 与匹配双 T

将具有共同对称面的 E-T 分支器和 H-T 分支器组合起来，即构成普通双 T，如图 5-29 所示。端口"3"称为双 T 的 H 臂或和臂，端口"4"称为双 T 的 E 臂或差臂。

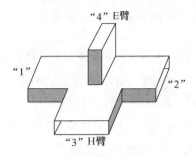

图 5-29　匹配双 T 的结构

当信号由端口"1"输入，端口"3"和"4"有等幅同相波输出，即 $S_{31} = S_{41}$，端口"2"隔离，输出为 0，即 $S_{21} = 0$；当信号由端口"2"输入，端口"3"和"4"有等幅反相波输出，即 $S_{32} = -S_{42}$，端口"1"隔离，输出为 0，即 $S_{12} = 0$。

当信号由端口"3"输入，端口"1"和"2"有等幅同相波输出，即 $S_{13} = S_{23}$，端口"4"隔离，输出为 0，即 $S_{43} = 0$；当信号由端口"4"输入，端口"1"和"2"有等幅反相波输出，即 $S_{14} = -S_{24}$，端口"3"隔离，输出为 0，即 $S_{34} = 0$。

故端口"1"和端口"2"对称，$S_{11} = S_{22}$；端口"3"和端口"4"对称，$S_{33} = S_{44}$。

若端口"1"和"2"同相输入，端口"3"输出和信号，端口"4"输出差信号；反之，端口"1"和"2"反相输入时，端口"4"输出和信号，端口"3"输出差信号。

普通双 T 是互易网络 $S_{ij} = S_{ji}(i,j = 1,2,3,4)$，散射矩阵为

$$[S] = \begin{bmatrix} S_{11} & 0 & S_{13} & S_{14} \\ 0 & S_{11} & S_{13} & -S_{14} \\ S_{13} & S_{14} & S_{33} & 0 \\ S_{13} & -S_{14} & 0 & S_{33} \end{bmatrix} \qquad (5.2-22)$$

如果在分支处加入匹配元件（如螺钉、膜片或锥体等）消除各路的反射，就可构成匹配双 T，也称为魔 T。理想情况下魔 T 的四个端口完全匹配，只要端口"1"和"2"能调到匹配，端口"3"和"4"一定能匹配，即 $S_{11} = S_{22} = S_{33} = S_{44} = 0$。

如果网络无耗

$$[S]^{\mathrm{T}}[S]^* = [1]$$

于是有

$$S_{13} = \frac{1}{\sqrt{2}}$$

$$S_{14} = \frac{1}{\sqrt{2}}$$

散射矩阵为

$$[S] = \frac{1}{\sqrt{2}} \begin{bmatrix} 0 & 0 & 1 & 1 \\ 0 & 0 & 1 & -1 \\ 1 & 1 & 0 & 0 \\ 1 & -1 & 0 & 0 \end{bmatrix} \tag{5.2-23}$$

公式(5.2-23)表示的匹配双 T 分支散射矩阵参数的含义为：

① 当信号由端口"1"输入时，$S_{11} = 0$ 表示端口"1"匹配，无反射，$S_{21} = 0$ 表示端口"2"对口隔离，$S_{31} = 1/\sqrt{2}$ 表示端口"3"同相输出且输出功率占 1/2，$S_{41} = 1/\sqrt{2}$ 表示端口"4"同相输出且输出功率占 1/2；

② 当信号由端口"2"输入时，$S_{12} = 0$ 表示端口"1"对口隔离，$S_{22} = 0$ 表示端口"2"匹配，无反射，$S_{32} = 1/\sqrt{2}$ 表示端口"3"同相输出且输出功率占 1/2，$S_{42} = -1/\sqrt{2}$ 表示端口"4"反相输出且输出功率占 1/2；

③ 当信号由端口"3"输入时，$S_{13} = 1/\sqrt{2}$ 表示端口"1"同相输出且输出功率占 1/2，$S_{23} = 1/\sqrt{2}$ 表示端口"2"同相输出且输出功率占 1/2，$S_{33} = 0$ 表示端口"3"匹配，无反射，$S_{43} = 0$ 表示端口"4"对口隔离；

④ 当信号由端口"4"输入时，$S_{14} = 1/\sqrt{2}$ 表示端口"1"同相输出且输出功率占 1/2，$S_{24} = -1/\sqrt{2}$ 表示端口"2"反相输出且输出功率占 1/2，$S_{34} = 0$ 表示端口"3"对口隔离，$S_{44} = 0$ 表示"4"匹配，无反射。

总之，匹配双 T 具有完全匹配、对口隔离、邻口 3 dB 耦合的特性。

匹配性：一旦有两个端口处于端口匹配状态，另两个端口必处于端口匹配状态。

隔离性：无论从哪个端口输入功率，经过匹配双 T 后相对的端口无输出。

均分性：无论从哪个端口输入功率，经过匹配双 T 后均从相邻臂等分输出。

魔 T 在微波工程中的应用见附录 5-2。

5.3 微波谐振器件

在低频电路中，谐振回路是一种由电感和电容串或并联成的基本元件，在振荡器中作为振荡回路控制振荡器的频率，在放大器中用作谐振回路，在带通或带阻滤波器中作为选频元件等。但随着频率的升高，辐射损耗、导体损耗及介质损耗急剧增加，LC 振荡器的品质因数急剧下降，不能胜任微波段的储能和选频。在微波频段上，储能和选频的元件是封闭式的微波谐振器，广泛地应用于微波信号源、微波滤波器、振荡器、频率计、调谐放大器和微波测量中。微波谐振器一般有传输线型谐振器和非传输线型谐振器两大类,传输线型谐振器是在微波传输线两端接短路面或开路面,如金属空腔谐振器、同轴线谐振器、微带谐振器和介质谐振器等,如图 5-30 所示,实际应用中大多为此类谐振器;非传输线型谐振器是一些特殊形状的谐振器,在一个或多个方向上存在不均匀性,如电容加载同轴线谐振器、注入式环形谐振器等。

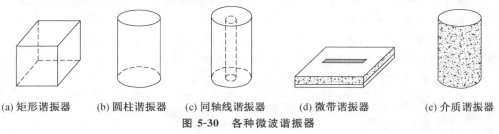

(a) 矩形谐振器 (b) 圆柱谐振器 (c) 同轴线谐振器 (d) 微带谐振器 (e) 介质谐振器

图 5-30 各种微波谐振器

5.3.1 微波谐振器件的演化过程

微波谐振器的结构可以看作是根据微波频率的特点从 LC 回路演变成的,图 5-31 表示了 LC 谐振回路向微波谐振器的演化过程。低频电路中的 LC 谐振回路由平行板电容 C 和电感 L 并联构成(图 5-31a),谐振频率为

$$f_0 = \frac{1}{2\pi\sqrt{LC}} \tag{5.3-1}$$

当谐振频率越来越高时,可以减小 L 和 C 实现谐振。减小电容就要增大平行板距离,减小电感就要减少电感线圈的匝数,直到仅有一匝(图 5-31b);如果频率再提高,可并联多个单匝线圈减小电感 L(图 5-31c);线圈数目一直增加到相连成片,形成一个封闭的中间凹进去的导体空腔(图 5-31d),成为重入式空腔谐振器;如把构成电容的两极拉开,谐振频率就会进一步提高,形成圆柱谐振器和矩形谐振器(图5-31e)。

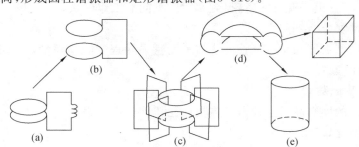

图 5-31 微波谐振器的演化过程

微波谐振器与最初的 LC 谐振电路在形式上已完全不同,但作用一样,两者的区别如下:

① LC 谐振回路的电场能量集中在电容器中,磁场能量集中在电感器中;微波谐振器是分布参数回路,电场能量和磁场能量是空间分布的,需要用场的方法进行分析。

② LC 谐振回路只有一个谐振频率,微波谐振器一般有无限多个谐振频率。

③ 微波谐振器可以集中较多的能量、损耗较小,品质因数远大于 LC 集中参数回路的品质因数;另外,微波谐振器存在多个振荡模式(谐振波型)。

5.3.2 微波谐振器件的基本参量

集中参数谐振回路的基本参量为电感 L、电容 C 和电阻 R,由此可导出谐振频率、品质因数和谐振阻抗或导纳。但是在微波谐振器中，集中参数 L、R、C 已失去意义，所以通常将谐振频率 f_0、品质因数 Q_0 和等效电导 G_0 作为微波谐振器的三个基本参量。

（1）谐振频率 f_0

谐振频率 f_0 是微波谐振器最主要的参数，指谐振器中某一模式发生谐振时的频率，是描述振荡器中电磁能量振荡规律的参量。谐振时，谐振器内的电场能量和磁场能量彼此互相转化。金属空腔谐振器可以看作一段两端短路的金属波导，因此谐振器中的波不仅在横向呈驻波分布，沿纵向也呈驻波分布，所以为了满足金属波导两端短路的边界条件，腔体的长度 l 和波导波长 λ_g 应满足

$$l = p\frac{\lambda_g}{2} \quad (p = 1, 2, \cdots) \tag{5.3-2}$$

于是有

$$\beta = \frac{2\pi}{\lambda_g} = \frac{p\pi}{l} \tag{5.3-3}$$

谐振器中有如下关系：

$$\omega^2 \mu\varepsilon = \left(\frac{2\pi}{\lambda_g}\right)^2 + \left(\frac{2\pi}{\lambda_c}\right)^2 \tag{5.3-4}$$

故谐振频率为

$$f_0 = \frac{v}{2\pi}\sqrt{\left(\frac{p\pi}{l}\right)^2 + \left(\frac{2\pi}{\lambda_c}\right)^2} \tag{5.3-5}$$

式中，v 为媒质中波速，λ_c 为对应模式的截止波长。

可见，谐振频率由振荡模式、谐振器的尺寸以及谐振器中填充的介质（μ，ε）决定，当谐振器的尺寸以及谐振器中填充介质确定后，谐振器中存在多个谐振频率，叫作谐振器的多谐性，对于简并模来说，同一谐振频率对应不同的工作模式。

（2）品质因数 Q_0

是描述微波谐振器频率选择性的优劣和能量损耗程度的物理量，分为固有品质因数 Q_0 和有载品质因数 Q_l。

① 固有品质因数 Q_0

孤立谐振器的固有品质因数与外界其他元器件和电路没有关系，仅描述谐振器本身储能和耗能的情况，定义为

$$Q_0 = 2\pi \left.\frac{\text{谐振器内存储总电磁能量 } W}{\text{一个周期内损耗的电磁能量 } W_{TL}}\right|_{\text{谐振时}} = 2\pi\frac{W}{P_{TL}} = \omega_0\frac{W}{P_{TL}} \tag{5.3-6}$$

谐振器的损耗主要为波导壁的导体损耗和所填充介质引起的介质损耗。若一周期 T 内的平均损耗功率为 P_{TL}，有

$$W_{TL} = P_{TL} = P_{TL}/f_0 \tag{5.3-7}$$

式（5.3-6）变为

$$Q_0 = 2\pi\frac{W}{P_{TL}T} = \omega_0\frac{W}{P_{TL}} \tag{5.3-8}$$

谐振器的总储能是电能 W_e 和磁能 W_m 之和，当电场强度最大时，磁能为 0，当磁场强度最大时，电能为 0，所以总储能为

$$W = W_e + W_m = W_{emax} = \frac{\varepsilon}{2}\int_V |E|^2 dV \tag{5.3-9a}$$

$$W = W_e + W_m = W_{mmax} = \frac{\mu}{2}\int_V |H|^2 dV \qquad (5.3-9b)$$

式中，V 是谐振器的体积。

如果填充介质是空气，介质损耗可以忽略不计，仅考虑导体损耗。设导体表面电阻为 $R_s = (\pi f_0 \mu/\sigma)^{1/2}$，功率损耗为

$$P_s = \frac{R_s}{2}\oint_S |J_s|^2 dS \qquad (5.3-10)$$

感应电流由切向磁场强度来计算，即

$$J_s = \hat{n} \times H_t \qquad (5.3-11)$$

式中，H_t 为导体内壁切向磁场。固有品质因数为

$$Q_0 = \frac{\omega_0 \mu}{R_s}\frac{\int_V |H|^2 dV}{\int_S |H_t|^2 dS} = \frac{2}{\delta}\frac{\int_V |H|^2 dV}{\int_S |H_t|^2 dS} \qquad (5.3-12a)$$

式中，$\delta = 1/(\pi f_0 \mu\sigma)^{1/2}$ 为导体内壁趋肤深度，σ 是电导率，μ 是磁导率。求得谐振器内场分布，即可求得品质因数 Q_0。当谐振器的尺寸以及谐振器中填充介质确定后，若谐振模确定，那么谐振器内场分布不变，即 $|H|/|H_t| = A$，式(5.3-12a)简化为

$$Q_0 \approx A\frac{V}{\delta S} \qquad (5.3-12b)$$

式中，S 是谐振器的内表面积。可见：

$Q_0 \propto V/S$，设计谐振器的尺寸时应使 V/S 尽量大；谐振器尺寸与工作波长成正比，$V \propto \lambda_0^3$，$S \propto \lambda_0^2$，有 $Q_0 \propto \lambda_0$，由于 δ 仅为几微米，因此厘米波段的谐振器 Q_0 值将在 $10^4 \sim 10^5$ 量级；应该选用电导率比较大的金属作为谐振器的内表面，使金属表面尽量光滑。

② 有载品质因数 Q_l

当一个微波谐振器正常工作时，必通过耦合或激励与外界发生能量交换，因外界负载的作用，不仅会使谐振频率发生变化，还会增加谐振器的功率损耗，降低品质因数。有载品质因数考虑了外界负载的作用，描述了谐振腔储能和谐振腔及耦合装置的耗能情况，定义为

$$Q_l = \omega_0 \frac{W}{P_s + P_e} \qquad (5.3-13)$$

式中，P_e 是外接负载的损耗功率。式(5.3-13)可以改写为

$$\frac{1}{Q_l} = \frac{P_s + P_e}{\omega_0 W} = \frac{P_s}{\omega_0 W} + \frac{P_e}{\omega_0 W} = \left(\frac{1}{Q_0} + \frac{1}{Q_e}\right)^{-1} \qquad (5.3-14)$$

其中 Q_e 是外加负载产生的，称为耦合品质因数或外部品质因数。

为了衡量谐振器与外接负载之间的耦合程度，定义耦合系数

$$\tau = \frac{Q_0}{Q_e} \qquad (5.3-15)$$

则

$$Q_l = \frac{Q_0}{1+\tau} \qquad (5.3-16)$$

τ 越大，耦合越紧，有载品质因数越小；反之，τ 越小，耦合越松，有载品质因数 Q_l 越接近无载品质因数 Q_0。

(3) 等效电导

等效电导 G_0 是描述谐振器功率损耗特性的参量,定义为

$$G_0 = \frac{2P_s}{|U_m|^2} \qquad (5.3-17)$$

式中,U_m 是振荡模式的模式电压,因为不同模式的电压不同,用 m 以示区分。若谐振器中某等效参考面的边界上取两点 a 和 b,模式电压可由电场强度的线积分计算

$$U_m = \int_a^b \boldsymbol{E} \cdot d\boldsymbol{l} \qquad (5.3-18)$$

故等效电导为

$$G_0 = R_s \frac{\oint_s |\boldsymbol{H}_t|^2 dS}{\left(\int_a^b \boldsymbol{E} \cdot d\boldsymbol{l}\right)^2} \qquad (5.3-19)$$

显然,等效电导 G_0 的大小与点 a 和 b 的选择有关。

三个基本参量的计算公式都是针对一定振荡模式的,模式不同,所得参量的数值不同。除了上述能用公式表达的规则形状的谐振器外,还可以应用等效电路的概念,通过测量确定复杂谐振器的 f_0、Q_0 和 G_0。

5.3.3 同轴线谐振器

将同轴线的两端短路、开路或作其他处理,使其中传输的电磁行波转换为电磁驻波,就构成了同轴线谐振器。因同轴线中传输的是 TEM 波,故同轴线谐振器中的谐振模式是 TEM 模,具有场结构简单稳定、频带宽、无色散、工作可靠等优点,被广泛应用在振荡回路和波长计中,但品质因数比金属空腔谐振器低。同轴线谐振器通常有 $\lambda_g/4$ 型、$\lambda_g/2$ 型和电容加载型三种。

(1) $\lambda_g/4$ 型同轴线谐振器

图 5-32 为 $\lambda_g/4$ 型同轴线谐振器,由一段一端短路、一端开路的同轴线构成,谐振器内最低次振荡模式是 TEM 模。

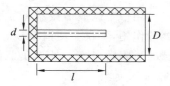

图 5-32 $\lambda_g/4$ 型同轴线谐振器

① 谐振频率

根据谐振波长 λ_g 与腔体长度 l 的关系

$$l = (2p-1)\frac{\lambda_g}{4} \quad (p=1,2,\cdots) \qquad (5.3-20a)$$

可得谐振频率为

$$f_0 = \frac{2p-1}{4l\sqrt{\varepsilon\mu}} \qquad (5.3-20b)$$

可见,当谐振器长度 l 为 $\lambda_g/4$ 的奇数倍时,谐振器就会产生谐振,故称为 $\lambda_g/4$ 型同轴线谐振器。当谐振器长度 l 一定时,p 取值不同,就会有不同的谐振频率。

② 固有品质因数

同轴线谐振器固有品质因数

$$Q_0 = \frac{1}{\delta} \frac{\ln\dfrac{D}{d}}{\left(\dfrac{1}{D}+\dfrac{1}{d}\right)+\dfrac{1}{l}\ln\dfrac{D}{d}} \qquad (5.3-21)$$

将 $l = \lambda_g/4$ 代入后,有

$$Q_0 = \frac{1}{\delta} \frac{\ln \dfrac{D}{d}}{\left(\dfrac{1}{D} + \dfrac{1}{d}\right) + \dfrac{4}{\lambda_g} \ln \dfrac{D}{d}} \qquad (5.3 - 22)$$

当谐振频率一定时,Q_0 与谐振器的横截面尺寸 D 和 d 有关,$D/d \approx 3.6$ 时 Q_0 有极大值。

(2) $\lambda_g/2$ 型同轴线谐振器

图 5-33 为 $\lambda_g/2$ 型同轴线谐振器,由一段两端短路的同轴线构成,谐振器内最低次振荡模式是 TEM 模。

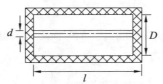

图 5-33　$\lambda_g/2$ 型同轴线谐振器

① 谐振频率

谐振波长 λ_g 与腔体长度 l 的关系及谐振频率为

$$l = p \frac{\lambda_g}{2} \quad (p = 1, 2, \cdots) \qquad (5.3 - 23a)$$

$$f_0 = \frac{p}{2l\sqrt{\varepsilon\mu}} \qquad (5.3 - 23b)$$

可知,当同轴线长度 l 为 $\lambda_g/2$ 的整数倍时,谐振器产生谐振,称为 $\lambda_g/2$ 型同轴线谐振器。实际应用中,通常将谐振器长度 l 固定,p 取值不同,获得不同的谐振频率。

② 固有品质因数

将 $l = \lambda_g/2$ 代入式(5.3 - 21),$\lambda_g/2$ 型同轴线谐振器固有品质因数为

$$Q_0 = \frac{1}{\delta} \frac{\ln \dfrac{D}{d}}{\left(\dfrac{1}{D} + \dfrac{1}{d}\right) + \dfrac{2}{\lambda_g} \ln \dfrac{D}{d}} \qquad (5.3 - 24)$$

同样地,当 $D/d \approx 3.6$ 时,Q_0 有极大值。由于结构上的原因,$\lambda_g/2$ 同轴线谐振器的测量精度优于 $\lambda_g/4$ 型同轴线谐振器。

(3) 电容加载型同轴线谐振器

同轴线一端短路,另一端的内导体末端与外导体短路面之间形成缝隙电容,构成电容加载型同轴线谐振器,如图 5-34a 所示。

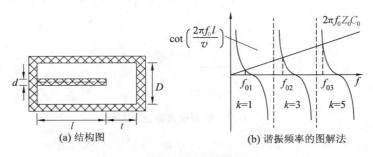

(a) 结构图　　　　(b) 谐振频率的图解法

图 5-34　电容加载型同轴线谐振器

谐振频率

$$\omega C_0 = \frac{1}{Z_0} \cot(\beta l) \tag{5.3-25a}$$

$$2\pi f_0 Z_0 C_0 = \cot\left(\frac{2\pi f_0 l}{v}\right) \tag{5.3-25b}$$

式中,Z_0 是同轴线的特性阻抗,v 是介质中波的传播速度,C_0 是缝隙电容。由上式可知,谐振频率可以通过调节缝隙电容 C_0 或内导体长度 l 的方法获得。

如将缝隙电场近似看作均匀分布,C_0 可按平板电容公式计算

$$C_0 = \frac{\varepsilon_0 S}{t} = \frac{4\varepsilon_0 \pi d^2}{t} \tag{5.3-26a}$$

式中,ε_0 为空气的介电常数,d 为同轴腔内导体半径,t 为缝隙宽度。

考虑边缘电容后的修正式为

$$C_0 = 6.94\frac{d^2}{t}\left(1 + \frac{36.8}{2\pi d}\lg\frac{D-d}{2t}\right)\times 10^{-12}\ \mathrm{F} \tag{5.3-26b}$$

式(5.3-26)是一个关于频率 f_0 的超越方程,可用图解法或数值法求解。图 5-34b 为图解方法,直线 $2\pi f_0 Z_0 C_0$ 与一系列余切曲线 $\cot(2\pi f_0 l/v)$ 交点的横坐标就是方程的解,也就是谐振频率,图中 $k=1,3,5,\cdots$ 对应的谐振频率为 f_{01}、f_{02}、f_{03}、$\cdots$,谐振器内导体的长度分别为

$$l_1 < \frac{\lambda_g}{4}, \quad l_2 < \frac{3\lambda_g}{4}, \quad l_3 < \frac{5\lambda_g}{4}$$

与 $\lambda_g/2$ 型同轴线谐振器相比,电容加载型同轴线谐振器的内导体长度缩短了,其中的缝隙电容称为缩短电容。

电容加载型同轴线谐振器常用作微波振荡器和放大器的谐振器。

5.3.4 金属空腔谐振器

（1）矩形谐振器

两端短路的矩形波导组成如图 5-35 所示,长度 l,宽边尺寸 a,窄边尺寸 b。矩形谐振器中有 TE_{mnp} 模和 TM_{mnp} 模,下标 m、n、p 分别表示场分量沿波导宽边、窄边和长度上变化的半驻波数。矩形谐振器的谐振频率和谐振波长为

$$f_0 = \frac{v}{2}\sqrt{\left(\frac{m}{a}\right)^2 + \left(\frac{n}{b}\right)^2 + \left(\frac{p}{l}\right)^2} \tag{5.3-27a}$$

$$\lambda_0 = c/f_0 = \frac{2}{\sqrt{\left(\frac{m}{a}\right)^2 + \left(\frac{n}{b}\right)^2 + \left(\frac{p}{l}\right)^2}} \tag{5.3-27b}$$

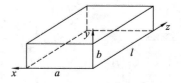

图 5-35 矩形谐振器及其坐标

对于 TE_{mnp} 模,m、$n=1,2,3,\cdots$;$p=0,1,2,\cdots$。对于 TM_{mnp} 模,m、$n=0,1,2,3,\cdots$（m 和 n 不能同时为 0）,$p=1,2,3,\cdots$。矩形谐振器的主模是 TE_{101} 模,$m=1,n=0,p=1,$

$\beta l = p\pi = \pi$，场结构简单、稳定，应用广泛。矩形谐振器的场分量表达式为

$$
\begin{cases}
E_y = \dfrac{\omega\mu a}{\pi} H_{10} \sin \dfrac{\pi x}{a} \sin \dfrac{\pi z}{l} \\[2mm]
H_x = \dfrac{\beta a}{\pi} H_{10} \sin \dfrac{\pi x}{a} \cos \dfrac{\pi z}{l} \cos \dfrac{\pi z}{l} \\[2mm]
H_z = H_{10} \cos \dfrac{\pi x}{a} \sin \dfrac{\pi z}{l} \\[2mm]
H_y = E_x = E_z = 0
\end{cases}
\tag{5.3-28}
$$

由上式可知，各分量与 y 无关，电场只有 E_y 分量，磁场只有 H_x 和 H_z，沿 x、y、z 方向均为驻波分布。

① 谐振频率

根据式（5.3-27）可知，TE_{101} 模谐振频率为

$$
f_0 = \frac{v}{2} \sqrt{\left(\frac{1}{a}\right)^2 + \left(\frac{1}{l}\right)^2}
\tag{5.3-29}
$$

当 $a = b = l$ 时，TE_{101} 模、TE_{011} 模和 TE_{110} 模具有相同谐振频率，是简并模。

② 固有品质因数

谐振器内的总储能为电能与磁能之和或为电能最大值或磁能最大值，所以 TE_{101} 模的储能为

$$
W = W_{\mathrm{emax}} = \frac{\varepsilon}{2} \int_0^l \int_0^b \int_0^a |E_y|^2 \, \mathrm{d}x\mathrm{d}y\mathrm{d}z = \frac{\varepsilon}{2} \int_0^l \int_0^b \int_0^a \frac{\omega^2 \mu^2 a^2}{\pi^2} H_{10}^2 \sin \frac{\pi x}{a} \sin \frac{\pi z}{l} \mathrm{d}x\mathrm{d}y\mathrm{d}z
$$

$$
= \frac{\varepsilon}{2} \cdot \frac{\omega_0^2 \mu^2 a^2}{\pi^2} \cdot \frac{a}{2} \cdot b \cdot \frac{l}{2} = \frac{\varepsilon \omega_0^2 \mu^2 a^3 bl}{8\pi^2} H_{10}^2
\tag{5.3-30}
$$

表面电阻为 R_s 的导体壁的导体损耗功率

$$
P_s = \frac{R_s}{2} \int_S |H_t|^2 \mathrm{d}S
$$

$$
= \frac{R_s}{2} \left\{ 2\int_0^b \int_0^a |H_x|_{z=0}^2 \, \mathrm{d}x\mathrm{d}y + 2\int_0^l \int_0^b |H_z|_{x=0}^2 \, \mathrm{d}y\mathrm{d}z + 2\int_0^l \int_0^a (|H_x|^2 + |H_z|^2)_{y=0} \mathrm{d}x\mathrm{d}z \right\}
$$

$$
= \frac{R_s H_{10}^2}{2l^2} \left[2b(a^3 + l^3) + al(a^2 + l^2) \right]
\tag{5.3-31}
$$

固有品质因数 Q_0 为

$$
Q_0 = \omega_0 \frac{W}{P_s} = \frac{\pi}{2R_s} \sqrt{\frac{\mu}{\varepsilon}} \frac{b(a^2 + l^2)^{3/2}}{2b(a^3 + l^3) + al(a^2 + l^2)}
\tag{5.3-32a}
$$

当 $a = l$，$a = b = l$ 时，Q_0 分别为

$$
Q_0 = \frac{2.22b}{(a + 2b)R_s} \sqrt{\frac{\mu}{\varepsilon}}
\tag{5.3-32b}
$$

$$
Q_0 = 0.742 \frac{1}{R_s} \sqrt{\frac{\mu}{\varepsilon}}
\tag{5.3-32c}
$$

矩形谐振器可用于振荡回路、谐振放大电路、波长计、滤波器等。

（2）圆柱形谐振器

圆柱形谐振器由两端短路的圆柱形波导组成，长度 l、半径 a（图 5-36）。圆柱形谐振器同样存在 TE_{mnp} 模和 TM_{mnp} 模，下标 m、n、p 表示场分量沿圆周方向的驻波数、沿半径方向分布的驻波数和沿谐振器长度方向分布的驻波数。

圆柱形谐振器 TE_{mnp} 模的谐振频率和谐振波长为

$$f_0 = \frac{v}{2\pi}\sqrt{\left(\frac{u_{mn}}{a}\right)^2 + \left(\frac{p\pi}{l}\right)^2} \qquad (5.3-33a)$$

$$\lambda_0 = v/f_0 = \frac{1}{\sqrt{\left(\frac{u_{mn}}{2\pi a}\right)^2 + \left(\frac{p}{2l}\right)^2}} \qquad (5.3-33b)$$

圆柱形谐振器 TM_{mnp} 模的谐振频率和谐振波长为

$$f_0 = \frac{v}{2\pi}\sqrt{\left(\frac{v_{mn}}{a}\right)^2 + \left(\frac{p\pi}{l}\right)^2} \qquad (5.3-34a)$$

$$\lambda_0 = v/f_0 = \frac{1}{\sqrt{\left(\frac{v_{mn}}{2\pi a}\right)^2 + \left(\frac{p}{2l}\right)^2}} \qquad (5.3-34b)$$

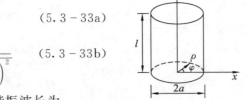

图 5-36 圆柱形谐振器

TM_{mnp} 模中 p 取值可以为 0，但 TE_{mnp} 模中 p 取值不能为 0。TM_{010} 模、TE_{011} 模和 TE_{111} 模是圆柱形谐振器三种常用谐振模式，它们的场结构各不相同，各有特点，可通过尺寸选择得到需要的谐振模式，抑制其他模式。

① TM_{010} 模

谐振波长和固有品质因数为

$$\lambda_0 = 2.62a \qquad (5.3-35a)$$

$$Q_0 = \frac{1}{\delta}\frac{al}{a+l} \qquad (5.3-35b)$$

可见，谐振波长与长度 l 无关，故常在空腔端面中央，放入一个可调的圆柱导体用来调谐。当谐振器长度 $(D/l)^2 > 1$ 时，TM_{010} 模为谐振器中最低次模，这种谐振器频带宽、调谐范围大，但 Q_0 较小。

② TE_{011} 模

谐振波长和固有品质因数为

$$\lambda_0 = \frac{1}{\sqrt{\left(\frac{1}{1.64a}\right)^2 + \left(\frac{1}{2l}\right)^2}} \qquad (5.3-36a)$$

$$Q_0 = \frac{0.336\left[1.49 + \left(\frac{a}{l}\right)^2\right]^{3/2}}{1 + 1.34\left(\frac{a}{l}\right)^3} \qquad (5.3-36b)$$

这种谐振器的腔壁损耗很小，且频率越高损耗越小，Q_0 值高达 $10^4 \sim 10^5$ 数量级，可以作为高品质因数的谐振器，还可用于非接触式的高精度频率计。TE_{011} 模谐振器场结构稳定，无极化兼并模式。但因不是最低次模，在同样工作频率时，腔体较大，干扰模式较多，需精心设计加工，选择激励和耦合结构。

③ TE_{111} 模

谐振波长和固有品质因数为

$$\lambda_0 = \frac{1}{\sqrt{\left(\frac{1}{3.41a}\right)^2 + \left(\frac{1}{2l}\right)^2}} \qquad (5.3-37a)$$

$$Q_0 = \frac{1.03\left[0.343+\left(\dfrac{a}{l}\right)^2\right]^{3/2}}{1+5.82\left(\dfrac{a}{l}\right)^2+0.86\left(\dfrac{a}{l}\right)^2\left(1-\dfrac{a}{l}\right)} \tag{5.3-37b}$$

当谐振器长度 $(D/l)^2 < 1$ 时，TE_{111} 模是谐振器中的最低次模，干扰模较少；在同样工作频率时，谐振器较小，频带宽，但 Q_0 值较小，约为 TE_{011} 的 $1/2$，当加工精度不高时，容易出现极化简并模。

在同样体积情况下，圆波导谐振腔比矩形谐振腔固有品质因数高，加工容易，是最常用的谐振腔。

5.3.5 微带谐振器

微带谐振器的结构形式很多，主要有传输线型谐振器（如开路微带线谐振器）和非传输线型谐振器（如圆形、环行），见图 5-37。

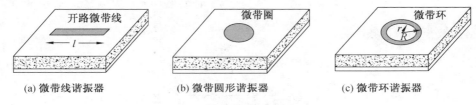

(a) 微带线谐振器　　　(b) 微带圆形谐振器　　　(c) 微带环谐振器

图 5-37　几种微带谐振器

（1）开路微带线谐振器

开路微带线谐振器由两端开路的微带线构成（图 5-37a），导带长 l、宽 w，介质基片相对介电常数 ε_r、厚度 h。微带开路端存在的边缘场效应可用一段开路微带线 Δl 等效

$$\Delta l = 0.412\,\frac{\varepsilon_e+0.3\,\dfrac{w}{h}+0.264}{\varepsilon_e-0.258\,\dfrac{w}{h}+8} \tag{5.3-38}$$

式中，$1 < \varepsilon_e < \varepsilon_r$ 为有效相对介电常数（参见第 3 章 3.2.1）。

图 5-38 是为开路微带线谐振器的等效电路，当微带线的有效长度 $l+2\Delta l$ 等于 $\lambda_g/2$ 的整数倍时，产生谐振

$$l+2\Delta l = p\,\frac{\lambda_g}{2} \quad (p=1,2,3,\cdots) \tag{5.3-39}$$

式中，$\lambda_g = \lambda_0/\sqrt{\varepsilon_e}$。谐振波长和谐振频率为

$$\lambda_0 = \frac{(l+2\Delta l)\sqrt{\varepsilon_e}}{p} \tag{5.3-40a}$$

$$f_0 = v/\lambda_0 = \frac{cp}{(l+2\Delta l)\sqrt{\varepsilon_e}} \tag{5.3-40b}$$

式中，c 是真空中的光速。

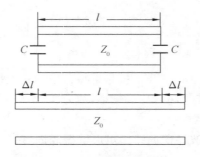

图 5-38　开路微带线谐振器的等效电路

（2）微带环谐振器

微带环谐振器（图 5-37c）的内外半径分别为 r 和 R，当微带环的平均周长等于波导波长的整数倍时产生谐振，即

$$\pi(R+r)=p\frac{\lambda_{g}}{2}\quad(p=1,2,3,\cdots) \tag{5.3-41}$$

谐振波长和谐振频率为

$$\lambda_{0}=\lambda_{g}\sqrt{\varepsilon_{e}}=\frac{\pi(R+r)}{p}\sqrt{\varepsilon_{e}} \tag{5.3-42a}$$

$$f_{0}=\frac{v}{\lambda_{0}}=\frac{cp}{\pi(R+r)\sqrt{\varepsilon_{e}}} \tag{5.3-42b}$$

（3）微带谐振器的固有品质因数

微带谐振器的损耗主要有导体损耗、介质损耗、辐射损耗和表面波损耗四类。导体、介质、辐射和表面波损耗的固有品质因数 Q_{c}、Q_{d}、Q_{r}、Q_{sw} 分别为

$$Q_{c}=h\sqrt{\pi f_{0}\mu_{0}\sigma} \tag{5.3-43a}$$

$$Q_{d}=\frac{1}{\tan\delta} \tag{5.3-43b}$$

$$Q_{r}=\frac{c\sqrt{\varepsilon_{e}}}{4f_{0}h} \tag{5.3-43c}$$

$$Q_{sw}=Q_{r}\left[\frac{\lambda_{0}}{3.4h\sqrt{\varepsilon_{r}-1}}-1\right] \tag{5.3-43d}$$

总的固有品质因数

$$Q_{0}=\left(\frac{1}{Q_{c}}+\frac{1}{Q_{d}}+\frac{1}{Q_{r}}+\frac{1}{Q_{sw}}\right)^{-1} \tag{5.3-44}$$

微带谐振器的 Q_{0} 值，10 GHz 以下的主要取决于微带线的导体损耗，10 GHz 以上的还需要考虑介质基片的介质损耗。当介质基片比较厚时，还要考虑辐射损耗和表面波损耗。

5.3.6　介质谐振器

介质谐振器是近年来发展起来的一种新型的谐振器，是一类用低损耗、高介电常数材料（如钛酸钡和二氧化钛等）制成的谐振器，通常有矩形、圆柱形和圆环形（图 5-39）。

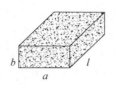
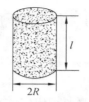
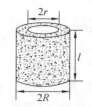

(a) 矩形介质谐振器　　(b) 圆柱形介质谐振器　　(c) 圆环形介质谐振器

图 5-39　常见的介质谐振器

　　介质谐振器可看作两端开路的介质波导，振荡模式与介质波导中的模式相对应，有无穷多种。介质与空气交界面呈开路状态，电磁波在介质内部反射能量，在介质中形成谐振结构，高介电常数介质能保证大部分场都在谐振器内，不易辐射或泄漏。谐振频率由振荡模式、谐振器所用的材料及尺寸等因素决定。分析方法有变分法、介质波导模型法、混合磁壁法等，直接计算比较复杂和困难，当给定介电常数和尺寸时，可从相关的曲线图中查出谐振频率。

　　固有品质因数取决于介质材料的损耗，相对介电常数大于 100 的介质谐振器，固有品质因数近似为

$$Q_0 = \frac{1}{\tan \delta} \tag{5.3-45}$$

实际应用中的介质振荡器放在波导或微带基片上，金属板上的传导电流会引起导体损耗，降低介质谐振器的 Q_0。

　　介质谐振器的特点是：

① 体积较小，是产生同样谐振频率金属或同轴谐振器的 1/10 以下，制作成本较低；

② 高 Q_0 值，在 $0.1 \sim 30$ GHz 范围内，可达 $10^3 \sim 10^4$；

③ 无频率限制，可以适用到毫米波段（100 GHz 以上）；

④ 易于集成，常用于微波集成电路中。

5.3.7　谐振器的耦合和激励

　　实际应用中，微波谐振器总是通过一个或几个端口和外电路连接进行能量交换。谐振器和外电路相连的部分称作激励装置或耦合装置。波导型谐振器的激励方法与第 2章中波导的激励和耦合相似，有电激励、磁激励和电流激励三种。微带线谐振器通常用平行耦合微带线激励和耦合，如图 5-40 所示。

图 5-40　微带谐振器的耦合

5.4 微波滤波器

微波滤波器是微波系统中的重要元件之一,广泛应用于微波通信、雷达、电子对抗及微波测量仪器中,在系统中用来控制信号的频率响应,使通带频率范围内的微波信号几乎无衰减地通过滤波器,阻断阻带频率范围内的微波信号通过。

5.4.1 滤波器的衰减特性

滤波器是具有频率选择性的二端口网络,滤波器频率选择特性可以用传输系数的频率特性来表示,简称为传输特性;也可用插入衰减的频率特性来表示,简称为衰减特性。

微波滤波器可以等效为图 5-41 所示的二端口网络,网络无耗两端口均接匹配负载时,由第 4 章公式(4.9-3)可知滤波器的插入损耗 L_i 为

$$L_i = 10\ \lg\frac{P_{in}}{P_t} = 20\ \lg\frac{1}{|S_{21}|} \tag{5.4-1}$$

式中,P_{in} 和 P_t 分别是输入端口的输入功率和负载的吸收功率。

为了描述衰减与频率之间的关系,工程上常用数学函数来逼近滤波器的衰减特性,常用的有最平坦函数、Chebysher 多项式和椭圆函数,与之对应的滤波器是最平坦式、Chebysher 多项式和椭圆函数滤波器。根据通频带的不同,还可分为低通、带通、带阻、高通滤波器;根据工作频带分为窄带和宽带滤波器;按传输线类型分为微带滤波器、交指型滤波器、同轴线滤波器、波导滤波器、梳状线腔滤波器、螺旋腔滤波器、小型集总参数滤波器、陶瓷介质滤波器、SIR(阶跃阻抗谐振器)滤波器等。

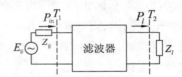

图 5-41 微带滤波器等效的二端口网络

衡量微波滤波器的主要技术指标有:
① 通带的截止频率 f_c 或频率范围 $f_1 \sim f_2$,及通带内允许的最大插入衰减 L_{ir};
② 阻带内最小衰减 L_{is} 及阻带边界频率 f_s。
当 f_s 固定时,L_{is} 愈大,阻带的插入衰减频率特性曲线愈陡,性能愈好。

5.4.2 微带滤波器

微带线滤波器根据传输特性可分为低通、带通、带阻、高通型滤波器。

(1) 微带线低通滤波器

高阻抗短线(窄线)相当于串联电感,低阻抗短线(宽线)相当于并联电容,调整每段微带的长度和宽度,使等效电抗值与集总元件的对应电抗值相等,然后并联或串联起来形成微带低通滤波器(图 5-42)。

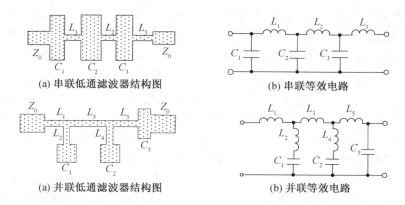

(a) 串联低通滤波器结构图   (b) 串联等效电路

(a) 并联低通滤波器结构图   (b) 并联等效电路

图 5‑42　微带线低通滤波器及等效电路

（2）平行耦合微带线带通滤波器

图 5‑43a 是半波长平行耦合微带线带通滤波器,这是一种在微波集成电路中广为应用的微带线带通滤波器。微带段两端开路,长度均为 $\lambda_g/2$,波长等于 λ_g 的电磁波在微带段上谐振并持续存在,输入微波信号中,只有谐振及附近频率的信号才能一级级地耦合到输出口,构成带通滤波器。半波长平行耦合微带线带通滤波器结构紧凑,第二寄生通带的中心频率位于主通带中心频率的 3 倍处,适应频率范围较大,用于宽带滤波器时相对带宽 20%,但插损较大,谐振器在一个方向依次摆开,使在一个方向上占用的空间较大。

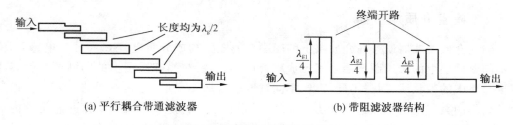

(a) 平行耦合带通滤波器   (b) 带阻滤波器结构

图 5‑43　微带线带通与带阻滤波器

（3）微带线带阻滤波器

微带线带阻滤波器的结构如图 5‑43b 所示,微带的终端短路,长度分别为 $\lambda_{g1}/4$、$\lambda_{g2}/4$ 和 $\lambda_{g3}/4$。对波长等于 λ_{g1}、λ_{g2} 和 λ_{g3} 的电磁波,并联的终端开路 1/4 支节相当于对地短路,这些频率的信号不能通过,故为带阻滤波器。

5.4.3　同轴线滤波器

高阻抗短线(内导体细)相当于串联电感,低阻抗短线(内导体粗)相当于并联电容,调整每段同轴线内导体的长度和宽度,使等效电抗值与集总元件的对应电抗值的相等,然后并联或串联起来形成同轴线滤波器(图 5‑44)。

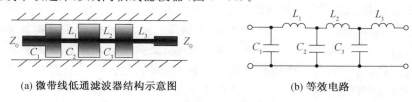

(a) 微带线低通滤波器结构示意图   (b) 等效电路

图 5‑44　同轴线低通滤波器及等效电路

同轴线滤波器体积小,Q_0 值较高,温度稳定性好,用于通带窄、带内插损小、带外抑制高的场合。这类滤波器适合大规模生产,成本较低。但要在 10 GHz 以上使用时,因微小的物理尺寸,难以达到制作精度。同轴线滤波器广泛应用于通信、雷达等系统。

5.4.4 波导滤波器

波导滤波器一般由不连续波导和传输线(如销钉、膜片等,参见附录 5-3)组成,不连续结构产生高次模,对主模 TE_{10} 的作用相当于一个电抗,传输线段可以等效为谐振腔(图 5-45)。通过选择合适的膜片尺寸,使各谐振膜片谐振在同一频率上,但具有不同的 Q_0 值,使第二通带位置远离,提高阻带特性。波导滤波器 Q_0 值高,插入损耗损小,温度稳定性好,功率容量大,特别适合窄带应用,在 $1.7 \sim 26$ GHz 频率范围内实现 $0.2\% \sim 3.5\%$ 带通滤波,但尺寸较其他应用在微波段的谐振器大。波导滤波器广泛应用于微波毫米波通信、卫星通信等系统和要求高性能滤波特性的军用电子产品中。

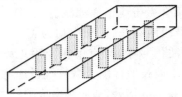

图 5-45 波导带通滤波器

5.4.5 陶瓷介质滤波器

陶瓷介质滤波器通过在介质层上的印刷金属图案构成分布电容 C 和分布电感 L,位于不同介质层上的金属图案层之间形成耦合电容。叠层后,介质层上的印刷金属图案相当于介质中的带状线,通过不同长度、不同宽度的金属图案层,得到不同的 L 和 C。通过设计金属图案层的形状和选用适当的介质,得到在某一特定频率发生谐振并满足带内插损、带宽和阻带等各项指标要求的滤波器。陶瓷介质滤波器频率高、体积小、插入损耗小、衰减大,在移动通信、数字化家电等产品中得到广泛的应用。

随着无线通信的发展,信号间的频带越来越窄,要求信号相互间的影响更小,对于滤波器的要求也越来越高。如何实现滤波器的小型化、高选择性、宽阻带成为滤波器的主要研究方向。

5.5 微波铁氧体器件

在微波系统中,当负载匹配时,无反射波到信源,所以信源的性能和输出功率不受负载的影响;当负载不匹配时,从负载反射回来的信号会影响信源的稳定性和输出功率,导致整个微波系统不稳定。为避免这种现象,可在负载和信源之间接入具有不可逆传输特性的器件,使从信源到负载是通行的,从负载到信源禁止通行,从负载反射回来的信号不能到达信源,保证信源的稳定。这种具有单向传输、反向隔离功能的器件称为单向器或隔离器,环行器也具有单向循环传输功能。单向器、隔离器和环行器都是微波铁氧体器件,这种器件在微波电路中不仅能实行信号的单向传输、反向隔离作用,还可以实现信号的方向变换、相位控制、幅度调制或频率调谐等作用。

微波铁氧体器件的种类很多,按功能有隔离器、环行器、开关、相移器、调制器、磁调滤波器、磁调振荡器、磁表面波延迟线等;按结构形式有波导式、同轴线式、带状线式和微带线式;按工作方式有 Faraday 旋转式、谐振式、场移式、结式等;按所用材料有多晶铁氧体器件、单晶铁氧体器件和薄膜铁氧体器件。

5.5.1 铁氧体材料的特性

铁氧体是一种黑褐色的陶瓷,最初因含有铁的氧化物得名。实际上随着材料研究的进步,后来发展的某些铁氧体并不一定含有铁元素,目前常用的有镍-锌、镍-镁、锰-镁铁氧体和钇铁石榴石(YIG)等。铁氧体材料的主要特性有:

① 高电阻和高介电性能。微波铁氧体的电阻率很高,可达 10^8 $\Omega \cdot$ cm,铁氧体的相对介电常数 ε_r 为 $10 \sim 20$,属于低损耗介质材料。

② 各向异性。给微波铁氧体加上恒定磁场后,它在各方向上对微波磁场的磁导率是不同的,这就是微波铁氧体的各向异性。由于各向异性,当微波从不同的方向通过磁化铁氧体时,是非互易的。

③ 铁氧体器件的磁导率随外加磁场变化,这就是非线性。

④ 铁氧体相移不可逆性。由于铁氧体具有各向异性,在恒定磁场作用下,与磁场方向成左、右螺旋关系的左、右旋转极化磁场具有不同的磁导率(分别设为 u_- 和 u_+)。若沿 $+z$ 方向传输左旋极化磁场,沿 $-z$ 方向传输右旋极化磁场,当两者传输相同距离时,因为对应的磁导率不同,故左、右旋极化磁场相速不同,所产生相移也就不同。

⑤ 铁磁谐振效应和圆极化磁场的谐振吸收效应。当磁场的工作频率 f 等于铁氧体的谐振频率 f_0 时,铁氧体对微波能量的吸收达到最大值。对圆极化磁场来说,由于左、右旋转极化场具有不同的磁导率,导致两者也有不同的吸收特性。假设反向传输的右旋极化磁场(磁导率为 u_+)具有铁磁谐振效应,电磁波能量被大量吸收;正向传输的左极化磁场(磁导率为 u_-)不存在铁磁谐振效应,电磁波能量几乎没有衰减,这就是圆极化磁场的谐振吸收效应。铁氧体谐振式隔离器正是利用了铁氧体的这一特性制成的。

5.5.2 隔离器

隔离器也叫反向器,电磁波正向传输时衰减很小(一般为 $0.5 \sim 1$ dB),反向通过时衰减很大(一般为 $20 \sim 30$ dB)。常用的隔离器有谐振式和场移式两种。

(1) 谐振式隔离器

这是利用铁氧体片在波导中的铁磁谐振效应制成的单向传输器件。在波导的某个恰当位置上放置铁氧体片,使电磁波一个方向传输的是右旋极化波,另一方向上传输的是左旋极化波。由于铁氧体的铁磁谐振效应,右旋极化波被强烈吸收,左旋极化波几乎没有衰减,实现单向传输、反向隔离,构成谐振式隔离器。以矩形波导为例,将铁氧体片放置在矩形波导 TE_{10} 模的圆极化位置处,宽面平行于波导窄壁,这是 E 型谐振式隔离器(图 5-46a),下面来推导矩形波导 TE_{10} 模的圆极化的位置。当矩形波导中传输主模 TE_{10} 时,磁场只有 x 分量和 z 分量,它们的表达式为

$$H_x = -\frac{\beta a}{\pi} H_{10} \sin \frac{\pi x}{a} e^{-j\beta z} \qquad (5.5-1a)$$

$$H_z = H_{10} \cos \frac{\pi x}{a} e^{-j\beta z} \qquad (5.5-1b)$$

在圆极化点 H_x 和 H_z 振幅相等,据此求出圆极化点的位置为

$$x_0 = \frac{a}{\pi}\arctan\frac{\pi}{\beta a} = \frac{a}{\pi}\arctan\frac{\lambda_g}{2a} \tag{5.5-2}$$

式中,λ_g 是矩形波导的工作波长。

若在波导的对称位置 $x_1 = a - x_0 = a - (a/\pi)\arctan(\lambda_g/2a)$ 处放置铁氧体,沿 $+z$ 方向传输的波因满足圆极化谐振条件被强烈吸收,$-z$ 方向传输的波几乎无衰减地通过。刚好与上述情形相反,H 型谐振式隔离器铁氧体片放置在矩形波导 TE_{10} 模的 $x_0 = (a/\pi)\arctan(\lambda_g/2a)$ 处(圆极化位置),宽面平行于波导宽壁(图 5-46b)。

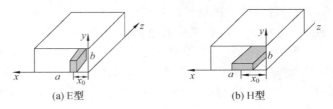

(a) E型　　　　　　　　　　(b) H型

图 5-46　谐振式隔离器

(2) 场移式隔离器

场移式隔离器依铁氧体对两个不同方向传输的波产生相移不同的特性制成。将表面贴有衰减片的铁氧体片放置在矩形波导的圆极化位置 $x_0 = (a/\pi)\arctan(\lambda_g/2a)$ 处,宽面平行于波导窄壁。在铁氧体片中外加垂直于波导宽边的恒定磁场 H_0,使 u_+ 小于且接近 0,$u_- > 1$(图 5-47)。衰减片的相对介电常数、相对磁导率越大,电磁场越集中,故波导中放入高介电常数铁氧体片时,电磁场会集中在置有铁氧体一侧的窄边,另一侧的强度大大减小,这种现象称为场移效应。两个方向传输所产生场移不同,使沿正向($+z$ 方向,$u_+ < 0$)传输的电磁波被排斥在铁氧体所在空间之外传播,即无衰减片的一侧,几乎无衰

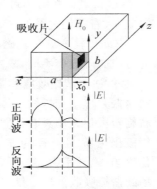

图 5-47　场移式隔离器

减;沿反向($-z$ 方向,$u_- > 1$)传输波偏向有衰减片的一侧,实现正向衰减很小、反向衰减很大的隔离功能。

场移式隔离器具有体积小、重量轻、结构简单且有较宽的工作频带等特点,在小功率场合有较为广泛的应用。

除了谐振式隔离器和场阻式隔离器,还有:

① Faraday 旋转式隔离器。利用电磁波在纵向磁化的铁氧体棒中传播时极化面产生旋转(Faraday 旋转效应)制成的隔离器。这种隔离器结构比较复杂,承受功率低,工作频带窄,多用于毫米波段。

② 边导模隔离器。当以横向磁化的铁氧体为介质的带线或微带中心导体宽度远大于铁氧体的厚度时,电磁波传播的主模式是边导模。这种模式的主要特点是当电磁波沿某一方向传播时,能量集中于带线的一边,当沿相反方向传播时,能量集中于另一边,而且这种能量的集中与频率无关,利用这种模式可以制成边导模隔离器。这种隔离器结构简单,频带极宽,可以达到多倍频程。

③ 集总元件隔离器。这是一种各端口内部都与集总元件网络相连的隔离器,主要用

于微波低频段和甚高频段,可以显著缩小隔离器的尺寸。

(3) 隔离器的性能指标

隔离器是一种非互易的两端口微波铁氧体器件,理想铁氧体隔离器的散射矩阵为

$$[S]=\begin{bmatrix} 0 & 0 \\ 1 & 0 \end{bmatrix} \qquad (5.5-3)$$

隔离器的矩阵$[S]$不满足幺正性,为有耗元件。一般用以下性能参量来描述。

① 正向衰减量 α_+

$$\alpha_+ = 10 \lg \frac{P_{1in}}{P_{1out}} = 10 \lg \frac{1}{|S_{21}|^2} \qquad (5.5-4)$$

式中,P_{1in}为正向传输输入功率,P_{1out}为正向传输输出功率。理想情况下$|S_{21}|=1$,$\alpha_+=0$,实际的隔离器希望 α_+ 越小越好。

② 反向衰减量 α_-

$$\alpha_- = 10 \lg \frac{P_{2in}}{P_{2out}} = 10 \lg \frac{1}{|S_{12}|^2} \text{ dB} \qquad (5.5-5)$$

式中,P_{2in}为反向传输输入功率,P_{2out}为反向传输输出功率,理想情况下 $\alpha_- \to \infty$。

③ 隔离比 R

将反向衰减量与正向衰减量之比定义为隔离器的隔离比,即

$$R = \frac{\alpha_-}{\alpha_+} \qquad (5.5-6)$$

④ 输入驻波比 ρ

在各端口都匹配的情况下,输入端口的驻波系数称为输入驻波比,此时

$$\rho = \frac{1+|S_{11}|}{1-|S_{11}|} \qquad (5.5-7)$$

理想情况下 $\rho=1$,实际的隔离器希望 ρ 值接近于 1。

5.5.3 环行器

环行器是一种能将任一端口的输入功率,按照顺序依次传输到下一端口,不会传到其他端口的非互易多端口微波铁氧体器件。环行器在微波电路中常用作双工器(在一个天线上同时进行接收和发射的双重操作)和单端放大器(如二极管参量放大器)的输入和输出间的隔离。

Y 形结环行器是中小功率微波系统中常用的三端口环行器,有波导型、带状线型和微带型等。图 5-48 是带状线型 Y 形结环行器,连接在中心导体圆盘的三条带状线互成 120° 且对称分布,中心导体圆盘上下都有铁氧体圆盘覆盖。

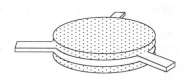

图 5-48 Y 形结环形器的基本结构

当无外加磁场时,铁氧体不会被磁化,带状线场分布也不会发生变化(图 5-49a),当微波信号从端口"1"输入时,端口"2"和"3"有等幅信号输出,此时没有环形作用。当外加恒定磁场 H_0 时,铁氧体被磁化,由于各向异性的作用,会在铁氧体上激发出电磁场,使得进入铁氧体的微波信号比不加磁场时旋转了一定的角度 θ。若恰当地选择外加磁场 H_0 的大小和方向可以使得 $\theta=30°$(图 5-49b),此时端口"2"有信号输出,端口"3"电场为 0,没有信号输出。同理,当信号从端口"2"输入时,端

口"3"有输出,端口"1"无输出;当信号从端口"3"输入时,端口"1"有输出,端口"2"无输出。即可以有"1"→"2"→"3"→"1"的单向环行传输,反向不通,故称为环行器。

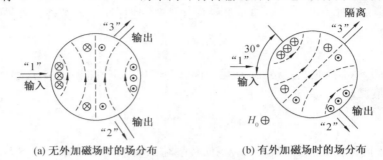

(a) 无外加磁场时的场分布   (b) 有外加磁场时的场分布

图 5-49   环行器及其场分布

Y 形结环行器是对称非互易三端口网络,散射矩阵为

$$[S]=\begin{bmatrix} S_{11} & S_{12} & S_{13} \\ S_{21} & S_{22} & S_{23} \\ S_{31} & S_{32} & S_{33} \end{bmatrix}$$ (5.5 − 8a)

理想的 Y 型结环器满足:

① 输入端口完全匹配,无反射,即 $S_{11}=S_{22}=S_{33}=0$;

② 输入端口到输出端口全通,无损耗,即 $|S_{21}|=|S_{32}|=|S_{13}|=1$;

③ 输入端口与隔离臂间无传输,即 $S_{31}=S_{12}=S_{23}=0$。

理想的 Y 型结环器散射矩阵为

$$[S]=\begin{bmatrix} 0 & 0 & e^{j\theta} \\ e^{j\theta} & 0 & 0 \\ 0 & e^{j\theta} & 0 \end{bmatrix}$$ (5.5 − 8b)

式中,θ 为附加相移。

如同隔离器一样,环行器的性能指标主要有正向衰减量、反向衰减量、对臂隔离度和工作频带等,对环行器的主要性能要求与隔离器类似。

Y 形结环行器端口"3"接匹配吸收负载就是单向器,如图 5-50a 所示。当信号从端口"1"输入时,端口"2"有输出,但从端口"2"反射信号经环行器到达端口"3"被完全吸收,这样"1"→"2"是导通的,但"2"→"1"是不通的,实现正向传输导通、反向传输隔离。

两个 Y 形结环行器还可以构成四端口的双 Y 结环行器,如图 5-50b 所示,单向环行规律是"1"→"2"→"3"→"4"。

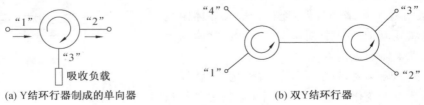

(a) Y结环行器制成的单向器   (b) 双Y结环行器

图 5-50   Y 结环行器

5.5.4 其他铁氧体器件

（1）铁氧体开关

利用铁氧体的旋磁效应制成的微波电路开关,常用环行器构成,通过改变外磁场方向来完成开关作用。波导式和同轴式铁氧体开关比较成熟,按磁路结构又可分为内回路式和外回路式。前者开关能量低、速度快,后者频带较宽。铁氧体开关一般采用锁式(或称数字式),开关时间可达微秒级,能承受较大的功率,插入损耗较小,多用于雷达、通信和其他微波系统中。

（2）铁氧体相移器

利用铁氧体材料的磁化强度或张量磁导率随外加磁场的变化,来改变传输电磁波相位的微波器件。铁氧体相移器最主要的参数是品质因数(或称优值),以度/分贝表示(1分贝衰耗时能达到的相移量)。各种铁氧体相移器可用于相控阵雷达天线各单元的相位控制,在通信系统中也有广泛的应用。

（3）铁氧体调制器

利用交变外磁场控制铁氧体材料旋磁效应,对电磁波进行调制的微波器件,如调相器、调幅器等。铁氧体调相器用于对微波信号进行相位调制,通过在矩形波导中沿轴线方向放置一根铁氧体棒,波导外面绕上线圈构成。当微波信号通过波导时,相位受由载流线圈产生的径向磁场磁化的铁氧体棒的影响发生变化。载流线圈的安匝数越大,相位改变也越大,反之越小。当线圈中通以交变电流时,传输的微波受到调制成为交变调相波。

铁氧体调幅器用于对微波信号进行幅度调制,结构与调相器类似,不同的是在铁氧体中间夹有平行于波导宽边的喷涂镍铬合金电阻薄膜的云母片。当微波信号通过波导时,因受到磁化的铁氧体中电阻薄膜的影响产生衰耗,衰耗量与载流线圈的安匝数成比例。因此输出的微波信号的幅度随衰耗大小变化,成为微波调幅波。

（4）磁调滤波器

钇铁石榴石等单晶具有很低的微波损耗,钇铁石榴石单晶小球或圆盘作为谐振器具有很高的 Q_0 值,谐振频率靠调谐外磁场改变,利用这种现象制成的滤波器称为磁调滤波器或钇铁石榴石调谐滤波器。磁场的调谐往往用改变电流的方法来实现,因此又称电调滤波器,特点是调谐速度快且无机械运动,调谐线性好,调谐频率范围宽,主要用于电子对抗和微波仪器中。

（5）磁调振荡器

利用钇铁石榴石单晶小球谐振器作为谐振回路元件的固体振荡器,通常又称钇铁石榴石调谐振荡器。主要特点是体积小,可在宽频带内磁调谐,常用于电子对抗和微波仪器中。

微波铁氧体器件的应用日渐增多,大部分器件还需要提高性能、降低价格和进一步小型化、集成化,发展的重点将是电子对抗用的宽频带快速调谐器件、相控阵雷达用的相移器和通信卫星系统用的低损耗器件等,研究的重点是在具有信号处理功能的静磁波器件和高频段的毫米波器件方面。

本 章 小 结

本章从工程应用的角度,介绍了主要由微波传输线构成的无源微波元器件。按照传输线类型,采用的分析方法有均匀传输线方程、场方程、微波网络和近似法等。和前面各章在线性情况下讨论问题不同,微波元器件除了线性各向同性、线性各向异性以外,还有具有非线性(如铁氧体器件)的性质,需要注意叠加原理的应用范围。

习 题

5.1 微波元器件按变换性质可分为哪几类?各有什么样的特性?

5.2 电抗元件有哪些?它们的作用是什么?

5.3 终端负载、微波连接、微波衰减与相移元件有哪些?它们的作用是什么?

5.4 阻抗匹配元件有哪些?它们的作用是什么?

5.5 一定向耦合器的散射矩阵为

$$[S] = \begin{bmatrix} 0.05\angle 30° & 0.96\angle 0° & 0.10\angle 90° & 0.05\angle 90° \\ 0.96\angle 0° & 0.05\angle 30° & 0.05\angle 90° & 0.10\angle 90° \\ 0.10\angle 90° & 0.05\angle 90° & 0.04\angle 30° & 0.96\angle 0° \\ 0.05\angle 90° & 0.10\angle 90° & 0.96\angle 0° & 0.05\angle 30° \end{bmatrix}$$

求定向度、耦合度、隔离度,以及当其他端口都接匹配负载时入射端口的回波损耗。

5.6 简述双分支定向耦合器的工作原理。

5.7 什么是 3 dB 定向耦合器?写出它的散射矩阵。

5.8 设某无耗定向耦合器的耦合度为 10 dB,定向度为 40 dB,端口"1"的输入功率为 50 W,分别计算直通端口"2"、耦合端口"3"和隔离端口"4"的输出功率。

5.9 一微带三端口功分器 $Z_0 = 50\ \Omega$,若端口"2"和端口"3"输出功率之比为 $1 : 2$,计算 Z_{02}、Z_{03}、R_3,若输入功率为 100 W,求端口"2"和端口"3"的输出功率。

5.10 在图 5-27 所示 E-T 分支器中,端口"3"的输入功率为 25 W 时,"1"和"2"两端口的输出功率是多少?若由端口"1"入,端口"2"和"3"的输出功率是多少?

5.11 在图 5-27 所示 E-T 分支器中,若端口"2"接短路活塞,请问短路活塞与中心对称平面的距离 l 为多少时,端口"3"的负载得到最大功率或最小功率?根据 E-T 的 S 参数,说明最大输出功率和最小输出功率是入射波功率的百分之几?

5.12 在图 5-28 的 H-T 分支器中,端口"1"入,端口"2"出,端口"3"接短路活塞,端口"2"获得最大功率输出或最小功率输出的条件是什么?端口"2"的输出功率是端口"1"输入功率的百分之几?

5.13 在图 5-28 的 H-T 分支器中,端口"1"入,端口"3"出,端口"2"接短路活塞,端口"3"获得最大功率输出或最小功率输出的条件是什么?输出功率是端口"1"输入功率的百分之几?

5.14 已知 H-T 分支器(参见图 5-28),由端口"1"输入的功率为 100 W,端口"2"

和"3"的输出功率是多少？若由端口"3"输入，端口"1"和"2"的输出功率是多少？

5.15　如果魔 T 的端口"1"接短路活塞（短路活塞距中心平面的距离 $l_1 = \lambda_g/2$），散射矩阵有何变化？

5.16　对于双 T，若端口"1"放置短路活塞，端口"2"接匹配负载，当信号从端口"3"输入时，分析端口"4"的输出情况。

5.17　对于双 T，若在端口"3"和"4"各放置一个短路活塞，信号从端口"1"输入，分析端口"2"的输出情况。

5.18　由一根铜（$\sigma = 5.8 \times 10^7$ S/m）同轴线制成的 $\lambda_g/2$ 谐振器，内导体半径 1 mm、外导体半径 4 mm。若谐振频率 5 GHz，计算空气和聚四氟乙烯（$\varepsilon_r = 2.08$）填充的谐振器固有品质因数，并比较。

5.19　矩形谐振器由一段黄铜（$\sigma = 15 \times 10^6$ S/m）WR-187H 波段矩形波导制成，谐振频率 12 GHz，使固有品质因数 Q_0 最大，求出极大值。

5.20　一个矩形谐振器由一段铜制 WR-187H 波段波导制成，其中 $a = l = 4.755$ cm，$b = 2.215$ cm，工作模式 TE_{101}，谐振器内填充空气，求谐振频率 f_0 和固有品质因数 Q_0。

5.21　设计一矩形谐振器，工作波长 10 cm 时，振荡模式为 TE_{101}；当工作波长 5 cm 时，振荡模式为 TE_{103} 模。

5.22　如题 5.22 图所示的矩形波导传输的主模为 TE_{10}，波导的尺寸为 $a \times b = 47.55 \times 22.15$ mm^2，工作频率 $f_0 = 10$ GHz。在波导的某截面上放置一块无限薄的理想导体板 1，求：

① 无限薄理想导体板 2 放在何处时能构成振荡模式为 TE_{101} 的矩形空腔谐振器。

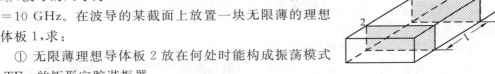

题 5.22 图

② 若 a 和 b 保持不变，将理想导体板的距离 l 加大一倍，若保持谐振波长不变，振荡模式有何变化？若保持振荡模式不变，谐振波长如何变化？

5.23　设计一圆柱形谐振器，腔内填充空气：

① 使 $l = 2a$，谐振频率为 5.0 GHz，工作在 TE_{011} 模；

② 使 $l = 4a$，谐振频率为 6.0 GHz，工作在 TE_{111} 模。

5.24　已知一圆柱形空腔谐振器的半径 $a = 3$ cm，对同一频率，振荡模式为 TM_{012} 时的空腔长度比振荡模式为 TM_{011} 时的空腔长度长 1.65 cm，分别求出空腔谐振器的长度及谐振频率。

5.25　长度为 $\lambda_g/2$ 的 50 Ω 开路微带线构成的微带谐振器。基片 $\varepsilon_r = 2.08$（聚四氟乙烯 $\tan \delta = 0.000\ 4$），厚 0.159 cm，导体为铜。计算谐振频率 5 GHz 时，微带线的长度和谐振器的固有品质因数（忽略微带线端口的杂散场）。

5.26　微波滤波器有哪些主要技术指标？

5.27　什么是铁氧体？铁氧体的特性有哪些？

5.28　谐振式隔离器与场移式隔离器在工作原理和工作条件上有何异同？

第6章　天线的辐射与接收

微波技术的重要应用,是将携带信号的电磁能量以无线方式进行发送和接收,达到信息传播的目的。天线就担负着微波电路中辐射和接收电磁能量的任务。天线一般由良导体制作,根据 Maxwell 方程,在导体上如果存在随时间变化的电流,即导体中载流子的运动速度随时间按一定规律(大多数情况是正弦)变化,外部空间就会形成随时间变化的电磁场。如果导体的结构满足一定的要求,大部分电磁能量将以无线波的形式向空间传播,导体结构就起到天线的作用。天线上随时间变化的电流由发射机产生,经传输线馈入。通过天线,导行电磁波转化为可以在空间传播的无线电波,传播一段距离后被接收天线接收,再经传输线传到接收机。为了高效地辐射或接收无线电波,要求天线具备以下特性:

① 天线应该是一个良好的开放系统,天线的输入阻抗应该与传输线特性阻抗匹配、与自由空间的波阻抗匹配;

② 天线应具备适当的极化方式,能发射或接收规定极化的电磁波;

③ 天线应具有方向性,使电磁波尽可能集中在期望的方向上,或对所需方向的来波有最大的接收功率;

④ 天线要具有一定的频带宽度。

天线的种类很多,有不同的分类方式。本书按照辐射元的类型,将天线分为线天线和面天线来介绍天线辐射与接收的基本理论。

6.1　基本阵子的辐射

电流元是电流分布区域 V' 内的微小单元,用 $\boldsymbol{J}\mathrm{d}V'$ 表示。电流元的辐射场形式最简单,主要辐射特性为所有电磁辐射源所共有,因此是最基本的辐射单元。已知电流元的辐射场,通过积分可以求出各种给定电流分布的辐射源的场。根据电磁场理论,在区域 V' 内分布的正弦电流的矢量位为

$$\boldsymbol{A}(\boldsymbol{r}) = \frac{\mu}{4\pi}\iint\limits_{V'} \frac{\boldsymbol{J}(\boldsymbol{r}')\mathrm{e}^{-\mathrm{j}k_0 R}}{R}\mathrm{d}V' \qquad (6.1-1a)$$

式中,$R = |\boldsymbol{r}-\boldsymbol{r}'|$,$\boldsymbol{r}$ 和 $\boldsymbol{r}'$ 分别是源点位置矢量和场点位置矢量,在自由空间中波数 $k = \omega\sqrt{\mu_0\varepsilon_0}$,其中 μ_0 和 ε_0 分别是真空磁导率和介电常数。再由关系式

$$\boldsymbol{H}(\boldsymbol{r}) = \frac{1}{\mu_0}\nabla\times\boldsymbol{A}(\boldsymbol{r}), \quad \boldsymbol{E}(\boldsymbol{r}) = \frac{1}{\mathrm{j}\omega\varepsilon_0}\nabla\times\boldsymbol{H}(\boldsymbol{r}) \qquad (6.1-1b)$$

求出电流元的电场和磁场分布。

6.1.1　电基本振子

当电流在细线上分布,用 $I\mathrm{d}l$ 表示电流元。电基本振子(Electric Short Dipole)是长

度 dl 远小于工作波长 λ，因此带有等幅同向电流 I 的直线电流元。如图 6-1 所示，取圆球坐标系（以直角坐标为背景），电流元沿 z 轴放置在原点。式(6.1-1a)中的 $r'=0$，$R=|\boldsymbol{r}-\boldsymbol{r}'|=r$，$\boldsymbol{J}(\boldsymbol{r}')\mathrm{d}V'=(I/\mathrm{d}s')\mathrm{d}l\mathrm{d}s'\hat{z}=I\mathrm{d}l\hat{z}$，其中 $\mathrm{d}s'$ 是细线的横截面积，有电基本振子的矢量位

$$\boldsymbol{A}(\boldsymbol{r})=\hat{z}\frac{\mu_0}{4\pi}\frac{I\mathrm{d}l\,e^{-jkr}}{r}=\frac{\mu_0}{4\pi}\frac{I\mathrm{d}l\,e^{-jkr}}{r}(\hat{r}\cos\theta-\hat{\theta}\sin\theta) \tag{6.1-2}$$

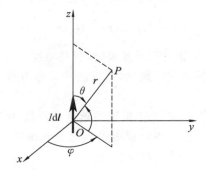

图 6-1　电流元的矢量位

将上式(6.1-2)代入式(6.1-1b)后，得到电基本振子的 $\boldsymbol{H}(\boldsymbol{r})$、$\boldsymbol{E}(\boldsymbol{r})$ 各分量

$$\left.\begin{array}{c} H_r=0,\quad H_\theta=0 \\[2mm] H_\varphi=\dfrac{k^2 I\mathrm{d}l}{4\pi}\sin\theta\left[\left(\dfrac{1}{kr}\right)^2+j\left(\dfrac{1}{kr}\right)\right]e^{-jkr} \end{array}\right\} \tag{6.1-3a}$$

$$\left.\begin{array}{c} E_r=-j\dfrac{k^3 I\mathrm{d}l}{2\pi\omega\varepsilon_0}\cos\theta\left[\left(\dfrac{1}{kr}\right)^3+j\left(\dfrac{1}{kr}\right)^2\right]e^{-jkr} \\[3mm] E_\theta=\dfrac{k^3 I\mathrm{d}l}{4\pi\omega\varepsilon_0}\sin\theta\left[-j\left(\dfrac{1}{kr}\right)^3+\left(\dfrac{1}{kr}\right)^2+j\left(\dfrac{1}{kr}\right)\right]e^{-jkr} \\[3mm] E_\varphi=0 \end{array}\right\} \tag{6.1-3b}$$

可以看出，电流元的场随距离和频率的变化有 $1/(kr)$、$1/(kr)^2$、$1/(kr)^3$ 三种情况。由于 $kr=2\pi r/\lambda$，为了分析离场源不同距离处场的性质，可把电基本振子周围的空间按距离和波长之比分为三个区域：近区、中区和远区。其中的近区和远区，就是公式(6.1-3)分别取 $(kr)\ll 1$ 和 $(kr)\gg 1$ 的极限，中区是近区与远区间的过渡区域。场分量在各区域间是连续变化的，并不存在突变。

当天线的物理尺寸远小于一个波长（电小天线，正如本章设定的情况）时，场区的划分与天线尺寸无关；当天线的物理尺寸与波长相当或大于一个波长（电大天线）时，场区的划分还要考虑天线尺寸和波长的关系。

（1）近区场

当 $1/(kr)\gg 1$ 时为近区场，故仅需保留式(6.1-3a)和式(6.1-3b)中的最高次项，且 $e^{-jkr}\approx 1$；如设 q 表示电基本振子末端电流突变引起的电荷积累，那么该基本振子又可认为是相距 $\mathrm{d}l$ 的谐变电荷 $\pm qe^{j\omega t}$ 组成的时谐偶极子，由电流的定义 $i=\mathrm{d}q/\mathrm{d}t$ 可得 $q=I/j\omega$，有近区场公式

$$H_\varphi = \frac{Idl\sin\theta}{4\pi r^2} \left.\begin{array}{l} \\ \\ \\ \end{array}\right.$$

$$E_r = -\mathrm{j}\,\frac{Idl\cos\theta}{2\pi\omega\varepsilon_0\,r^3} = \frac{qdl\cos\theta}{2\pi\varepsilon_0\,r^3} \left.\begin{array}{l}\\ \\ \end{array}\right\} \tag{6.1-4a}$$

$$E_\theta = -\mathrm{j}\,\frac{Idl\sin\theta}{4\pi\omega\varepsilon_0\,r^3} = \frac{qdl\sin\theta}{4\pi\varepsilon_0\,r^3}$$

上式表明,电场和磁场之间相位相差 $\pi/2$,平均功率流密度矢量

$$\bar{\boldsymbol{S}} = \frac{1}{2}\operatorname{Re}[\boldsymbol{E(r)}\times\boldsymbol{H}^*(\boldsymbol{r})] = 0 \tag{6.1-4b}$$

即 Poynting 矢量为虚数,电磁能量被场源束缚,仅在空间与电基本振子之间相互交换,没有向外的辐射,电抗性储能场占支配地位,故近区场又称为感应场,近区又称为电抗区。

近区场的性质:

① 除了随时间正弦变化外,电基本振子的近区场电场和静电场中的电偶极子产生的静电场相同(因此电基本振子也称作电偶极子),磁场和恒定电流元产生的恒定磁场相同(附录 6-1),所以近区场还可以称为准静态场;

② 电场与 r^3 成反比,磁场与 r^2 成反比。

(2) 远区场

当 $1/(kr)\ll1$ 时为远区场,故式(6.1-3a)和式(6.1-3b)中仅保留一次方项,于是远区场仅有 E_θ 和 H_φ 两个分量:

$$H_\varphi = \mathrm{j}\,\frac{Idl}{4\pi r}\omega\,\sqrt{\mu_0\varepsilon_0}\sin\theta\mathrm{e}^{-\mathrm{j}kr} = \mathrm{j}\,\frac{Idl}{2\lambda r}\sin\theta\mathrm{e}^{-\mathrm{j}kr} \left.\begin{array}{l}\\ \\ \end{array}\right\} \tag{6.1-5a}$$

$$E_\theta = \mathrm{j}\,\frac{Idl}{4\pi r}\omega\mu_0\sin\theta\mathrm{e}^{-\mathrm{j}kr} = \mathrm{j}Z_0\,\frac{Idl}{2\lambda r}\sin\theta\mathrm{e}^{-\mathrm{j}kr}$$

式中,$Z_0 = \sqrt{\mu_0/\varepsilon_0}$ 为自由空间波阻抗,还用到了公式 $\lambda = 2\pi/k$。显然,远区场的电场与磁场之间有如下关系:

$$\boldsymbol{E} = Z_0\boldsymbol{H}\times\hat{r}, \quad \boldsymbol{H} = \frac{1}{Z_0}\hat{r}\times\boldsymbol{E} \tag{6.1-5b}$$

平均功率流密度矢量

$$\bar{\boldsymbol{S}} = \frac{1}{2}\operatorname{Re}[\boldsymbol{E(r)}\times\boldsymbol{H}^*(\boldsymbol{r})] = \frac{1}{2Z_0}|\boldsymbol{E(r)}|^2\hat{r} = \frac{Z_0}{2}|\boldsymbol{H(r)}|^2\hat{r}$$

$$= \frac{1}{2}(E_\theta H_\varphi^*)\hat{r} = \hat{r}\,\frac{Z_0}{8}\left(\frac{Idl\sin\theta}{\lambda r}\right)^2 \tag{6.1-5c}$$

为正实数,电磁场能量沿矢径 $\hat{r}$ 方向传播不再返回波源,故远区场又称为辐射场。

公式(6.1-5)表明远区场具有如下性质:

① 电场 $\boldsymbol{E}$ 与磁场 $\boldsymbol{H}$ 和波传播方向 $\hat{r}$ 相互正交,呈右旋关系,以 $\mathrm{e}^{-\mathrm{j}kr}$ 的形式向 $\hat{r}$ 方向传播,是 TEM 波,线极化。

② 场量幅度值以 $1/r$ 的规律衰减,且与 $\sin\theta$ 有关,是非均匀球面波。当 $r\to\infty$ 时,电磁波在局部近似为平面波。

③ 场表达式中的因子 $\sin\theta$ 说明辐射场有方向性。

④ $\boldsymbol{E}$ 和 $\boldsymbol{H}$ 同相,$E_\theta/H_\varphi = Z_0$ 等于自由空间波阻抗。

⑤ 功率密度以 $1/r^2$ 的规律衰减。

通过半径为 r 的球面向外辐射的总功率是

$$P_{\text{rad}} = \oiint\limits_{S} (E_\theta H_\varphi^*)\hat{r} \cdot \mathrm{d}\boldsymbol{S} = 30\pi I^2 \left(\frac{\mathrm{d}l}{\lambda}\right)^2 \int_0^{2\pi} \mathrm{d}\varphi \int_0^\pi \left(\frac{\sin\theta}{r}\right)^2 \hat{r} \cdot \hat{r} r^2 \sin\theta\, \mathrm{d}\theta$$

$$= 80\pi^2 I^2 \left(\frac{\mathrm{d}l}{\lambda}\right)^2 \text{ W} \quad (\mathrm{d}l \ll \lambda) \tag{6.1-6}$$

可见,电基本振子的辐射功率与电流强度的平方成正比,与电流元长度的平方成正比。在电流强度和波长不变的情况下,要增大辐射功率,就要增加电流元长度;要减小辐射功率,就要减小电流元长度。如为了减小电路板上布线电流的辐射影响,应尽量减小载流导线长度。

在无线通信、无线广播,雷达等许多工程应用中,无线接收系统往往远离发射系统,可以认为,接收系统处于发射系统产生的电磁场的远区(也叫作 Fraunhofer 区)。故在有关天线的讨论中,经常用到的是远区场的公式。

前面在分析电基本振子时,为方便起见,将电流元放置在坐标原点,指向 z 方向。当电流元位于源点 $\boldsymbol{r}'$、指向任意时,远区辐射场可以表示为

$$\boldsymbol{H} = \mathrm{j}\frac{I\mathrm{d}\boldsymbol{l} \times \hat{R}}{2\lambda R}\mathrm{e}^{-\mathrm{j}kR} \tag{6.1-7a}$$

$$\boldsymbol{E} = Z_0 \boldsymbol{H} \times \hat{R} \tag{6.1-7b}$$

电基本振子是天线最基本的形式,上述有关场区和场的性质适用于所有形式的天线,仅描述辐射场方向性的函数 $\sin\theta$ 需用一般的方向性函数 $f(\theta,\varphi)$ 替代,函数的具体形式由天线结构和馈电方式决定。

6.1.2　磁基本振子

磁基本振子(Magnetic Short Dipole)是半径为 a、周长满足 $2\pi a \ll \lambda$,因此带有等幅同向电流 I 的细线小电流环,如图 6-2 所示。

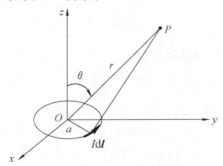

图 6-2　电流环的矢量位

磁基本振子的场可以像电基本振子那样通过矢量位求出,也可利用对偶原理(附录 6-2)直接从式(6.1-3)得到

$$\left.\begin{array}{l}
H_r = \dfrac{k^4 Z_0 IS}{2\pi\omega\mu_0}\left[\left(\dfrac{1}{kr}\right)^3 + \mathrm{j}\left(\dfrac{1}{kr}\right)^2\right]\cos\theta\,\mathrm{e}^{-\mathrm{j}kr} \\[4mm]
H_\theta = \dfrac{k^4 \mathrm{j} Z_0 IS}{4\pi\omega\mu_0}\left[-\mathrm{j}\left(\dfrac{1}{kr}\right)^3 + \left(\dfrac{1}{kr}\right)^2 + \mathrm{j}\left(\dfrac{1}{kr}\right)\right]\sin\theta\,\mathrm{e}^{-\mathrm{j}kr} \\[4mm]
\hspace{3cm} H_\varphi = 0
\end{array}\right\} \tag{6.1-8a}$$

$$E_r = 0, \quad E_\theta = 0$$

$$E_\varphi = -\frac{k^3 \mathrm{j} Z_0 IS}{4\pi} \left[\left(\frac{1}{kr}\right)^2 + \mathrm{j}\left(\frac{1}{kr}\right) \right] \sin\theta \mathrm{e}^{-\mathrm{j}kr} \quad\Bigg\} \tag{6.1-8b}$$

式中,$S = \pi a^2$ 是小电流环的面积。

磁基本振子的近区场

$$H_r = \frac{IS}{2\pi r^3}\cos\theta$$

$$H_\theta = \frac{IS}{4\pi r^2}\sin\theta \quad\Bigg\} \tag{6.1-9a}$$

$$E_\varphi = -\frac{\mathrm{j}k Z_0 IS}{4\pi r^2}\sin\theta$$

远区场

$$H_\theta = -\frac{k^2 IS}{4\pi r}\sin\theta \mathrm{e}^{-\mathrm{j}kr} = -\frac{\pi IS}{\lambda^2 r}\sin\theta \mathrm{e}^{-\mathrm{j}kr}$$

$$E_\varphi = \frac{Z_0 k^2 IS}{4\pi r}\sin\theta \mathrm{e}^{-\mathrm{j}kr} = \frac{Z_0 \pi IS}{\lambda^2 r}\sin\theta \mathrm{e}^{-\mathrm{j}kr} \quad\Bigg\} \tag{6.1-9b}$$

平均功率流密度矢量

$$\bar{\boldsymbol{S}} = \frac{1}{2}\mathrm{Re}[\boldsymbol{E(r)} \times \boldsymbol{H^*(r)}] = \frac{1}{2Z_0}|\boldsymbol{E(r)}|^2 \hat{r} = \frac{Z_0}{2}|\boldsymbol{H(r)}|^2 \hat{r}$$

$$= \frac{1}{2}(E_\theta H_\varphi^*)\hat{r} = \hat{r}\frac{Z_0}{2}\left(\frac{\pi IS\sin\theta}{\lambda^2 r}\right)^2 \tag{6.1-9c}$$

与电基本振子公式(6.1-7)类似,当小电流环位于源点 r',指向任意,磁基本阵子远区场可以表示为

$$\boldsymbol{H} = \frac{1}{Z_0}\hat{R} \times \boldsymbol{E} \tag{6.1-10a}$$

$$\boldsymbol{E} = \frac{Z_0 \pi \boldsymbol{IS} \times \hat{R}}{\lambda^2 R}\mathrm{e}^{-\mathrm{j}kR} \tag{6.1-10b}$$

磁基本振子向外辐射的辐射功率为

$$P_{\mathrm{rad}} = \int_0^\pi Z_0\left(\frac{k^2 IS}{4\pi r}\sin\theta\right)^2 2\pi r^2 \sin\theta \mathrm{d}\theta = 320\pi^6\left(\frac{a}{\lambda}\right)^4 I^2 \tag{6.1-11}$$

比较式(6.1-5a)中电基本振子的远区场 E_θ 和式(6.1-9b)中磁基本振子的远区场 E_φ,可以发现它们有相同的方向函数 $\sin\theta$,且在空间相互正交,相位相差 $90°$。因此,将电基本振子与磁基本阵子组合后,可构成一个椭圆(或圆)极化波天线。

6.2 天线的电参数

天线是发射和接收电磁波的装置。天线的电参数是评价天线发收性能的重要指标,主要有天线辐射的方向性、效益和增益、输入阻抗、极化特性、有效长度、有效面积、频带宽度、噪声温度等。这些参数,有些从发射天线引出,有些从接收天线引出。如果没有对电参数作特别说明,那么就同时适用于发射天线和接收天线。

6.2.1 发射天线特性

(1) 方向性函数和辐射强度

由式(6.1−5a)、式(6.1−5c)和式(6.1−9b)、式(6.1−9c)可知,电基本振子和磁基本振子产生的向外辐射场和距离 r 成反比,向外辐射的功率密度以 $1/r^2$ 衰减,且都和方向有关。实际上,所有有限尺寸的辐射源都具有这样的特点,但不同的辐射源的方向性可能不同。可以用方向性函数 $f(\theta,\varphi)$ 表示辐射场普遍具有的这种性质:

$$f(\theta,\varphi)=f_{\max}F(\theta,\varphi) \tag{6.2−1a}$$

其中,$f_{\max}$ 是方向性函数的最大值,$F(\theta,\varphi)$ 代表辐射源的方向性。为便于不同天线之间的比较,定义归一化方向性函数 $F(\theta,\varphi)$ 为

$$F(\theta,\varphi)=\frac{f(\theta,\varphi)}{f_{\max}}=\frac{E(\theta,\varphi)}{E_{\max}} \tag{6.2−1b}$$

方向性函数也称为方向因子,是描述天线辐射场在空间分布的数学表示式。习惯上,方向图函数常用 dB 表示,即

$$F(\text{dB})=20\lg[F(\theta,\varphi)] \tag{6.2−1c}$$

为有确定性,在上式中以电场为代表,令 $f(\theta,\varphi)=E(\theta,\varphi)$,$f_{\max}=E_{\max}$,那么功率流密度

$$p_{\text{rad}}=S(\theta,\varphi)=\frac{1}{2}\text{Re}(\boldsymbol{E}\times\boldsymbol{H}^{*})=\frac{1}{2Z_0}|E(\theta,\varphi)|^2=\frac{|E_{\max}|^2}{240\pi}|F(\theta,\varphi)|^2 \tag{6.2−2a}$$

在半径为 r 的球面上对功率流密度进行面积分,得到辐射功率

$$P_{\text{rad}}=\oiint_{S}p_{\text{rad}}\,\mathrm{d}S=\oiint_{S}S(\theta,\varphi)\,\mathrm{d}S=\frac{r^2|E_{\max}|^2}{240\pi}\int_0^\pi\int_0^{2\pi}|F(\theta,\varphi)|^2\sin\theta\mathrm{d}\theta\mathrm{d}\varphi$$

$$\tag{6.2−2b}$$

(2) 天线的方向图

表示天线方向性的图形称为天线的方向图(Field Pattern)。其中,用归一化方向函数表示辐射场强方向性的称为场强振幅方向图,此外还有相位方向图和极化方向图。一般情况下,如无特殊说明,方向图指的是场强振幅方向图。

天线方向图为三维空间的曲面图,可以形象地说明天线在不同方位角下的辐射状况。在工程上为绘制方便,一般用通过天线最大辐射方向上的两个相互正交的平面方向图来表示,如 E 平面方向图和 H 平面方向图。E 平面就是电场矢量所在的平面,H 平面就是磁场矢量所在的平面。由式(6.2−1)和式(6.1−5a)可知,电基本振子的方向性函数为

$$F(\theta,\varphi)=F(\theta)=\sin\theta \tag{6.2−3}$$

图 6-3 是按照上式绘制的方向图。

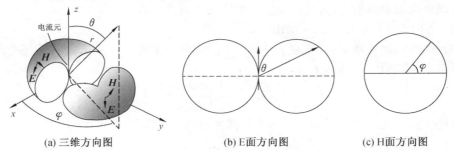

(a) 三维方向图   (b) E面方向图   (c) H面方向图

图 6-3 电基本振子的方向图

图 6-3 中,E 和 H 面方向图采用的是极坐标,也可以采用直角坐标绘制。图 6-4 是一个典型的实际中使用的天线方向图,分别用极坐标和直角坐标绘制。

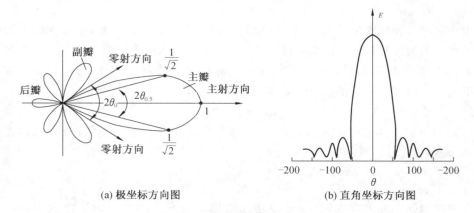

(a) 极坐标方向图   (b) 直角坐标方向图

图 6-4 典型的天线方向图

由图可见,实际天线的方向图比基本振子方向图复杂了许多,其中极坐标方向图呈花瓣形状,所以也称为波瓣图。其中,最大的波瓣称为主瓣(主波束),其余的波瓣称为旁瓣或副瓣。主瓣范围辐射最大的方向是主射方向,主瓣两侧辐射为 0 的方向是零射方向。方向图的定量参数有主瓣宽度、旁瓣电平和前后比。

① 主瓣宽度(Main Beamwidth)

用半功率角表示的主瓣宽度是指方向图主瓣上两个半功率电平点(场强最大值的 0.707 处)之间的夹角,记为 $2\theta_{0.5}$。有时也称半功率角为半功率波束宽度(Half Power Beam Width,HPBW)。显然,主瓣宽度越小,说明天线辐射的能量越集中,定向作用或方向性越强。用零功率角表示的主瓣宽度,是指主瓣两边零射方向之间的夹角,记为 $2\theta_0$。

② 旁瓣电平(Side Lobe Level,SLL)

旁瓣最大值与主瓣最大值之比,通常用 dB 表示。旁瓣方向通常是不需要辐射能量的方向,所以旁瓣电平在某种意义上也反映了天线方向性的好坏。此外,实际天线中旁瓣的位置也很重要。

③ 前后比(Front-back)

前后比是指最大辐射方向(前向)电平与其相反方向(后向)电平之比,通常也用 dB 表示。

上述的方向图和方向图参数还不能完全反映天线在全空间中辐射的总效果,还不能反映天线集束能量的能力,为此以辐射功率定义方向性系数。

(3) 方向系数(Directivity Coefficient)

在相同的辐射功率下,天线在某一方向上的辐射功率密度 $p_{\mathrm{rad}}(\theta,\varphi)$ 与无耗全向天线的功率密度 p_{ref} 之比,表达式为

$$D(\theta,\varphi) = \frac{p_{\mathrm{rad}}(\theta,\varphi)}{p_{\mathrm{ref}}} \qquad (6.2-4)$$

无耗全向天线的 p_{ref} 与 θ、φ 无关,由相同辐射功率条件和式(6.2-2b)有

$$P_{\mathrm{rad}} = \frac{r^2 |E_{\mathrm{max}}|^2}{240\pi} \int_0^\pi \int_0^{2\pi} |F(\theta,\varphi)|^2 \sin\theta \mathrm{d}\theta \mathrm{d}\varphi = \oiint_S p_{\mathrm{ref}} \mathrm{d}S = p_{\mathrm{ref}} 4\pi r^2 \qquad (6.2-5a)$$

因此

$$p_{\text{ref}} = \frac{P_{\text{rad}}}{4\pi r^2} = \frac{|E_{\max}|^2}{960\pi^2} \int_0^\pi \int_0^{2\pi} |F(\theta,\varphi)|^2 \sin\theta \mathrm{d}\theta \mathrm{d}\varphi \qquad (6.2-5b)$$

在具有最大辐射强度的方向,即主射方向,式(6.2-1b)中的 $f(\theta,\varphi) = f_{\max} \rightarrow F(\theta,\varphi) = 1$,由式(6.2-2a)可知

$$p_{\text{rad}} = \frac{|E_{\max}|^2}{240\pi} \qquad (6.2-5c)$$

将式(6.2-5b)和(6.2-5c)代入式(6.2-4),有主射方向的方向性系数

$$D(\theta,\varphi) = \frac{p_{\text{rad}}(\theta,\varphi)}{p_{\text{ref}}} = \frac{4\pi}{\int_0^\pi \int_0^{2\pi} |F(\theta,\varphi)|^2 \sin\theta \mathrm{d}\theta \mathrm{d}\varphi} \qquad (6.2-6a)$$

主射方向的方向性系数简称为方向性系数,表征天线在主射方向上较之无方向天线将辐射功率增大的倍数。例如,为在场点 P 处产生一定的场强,当使用全向(无方向)天线时,要馈给天线 100 W 的功率,若使用方向性系数 $D=100$ 的强方向天线,并将主射方向对准 P 点,只需 1 W 的辐射功率。

一般如无特殊说明,方向性系数指的是主射方向的方向性系数,记为 D。

工程上,方向系数常用 dB 表示,这就需要选择一个参考源(附录 1-2)。常用的参考源是各向同性(即全向)辐射源(Isotropic,方向系数 $D=1$)和半波偶极子(Dipole,方向系数 $D=1.64$)。若以各向同性源为参考,dB 表示为 dBi,即

$$D(\text{dBi}) = 10\lg D \qquad (6.2-6b)$$

若以半波偶极子源为参考,dB 表示为 dBd,即

$$D(\text{dBd}) = 10\lg D - 2.15 \qquad (6.2-6c)$$

通常情况下,如果不特别说明,dB 指的是 dBi。

(4) 效率和增益系数

实际天线因自身损耗,不会把馈入的功率 P_{in} 全部辐射出去。为了表示辐射功率 P_{rad} 相对于输入功率的大小,定义天线的效率(Efficiency)

$$\eta = \frac{P_{\text{rad}}}{P_{\text{in}}} = \frac{P_{\text{rad}}}{P_{\text{rad}} + P_{\text{loss}}} \qquad (6.2-7a)$$

式中,P_{loss} 是天线的损耗功率。常用一个虚拟量——天线的辐射电阻 R_{rad} 来度量天线辐射功率的能力,由流经天线的最大电流 $I_{\max}$ 和辐射功率定义

$$P_{\text{rad}} = I_{\max}^2 R_{\text{rad}}, \quad R_{\text{rad}} = P_{\text{rad}}/I_{\max}^2 \qquad (6.2-7b)$$

辐射电阻越大,天线的辐射能力越强。照此将损耗电阻 R_{loss} 定义为

$$P_{\text{loss}} = I_{\max}^2 R_{\text{loss}}, \quad R_{\text{loss}} = P_{\text{loss}}/I_{\max}^2 \qquad (6.2-7c)$$

将式(6.2-7b)、式(6.2-7c)代入式(6.2-7a),天线的效率还可以表示为

$$\eta = \frac{R_{\text{rad}}}{R_{\text{rad}} + R_{\text{loss}}} = \frac{1}{1 + R_{\text{loss}}/R_{\text{rad}}} \qquad (6.2-7d)$$

可见,要提高天线的效率,应尽可能增大辐射电阻,减小损耗电阻。

天线的增益(Gain)综合考虑了天线的方向性和效益,定义为天线在某方向的辐射功率密度 p_{rad} 和馈有相同输入功率 P_{in} 的无耗全向天线的辐射功率密度之比,表达式为

$$G(\theta,\varphi) = \frac{p_{\text{rad}}(\theta,\varphi)}{P_{\text{in}}/4\pi r^2} \qquad (6.2-8a)$$

将效率的定义式(6.2−7a)和式(6.2−5b)代入,考虑到方向性系数的定义式(6.2−4),有增益和方向性系数的关系

$$G(\theta,\varphi)=\frac{p_{\mathrm{rad}}(\theta,\varphi)}{P_{\mathrm{rad}}/4\pi r^2\eta}=\eta\,\frac{p_{\mathrm{rad}}(\theta,\varphi)}{p_{\mathrm{ref}}}=\eta D(\theta,\varphi) \qquad (6.2-8b)$$

和方向性系数一样,如无特别说明,增益一般指最大辐射方向上的增益,记为 $G=\eta D$。将式(6.2−8)代入主射方向辐射功率密度公式(6.2−5c),有

$$|E_{\max}|=\frac{\sqrt{60GP_{\mathrm{in}}}}{r}=\frac{\sqrt{60D\eta P_{\mathrm{in}}}}{r} \qquad (6.2-9a)$$

无耗理想全向天线的 $G=D=\eta=1$,则

$$|E_{\max}|=\frac{\sqrt{60P_{\mathrm{in}}}}{r} \qquad (6.2-9b)$$

可见,天线的增益系数描述了天线与理想的全向天线相比,在最大辐射方向上将输入功率 P_{in} 放大的倍数。方向性系数和增益都可以用 dB 表示

$$D(\mathrm{dB})=10\lg D$$
$$G(\mathrm{dB})=10\lg G \qquad (6.2-9c)$$

(5) 输入阻抗和驻波比

图 6-5a 是带有一对输入端 a 和 b 的发射天线。如果该天线不从空间接收其他源产生的电磁波功率,那么图 6-5b 中从输入端看进去的 Thevenin 等效电路仅为阻抗

$$Z_{\mathrm{in}}=R_{\mathrm{in}}+\mathrm{j}X_{\mathrm{in}} \qquad (6.2-10a)$$

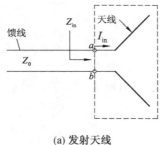

(a) 发射天线　　　　　　　(b) Thevenin等效电路

图 6-5　天线阻抗

式(6.2−10a)中输入电阻一般包括输入辐射电阻 R_{ri} 和损耗电阻 R_{loss}

$$R_{\mathrm{in}}=R_{\mathrm{ri}}+R_{\mathrm{loss}} \qquad (6.2-10b)$$

根据电路理论

$$P_{\mathrm{rad}}=I_{\mathrm{in}}^2\,R_{\mathrm{ri}} \qquad (6.2-10c)$$
$$P_{\mathrm{in}}=I_{\mathrm{in}}^2(R_{\mathrm{ri}}+R_{\mathrm{loss}}) \qquad (6.2-10d)$$

代入式(6.2−7a),有用输入辐射电阻 R_{ri} 和损耗电阻 R_{loss} 表示的天线效率

$$\eta=\frac{P_{\mathrm{rad}}}{P_{\mathrm{in}}}=\frac{R_{\mathrm{ri}}}{R_{\mathrm{ri}}+R_{\mathrm{loss}}}=\frac{1}{1+\dfrac{R_{\mathrm{loss}}}{R_{\mathrm{ri}}}} \qquad (6.2-10e)$$

将式(6.2−7b)代入式(6.2−10c)后,有输入辐射电阻和辐射电阻的关系

$$R_{\mathrm{ri}}=\left(\frac{I_{\max}}{I_{\mathrm{in}}}\right)^2 R_{\mathrm{rad}} \qquad (6.2-10f)$$

和计算输入辐射电阻相比,式(6.2-10a)中输入电抗 X_{in} 的计算非常复杂,因为 X_{in} 还和存储在天线周围的电磁场能量有关。天线输入阻抗通常通过测量获得。为此仿照第 1 章 1.3 节传输线阻抗与状态参量中的方法,定义天线馈电端电压与电流之比为天线的输入阻抗,建立天线的输入阻抗和反射系数、驻波比之间的关系:

$$Z_{in} = \frac{U_{in}}{I_{in}} \tag{6.2-11a}$$

$$Z_{in} = Z_0 \frac{1+\Gamma}{1-\Gamma} \tag{6.2-11b}$$

$$\rho = \frac{1+|\Gamma|}{1-|\Gamma|} \tag{6.2-11c}$$

式中,Z_0 为馈电线的特性阻抗。反射系数和驻波比表示了天线获得功率的能力,如天线的输入功率为 P_{in},反射系数为 Γ,那么反射功率为 $|\Gamma|^2 P_{in}$,天线上实际得到的功率 $(1-|\Gamma|^2)P_{in}$;反射越大,天线上得到的功率越小。要使天线获得最大功率,天线的输入阻抗应等于馈电传输线的特性阻抗,使天线和馈线良好匹配。实际情况中不可能做到完全匹配,通常要求电压驻波比不能大于某规定值。

(6) 极化和交叉极化

发射天线辐射的电磁波都具有一定的极化特性,表现在空间某一固定位置上,电场矢量的末端随时间变化的轨迹,若为直线就称为线极化(Linearly Polarized),圆就称为圆极化(Circularly Polarized),若为椭圆就称为椭圆极化(Elliptically Polarized)。天线的极化特性通常指最大辐射方向上电场的极化。按照天线辐射场的极化形式有线极化天线、圆极化天线、椭圆极化天线,其中线极化又分为水平极化(Horizontal Polarized)和垂直极化(Vertical Polarized),圆极化和椭圆极化又分为左旋或右旋极化。线状天线是线极化天线,如作为电基本振子的电流元就是线极化的。基本圆极化天线可由两个长度均为 dl、相位相差 $\pi/2$、垂直放置的电流元组成。如两个电流元 $\hat{x}Idle^{j\frac{\pi}{2}}$ 和 $\hat{y}Idl$ 在场点 P 产生的辐射场分别为 E_1 和 E_2,利用式(6.1-5a)并进行坐标转换可得到

$$\left. \begin{aligned} E_1 &= -jZ_0 \frac{Idle^{j\frac{\pi}{2}}}{2\lambda r} e^{-jkr} (\hat{\theta}\cos\theta\cos\varphi - \hat{\varphi}\sin\varphi) \\ E_2 &= -jZ_0 \frac{Idl}{2\lambda r} e^{-jkr} (\hat{\theta}\cos\theta\sin\varphi + \hat{\varphi}\cos\varphi) \end{aligned} \right\} \tag{6.2-12a}$$

场点 P 的总辐射场

$$E = E_1 + E_2 = -jZ_0 \frac{Idl}{2\lambda r} e^{-jkr} e^{-j\varphi} (\hat{\theta}j\cos\theta + \hat{\varphi}) \tag{6.2-12b}$$

在电流元所在平面的法线方向上($\theta = 0$ 或 π),合成场 E 在 $\hat{\theta}$、$\hat{\varphi}$ 方向上的两个正交分量振幅相等,相位相差 $\pi/2$ 是左旋圆极化波,在其他方向上两个分量振幅不等,是左旋椭圆极化波。两个尺寸相同、激励磁流等幅、相位相差 $\pi/2$、正交放置的磁流元(附录 6-2)也可以组合成基本圆极化天线;平行放置、相位相差 $\pi/2$ 的电流元和磁流元也可以组合成基本圆极化天线。这种电磁互补的组合在很宽的方向上具有圆极化特性。

天线极化方式与来波极化方式一致时,将接收到最大功率,否则将引起极化损耗,接收效率下降,甚至不能接收到信号。极化损耗因子 PLF(Polarized Loss Factor,也称失配因子)为

$$PLF = |\hat{e}_i \cdot \hat{e}_r^*| = |\cos\varphi_P| \tag{6.2-12c}$$

式中,$\hat{e}_i$为入射波电场的单位矢量,$\hat{e}_r$为接收天线所在方向的单位矢量,φ_P为极化损耗角。

理想情况下,线极化意味着只有一个方向,但实际中通常不可能有绝对的线极化,为此引入交叉极化电平(Cross-polarized Level)来表征线极化的纯度。例如,一个垂直极化天线,交叉极化电平的产生是因为存在水平方向的电场分量。一般来说交叉极化电平是一个测量值,它比同极化电平(Co-polarized Level)要小。实际的圆极化天线也难以辐射纯圆极化波,通常是椭圆极化波,这对利用天线的极化特性实现天线间的电磁隔离是不利的,为此引入椭圆度参数来表征圆极化纯度。

(7) 有效长度

有效长度(Effective Length)是衡量天线辐射能力的又一个重要指标。分别以波腹点电流I_{max}和馈电点输入电流I_{in}为参考电流,定义的等效长度为

$$l_{em} = \frac{1}{I_{max}} \int_{-l_p}^{l_p} I(z)\mathrm{d}z \tag{6.2-13a}$$

$$l_{ei} = \frac{1}{I_{in}} \int_{-l_p}^{l_p} I(z)\mathrm{d}z \tag{6.2-13b}$$

式中,l_p为天线的物理长度,$I(z)$为沿线电流分布函数。需要注意的是,式(6.2-13b)不适合计算输入端电流$I_{in}=0$的长度为波长整数倍的对称振子。

天线作接收时有效长度定义为天线输出到接收机输入端的电压与所接收的电场强度之比,这在数值上与天线作发射时的有效长度相等。

(8) 频带宽度

天线的电参数都与频率有关。天线的频带宽度是天线的阻抗、极化、方向图等可保持在允许值范围内的频率跨度。对于一个给定的天线,辐射不同频率的电磁波时的性能是不相同的。因此,带宽又分为阻抗带宽(一般将驻波比$\rho \leqslant 2$或$|\Gamma| \leqslant 1/3$的带宽称为输入阻抗带宽,当$|\Gamma| = 1/3$时,反射功率为输入功率的11%)、极化带宽、方向图带宽等。

天线都有一个中心频率f_0,如果最低工作频率为f_L,最高工作频率为f_H,相对带宽

$$[(f_H - f_L)/f_0] \times 100\% \tag{6.2-14}$$

小于10%的为窄带天线。宽带天线和窄带天线之间没有明确的相对带宽规定,一般超宽带天线都有两个以上倍频程的带宽,即$f_H/f_L > 2$。

6.2.2 接收天线特性

捕获或接收从空间传来的电磁波功率,并通过导波系统传送给负载(接收机)的装置称为接收天线。根据电磁理论中的互易定理(附录6-3),同一天线用作发射或接收时,基本特性是相同的,只是含义有所不同。上节对发射天线的分析同样对接收天线适用,但因功能上的不同,使得对接收天线有了不同的要求。

(1) 天线接收无线电波的物理过程

图6-6所示的线极化天线处于外来无线电波E_i的场中,发射天线与接收天线相距甚远(这是一般远程通信的状况),因此到达接收天线上各点的波是均匀平面波。入射电场E_i可分解为与入射面垂直的分量E_1和在入射面内的分量E_2。天线上的电流由沿天线导体的电场切向分量$E_z = E_2\sin\theta$激发,在这个切向分量的作用下,天线元$\mathrm{d}z$上将产生感应电动势

$$\mathrm{d}U = -E_z\mathrm{d}z \tag{6.2-15}$$

天线上的电流分布为 $I(z)$，天线从入射场中吸收的功率

$$\mathrm{d}P = -\mathrm{d}UI(z) \tag{6.2-16}$$

应该指出的是，沿天线各点 E_z 的相位是不同的，因为到达各点的电磁波有波程差 $z\cos\theta$，此波程差是 θ 角的函数，与来波方向有关（图 6-6）。整个天线吸收的功率为

$$P_R = -\int_{-l}^{l}\mathrm{d}UI(z)\mathrm{e}^{\mathrm{j}kz\cos\theta} = \int_{l}^{l}E_zI(z)\mathrm{e}^{\mathrm{j}kz\cos\theta}\mathrm{d}z \tag{6.2-17a}$$

式中假定电流 $I(z)$ 的初相位为 0。

接收天线的物理过程，是天线在空间电场的作用下产生感应电动势，在天线的导体表面激起电流，将空间电磁波能量转换成高频电磁能量。这个工作过程是天线发射的逆过程，即同一天线作为发射或接收时的电参数是相同的，这一特性称为收发互易性。

天线的接收功率可分为三部分，即

$$P_R = P_{\text{R-rad}} + P_{\text{load}} + P_{\text{loss}} \tag{6.2-17b}$$

其中，$P_{\text{R-rad}}$ 是接收天线的再辐射功率，P_{load} 是负载功率，P_{loss} 是天线导体和媒质的损耗功率。图 6-7 是接收天线的等效电路，其中 Z_{in} 为包括辐射阻抗 Z_{rad} 和损耗电阻 R_{loss} 在内的接收天线输入阻抗，Z_l 是负载阻抗。可见在接收状态下，天线输入阻抗相当于接收电动势 U 的内阻抗。

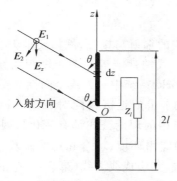

图 6-6 线极化天线接收电磁波的过程

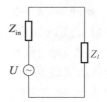

图 6-7 接收天线等效电路

（2）等效噪声温度

等效噪声温度（Equivalent Noise Temperature）是天线在接收微弱信号时的一个重要参数。设天线输入电阻为 R_{in}，并与接收机共轭匹配。通过天线进入接收机的噪声分为两部分，一部分是天线本身的损耗引起的热噪声，另一部分是外部电磁环境引起的噪声。

天线的损耗电阻 R_{loss} 引起的噪声电平可用 Nyquist 公式表示为

$$\overline{\varepsilon_n^2} = 4K_bT_0R_{\text{loss}}B \tag{6.2-18a}$$

式中，$\overline{\varepsilon_n^2}$ 是噪声电势的均方值，$K_b \approx 1.380\,54\times10^{-23}$ J/K 为 Boltzmann 常数，T_0 为天线的绝对物理温度，B 为接收机带宽。接收机输入端因天线损耗电阻产生的热噪声功率为

$$P_{\text{loss}} = \frac{\overline{\varepsilon_n^2}}{4R_{\text{in}}} = \frac{K_bT_0R_{\text{loss}}B}{R_{\text{in}}} \tag{6.2-18b}$$

外部电磁环境的杂波或干扰信号被天线接收，也会产生噪声。假如天线接收并传到接收机前端的噪声功率为 P_n，这部分功率可用等效环境噪声温度 T_n 表示，即

$$T_n = \frac{P_n}{K_b B} \tag{6.2-18c}$$

总的天线等效噪声温度 T_a 可以表示为

$$T_a = \frac{P_{rad} + P_n}{K_b B} = T_0 \frac{R_{loss}}{R_{in}} + \frac{P_n}{K_b B} \tag{6.2-18d}$$

环境噪声取决于噪声源的强度和天线的方向性和极化特性。

（3）对方向性的要求

① 可控零点。天线方向图中最好有一个或多个可控零点，当干扰方向与来波方向不一致时，将零点对准干扰方向，并随干扰方向的变化改变零点方向，这种抗干扰技术称为零点自动形成技术。

② 主瓣宽度。当干扰与来波方向不同时，主瓣应尽可能窄，以抑制干扰。但来波方向易于变化时，主瓣太窄又难以保证稳定的接收，需根据具体情况综合考虑。

③ 旁瓣电平。任何情况下，都希望旁瓣尽可能的低。

实际上，在很多情况下发射天线和接收天线对主瓣、旁瓣的要求是相同的，只不过从各自要求实现的功能来看，角度不同。

本章在远距离定向通信的背景下讨论天线的辐射与接收，例如要求天线应具有方向性、在自由空间中的远区场公式基础上讨论天线的性能等。随着短距离无线通信的兴起，如无线传感器网络（Wireless Sensor Network）系统中对天线全向性的要求（远距离传播中的电视发射天线也要求全向性），蓝牙技术中的近区场配对通信 NFC（Near Field CoMMunication）等，对天线性能的要求和所依据的理论公式都有变化。因此，当应用天线理论分析和解决天线问题时，要注意天线的应用环境、场合和目的。基本振子天线是最简单的辐射单元，效率很低，不是实用的天线，是组成线天线（第 7 章）中的基本微元。

6.1 电基本振子的辐射场和均匀平面波有什么相同和不同？

6.2 给出放置在坐标原点，电流指向 y 方向的电基本振子的辐射场。

6.3 计算自由空间中，频率为 900 MHz、长度为 1 cm、电流强度为 1 mA 的短电流线的辐射电阻和辐射功率。

6.4 求电基本振子的方向图主瓣宽度和方向性系数。

6.5 磁基本振子（细线小电流环）天线半径 $a = 1$ cm，工作频率 $f = 30$ MHz，分别计算单匝和 1 000 匝的辐射电阻。

6.6 给出放置在坐标原点，电流指向 x 方向的磁基本振子的辐射场。

6.7 证明与圆极化天线极化旋向相反的圆极化波，将不能被该天线所接收。

第7章 线天线

横向尺寸远小于纵向尺寸并远小于波长的细长结构的天线称为线天线(Linear Antenna),这种天线在通信、雷达等无线电系统中有着广泛的应用。作为线天线组成部分的基本振子长度短、辐射电阻低,不是良好的电磁功率辐射器。本章从中心馈电、长度可与波长相比的对称振子天线出发,应用传输线理论分析工程中常用的线天线。

7.1 对称振子天线

对称振子天线由两根粗细、长度相等的直导线构成,直径 d 及内端点间的距离 D 远小于工作波长 λ,内端点之间为激励源。这是一种应用广泛、结构简单的基本线天线,可以单独使用,也可以作为复杂天线系统的一个单元。对称振子天线可看作末端开路的传输线逐步张开形成的(图 7-1),天线上的电流分布可以近似地用开路传输线的电流分布,即驻波分布函数表示。在图 7-1 所示坐标下,开路传输线上边一条导线的电流分布为

$$I(z) = I_{\max} \sin[k(l-z)] \tag{7.1-1a}$$

式中,输入端口处 $z = 0$。因上下导线的电流对称,故对称振子天线的电流分布为

$$I(z) = I_{\max} \sin[k(l-|z|)] \tag{7.1-1b}$$

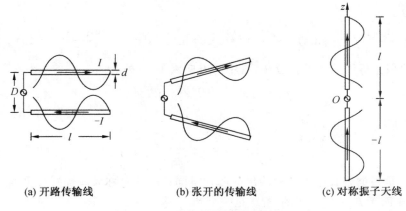

(a) 开路传输线   (b) 张开的传输线   (c) 对称振子天线

图 7-1 从传输线到对称振子

图 7-2 分别是当 $l \ll \lambda$, $l = \lambda/4$, $l = \lambda/2$ 时天线上的电流分布。当 $l \ll \lambda$ 时,电流近似为三角形分布,当天线长度较长时为正弦分布;在天线的对称中心 $I_0 = I(0) = I_{\max} \sin(kl)$,只有当天线长度等于 1/4 波长的奇数倍时才有 $I_0 = I_{\max}$。

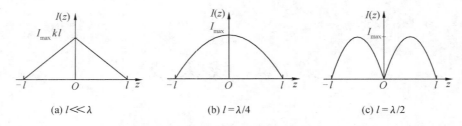

(a) $l \ll \lambda$ (b) $l = \lambda/4$ (c) $l = \lambda/2$

图 7-2 对称振子的长度与电流分布

对称振子天线辐射场由第 6 章电基本振子公式(6.1-7)通过线积分得到。在图 7-3 中的 z' 处取电流元 $I(z')\mathrm{d}z'$，在场点 r 处的辐射电场为

$$\mathrm{d}\boldsymbol{E} = \mathrm{j}Z_0 \frac{I(z')\mathrm{d}z'\hat{z} \times \hat{R}}{2\lambda R} \times \hat{R}\mathrm{e}^{-\mathrm{j}kR} = \hat{\theta}'\mathrm{j}\frac{60\pi I(z')\mathrm{d}z'}{\lambda R}\sin\theta'\,\mathrm{e}^{-\mathrm{j}kR} \quad (7.1-2\mathrm{a})$$

式中，R 是电流元到场点的距离，θ' 是 R 与 z 轴之间的夹角，$\hat{\theta}' = \hat{\varphi} \times \hat{R}$。当 $r \gg l/2$ 时，可近似认为 R 线和 r 线平行，因此可取近似

$$\left.\begin{array}{l} \hat{\theta}' \approx \hat{\theta}, \theta' \approx \theta \\ R \approx r - z'\cos\theta \\ \dfrac{1}{R} \approx \dfrac{1}{r} \end{array}\right\} \quad (7.1-2\mathrm{b})$$

将上式代入式(7.1-2a)，得

$$\mathrm{d}\boldsymbol{E} = \hat{\theta}'\mathrm{j}\frac{60\pi I(z')\mathrm{e}^{-\mathrm{j}kr}\mathrm{d}z'}{\lambda r}\sin\theta'\,\mathrm{e}^{\mathrm{j}kz'\cos\theta} \quad (7.1-2\mathrm{c})$$

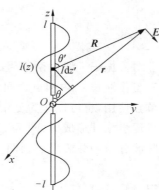

图 7-3 对称天线的辐射场

把式(7.1-1b)表示的电流分布代入上式，对辐射场沿电流积分

$$\boldsymbol{E} = \hat{\theta}\frac{\mathrm{j}60\pi I_{\max}\mathrm{e}^{-\mathrm{j}kr}}{\lambda r}\sin\theta\int_{-l}^{l}\sin[k(l-|z'|)]\mathrm{e}^{\mathrm{j}kz'\cos\theta}\mathrm{d}z' = \hat{\theta}\frac{\mathrm{j}60 I_{\max}\mathrm{e}^{-\mathrm{j}kr}}{r}F(\theta) \quad (7.1-3\mathrm{a})$$

上式的积分运用了分部积分法，其中的方向因子 $F(\theta)$ 为

$$F(\theta) = \frac{\cos(kl\cos\theta) - \cos(kl)}{\sin\theta} \quad (7.1-3\mathrm{b})$$

辐射磁场为

$$\boldsymbol{H} = \frac{1}{Z_0}\hat{r} \times \boldsymbol{E} = \hat{\varphi}\frac{\mathrm{j}I_{\max}\mathrm{e}^{-\mathrm{j}kr}}{2\pi r}F(\theta) \quad (7.1-3\mathrm{c})$$

图 7-4 是根据公式(7.1-3)绘出的四种不同长度的对称天线辐射场 E 面方向图，对称振子在 H 面无方向性，方向图始终是一个圆。

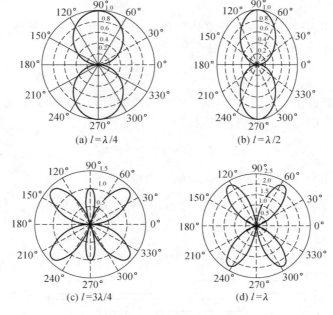

图 7-4　不同长度对称振子的 **E** 面方向图

不同长度对称振子的方向性是不同的。显然,方向性的变化与天线上电流分布的变化有关。

7.1.1　对称天线特性

(1) 辐射功率和辐射电阻

把式(7.1-3a)代入第 6 章式(6.2-2b),对称天线的辐射功率为

$$P_{\text{rad}} = \frac{r^2 \, |E_{\max}|^2}{240\pi} \int_0^\pi \int_0^{2\pi} |F(\theta,\varphi)|^2 \sin\theta \mathrm{d}\theta \mathrm{d}\varphi = \frac{r^2}{240\pi} \frac{60^2 I_{\max}^2}{r^2} \int_0^\pi \int_0^{2\pi} |F(\theta,\varphi)|^2 \sin\theta \mathrm{d}\theta \mathrm{d}\varphi$$

$$= \frac{15 I_{\max}^2}{\pi} \int_0^\pi \int_0^{2\pi} |F(\theta,\varphi)|^2 \sin\theta \mathrm{d}\theta \mathrm{d}\varphi \tag{7.1-4}$$

根据上式和第 6 章式(6.2-7b)及式(7.1-3b),对称天线的辐射电阻为

$$R_{\text{rad}} = \frac{15}{\pi} \int_0^\pi \int_0^{2\pi} |F(\theta,\varphi)|^2 \sin\theta \mathrm{d}\theta \mathrm{d}\varphi = 60 \int_0^\pi \frac{[\cos(kl\cos\theta) - \cos(kl)]^2}{\sin\theta} \mathrm{d}\theta \tag{7.1-5}$$

图 7-5 是对称天线辐射电阻 R_{rad} 与电长度 l/λ 的关系曲线。

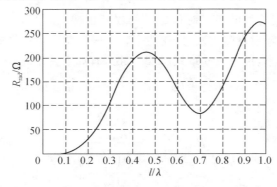

图 7-5　对称振子辐射电阻与电长度的关系曲线

（2）平均特性阻抗

对称天线可用传输线中的平行双导线代表。当线距 D 远大于线径 d、介质为空气时，由附录 1-4，有平行双导线的特性阻抗

$$Z_0 = 120 \ln \frac{2D}{d} \qquad (7.1-6a)$$

均匀传输线特性阻抗沿线不变，但对称振子两臂的间隙 D 可调。为此设对应元之间的距离为 $2z$（图 7-6），有 z 处的特性阻抗

$$Z_0(z) = 120 \ln \frac{4z}{d} \qquad (7.1-6b)$$

将上式沿 z 轴平均，有对称振子天线的平均特性阻抗

$$\bar{Z}_0 = \frac{1}{l} \int_\delta^l 120 \ln \frac{4z}{d} \mathrm{d}z = 120 \left[\left(\ln \frac{4l}{d} - 1 \right) - \frac{\sigma}{l} \left(\ln \frac{4\sigma}{d} - 1 \right) \right] \approx 120 \left(\ln \frac{4l}{d} - 1 \right) \qquad (7.1-6c)$$

式中，σ 是对称振子馈电端的间隙，可忽略不计。可见当 l 一定时，d 越大，$\bar{Z}_0$ 越小。

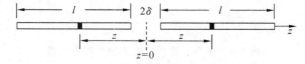

图 7-6　对称振子特性阻抗的计算

（3）有耗输入阻抗

开路双线传输线辐射很小，但张开后形成的对称天线是一种辐射器，相当于有耗传输线。根据第 1 章公式（1.3-5）和传输线方程（1.2-18），可得长度 l 的有耗开路传输线的输入阻抗

$$Z_{\mathrm{in}} = \frac{U(z)}{I(z)} = Z_0 \frac{\mathrm{sh}(2\alpha l) - \frac{\alpha}{\beta}\sin(2\beta l)}{\mathrm{ch}(2\alpha l) + \cos(2\beta l)} - \mathrm{j} Z_0 \frac{\frac{\alpha}{\beta}\mathrm{sh}(2\alpha l) + \sin(2\beta l)}{\mathrm{ch}(2\alpha l) + \cos(2\beta l)} \qquad (7.1-7)$$

其中，Z_0 用平均特性阻抗式（7.1-6c）$\bar{Z}_0$ 计算，α 和 β 是对称振子的等效衰减常数和相移常数。

① 等效衰减常数

根据第 1 章公式（1.3-9），忽略漏电导（对于天线，在多数情况下这种忽略是合理的），有耗传输线衰减常数

$$\alpha = \frac{R}{2Z_0} \qquad (7.1-8a)$$

式中，R 是传输线单位长度电阻。对称振子的损耗由辐射造成，因此对称振子的单位长度电阻就是单位长度辐射电阻 R'_{rad}，损耗功率就是辐射功率。根据式（7.1-1），可求出对称振子的等效损耗功率，再由第 6 章式（6.2-7b），有如下关系

$$P'_{\mathrm{loss}} = R'_{\mathrm{rad}} \int_0^l I_{\max}^2 \sin^2 \left[k(l-z) \right] \mathrm{d}z = I_{\max}^2 R_{\mathrm{rad}} \qquad (7.1-8b)$$

单位辐射电阻

$$R'_{\mathrm{rad}} = \frac{2R_{\mathrm{rad}}}{\left[1 - \frac{\sin\left(\frac{4\pi}{\lambda} l \right)}{\frac{4\pi}{\lambda} l} \right] l} \qquad (7.1-8c)$$

用上式中 R'_{rad} 和式 $(7.1-6c)$ 中的 $\overline{Z}_0$ 分别替代式 $(7.1-8a)$ 中的 R 和 Z_0，即可求出对称振子的等效衰减常数 α。

② 相移常数

由第 1 章公式 $(1.3-5)$，忽略漏电导后，得有耗传输线相移常数

$$\beta=\frac{2\pi}{\lambda'}=\omega\sqrt{LC}\sqrt{\frac{1}{2}\left(1+\sqrt{1+\left(\frac{R}{\omega L}\right)^2}\right)}=\frac{2\pi}{\lambda}\sqrt{\frac{1}{2}\left(1+\sqrt{1+\left(\frac{R}{\omega L}\right)^2}\right)} \tag{7.1-9a}$$

式中，R、L 分别是对称天线单位长度的电阻和电感。与 $R=0$ 的情况相比，由于天线辐射损耗，使得

$$\lambda'=\frac{\lambda}{\sqrt{\frac{1}{2}\left(1+\sqrt{1+\left(\frac{R}{\omega L}\right)^2}\right)}} \tag{7.1-9b}$$

对称振子上的波长小于自由空间波长，这是一种波长缩短现象。由附录 $1-4$ 可知，天线线径 d 越大，L 越小，波长缩短越严重。定义波长缩短系数

$$n_\lambda=\frac{\lambda}{\lambda'} \tag{7.1-9c}$$

有限长度天线单位电感 L 的计算远比无限长传输线的计算复杂，n_λ 通常由实验确定。图 7-7 是在不同的 $2l/d$ 情况下，n_λ 随 l/λ 的变化曲线。

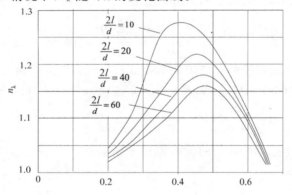

图 7-7 $n_\lambda=\lambda/\lambda'$ 与 l/λ 的关系曲线

图 7-8 是根据公式 $(7.1-7)$ 绘出的对称振子输入电阻和输入电抗随 l/λ 的变化，参变量是平均特性阻抗 $\overline{Z}_0$。

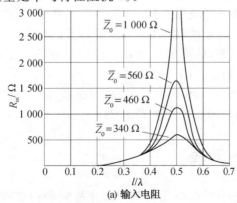

(a) 输入电阻

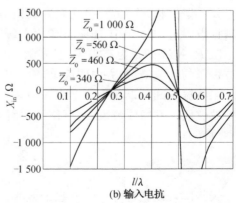

(b) 输入电抗

图 7-8 对称振子输入阻抗与 l/λ 的关系

从图 7-8 中可以看到，对称振子的平均特性阻抗 $\overline{Z}_0$ 越低，R_{in} 和 X_{in} 随频率的变化越平缓，频率特性越好。因此，常常采用增大振子直径的方法展宽对称振子的工作频带，如短波波段的笼形天线等。

7.1.2 半波振子天线

当 $l = \lambda/4$ 时，对称振子称为半波振子（Half-wave Dipole）或半波天线。由式（7.1-3b）和第 6 章公式（6.2-6a）可知，半波天线的方向性因子（方向图见图 7-4a）

$$F(\theta) = \frac{1}{\sin\theta}\cos\left(\frac{\pi}{2}\cos\theta\right) \tag{7.1-10a}$$

方向性系数

$$D = \frac{4\pi}{\int_0^\pi \int_0^{2\pi} \cos^2\left(\frac{\pi}{2}\cos\theta\right)\mathrm{d}\theta\mathrm{d}\varphi} = 1.64 \tag{7.1-10b}$$

将式（7.1-3a）和式（7.1-10a）代入式（6.2-2b），可知辐射功率

$$P_{rad} = \oiint_S \frac{|E_\theta|^2}{Z_0}\mathrm{d}S = I_{max}^2\, 60\int_0^\pi \frac{\cos^2\left(\frac{\pi}{2}\cos\theta\right)}{\sin\theta}\mathrm{d}\theta \tag{7.1-11a}$$

根据式（6.2-7b），半波振子的辐射电阻为

$$R_{rad} = \frac{P_{rad}}{I_{max}^2} = 60\int_0^\pi \frac{\cos^2\left(\frac{\pi}{2}\cos\theta\right)}{\sin\theta}\mathrm{d}\theta \approx 73\ \Omega \tag{7.1-11b}$$

这是一个纯电阻。半波振子的长度为 $\lambda/4$，由式（7.1-1）可知在输入点 $z=0$ 有 $I_0 = I_{max}$，据式（6.2-10f）、式（6.2-10a），知 $R_{ri} = R_{rad}$，$X_{in} = 0$，忽略式（6.2-10b）中的损耗电阻 R_{loss}，输入阻抗为

$$Z_{in} \approx 73 + j0 \tag{7.1-11c}$$

按式（7.1-7）计算对称振子的输入阻抗非常繁琐，在工程上，半波振子有如下的输入阻抗近似计算公式

$$Z_{in} = \frac{R_{rad}}{\sin^2(2\pi l/\lambda')} - j\overline{Z}_0\cot(2\pi l/\lambda') \tag{7.1-12}$$

半波振子的长度 $\lambda/4$ 即是谐振长度，根据传输线理论（参见第 1 章图 1-7、图 1-9b），半波振子处于串联谐振状态。对称天线还有别的谐振频率，如长度等于 $\lambda/2$ 的对称振子处于并联谐振状态。虽然串联和并联谐振时，对称天线的输入阻抗都为纯电阻，但在串联谐振点附近，输入电阻随频率变化平缓，具有较好的频率特性；在并联谐振点附近，输入电阻 $R_{ri} = \overline{Z}_0^2/R_{rad}$ 为高阻抗，且随频率变化剧烈，频率特性较差。在对称振子天线中，半波振子的长度最短，方向图简单，输入阻抗有利于和同轴线匹配。

半波振子既可以作为独立天线使用，也可作为天线阵的阵元，广泛地应用于短波和超短波波段。在微波波段，还可作抛物面天线的馈源（第 8 章 8.3 节）。

7.2 阵列天线

天线阵可以获得方向性增强的效果。将若干辐射单元按某种方式排列所构成的天线系统称为天线阵（Antenna Array），构成阵元的辐射单元称为天线元或阵元。天线阵

的辐射场是各天线元辐射场的矢量叠加,通过使各天线元上的电流振幅和相位分布满足适当的关系,获得需要的辐射特性。本节以形状尺寸相同、排列姿态相同的相似元组成的天线阵介绍有关的理论。

7.2.1 二元阵

二元阵是最基本的天线阵。设二元阵由电流元 1、电流元 2 组成(见图 7-9),元间距 d,沿 x 轴排列,到场点的距离分别为 r_1 和 r_2,两天线的激励电流分别是 $I_1 \mathrm{e}^{-\mathrm{j}\zeta/2}$ 和 $I_2 = mI_1 \mathrm{e}^{\mathrm{j}\zeta/2}$,即阵元 2 电流的相位比阵元 1 超前 ζ 角度,m 是两天线上电流的振幅比。通常情况下接收点距离天线很远,$d \ll r_1$,$d \ll r_2$,可认为 r_1 和 r_2 平行。当考虑阵元在场点产生的辐射场强弱时,可认为 $r_1 = r_2$,但当考虑各元辐射场的相位时,应该考虑两者的波程差 $d\cos\vartheta$,即

$$r_1 = r + \frac{d}{2}\cos\vartheta, \quad r_2 = r - \frac{d}{2}\cos\vartheta \tag{7.2-1}$$

两阵元在场点的辐射场分别为

$$
\left.
\begin{aligned}
\boldsymbol{E}_1 &= \boldsymbol{E}_{1\mathrm{m}} \mathrm{e}^{-\mathrm{j}\frac{\zeta}{2}} F(\theta,\varphi) \mathrm{e}^{-\mathrm{j}kr_1} = \boldsymbol{E}_{1\mathrm{m}} \mathrm{e}^{-\mathrm{j}\frac{\zeta}{2}} F(\theta,\varphi) \mathrm{e}^{-\mathrm{j}\left(kr_1 + \frac{\zeta}{2}\right)} \\
&= \boldsymbol{E}_{1\mathrm{m}} F(\theta,\varphi) \mathrm{e}^{-\mathrm{j}\left[k\left(r + \frac{d}{2}\cos\vartheta\right) + \zeta/2\right]} \\
\boldsymbol{E}_2 &= \boldsymbol{E}_{2\mathrm{m}} \mathrm{e}^{\mathrm{j}\frac{\zeta}{2}} F(\theta,\varphi) \mathrm{e}^{-\mathrm{j}kr_2} = m\boldsymbol{E}_{1\mathrm{m}} F(\theta,\varphi) \mathrm{e}^{-\mathrm{j}\left(kr_2 - \frac{\zeta}{2}\right)} \\
&= m\boldsymbol{E}_{1\mathrm{m}} F(\theta,\varphi) \mathrm{e}^{-\mathrm{j}\left[k\left(r - \frac{d}{2}\cos\vartheta\right) - \frac{\zeta}{2}\right]}
\end{aligned}
\right\} \tag{7.2-2}
$$

式中,$E_{1\mathrm{m}}$ 和 $E_{2\mathrm{m}}$ 分别是两阵元的电场强度,$F(\theta,\varphi)$ 是各阵元的方向因子。在场点的合成场原应为矢量叠加 $\boldsymbol{E} = \boldsymbol{E}_1 + \boldsymbol{E}_2$,但由于场点很远,阵元的排列取向一致,所以 $\boldsymbol{E}_1$ 和 $\boldsymbol{E}_2$ 平行,矢量和变成标量和

$$
\begin{aligned}
E = E_1 + E_2 &= E_{1\mathrm{m}} F(\theta,\varphi) \mathrm{e}^{-\mathrm{j}\left[k\left(r + \frac{d}{2}\cos\vartheta\right) + \frac{\zeta}{2}\right]} + mE_{1\mathrm{m}} F(\theta,\varphi) \mathrm{e}^{-\mathrm{j}\left[k\left(r - \frac{d}{2}\cos\vartheta\right) - \frac{\zeta}{2}\right]} \\
&= E_{1\mathrm{m}} F(\theta,\varphi) \mathrm{e}^{-\mathrm{j}kr} \left[\mathrm{e}^{-\mathrm{j}\frac{(kd\cos\vartheta + \zeta)}{2}} + m\mathrm{e}^{\mathrm{j}\frac{(kd\cos\vartheta + \zeta)}{2}}\right] \\
&= E_{1\mathrm{m}} \mathrm{e}^{-\mathrm{j}kr} F(\theta,\varphi) \left[\mathrm{e}^{-\mathrm{j}\frac{\psi}{2}} + m\mathrm{e}^{\mathrm{j}\frac{\psi}{2}}\right] \\
&= E_{1\mathrm{m}} \mathrm{e}^{-\mathrm{j}kr} f_1(\theta,\varphi) \cdot f_2(\theta,\varphi)
\end{aligned} \tag{7.2-3a}
$$

其中

$$\psi = kd\cos\vartheta + \zeta = \frac{2\pi}{\lambda} d\cos\vartheta + \zeta \tag{7.2-3b}$$

对式(7.2-3a)取模,有

$$E = E_{1\mathrm{m}} |F(\theta,\varphi)| \cdot |\sqrt{1 + m^2 + 2m\cos\psi}| = E_{1\mathrm{m}} f_1(\theta,\varphi) \cdot f_2(\theta,\varphi) \tag{7.2-3c}$$

式中,$f_1(\theta,\varphi) = |F(\theta,\varphi)|$ 称为元因子(Primary Pattern),$f_2(\theta,\varphi) = \sqrt{1 + m^2 + 2m\cos\psi}$ 称为阵因子(Array Pattern),这种关系称为方向图乘积定理(Pattern Multiplication):在各阵元为相似元条件下,天线阵的方向图函数为元因子与阵因子的乘积。上式中阵因子与阵轴的取向无关。如果阵轴取图 7-9 所示的 x 轴,式(7.2-3b)中的 ψ 变成

$$\psi = kd\sin\theta\cos\varphi + \zeta = \frac{2\pi}{\lambda} d\sin\theta\cos\varphi + \zeta$$

$$\tag{7.2-3d}$$

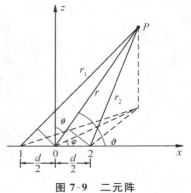

图 7-9 二元阵

式(7.2-3)表示的方向图乘积定理可以推广到 N 个阵元。

天线阵方向图乘积定理说明,天线阵的方向性不仅取决于单元天线的方向性,也取决于阵因子。如果单元天线的方向性很弱,天线阵的方向性主要取决于阵因子。因此,可以通过设置天线阵的有关参数,如阵元个数 N、间距 d、电流相差 ζ、电流幅度比 m 和排列方式等,使方向性达到特定要求。图 7-10 是 $m=1$,$\zeta=0$,间距 $d=\lambda/2$ 和 $d=\lambda$ 时根据式(7.2-3c)和式(7.2-3b)画出的等幅同相阵因子图。

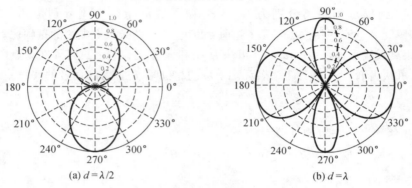

(a) $d=\lambda/2$ (b) $d=\lambda$

图 7-10 等幅同相二元阵阵因子图 ($m=1$,$\zeta=0$)

图 7-11 是 $m=1$,$\zeta=\pm\pi$,间距 $d=\lambda/2$ 和 $d=\lambda$ 时根据式(7.2-3c)和式(7.2-3b)画出的等幅同相阵因子图的等幅反相阵因子图。

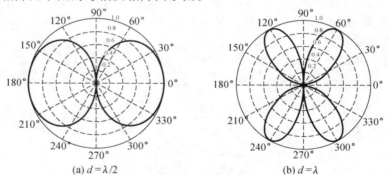

(a) $d=\lambda/2$ (b) $d=\lambda$

图 7-11 等幅反相二元阵阵因子图 ($m=1$,$\zeta=\pm\pi$)

图 7-12 是 $m=0.5$,$d=\lambda/2$,$\zeta=0$ 和 $\zeta=\pi$ 时根据式(7.2-3c)和式(7.2-3b)画出的等幅同相阵因子图的阵因子图。

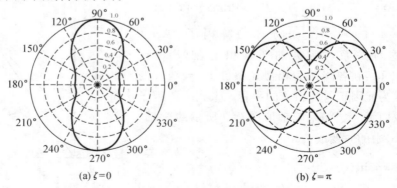

(a) $\zeta=0$ (b) $\zeta=\pi$

图 7-12 不等幅二元阵阵因子图 ($m=0.5$,$d=\lambda/2$)

按方向图乘积定理,将单元天线所考虑平面的方向图和该平面上阵因子方向图相乘,即是所考虑平面天线阵的总方向图。

【例 7.2-1】 如果天线阵由两个沿 x 轴排列与 z 轴平行的等幅半波振子组成(见图 7-9),求该二元阵的总方向图函数。

解: 将由式(7.1-10a)表示的半波振子的方向函数代入式(7.2-3c),其中 $m=1$,ψ 取式(7.2-3d)的形式,有

$$E=2E_{1m}\left|\frac{1}{\sin\theta}\cos\left(\frac{\pi}{2}\cos\theta\right)\right|\cdot\left|\cos\left(\frac{kd\sin\theta\cos\varphi+\zeta}{2}\right)\right| \qquad (7.2-4a)$$

令 $\varphi=0$,得半波二元阵的 E 面方向图函数

$$F_{E}(\theta)=\left|\frac{1}{\sin\theta}\cos\left(\frac{\pi}{2}\cos\theta\right)\right|\cdot\left|\cos\left(\frac{kd\sin\theta+\zeta}{2}\right)\right| \qquad (7.2-4b)$$

令 $\theta=\pi/2$,得半波二元阵的 H 面方向图函数

$$F_{H}(\varphi)=\left|\cos\left(\frac{kd\cos\varphi+\zeta}{2}\right)\right| \qquad (7.2-4c)$$

二元半波阵的 E 面和 H 面方向图和单个半波振子的方向图是不同的,特别是 H 面,单个半波振子无方向性,天线阵在该面的方向图函数完全取决于阵因子。

【例 7.2-2】 三个间距 $d=\lambda/2$ 的同相半波振子组成直线阵,振幅比为 $1:2:1$,试讨论该三元阵的方向图。

解: 该三元阵可等效为图 7-13a 所示二元阵,元因子和阵因子均是一个二元阵,元因子、阵因子均由式(7.2-4c)给出,有三元阵的 H 面方向函数

$$F_{H}(\varphi)=\left|\cos\left(\frac{kd\cos\varphi+\zeta}{2}\right)\right|^{2} \qquad (7.2-5)$$

方向图如图 7-13b 所示。

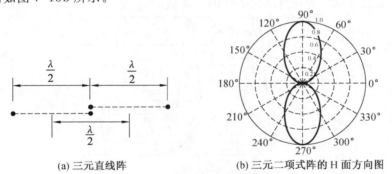

(a) 三元直线阵 (b) 三元二项式阵的 H 面方向图

图 7-13 三元二项式直线阵及其方向图

上述三元阵是天线阵的一种特殊情况,阵元电流振幅按二项式展开系数

$$\binom{N}{n} \qquad n=0,1,\cdots,N-1 \qquad (7.2-6)$$

分布,没有旁瓣,称为二项式阵。

7.2.2 N 元直线阵

将二元阵的阵元个数由 2 推广到 N,即成 N 元直线阵。比较简单的情况是均匀阵:相邻阵元间距相等均为 d、相邻阵元相位差相同均为 ζ、阵元的辐射场相同均为 $E_{1m}e^{-jkr}$、

方向性因子相同均为 $f_1(\theta,\varphi)$，天线阵到场点的连线和阵轴的夹角为 ϑ，如图 7-14 所示。

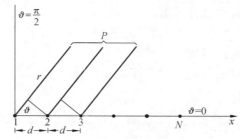

图 7-14　N 元均匀直线阵

仿照式(7.2-3a)的生成方式，天线阵在空间 P 点的场是

$$E = E_{1m}e^{-jkr}f_1(\theta,\varphi)\cdot[1+e^{j\psi}+e^{j2\psi}+\cdots+e^{j(N-1)\psi}]$$

$$= E_{1m}e^{-jkr}f_1(\theta,\varphi)\cdot\left(\frac{1-e^{jN\psi}}{1-e^{j\psi}}\right) \tag{7.2-7a}$$

对上式中的等比级数求和、取模后

$$E = E_{1m}|f_1(\theta,\varphi)|\cdot\frac{1}{N}\left|\frac{\sin(N\psi/2)}{\sin(\psi/2)}\right| = E_{1m}f_1(\theta,\varphi)\cdot f_n(\psi) \tag{7.2-7b}$$

式中 ψ 取式(7.2-3b)的形式

$$\psi = kd\cos\vartheta+\zeta = \frac{2\pi}{\lambda}d\cos\vartheta+\zeta \tag{7.2-7c}$$

N 元天线的阵因子

$$f_N(\psi) = \frac{1}{N}\left|\frac{\sin(N\psi/2)}{\sin(\psi/2)}\right| \tag{7.2-7d}$$

是天线理论中的一个常见函数。图 7-15a、图 7-15b 分别是根据式(7.2-7d)在 $N=4$ 和 $N=10$ 两种情况下以 ψ 为变量画出的阵因子曲线。

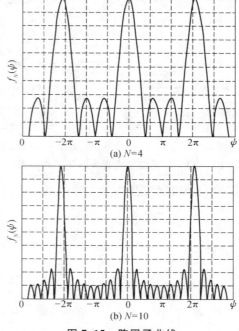

(a) N=4

(b) N=10

图 7-15　阵因子曲线

下面根据阵元馈电相位的不同,对 N 元均匀直线阵进行讨论。

(1) 边射阵(Broadside Array)

当各阵元电流同相,即 $\zeta=0$ 时,式(7.2-7c)变为

$$\psi=kd\cos\vartheta=\frac{2\pi}{\lambda}d\cos\vartheta \qquad (7.2-8a)$$

那么在 $\vartheta=\pm\pi/2$ 方向上,$\psi=0$。各阵元在场点 P 处产生的场同相叠加、没有波程差,阵因子值最大。如果组成天线阵各单元的最大辐射方向也在 $\vartheta=\pm\pi/2$ 方向上,就构成边射式直线阵。

阵因子 $f_N(\theta,\varphi)$ 是一个周期函数,除 $\psi=0$ 时可得到最大值外,当 $\psi=\pm 2m\pi(m=1,2,3,\cdots)$ 时也都可以得到最大值。与 $\psi=0$ 对应的称为主瓣,与 $\psi=\pm 2m\pi$ 对应的称为旁瓣。通过限制间距 d,使 $-2\pi<\psi<2\pi$,避免在边射方向出现旁瓣。由式(7.2-8a)可知,当 $0°\leqslant\vartheta\leqslant180°$ 时,$-kd\leqslant\psi\leqslant kd$。如果取 $d=\lambda/2$,就能抑制旁瓣。

(2) 端射阵(End-fire Array)

最大辐射方向沿阵轴 $\vartheta=0$ 方向的阵列称为端射式直线阵。要获得端射阵,应满足当 $\vartheta=0$ 时,$\psi=0$。将此条件代入式(7.2-7c)得

$$\zeta=-kd \qquad (7.2-8b)$$

即在端射阵中,各元的电流相位依次滞后一个角度,这个角度在数值上等于元间距离在 $\vartheta=0$ 方向引起的相位差,相邻元产生的场在阵轴方向波程差所引起的相位差 kd,刚好由它们自身电流相位 $\zeta=-kd$ 相抵消,使得在端射方向阵元产生的场同相叠加达到最大值。

将式(7.2-8b)代入到式(7.2-7c)中,有 $\psi=kd(\cos\vartheta-1)$。那么当 $0°\leqslant\vartheta\leqslant180°$ 时,$0\leqslant\psi\leqslant-2kd$。如果取 $d=\lambda/4$,端射方向是唯一的最大值方向。

直线相邻阵元电流相位差 ζ 的变化,将引起阵列方向图最大辐射方向的相应变化。如果 ζ 随时间按一定规律重复变化,最大辐射方向连同整个方向图就能在空域中往返运动,实现方向图扫描。这种通过改变相邻元电流相位差实现方向图扫描的天线阵,称为相控阵。

(3) 零辐射方向

根据式(7.2-7d)可知,阵方向图的零点在

$$\frac{N\psi}{2}=\pm m\pi, \quad m=1,2,3,\cdots \qquad (7.2-9)$$

(4) 主瓣宽度

① 边射阵($\zeta=0,\vartheta_{\max}=\pi/2$),设 ϑ_{01} 为第一零点,那么主瓣宽度

$$2\Delta\vartheta=2(\vartheta_{\max}-\vartheta_{01}) \quad\rightarrow\quad \vartheta_{01}=\vartheta_{\max}-\Delta\vartheta \qquad (7.2-10a)$$

当 $m=1$ 时,由上式及式(7.2-9)和式(7.2-7c),有

$$\cos\vartheta_{01}=\cos(\vartheta_{\max}-\Delta\vartheta)=\sin\Delta\vartheta=\frac{\lambda}{Nd} \qquad (7.2-10b)$$

主瓣宽度

$$2\Delta\vartheta=\arcsin\left(\frac{\lambda}{Nd}\right) \qquad (7.2-10c)$$

当 $Nd\gg\lambda$ 时,主瓣宽度

$$2\Delta\vartheta\approx\frac{2\lambda}{Nd} \qquad (7.2-10d)$$

对于很长的均匀边射阵,用上式估算比较简便。

② 端射阵($\zeta = -kd$,$\vartheta_{\max} = 0$),当 $m = 1$ 时,由式(7.2-9)和式(7.2-7c)可得第一零点

$$\cos \vartheta_{01} = 1 - 2 \left(\sin \frac{\vartheta_{01}}{2} \right)^2 = 1 - \frac{\lambda}{Nd} \quad \rightarrow \quad \vartheta_{01} = 2\arcsin\sqrt{\frac{\lambda}{2Nd}} \quad (7.2-11a)$$

主瓣宽度

$$2\Delta\vartheta = 2(\vartheta_{01} - \vartheta_{\max}) = 2\vartheta_{01} = 2\arcsin\sqrt{\frac{\lambda}{2Nd}} \quad (7.2-11b)$$

当 $Nd \gg \lambda$ 时,主瓣宽度

$$2\Delta\vartheta = 2\vartheta_{01} \approx \sqrt{\frac{2\lambda}{Nd}} \quad (7.2-11c)$$

与式(7.2-10)相比,均匀端射阵的主瓣宽度大于同样长度的均匀边射阵的主瓣宽度。

(5) 旁瓣方位

由式(7.2-7d)可知,旁瓣发生在 $|\sin(N\psi/2)| = 1$ 处,即

$$\frac{N\psi}{2} = \pm(2m+1)\frac{\pi}{2}, \quad m = 1, 2, 3, \cdots \quad (7.2-12a)$$

第一旁瓣发生在 $m = 1$,即 $\psi = \pm 3\pi/N$ 的方向。

(6) 第一旁瓣电平

将 $|\sin(N\psi/2)| = 1$ 和 $\psi = \pm 3\pi/N$ 代入式(7.2-7d),当 N 很大时

$$\frac{1}{N}\left|\frac{1}{\sin\left(\frac{3\pi}{2N}\right)}\right| \approx \frac{1}{N}\left|\frac{1}{\frac{3\pi}{2N}}\right| = \frac{2}{3\pi} \approx 0.212 \quad (7.2-12b)$$

若以对数表示,多元均匀直线阵的第一旁瓣电平为

$$20\lg\frac{1}{0.212} = -13.5 \text{ dB} \quad (7.2-12c)$$

当 N 很大时,该值几乎与 N 无关。也就是说,对于均匀直线阵,当第一旁瓣电平达到 -13.5 dB 后,再增加天线元数,也不能降低旁瓣电平。为此,在直线阵中可使天线阵中各元电流按锥形分布来降低旁瓣。

【例7.2-3】 五元边射阵,$d = \lambda/2$,各元之间电流比为 $1:2:3:2:1$。确定阵因子和方向图函数,与均匀五元阵比较第一旁瓣电平。

解:应用式(7.2-7a)将五元锥形阵表示成九个等幅,按五元等间距排列的直线阵,并将 $\zeta = 0$ 和 $d = \lambda/2$ 代入,有阵因子如下:

$$f_N(\psi) = 1 + 2e^{j\psi} + 3e^{j2\psi} + 2e^{j3\psi} + e^{j4\psi}$$

$$= \frac{1}{9}\left|\frac{1 - e^{j3\psi}}{1 - e^{j\psi}}\right| = \frac{1}{9}\left|\frac{\sin(3\psi/2)}{\sin(\psi/2)}\right|^2 = \frac{1}{9}\left|\frac{\sin[(3\pi\cos\vartheta)/2]}{\sin[(\pi\cos\vartheta)/2]}\right|^2$$

$$(7.2-13)$$

旁瓣发生在 $\sin[(3\pi\cos\vartheta)/2] = 1$,即 $\vartheta = 0, \pi$ 处,此时 $f_N(\psi) = 1/9$,用式(7.2-12c)对数表示的第一旁瓣电平为 -19.1 dB,用式(7.2-12c)算出的均匀五元阵旁瓣电平是 -12.2 dB。与均匀五元阵相比,锥形五元阵旁瓣电平较低。不过用式(7.2-13)算出的锥形五元阵的主瓣宽度是 $2[\pi/2 - \arccos(2/3)]$,用式(7.2-10c)算出的均匀五元阵的主瓣宽度是 $2[\pi/2 - \arccos(2/5)]$,显然锥形五元阵的主瓣比均匀五元阵的要宽。

天线阵的主瓣宽度和旁瓣宽度是相互对立又相互依存的。主瓣宽度小,旁瓣电平就高;反之,主瓣宽度大,旁瓣电平就低。均匀直线阵的主瓣窄,但旁瓣数目多、电平高,二项式直线阵没有旁瓣,但主瓣较宽。发射天线朝不希望方向发射的旁瓣,分散了天线的辐射能量;接收天线的旁瓣接收了不希望区域的信号,降低了信噪比。因此,不希望出现旁瓣。可是,旁瓣又有压缩主瓣宽度的作用。实际上,只要旁瓣电平低于给定电平,旁瓣是允许存在的。能在主瓣宽度和旁瓣电平之间进行最优折中的是 Dolph-Chebyshef 分布阵。这种天线阵在给定电平条件下主瓣宽度最窄,具有等旁瓣的特点,数学表达式就是 Chebyshef 多项式。

除直线阵外,为满足对方向性的进一步要求,还有平面和立体(空间)阵。平面阵可以看成是直线阵的二次组合,阵因子为相互垂直两直线阵的乘积;立体阵由两个以上不在同一平面内的面阵构成,可用线阵和面阵的方法进行分析。

7.3 直立与水平振子天线

7.3.1 直立振子天线

垂直于地面或导电平面架设的天线称为直立振子天线(Vertical Antenna),广泛地应用于长、中、短波及超短波波段。如果把地面看作理想导体,可用镜像法(附录 7-1)获得地面上方的辐射场。现在以单极天线(Monopole Antenna)为例,分析直立天线的特性。

(1) 直立单极天线的方向图

单极天线由垂直于接地导电平面、长为 l 的直导线组成,电压源馈电端在导线下端和接地导电平面之间(图 7-16a)。将接地导电平面看成无限大的理想导电平面,设置镜像电流元(图 7-16b)。真实源和镜像源构成一个长度为 $2l$ 的对称天线,方向性因子与式(7.1-3b)相同

$$F(\theta)=\frac{\cos(kl\cos\theta)-\cos(kl)}{\sin\theta} \tag{7.3-1a}$$

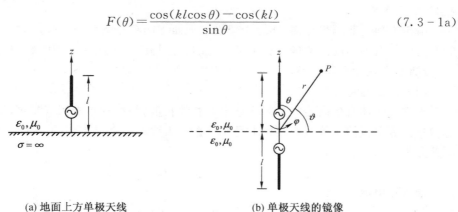

(a) 地面上方单极天线　　　　　　(b) 单极天线的镜像

图 7-16 直立单极天线

架设在地面上的线天线的两个主平面方向图一般用水平平面和铅垂平面来表示。仰角 ϑ 及距离 r 为常数的平面为水平平面,方位角 φ 及距离 r 为常数的平面为铅垂平面。式(7.3-1a)与 φ 无关,可知单极天线水平平面方向图仍然为圆。将 $\theta=90°-\vartheta$ 代入式(7.3-1a)中,得铅垂平面方向函数

$$F(\vartheta) = \frac{\cos(kl\sin\vartheta) - \cos(kl)}{\cos\vartheta} \qquad (7.3-1\text{b})$$

图 7-17 是四种不同 l/λ 的铅垂平面方向图。

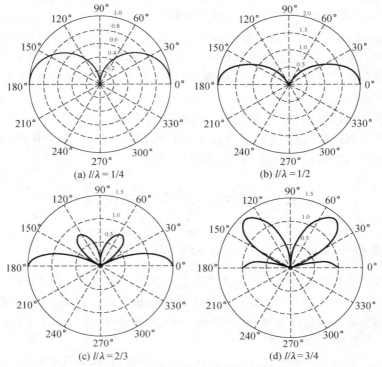

(a) $l/\lambda=1/4$ (b) $l/\lambda=1/2$

(c) $l/\lambda=2/3$ (d) $l/\lambda=3/4$

图 7-17　单极天线铅垂平面方向图

由图 7-17 可见,随着 l/λ 增大波瓣变尖,$l/\lambda > 1/2$ 时出现旁瓣;l/λ 继续增大后,因天线上反相电流作用,$\vartheta=0$ 方向的辐射作用减弱。实际应用中,一般将 l/λ 取为 0.53 左右。

由于大地为非理想导体,实际中架设在地面上的单极天线方向图与通过镜像法得到的方向图是有差别的。准确计算单极天线的远区场应考虑真实地面的影响,按地波(第 9章)传播的方式计算辐射场。

(2) 有效高度

直立天线的有效高度就是第 6 章中的有效长度,是衡量单极天线辐射场强弱的重要电参数。因单极振子天线在结构上是对称振子天线的一半,故馈电取式(7.1-1)中 $z>0$的部分为

$$I(z) = I_{\max}\sin[k(l-z)] \qquad (7.3-2\text{a})$$

输入点电流为

$$I_0 = I_{\max}\sin[k(l-0)] = I_{\text{in}} \qquad (7.3-2\text{b})$$

根据等效高度的定义式(6.2-13b),用输入点电流定义的有效高度为

$$l_{\text{ei}} = \frac{1}{I_{\text{in}}}\int_0^l I(z)\,\mathrm{d}z = \frac{1}{\sin(kl)}\int_0^l \sin[k(l-z)]\,\mathrm{d}z = \frac{1-\cos(kl)}{k\sin(kl)} \qquad (7.3-2\text{c})$$

若 $l \ll \lambda$,利用倍角公式后,有

$$l_{\text{ei}} = \frac{1}{k}\tan\frac{kl}{2} \approx \frac{l}{2} \qquad (7.3-2\text{d})$$

此时单极天线的有效高度为实际高度的一半。

　　无限大理想导电地面上单极天线辐射电阻的求法与自由空间对称振子辐射电阻求法完全相同。但单极天线的镜像部分不辐射功率,故辐射电阻是同样长度的自由空间对称振子辐射电阻的一半。当 $l \ll \lambda$ 时,单极天线的辐射电阻是很低的,效率也很低。

　　(3) 提高单极天线效率的方法

　　① 增加天线的有效高度

　　天线的有效高度越高,辐射电阻就越大,效率也越高。实际应用中,直立单极天线的高度往往受到限制,不可能很高。为了增加有效高度,可在天线顶部加容性负载、在中部或底部加感性负载,提高天线上电流波腹点的位置,增加有效高度。图 7-18 是顶部加载的几种单极天线。

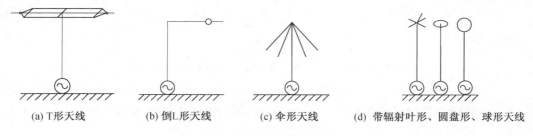

(a) T形天线　　　　(b) 倒L形天线　　　　(c) 伞形天线　　　(d) 带辐射叶形、圆盘形、球形天线

图 7-18　加顶单极天线铅

　　单极天线顶端的线、板等统称为顶负载,作用是增大天线顶端对地的电容。可将该分布电容等效为一线段,用传输线的理论进行分析。设顶电容为 C_a、天线的平均特性阻抗为 $\overline{Z}_0$、等效的线段高度为 l',利用第 1 章公式(1.4-4b),有

$$\overline{Z}_0 \cot(kl') = \frac{1}{\omega C_a} \quad \rightarrow \quad l' = \frac{1}{k} \text{arccot} \frac{1}{Z_0 \omega C_a} \tag{7.3-3a}$$

天线加顶后虚高为 $l_0 = l + l'$,根据式(7.3-2)此时天线的有效高度为

$$l'_{ei} = \frac{1}{I_{in}} \int_0^l I(z) dz = \frac{2 \sin\left[k\left(l_0 - \dfrac{l}{2}\right)\right] \sin\left(\dfrac{kl}{2}\right)}{k \sin(kl_0)} \tag{7.3-3b}$$

当 $l \ll \lambda$ 时,加顶后天线归于输入点电流的有效高度为

$$l'_{ei} \approx l\left(1 - \frac{l}{2l_0}\right) > 0.5l \tag{7.3-3c}$$

天线加顶后有效高度增大,天线的效率也随之提高。

　　② 降低损耗电阻

　　电极天线的导体(如铜)损耗和周围介质损耗相对较小,主要的损耗来自接地系统:天线电流经地面流入接地系统时的电场损耗;天线上电流产生的磁场作用在地表面上,产生径向电流,此电流流过有耗地层时产生磁场损耗。当直立天线的电高度较小时磁场损耗是主要的,通常在天线底部加辐射状地网来减小磁场损耗。

　　单极天线的方向增益较低,要提高方向性,在超短波波段也可在垂直于地面的方向上排阵,这就是直立共线阵。有关这方面的知识可参考相关文献。

7.3.2　水平振子天线

　　和直立振子天线相比,水平振子天线(Horizontal Dipole Antenna)架设和馈电比较方

便,地面电导率的变化对天线性能影响较小,对大多为垂直极化的工业干扰来说,水平振子可减小干扰对接收的影响。水平振子天线经常应用于短波通信、电视或其他无线电系统中。

(1) 水平振子天线的方向图

水平振子天线又称双极天线(II形天线),结构如图 7-19a 所示。振子的两臂由单根或多股铜线制成,为避免拉线上产生较大的感应电流,拉线应有较小的电长度,臂和支架用高频绝缘子隔开,天线与周围物体要保持适当距离,用 600 Ω 的平行双导线作为馈线。与直立振子类似,把地面看作理想导体,水平振子天线和它的镜像构成二元阵,如图 7-19b 所示。和垂直电流元不同的是,水平电流元的镜像同幅反相,如果真实源的相位为 0,镜像源的相位就是 π(附录 7-1)。根据式(7.1-3a)、式(7.1-3b)和图 7-19b,水平振子及其镜像的合成场为

$$E = E_1 + E_2 = \text{j}60 I_{\max} \frac{\cos(kl\cos\psi) - \cos(kl)}{\sin\psi} \left[\frac{\text{e}^{-\text{j}kr_1}}{r_1} - \frac{\text{e}^{-\text{j}(kr_2+\pi)}}{r_2} \right] \quad (7.3-4\text{a})$$

式中

$$\cos\psi = \boldsymbol{y} \cdot \boldsymbol{r} = \boldsymbol{y} \cdot (\boldsymbol{x}\sin\theta\cos\varphi + \boldsymbol{y}\sin\theta\sin\varphi + \boldsymbol{z}\cos\theta) \quad (7.3-4\text{b})$$

$$\theta = 90° - \delta, \quad \cos\psi = \cos\delta\sin\varphi, \quad \sin\psi = \sqrt{1 - (\cos\delta\sin\varphi)^2} \quad (7.3-4\text{c})$$

水平振子与镜像间的距离远小于通信距离,因此上式中的幅度项和相位项有如下近似关系

$$r_1 \approx r_2 \approx r \quad (7.3-5\text{a})$$

$$r_1 \approx r - h\sin\delta, \quad r_2 \approx r + h\sin\delta \quad (7.3-5\text{b})$$

那么在理想导电地面假设下,地面上的水平振子天线的辐射场为

$$E = \text{j}60 I_{\max} \frac{\text{e}^{-\text{j}kr}}{r} \cdot \frac{\cos(kl\cos\delta\sin\varphi) - \cos(kl)}{\sqrt{1 - \cos^2\delta\sin^2\varphi}} \cdot 2\text{j}\sin(kh\sin\delta) \quad (7.3-5\text{c})$$

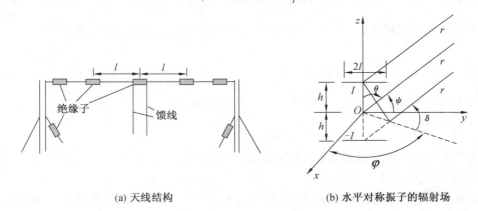

(a) 天线结构   (b) 水平对称振子的辐射场

图 7-19 水平振子天线

① 铅垂平面方向图

由式(7.3-5c)可以得到 $\varphi = 90°$ 的铅垂平面方向图

$$F_{\varphi=90°}(\delta) = \left| \frac{\cos(kl\cos\delta) - \cos(kl)}{\sin\delta} \right| |\sin(kh\sin\delta)| \quad (7.3-6\text{a})$$

和 $\varphi = 0°$ 的铅垂平面方向图

$$F_{\varphi=0°}(\delta) = |1 - \cos(kl)| |\sin(kh\sin\delta)| \quad (7.3-6\text{b})$$

图 7-20 是架设在地面上的半波振子当 $h = \lambda/4, \lambda/2, 3\lambda/4, \lambda$ 时,$\varphi = 90°$ 和 $\varphi = 0°$ 的铅

垂平面方向图。可以看出：铅垂平面方向图沿地面方向（$\delta=0°$）的辐射为 0；$\varphi=90°$ 的垂直方向图在 $\delta=60°\sim90°$ 范围内场强变化不大，并在 $\delta=90°$ 方向辐射最大，说明天线具有高仰角特性（通常将这种天线称为高射天线），这种架设高度较低，具有高仰角特性的天线广泛应用在 300 km 以内的天波通信中；$\varphi=0°$ 的铅垂平面方向图随 h/λ 的增大，波瓣增多，第一波瓣（最靠近地面的波瓣）最强辐射方向的仰角 $\delta_{\text{max}1}$ 越小。天波通信（第 9 章）中，应使天线最大辐射方向的仰角等于通信仰角 δ_0。令式（7.3-6）中的 $\sin(kh\sin\delta_{\text{max}1})=1$，有

$$\frac{2\pi}{\lambda}h\sin\delta_{\text{max}1}=\frac{\pi}{2} \quad \rightarrow \quad \delta_0=\delta_{\text{max}1}=\arcsin\frac{\lambda}{4h} \qquad (7.3-7a)$$

由此确定天线的架设高度

$$h=\frac{\lambda}{4\sin\delta_0} \qquad (7.3-7b)$$

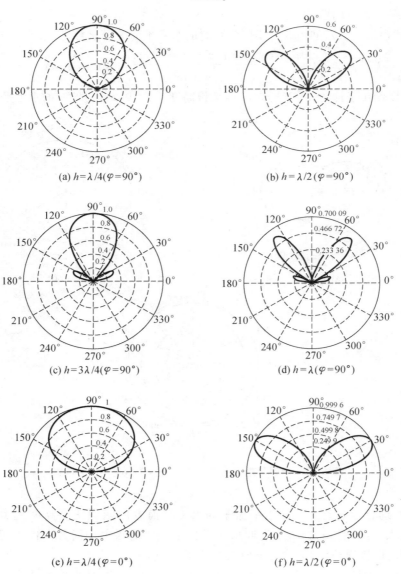

(a) $h=\lambda/4(\varphi=90°)$

(b) $h=\lambda/2(\varphi=90°)$

(c) $h=3\lambda/4(\varphi=90°)$

(d) $h=\lambda(\varphi=90°)$

(e) $h=\lambda/4(\varphi=0°)$

(f) $h=\lambda/2(\varphi=0°)$

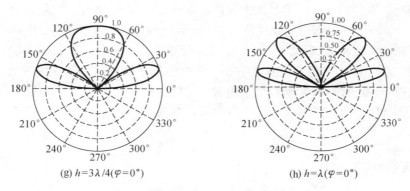

(g) $h=3\lambda/4(\varphi=0°)$　　　　　　(h) $h=\lambda(\varphi=0°)$

图 7-20　理想导电地面上水平半波振子垂直平面方向图

② 水平平面方向图

根据式(7.3-5c),仰角 δ 为不同常数时的水平平面方向函数为

$$F(\delta,\varphi)=\left|\frac{\cos(kl\cos\delta\sin\varphi)-\cos(kl)}{\sqrt{1-\cos^2\delta\sin^2\varphi}}\right||\sin(kh\sin\delta)| \qquad (7.3-8)$$

图 7-21 给出了仰角 $\delta=30°,60°,75°$,架设高度 $h/\lambda=0.25,0.75$ 时的水平平面方向图。

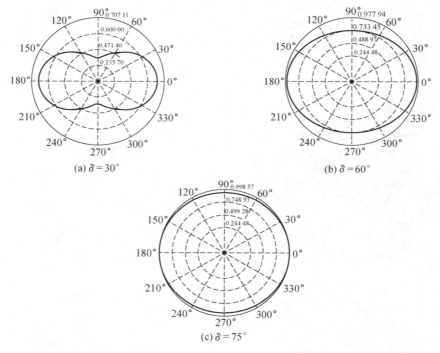

(a) $\delta=30°$　　　　　　(b) $\delta=60°$

(c) $\delta=75°$

图 7-21　理想导电地面上水平半波振子水平平面方向图

($h/\lambda=0.25,0.75$)

架设在理想导电地面上的水平振子的水平平面方向图和架设高度无关,与仰角有关,仰角越大方向性越弱。由于高仰角水平振子天线的水平平面方向性不明显,在短波 300 km 距离以内通信时,常作为全向天线使用。

需要指出的是,上述分析仅当天线架设高度 $h>0.2\lambda$ 时是正确的,如果不满足上述条件,还应该考虑地面波的影响。

（2）水平振子天线尺寸的确定

水平振子的臂长与最大辐射方向有关，图 7-22 是 $l=0.5\lambda$，0.625λ，0.7λ，0.8λ 的方向图。可见，为保证在与振子轴垂直方向上始终有最大辐射，应有 $l\leqslant0.625\lambda$。但 l 太短，天线的辐射能力变弱，将降低效率，而且输入电阻小、容抗大的天线，不容易与馈线匹配，因此天线的臂长一般为

$$0.2\lambda\leqslant l\leqslant 0.625\lambda \tag{7.3-9}$$

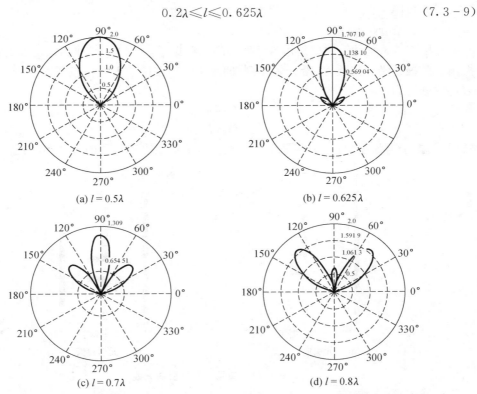

(a) $l=0.5\lambda$ (b) $l=0.625\lambda$

(c) $l=0.7\lambda$ (d) $l=0.8\lambda$

图 7-22　理想导电地面上水平半波振子（$h=0.25\lambda$）不同臂长的铅垂平面方向图

7.4　引向天线与电视天线

7.4.1　引向天线原理

引向天线又称八木天线（Yagi-Uda Antenna），由一个有源振子及若干个无源振子组成（图 7-23）。无源振子中较长的一个作为反射器（Reflector），其余的均为引向器（Director）。引向天线广泛地应用于米波、分米波波段的通信、雷达、电视和其他无线电系统中。

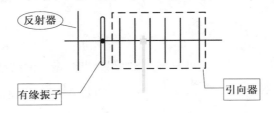

反射器

有缘振子　　　　引向器

图 7-23　引向天线结构

引向天线实际上也是一个天线阵,与前述天线阵的区别在于只对其中的一个振子馈电,其余振子靠与馈电振子之间近场耦合产生的感应电流来激励。图 7-24a 是最简单的二元阵 Yagi-Uda 天线,只有反射器和馈电振子;图 7-24b 所示的三元阵除反射器和馈电振子外,还有一个引向器。无源振子上感应电流的大小和相位与各振子的长度及间距有关,天线的方向性通过调整各振子的长度与间距改变电流分配比来控制。

下面以图 7-24a 的二元阵为例说明引向天线的工作原理。

(1) 二元引向天线

在图 7-24a 中,振子"1"是作为反射器的无源振子,振子"2"是作为馈电器的有源对称振子。两振子沿 z 向放置,沿 x 轴排列,间距为 d。设振子上电流按正弦分布,波腹电流表达式分别为

$$I_1 = mI_{max} \qquad (7.4-1a)$$
$$I_2 = I_{max}e^{j\zeta} \qquad (7.4-1b)$$

式中,两振子电流振幅比 m、两振子电流相位差 ζ 均取决于振子的长度和间距。

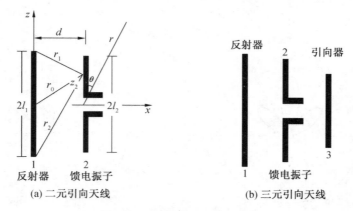

(a) 二元引向天线　　　　　(b) 三元引向天线

图 7-24　二元和三元引向天线

根据天线阵公式(7.2-3),二元引向天线的辐射场为

$$E = E_1 + E_2 \approx E_1[1 + me^{j(kd\cos\vartheta+\zeta)}] = \frac{60I_1}{r}F_1(\theta) \cdot F_2(\theta) \qquad (7.4-2a)$$

式中,$F_1(\theta)$ 是有源对称振子的方向函数,$F_2(\theta)$ 是二元阵阵因子的方向函数。显然有

$$F_2(\theta) = 1 + me^{j(kd\cos\vartheta+\zeta)} \qquad (7.4-2b)$$

将该二元阵看作一个二端口网络,由于振子"1"无源,端电压 $U_1 = 0$,故

$$\left.\begin{array}{l} 0 = I_1 Z_{11} + I_2 Z_{12} \\ U_2 = I_1 Z_{21} + I_2 Z_{22} \end{array}\right\} \qquad (7.4-3)$$

式中 Z_{11}、Z_{22} 和 Z_{12}、Z_{21} 分别是两振子的自阻抗和互阻抗,对于线性媒质 $Z_{12} = Z_{21}$。由上式有

$$I_1 = -\frac{Z_{12}U_2}{Z_{11}Z_{22} - Z_{12}^2}, \quad I_2 = \frac{Z_{11}U_2}{Z_{11}Z_{22} - Z_{12}^2} \rightarrow \frac{I_1}{I_2} = -\frac{Z_{12}}{Z_{11}} = \frac{mI_{max}e^{j\zeta}}{I_{max}} = me^{j\zeta} \qquad (7.4-4a)$$

$$m = \sqrt{\frac{R_{12}^2 + X_{12}^2}{R_{11}^2 + X_{11}^2}}, \quad \xi = \pi + \arctan\frac{X_{12}}{R_{12}} - \arctan\frac{X_{11}}{R_{11}} \qquad (7.4-4b)$$

式中互阻抗导出过程比较冗长,这里直接给出"2"为半波振子的结果

$$\frac{Z_{12}}{\frac{jZ_0}{4\pi\sin(kl_2)}} = \int_{-l_2}^{l_2}\left[\frac{e^{-jkr_1}}{r_1} + \frac{e^{-jkr_2}}{r_2} - 2\cos(kl_2)\frac{e^{-jkr_0}}{r_0}\right]\sin[k(l_2 - |z_2|)]dz$$

$$(7.4-5a)$$

其中(参见图 7-24a)

$$r_1 = \sqrt{d^2 + (l_1 - z_2)^2}, \quad r_2 = \sqrt{d^2 + (l_1 + z_2)^2}, \quad r_0 = \sqrt{d^2 + z_2^2} \qquad (7.4-5b)$$

将式(7.4-5b)中的间距换为振子半径 a,式(7.4-5a)即变为振子的自阻抗

$$\left. \begin{aligned} Z_{12} &= \frac{\mathrm{j}Z_0}{4\pi\sin(kl_2)} = \int_{-l_1}^{l_1} \left[\frac{\mathrm{e}^{-\mathrm{j}kr_1}}{r_1} + \frac{\mathrm{e}^{-\mathrm{j}kr_2}}{r_2} - 2\cos(kl_1)\frac{\mathrm{e}^{-\mathrm{j}kr_0}}{r_0} \right] \sin[k(l_2 - |z_2|)]\mathrm{d}z \\ Z_{22} &= \frac{\mathrm{j}Z_0}{4\pi\sin(kl_2)} = \int_{-l_2}^{l_2} \left[\frac{\mathrm{e}^{-\mathrm{j}kr_1}}{r_1} + \frac{\mathrm{e}^{-\mathrm{j}kr_2}}{r_2} - 2\cos(kl_2)\frac{\mathrm{e}^{-\mathrm{j}kr_0}}{r_0} \right] \sin[k(l_2 - |z_2|)]\mathrm{d}z \end{aligned} \right\} \qquad (7.4-5c)$$

互阻抗主要由振子的长度和间距决定,自阻抗主要由振子的长度决定。适当调整振子的长度和间距,可得到不同的电流振幅比 m 和相位差 ξ,获得需要的方向性。

当无源和有源振子的间距(图 7-24)$d < 0.25\lambda$ 时,如果无源振子的长度比有源振子短,因无源振子电流相位滞后于有源振子,使二元引向天线的最大辐射方向偏向无源振子所在方向;如果无源振子比有源振子长,无源振子的电流超前有源振子,二元引向天线的最大辐射方向偏向有源振子所在方向。在这两种情况下,无源振子分别起到引导或反射有源振子辐射场的作用,所以称为引向器或反射器。随着无源与有源振子之间距离增大,感应电流减弱,无源振子的引向或反射作用随之减弱(如 $d = 0.25\lambda$ 时,最大辐射方向总是指向有源振子方向)。一般情况下,无源和有源振子的间距取 $d = (0.15 \sim 0.23)\lambda$;当无源振子用作引向器时,长度取 $2l_2 = (0.42 \sim 0.46)\lambda$,用作反射器时,长度取 $2l_2 = (0.50 \sim 0.55)\lambda$。

空间中单个振子的电流一般近似为正弦分布,当附近存在其他振子时,由于互耦的影响,严格地说,原来电流分布将发生改变。但理论计算和实验表明,细耦合振子上的电流分布仍和正弦分布相差不大,在工程上仍可将耦合振子的电流看作是正弦分布的。

一般情况下,有源振子为半波振子。图 7-25 是考虑波长缩短效应的二元引向天线 H 面方向图。

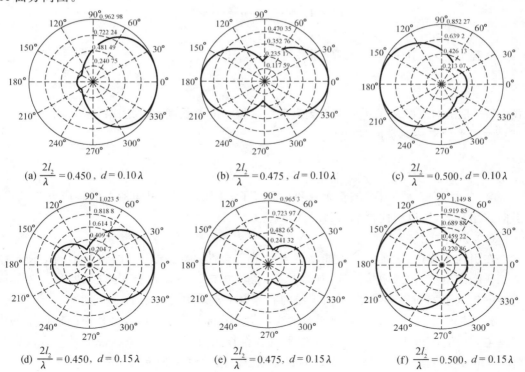

(a) $\frac{2l_2}{\lambda} = 0.450$, $d = 0.10\lambda$ (b) $\frac{2l_2}{\lambda} = 0.475$, $d = 0.10\lambda$ (c) $\frac{2l_2}{\lambda} = 0.500$, $d = 0.10\lambda$

(d) $\frac{2l_2}{\lambda} = 0.450$, $d = 0.15\lambda$ (e) $\frac{2l_2}{\lambda} = 0.475$, $d = 0.15\lambda$ (f) $\frac{2l_2}{\lambda} = 0.500$, $d = 0.15\lambda$

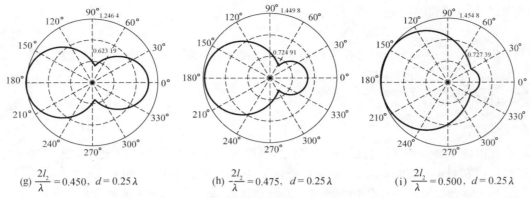

(g) $\dfrac{2l_2}{\lambda}=0.450,\ d=0.25\lambda$ \qquad (h) $\dfrac{2l_2}{\lambda}=0.475,\ d=0.25\lambda$ \qquad (i) $\dfrac{2l_2}{\lambda}=0.500,\ d=0.25\lambda$

图 7-25 二元引向天线的 H 平面方向图($2l_1/\lambda=0.475$)

（2）多元引向天线

在总元数为 N 的多元引向天线中（图 7-23），设第一根振子是反射器，第二根是有源振子，第三至第 N 根是引向器。根据式（7.4-2b），可得多元引向天线的 H 面方向函数

$$F(\theta)=\left|\sum_{i=1}^{N}m_i\mathrm{e}^{\mathrm{j}(kd_i\cos\vartheta+\zeta_i)}\right| \tag{7.4-6}$$

式中 $m_i=I_i/I_2$，m_i 和 ζ_i 分别表示第 i 根振子和有源振子电流的振幅比与相位差，d_i 表示第 i 根振子与有源振子之间的距离。N 元引向天线满足下列方程：

$$U_n=\sum_{i=1}^{N}I_iZ_{ni}\quad(n=1,2,3,\cdots,N) \tag{7.4-7a}$$

式中，I_i 表示第 i 根振子上的电流振幅。当 $n=i$ 时，Z_{ni} 表示第 i 根振子的阻抗；当 $n\neq i$ 时，Z_{ni} 表示第 i 根振子与第 n 根振子的互阻抗。U_n 表示第 n 根振子的外加电压，有

$$\left.\begin{aligned}&U_1=U_3=U_4=\cdots=U_N=0\\&U_2=U_0\end{aligned}\right\} \tag{7.4-7b}$$

工程上，多元引向天线的方向系数可由下式计算：

$$D=K_1\frac{L_a}{\lambda} \tag{7.4-8a}$$

式中，L_a 是引向天线从第一根振子到最后一根振子的总长度，K_1 是比例系数。

主瓣半功率波瓣宽度近似为

$$2\Delta\vartheta_{0.5}=55°\sqrt{\frac{L_a}{\lambda}} \tag{7.4-8b}$$

与二元引向天线一样，随着无源和有源振子间距的增大，引向器上的感应电流减小，引向作用减弱，所以引向器的数目一般不超过 12 个。

（3）折合振子

在引向天线中，无源振子虽能增强天线的方向性，但各振子间的相互影响会使天线的工作频带变窄，输入阻抗降低，有时甚至低至 20 Ω 以下，不利于与馈线匹配。为提高天线的输入阻抗和展宽带宽，引向天线的有源振子常采用折合振子。

折合振子由两个非常靠近且平行的半波振子在末端连接构成，在其中一根振子的中部供电，如图 7-26a 所示。折合振子的阻抗补偿作用可以看作被激励源驱动的天线模式（图 7-26b）与传输线模式（图 7-26c）的叠加效应。两种模式的导纳分别为

$$2I_1 = \frac{U}{2}Y_1 \qquad (7.4-9a)$$

$$\frac{I_2}{U} = -j\frac{Y_2}{2}\cot(kl) \qquad (7.4-9b)$$

联立后,有

$$Y = \frac{I_1 + I_2}{U} = \frac{Y_1}{4} - j\frac{Y_2}{2}\cot(kl) = \frac{Y_1}{4} - j\frac{Y_2}{2}\cot\left(\frac{\pi}{2}\right) = \frac{Y_1}{4} \qquad (7.4-10)$$

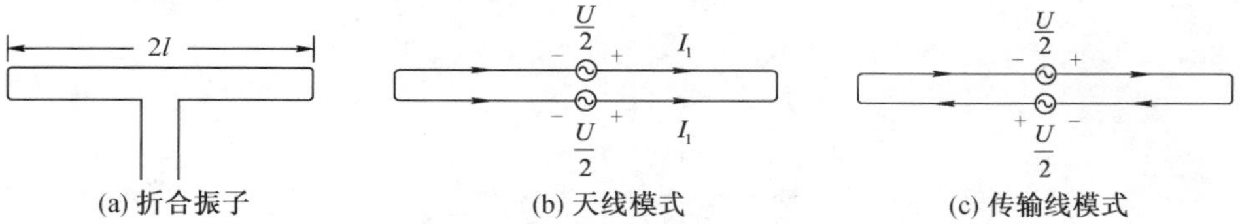

(a) 折合振子　　　　　(b) 天线模式　　　　　(c) 传输线模式

图 7-26　折合振子天线与等效电路

折合振子的输入阻抗是半波振子的 4 倍,容易与馈线匹配。另外,折合振子还相当于加粗了振子,所以工作带宽也比半波振子的宽。

引向天线结构简单、牢固,方向性较强,增益较高,广泛地用作米波和分米波的电视接收天线,主要缺点是频带较窄。

7.4.2　电视发射天线

我国电视广播的频率范围 1～12 频道(VHF 频段)为 48.5 ～ 223 MHz,13 ～ 68 频道(UHF 频段)为 470 ～ 956 MHz,要求电视发射天线有良好的宽频带特性。为获得尽可能大的覆盖面积,还要求发射天线功率大,在水平面内无方向性。由于工业干扰大多是垂直极化波,故电视发射信号宜采用水平极化,即天线及辐射电场与地面平行。由第 6 章图 6-3 可知,电流元的 E 面方向图呈"8"字形,不是全向的。为此将两个电流大小相等 $I_1 = I_2 = I$,相位差 $\zeta = 90°$ 的直线电流元,在水平面内垂直放置(图 7-27a),根据式(6.1-5a),它们在 xOy 平面的任一点上产生的场强为

$$E = E_1 + E_2 = \frac{60\pi dl}{\lambda r}\left[I_1\sin\varphi e^{-jkr}e^{-j\omega t} + I_2\cos\varphi e^{-jkr}e^{-j(\omega t+\zeta)}\right]$$

$$= \frac{60\pi I dl}{\lambda r}e^{-jkr}\sin(\omega t + \varphi) \qquad (7.4-11)$$

得到的方向图是一个"8"字以角频率 ω 在水平面内旋转,即稳态方向图是全向的(见图 7-27b),这种形式的天线组合称为旋转场天线(Turnstile Antenna)。

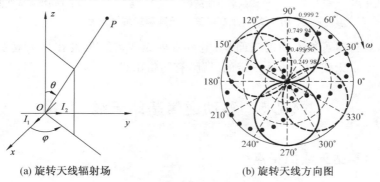

(a) 旋转天线辐射场　　　　　(b) 旋转天线方向图

图 7-27　旋转天线辐射场和方向图

电流元的辐射比较弱,实际应用的旋转场天线,常常以半波振子作为单元天线。利用式(7.1-10a)和方向图乘积定理,有

$$F_E(\varphi) = \left| \frac{1}{\sin\varphi} \cos\left(\frac{\pi}{2}\cos\varphi\right) \right| \cdot \left| \frac{1}{\cos\varphi} \cos\left(\frac{\pi}{2}\sin\varphi\right) \right| \qquad (7.4-12)$$

方向图在水平面内基本上是全向的,如图7-28所示。

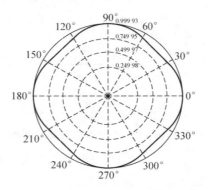

图7-28 半波振子旋转天线方向图

为了提高铅垂面的方向性,可将多个正交半波振子以半波长间距安装在同一根杆子上,如图7-29a所示。其中,同层的两个正交半波振子馈电电缆长度相差$\lambda/4$,以获得90°的相位差。这种天线结构简单,但频带较窄。调频广播和电视台应用的蝙蝠翼天线(Batwing Antenna)是这种简单结构的改进,可以在获得较好铅垂面方向性的同时获得较宽的频带(图7-29b、图7-29c)。

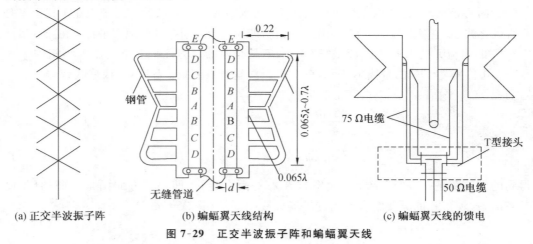

(a) 正交半波振子阵　　　　(b) 蝙蝠翼天线结构　　　　(c) 蝙蝠翼天线的馈电

图7-29 正交半波振子阵和蝙蝠翼天线

此外,为获得尽可能大的覆盖面积,电视发射天线需要架设在高大建筑物顶端或专用电视塔上,要求天线能够承受一定的风荷,有防雷击设计。

7.5 移动通信基站天线

7.5.1 移动基站天线的特点

移动通信指通信双方至少有一方在移动中进行通信和信息交换。移动通信的用户

受条件的限制,只能使用结构简单、小型轻便的天线。这就对移动通信基站天线提出了一些特殊要求:

① 天线应高架设,尽量避免地形、地物的遮挡。要求天线有足够的机械强度和稳定性。

② 为使用户在移动状态下使用方便,天线应尽量是垂直极化的。

③ 根据组网方式不同,采用不同的天线。如为顶点激励,用扇形天线;如中心激励,用全向天线。

④ 为在不增大发射机功率的情况下有较大的通信距离,天线增益应尽可能地高。

⑤ 为提高天线的效率和增大带宽,天线和馈线应良好地匹配。

目前陆地移动通信使用的频段为 150 MHz(VHF),450 MHz,900 MHz(UHF),1 800 MHz。

7.5.2 移动基站天线的结构

频段 VHF 和 UHF 移动基站天线一般由馈源和角形反射器两部分组成,为获得较高的增益,馈源一般采用并馈共轴阵列和串馈共轴阵列两种形式。为承受一定的风荷,反射器可采用条形结构,只要导线间距 d 小于 0.1λ,就可以等效为反射板。如图 7-30a 所示,两块放射板构成 120° 反射器,再与馈源组成扇形定向天线,3 个扇形定向天线组成全向天线。图 7-30b 是并馈共轴阵列,由功分器将输入信号均分,用相同长度的馈线分送,使各振子天线电流等幅、同相,远区场同相叠加,增强了方向性。图 7-30c 是串馈共轴阵列,其中的 180° 移相器使各振子天线的电流同相,达到增强方向性的目的。

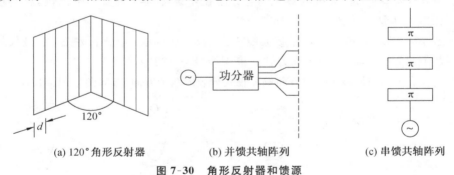

(a) 120°角形反射器   (b) 并馈共轴阵列   (c) 串馈共轴阵列

图 7-30 角形反射器和馈源

为缩短天线尺寸,可以采用填充介质的垂直同轴天线(图 7-31a),辐射振子就是同轴线的外导体,各振子间经同轴线的内外导体交叉连接(图 7-31b)。

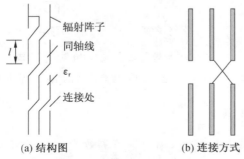

(a) 结构图   (b) 连接方式

图 7-31 同轴高增益天线

为使各辐射振子的电流等幅同相分布,每段同轴线的长度

$$l = \frac{\lambda_g}{2} \qquad (7.5-1)$$

式中，λ_g 是工作波长。若同轴线内填充介电常数 $\varepsilon_r = 2.25$ 的介质，每段同轴线长度应为

$$l = \frac{\lambda_g}{2} = \frac{\lambda}{2\sqrt{\varepsilon_r}} = \frac{\lambda}{3} \qquad (7.5-2)$$

式中，λ 是自由空间波长。这种天线体积小，增益高，垂直极化，水平面内无方向性。若加角反射器，增益会更高。

7.6 螺旋天线

将导线绕制成螺旋形线圈构成的天线，称为螺旋天线（Helical Antenna），如图 7-32 所示。螺旋天线通常带有金属接地板（或接地网栅），由同轴线馈电，同轴线的内导体与螺旋线相连，外导体与接地板相连。螺旋天线是常用的圆极化天线。螺旋天线的参数有螺旋直径 d、螺距 h、圈数 N、每圈的长度 c、螺距角 δ、轴向长度 L，它们之间的关系为

$$\left.\begin{array}{l} c^2 = h^2 + (\pi d)^2 \\ \delta = \arctan \dfrac{h}{\pi d} \\ L = Nh \end{array}\right\} \qquad (7.6-1)$$

螺旋天线的辐射特性与螺旋的直径有密切关系：

① 当 $d/\lambda < 0.18$ 时，天线的最大辐射方向在与螺旋轴线垂直的平面内，称为法向模式，此时天线称为法向模天线（图 7-33a）；

② 当 $d/\lambda \approx 0.25 \sim 0.46$，即螺旋天线一圈的长度 c 在一个波长左右时，最大辐射方向在天线的轴线方向，此时天线称为轴向模天线（图 7-33b）；

③ 当 $d/\lambda > 0.5$ 时，最大辐射方向偏离轴线分裂成两个方向，方向图呈圆锥状（图 7-33c）。

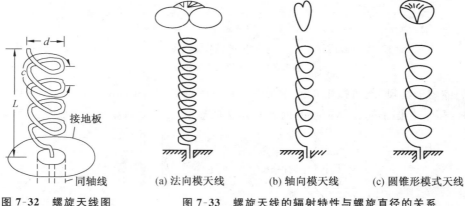

图 7-32 螺旋天线图

图 7-33 螺旋天线的辐射特性与螺旋直径的关系

(a) 法向模天线　　(b) 轴向模天线　　(c) 圆锥形模式天线

7.6.1 法向模螺旋天线

法向模螺旋天线的电尺寸较小，辐射场可等效为电流振幅相等、相位相同的电基本振子与磁基本振子辐射场的叠加，如图 7-34a 所示。每一圈螺旋天线的辐射场为

$$\boldsymbol{E} = \hat{\theta} E_\theta + \hat{\varphi} E_\varphi \qquad (7.6-2)$$

式中，E_θ 和 E_φ 分别是电基本振子和磁基本振子的辐射场。根据电基本振子、磁基本振子辐射场式(6.1-5a)和式(6.1-9b)，N 圈螺旋天线的辐射场为

$$E = \frac{N I_0 \omega \mu_0}{4\pi} \frac{\mathrm{e}^{-\mathrm{j}kr}}{r} (\hat{\theta} \mathrm{j} h + \hat{\varphi} k \pi b^2) \sin\theta \tag{7.6-3}$$

式中，k 是相移常数。如果螺旋天线的波长缩短系数为 n_λ，那么

$$k = \frac{2\pi}{\lambda'} = n_\lambda \frac{2\pi}{\lambda} \tag{7.6-4}$$

法向模螺旋天线的辐射场是边射型的，方向图呈"8"字形，如图 7-34b 所示。因为 E_θ 和 E_φ 的时间相位差为 $\pi/2$，所以法向模螺旋天线的辐射场一般情况下是椭圆极化波，当 $E_\theta = E_\varphi$ 即 $h = k\pi b^2$ 时为圆极化波。

法向模螺旋天线的辐射效率和增益都较低，主要用于超短波手持式通信机。

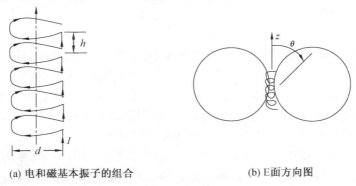

(a) 电和磁基本振子的组合   (b) E面方向图

图 7-34　法向模螺旋天线的辐射场

7.6.2　轴向模螺旋天线

螺旋天线的螺距角较小，可将一圈螺旋线看成平面圆环，当 $d/\lambda \approx 0.25 \sim 0.46$ 时，螺旋天线一圈的周长接近一个波长 λ，此时天线上的电流呈行波分布。设 t_1 时刻环上电流分布如图 7-35a 所示，圆环的四个对称点 A、B、C、D 上电流幅度相等，方向沿圆环的切线方向。在图中所示坐标下，x 方向电流在轴向的辐射相互抵消，y 方向电流在轴向的辐射同相叠加，有 $E = -\hat{y}E$。在 $t_2 = t_1 + T/4$ 时刻，圆环上电流如图 7-35b 所示分布，在 A、B、C、D 四个对称点上，y 方向电流在轴向的辐射相互抵消，x 方向电流在轴向的辐射同相叠加 $E = \hat{x}E$，即经过 1/4 周期后，轴向辐射场由 y 方向变为 x 方向，场矢量旋转了 90°，振幅不变。依次类推，经过一个周期的时间，电场矢量连续旋转 360°，形成圆极化波，最大辐射方向沿轴线方向。

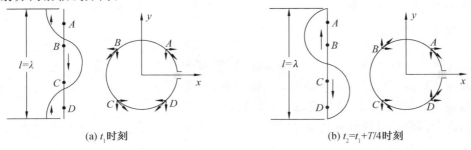

(a) t_1 时刻   (b) $t_2 = t_1 + T/4$ 时刻

图 7-35　平面圆环的瞬时电流分布

进一步,将螺旋天线等效为 N 个相似元(平面圆环)组成的天线阵,要使整个螺旋天线在轴向上获得最大辐射,应保证相邻两圈上对应点的电流在轴向上产生的场相位相差 2π,即

$$k(l-h)=2\pi \qquad (7.6-5)$$

式中,kl 为相邻两圈对应点电流的相位差,kh 为相邻两圈对应点在轴向上的波程差。按上式选取 l 和 h 使天线各圈的场在轴向同相叠加,有最大辐射,但此时方向系数还不是最大,为此根据强方向性端射阵条件,应使天线第一圈和最后一圈沿轴向产生的场相位相差 π

$$k(l-h)=2\pi+\frac{\pi}{N} \qquad (7.6-6)$$

故有

$$l=\frac{1}{n_\lambda}\left(\lambda+h+\frac{\lambda}{1N}\right) \qquad (7.6-7)$$

按上式选取的 l 和 h,获得轴线方向的最大辐射且方向系数最大,但不能得到理想的圆极化。不过,当 N 较大时,式(7.6-7)和式(7.6-5)差别不大,辐射场接近圆极化。

轴向螺旋天线上的电流分布接近纯行波分布,仅在末端有很小的反射,在一定带宽内,天线的阻抗变化不大,接近纯电阻。由于反射回接地平面的场非常弱,故接地平面的影响可以忽略,对接地平面的尺寸要求也不很严格,只要大于半波长即可。形状可以是圆的或方的,一般是金属圆盘。螺旋线直径对天线性能影响很小,当螺旋线按右旋绕制时,辐射或接收右旋圆极化波;按左旋绕制时,辐射或接收左旋圆极化波。

7.7 行波天线

在前面所述振子天线上电流为驻波分布,如式(7.1-1)表示的对称振子电流分布为

$$I(z)=I_{\max}\sin[k(l-z)]=\frac{I_{\max}}{2j}e^{jkl}(e^{-jkz}-e^{jkz}) \qquad (7.7-1)$$

式中,第一项表示从馈电点向导线末端传输的行波,第二项表示表示从末端反射回来的向馈电点传播的行波,负号表示反射系数为-1。

当终端不接负载时,来自激励源的电流将在终端被全部反射。这样,振幅相等、传输方向相反的两个行波叠加就形成了驻波。凡天线上电流分布为驻波的均称为驻波天线(Standing-wave Antenna)。驻波天线是双向辐射的,输入阻抗有明显的谐振特性,故一般情况下工作频带较窄。如果天线上电流分布为行波,称为行波天线(Traveling-wave Antenna)。行波天线通常在导线末端接匹配负载来消除反射波,如图 7-36 所示。天线上的电流分布为

$$I(z)=I_{\max}e^{-jkz} \qquad (7.7-2)$$

最简单的行波天线由行波单导线天线、V 形和菱形天线等。行波天线都具有较好的单向辐射特性、较高的增益和较宽的频带,在短波、超短波波段应用广泛。但由于部分能量被负载吸收,效率不高。

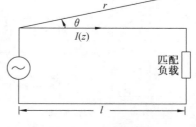

图 7-36　行波天线

7.7.1 行波单导线天线

当天线终端接匹配负载,天线上电流分布如式(7.7-2)所示为行波分布时,根据式(7.1-3a),忽略地面影响的行波天线辐射场

$$E_\theta = \frac{j60\pi}{\lambda r}\sin\theta e^{-jkr}\int_0^l I(z)e^{jkz'\cos\theta}dz'$$

$$= \frac{j60\pi I_0 e^{-jkr}}{r\lambda}\frac{\sin\theta}{1-\cos\theta}\sin[kl(1-\cos\theta)]e^{-jk[r+l(1-\cos\theta)]} \quad (7.7-3)$$

方向函数为

$$F(\theta) = \frac{\sin\theta}{1-\cos\theta}\sin[kl(1-\cos\theta)] \quad (7.7-4)$$

图 7-37a 和图 7-37b 是行波单导线长度为 $l=4\lambda,8\lambda$ 时的方向图。

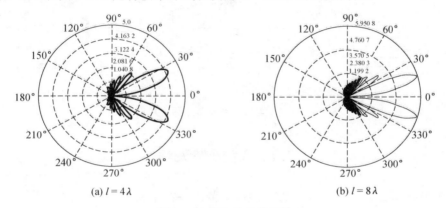

(a) $l=4\lambda$ (b) $l=8\lambda$

图 7-37　行波单导线天线

行波天线单方向辐射,最大辐射方向随电长度 l/λ 变化,旁瓣电平高瓣数较多。与其他类型天线比较,单导线行波天线相对它的电尺寸来说,增益不高。这些不足可利用排阵的方法进行改善。

当天线较长时,行波天线的最大辐射方向可由下式确定:

$$\sin\left[\frac{kl}{2}(1-\cos\theta_{max})\right]=1 \quad\rightarrow\quad \cos\theta_{max}=1-\frac{\lambda}{2l} \quad (7.7-5)$$

可见,当 l/λ 较大,工作波长改变时,最大辐射方向 θ_{max} 变化不大。

7.7.2 V 形和菱形天线

用两根行波单导线可以组成 V 形天线(Vee Antenna)。对于一定长度 l/λ 的行波单导线,适当选择张角 2θ,可在张角的平分线方向上获得最大辐射,如图 7-38 所示。由于 l/λ 较大时,工作波长改变最大辐射方向 θ_{max} 变化大,因此 V 形天线具有较好的方向图宽频带和阻抗宽频带特性。由于这种天线结构和架设特别简单,尤其适合应用在短波移动式基站中。

另一种广泛用在短波通信和广播、超短波散射通信的行波天线是由四根行波单导线连接成菱形的天线(Rhombic Antenna)。这种天线可以看成两个 V 形天线在开口端相连形成,工作原理与 V 形天线相似。载有行波电流的四个臂长相等,辐射方向图相同,如图 7-39 所示。适当选择菱形的边长和顶角 2θ,可在对角线方向获得最大辐射。

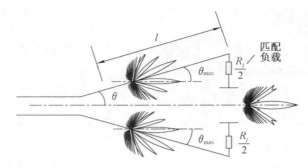

图 7-38　V 形天线及其平面方向图$(l/\lambda = 10, \theta = 15°)$

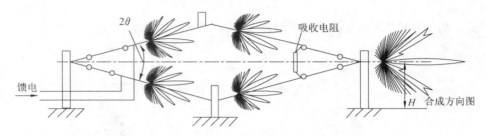

图 7-39　菱形天线及其平面方向图

7.8　宽频带天线

许多场合都要求天线有很宽的工作频率范围。在工程上,如果天线的阻抗、方向图等电特性在一倍频程$(f_{max}/f_{min} = 2)$或几倍频程范围内无明显变化,就可称为宽频带天线;如果天线的这些电特性在更大的频程范围内(如 $f_{max}/f_{min} \geqslant 10$)基本上没有变化,就称为非频变天线(Frequency-independent Antenna)。

7.8.1　非频变天线的条件

由前面的分析可知,驻波天线的阻抗和方向图对天线电尺寸的变化非常敏感。故可应设计一种天线,当频率变化时,天线的尺寸也随之变化,保持电尺寸不变,使天线能在很宽的频带范围内保持相同的辐射特性,这就是非频变特性。

如果天线满足以下两个条件,就可以是非频变的。

（1）角度条件

天线的形状仅与角度有关,与其他尺寸无关

$$r = r_0 e^{a\varphi} \tag{7.8-1}$$

即当工作频率变化时,天线的形状、尺寸与波长之间的关系不变,如图 7-40 所示的平面等角螺旋天线。

（2）终端效应弱

实际有限尺寸的天线不仅是角度的函数,也是长度的函数。因此,当天线有限长时是否具有近似于无限长时的特性,是构成非频变天线的关键。如果天线上电流衰减得很快,那么决定天线辐射特性的主要就是载有较大电流的部分,将作用较小部分截去对天线的电性能影响不大,那么有限长度天线就近似具有了无限长天线的电性能,这种现象称为终端效应弱。终端效应的强弱与天线结构有关。

满足上述条件即构成非频变天线。频变天线可以分为两大类：等角螺旋天线和对数周期天线。

7.8.2 平面等角螺旋天线

图 7-40 所示是由两个对称臂组成的平面等角螺旋天线（Planar Equiangular Spiral Anenna），两臂的四条边由以下的关系确定

$$r=r_0\mathrm{e}^{a\varphi}, \quad r=r_0\mathrm{e}^{a(\varphi-\delta)}, \quad r=r_0\mathrm{e}^{a(\varphi-\pi)}, \quad r=r_0\mathrm{e}^{a(\varphi-\pi\delta)} \tag{7.8-2}$$

在天线始端由电压源激励起的电流沿两臂传输，当电流传输到两臂之间近似等于半波长区域时，在此发生谐振，产生辐射。在此区域之外，电流和场很快衰减。工作频率增高或降低，谐振点沿螺旋线向里或外移动，有效辐射区的电尺寸不变，使方向图的阻抗特性与频率几乎无关。实验表明，臂上电流在流过约一个波长后迅速衰减到 20 dB 以下，故效辐射区为周长约为一个波长以内的部分。

平面等角螺旋天线的辐射场是圆极化的，在天线平面的两侧各有一个主波束，是双向辐射。如果将平面的双臂等角螺旋天线绕制在一个旋转的圆锥面上，就可实现锥顶方向的单向辐射，方向图仍保持宽频带和圆极化特性。平面和圆锥等角螺旋天线的频率范围可以达到 20 dB 倍频程或者更大。式(7.8-1)又可写成对数形式

$$\varphi=\frac{1}{a}\ln\left(\frac{r}{r_0}\right) \tag{7.8-3}$$

故等角螺旋天线又称为对数螺旋天线。此外，还有另一类非频变天线——对数周期天线。

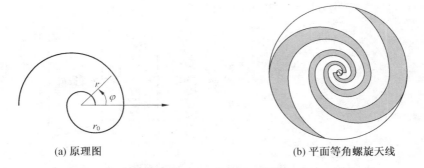

(a) 原理图　　　　　　　　　(b) 平面等角螺旋天线

图 7-40　平面等角螺旋天线

7.8.3 对数周期天线

(1) 齿状对数周期天线

图 7-41a 是对数周期天线的基本结构，由刻成齿状的金属板制成，其中齿的主要作用是阻碍径向电流。试验表明，齿片上的横向电流远大于径向电流，如果齿长恰等于谐振长度（齿的一臂约等于 λ/4）时，该齿的横向电流最大，临近齿上横向电流随齿长偏离谐振频率递减，在齿长远大于谐振长度的齿上，电流迅速衰减到最大值的 30 dB 以下，天线的终端效应很弱，使有限长的天线近似具有无限长天线的特性。齿的长度由原点发出的两根直线之间的夹角决定，相邻齿间的间隔按下式计算：

$$\frac{r_{n+1}}{r_n}=\frac{r_0\mathrm{e}^{a(\varphi-\delta)}}{r_0\mathrm{e}^{a(\varphi+2\pi-\delta)}}=\mathrm{e}^{-2\pi a}=\tau \quad （小于 1 的常数） \tag{7.8-4}$$

当天线的工作频率以 τ 倍从 f 变到 τf、$\tau^2 f$、$\tau^3 f$、…时,天线的电结构完全相同,在这些离散频点上,天线具有相同的电特性,只是在 $f\sim\tau f$,$\tau f\sim\tau^2 f$,…等频率间隔内,天线的电特性有些变化,但只要这种变化不超过一定的指标,就可认为天线基本上具有非频变特性。由于天线性能在很宽的频带范围内以 $\ln(1/\tau)$ 为周期重复变化,所以称为对数周期天线。

（2）对数周期偶极子天线

对数周期偶极子天线由 N 个平行振子天线构成

$$\frac{l_{n+1}}{l_n}=\frac{r_{n+1}}{r_n}=\frac{d_{n+1}}{d_n}=\tau \tag{7.8-5a}$$

$$\tan\alpha=\frac{l_n}{r_n} \tag{7.8-5b}$$

$$\alpha=\frac{d_n}{4l_n}=\frac{1-\tau}{4\tan\alpha} \tag{7.8-5c}$$

式中,l 表示振子的长度,d 是相邻振子的间距,r 是由顶点到振子的垂直距离,如图 7-41b 所示。相邻振子交叉连接,N 个对称振子用双线传输线馈电,能量沿传输线传播,当能量行至长度接近谐振长度的振子时（振子长度接近半波长）,因发生谐振,输入阻抗呈纯电阻,形成较强的辐射场,称为有效辐射区。有效区以外的振子离谐振长度较远、输入阻抗很大、电流很小,对辐射场的贡献可以忽略。当天线工作频率变化时,有效辐射随频率的变化左右移动,电尺寸不变。因此,对数周期天线具有宽频带性质,频带范围为 10～15 倍频程。目前,对数天线在超短波和短波波段获得了广泛的应用。

对数周期天线是端射型的线极化天线,最大辐射方向沿连接各振子中心的轴线指向短振子方向,电场的极化方向与振子方向平行。

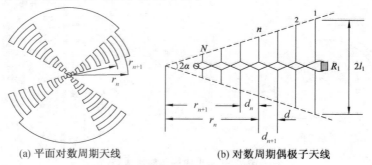

(a) 平面对数周期天线　　　　(b) 对数周期偶极子天线

图 7-41　对数周期天线

7.9　缝隙天线

如果在同轴线、波导管或空腔谐振器的导体壁上开一条或数条窄缝,使电磁波通过缝隙向外空辐射形成天线,这种天线称为缝隙天线（Slot Antenna）。

7.9.1　理想缝隙天线的辐射场

一般采用对偶原理分析缝隙天线。在图 7-42a 所示的无限大理想导电薄板 yOz 上,沿 z 轴开有长 $2l$、宽 $w\ll\lambda$ 的缝隙。由外加电压或电场激励后,缝隙中的场总与缝隙的长边垂直。按照对偶原理（附录 6-2）,理想缝隙天线可等效为由磁流源激励的对称缝隙,如图 7-42b 所示，与之对偶的是尺寸相同的板状对称振子，如图 7-42c 所示。

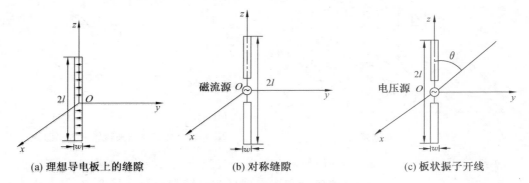

(a) 理想导电板上的缝隙　　　(b) 对称缝隙　　　(c) 板状振子开线

图 7-42　理想缝隙($2l=\lambda/2$)天线的辐射场

板状对称振子的远区场与本章 7.1 节对称振子(细圆柱形状)的相同，即

$$E_\theta = j60I_0 \frac{e^{-jkr}}{r} \frac{\cos(kl\cos\theta) - \cos(kl)}{\sin\theta} \qquad (7.9-1)$$

方向函数为

$$F(\theta) = \frac{\cos(kl\cos\theta) - \cos(kl)}{\sin\theta} \qquad (7.9-2)$$

根据对偶原理，理想缝隙天线的方向函数与同长度的对称振子的方向函数 E 面和 H 面相互交换，如图 7-43 所示。

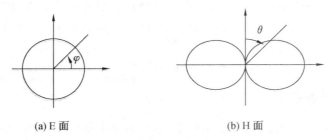

(a) E 面　　　　　　　　(b) H 面

图 7-43　理想缝隙($2l=\lambda/2$)辐射方向图

7.9.2　波导缝隙天线

实际的波导缝隙天线通常是开在传输 TE_{10} 模的矩形波导壁上的半波谐振缝隙。当所开缝隙截断波导内壁上的表面电流时，表面电流的一部分绕过缝隙，另一部分以位移电流的形式流过缝隙，向外空间辐射电磁波。图 7-44 中的纵缝"1"、"3"、"5"由横向电流激励，横缝"2"由纵向电流激励，斜缝"4"由与长边垂直的电流分量激励。波导缝隙辐射的强弱与缝隙在波导壁上的位置和取向有关。为了获得最大辐射，应使缝隙垂直截断电流密度最大处的电流线，即应沿磁场强度最大处的磁场方向开缝。实验表明，波导缝隙与理想缝隙的电场分布非常接近，近似为正弦分布，但因受其他三面波导壁的影响，因此是单向辐射，方向图如图 7-45 所示。

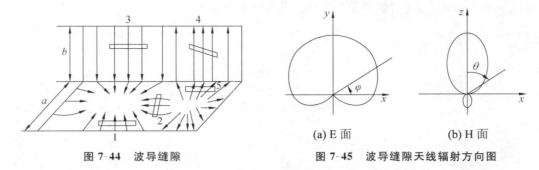

图 7-44 波导缝隙　　　　　图 7-45 波导缝隙天线辐射方向图

(a) E 面　　　　　(b) H 面

单缝隙天线方向性较弱,可在波导壁上开多个缝隙组成天线阵。这种天线阵的优点是天线和馈电一体,通过改变缝隙位置和取向就可改变缝隙的激励强度,获得需要的方向性,缺点是频带比较窄。

7.10　微带天线

微带天线(Microstrip Antenna)在 20 世纪 50 年代被提出,最初作为火箭和导弹上的共形全向天线。20 世纪 70 年代,随着微波集成电路技术的发展和新型介质材料的出现,各种形状、不同功能的微带天线被广泛应用在卫星通信、移动通信、Doppler 雷达、飞行器等大量无线电设备中。在空间通信技术中,如在海洋卫星、航天飞船、成像雷达等系统中都使用了平面结构的微带天线阵。微带天线的特点是设计尺寸灵活,体积小,重量轻,适于内置式。对于便携式无线通信设备,如无绳电话、个人通信业务、蜂窝电话、寻呼机、无线调制调解器以及对通信天线有特殊要求的场合,微带天线提供了技术上的可能。微带天线一般在 100 MHz ~ 50 GHz 频率范围内应用。

7.10.1　微带天线结构

微带天线由一块厚度远小于波长的介质板(称为介质基片)和(用印刷电路或微波集成技术)覆盖在介质片两面的金属片构成。其中完全覆盖了介质板的金属片称为接地板,尺寸可以和波长相比拟的另一金属片称为辐射元(图 7-46a)。微带天线的馈电有侧馈和底馈两种方式:侧馈的馈电网络和辐射元在同一面(图 7-46b);底馈(也叫背馈)将同轴线的外导体直接与接地板相连,内导体穿过接地板和介质基片与辐射元相连(图 7-46c)。

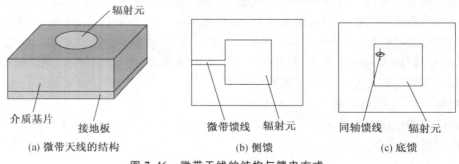

(a) 微带天线的结构　　　　　(b) 侧馈　　　　　(c) 底馈

图 7-46 微带天线的结构与馈电方式

7.10.2　微带天线辐射原理

微带天线的分析方法有传输线模型理论,主要用于矩形、厚度远小于波长的贴片,还有空腔模型理论和全波理论(积分方程法)等。这里以矩形微带天线为例,说明辐射原理。在图 7-47a 中,辐射元长 l、宽 w,介质基片厚度 h,将辐射元、介质基片和接地板视为一段长为 l 的传输线。在终端 w 边处,因开路将形成电压波腹,一般取 $l \approx \lambda_g/2$(λ_g 为微带线上波长),于是另一端的 w 边也呈电压波腹。因厚度 $h \ll \lambda$,故场沿 h 均匀分布,设场沿宽度 w 方向也没有变化,电场(图 7-47b)可近似表达为

$$E_x = E_{\max}\cos\left(\frac{\pi}{l}y\right) = E_{\max}\cos\left(\frac{2\pi}{\lambda_g}y\right) \tag{7.10-1}$$

天线的辐射由贴片四周与接地板间的窄缝形成,利用对偶原理(附录 6-2)窄缝上电场的辐射可由面磁流

$$\hat{n} \times \boldsymbol{E} = \hat{n} \times \hat{x}E_x = -\boldsymbol{J}_s^{\mathrm{m}} \tag{7.10-2}$$

的辐射等效。式中,$\hat{n}$ 是辐射窄缝的外法向单位矢量。据式(7.10-2)可知,两条 w 边的同向磁流辐射场在 x 轴方向上同相相加,获得最大值,然后随偏离角度的增加减小。沿每条 l 边的磁流由反向对称的两部分组成,它们在 H 面(xz 平面)上各处的辐射相互抵消;两条 l 边的磁流也彼此反对称,在 E 面(xy 平面)上各处的场也相互抵消。其他平面上这些磁流的场不会完全抵消,但与两条 w 边的辐射相比都相当弱。因此,矩形微带天线的辐射主要由两条宽边 w 的缝隙产生,这两条边称为辐射边。建立如图 7-47c 的坐标系,设缝隙上电压为 U,切向电场 $E_x = U/h$,代入式(7.10-2)后,等效磁流为

$$\boldsymbol{J}_s^{\mathrm{m}} = -\hat{z}\frac{U}{h} \tag{7.10-3}$$

因场沿 h 和 w 是均匀的,那么磁流沿 x 和 z 方向也是均匀的。

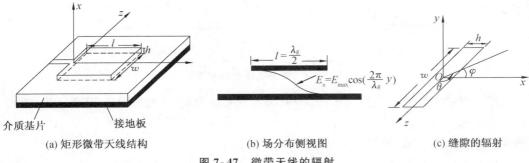

(a) 矩形微带天线结构　　　　　(b) 场分布侧视图　　　　　(c) 缝隙的辐射

图 7-47　微带天线的辐射

7.10.3　辐射场及方向函数

视接地板为无限大理想导电平面,设置镜像磁流源。因缝隙和接地板相连且 $h \ll \lambda_g$,可认为磁流源就在接地板上,镜像源和真实源重合,即将式(7.10-3)中的 $\boldsymbol{J}_s^{\mathrm{m}}$ 加倍

$$J_z^{\mathrm{m}} = \frac{2U}{h} \quad \rightarrow \quad I^{\mathrm{m}} = \frac{2U}{h}hw = 2Uw \tag{7.10-4}$$

应用对偶原理(附录 6-2),根据式(7.1-3c)和式(7.1-3a),有单缝的辐射场

$$E_\varphi = -H_\varphi = -\frac{1}{Z_0}E_\theta = -\frac{\mathrm{j}60\pi 2Uw}{Z_0\lambda r}\mathrm{e}^{-\mathrm{j}kr}\sin\theta\int_{-w/2}^{w/2}\mathrm{e}^{\mathrm{j}kz'\cos\theta}\mathrm{d}z'$$

$$=-\frac{jUw}{\lambda r}e^{-jkr}2\sin\theta\int_0^{w/2}\cos(kz'\cos\theta)dz'$$

$$=-\frac{jUw}{\lambda r}e^{-jkr}2\sin\theta\frac{\sin\left(\frac{kw}{2}\cos\theta\right)}{k\cos\theta}$$

$$=-\frac{jUw}{\pi r}e^{-jkr}\sin\theta\frac{\sin\left(\frac{kw}{2}\cos\theta\right)}{\cos\theta} \qquad (7.10-5)$$

微带天线的辐射可以等效为两个缝隙组成的二元阵。由式(7.2-4a)可知,沿 x 轴排列、间距 $l\approx\lambda/2$ 的二元阵的阵因子为

$$\cos\left(\frac{kl}{2}\sin\theta\cos\varphi\right)=\cos\left(\frac{\pi}{2}\sin\theta\cos\varphi\right) \qquad (7.10-6)$$

根据方向图乘积原理,双缝的辐射场为

$$E_\varphi=-\frac{jUw}{\pi r}e^{-jkr}\sin\theta\frac{\sin[(kw/2)\cos\theta]}{\cos\theta}\cdot\cos\left(\frac{\pi}{2}\sin\theta\cos\varphi\right) \qquad (7.10-7)$$

令 $\theta=90°$,$\varphi=90°$,即可得到微带天线的 E 面和 H 面方向函数(见图7-48)

$$F_E=\cos\left(\frac{\pi}{2}\cos\varphi\right) \qquad (7.10-8a)$$

$$F_H=\frac{\sin\left[\left(\frac{kw}{2}\right)\cos\theta\right]}{\cos\theta}\sin\theta \qquad (7.10-8b)$$

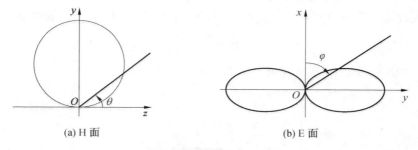

(a) H 面   (b) E 面

图 7-48 矩形微带天线方向图

矩形微带天线的 E 面方向图(图7-48b)与理想缝隙的 H 面方向图(图7-43b)相同,这是因为在该面内的两缝隙辐射不存在波程差。所不同的是 H 面(图7-48a、图7-43a)因接地板的反射作用,辐射变成单方向的。

微带天线的波瓣较宽、方向系数较低,是微带天线的缺点。其他不足之处还有:频带窄、损耗大,会激励表面波导致辐射效率不高,交叉极化比较严重,天线功率容量较小等。尽管如此,微带天线体积小、重量轻、低剖面,容易与高速飞行器共形,电性能多样化(如双频带天线、圆极化天线等),尤其易和有源器件、微波电路集成为统一组件,适合大规模生产。随着新技术、新材料的发展,微带天线的性能也会不断改进,得到越来越广泛的应用。

7.11 智能天线

智能天线由天线阵和智能算法构成,是数字信号处理技术与天线有机结合的产物。

这项技术是在移动通信频率资源日益紧张,在时域、频域、码域进行资源开发之后,引入空域处理技术的背景下发展起来的。智能天线技术可以扩大系统容量,解决共信道、多径衰落等无线移动通信中的问题,主要优点如下:

① 具有较高的接收灵敏度;

② 使空分多址(SDMA)成为可能;

③ 消除上下链路中的干扰;

④ 提高数据传输速率;

⑤ 增加基站覆盖面积;

⑥ 抑制多径衰落。

智能天线由天线阵和智能算法构成,是数字信号处理技术与天线相结合的产物。

7.11.1 自适应天线

由天线阵理论可知,阵列天线的方向图取决于各天线单元的电流幅度和相位:如果天线单元上的电流幅度或相位发生变化,方向图也发生相应的变化。智能天线在功能方面与雷达系统中的自适应天线阵类似,图 7-49a 是自适应天线阵的原理图。可以看到,自适应天线中 A 和 B 等不同用户的信号,先通过多工器合成为一路信号,然后将该路信号分为 D 路(D 为天线单元数),并分别以 W_1、W_2、$\cdots$、W_D 进行加权,最后送到天线单元上。这样各天线单元上的信号波形相同,只是幅度和相位不同。图 7-49b 中的实线是加权系数为 W_1、W_2、$\cdots$、W_D 时的方向图,如果用户移动了,天线可以改变加权系数,通过改变天线上的电流分布改变方向图(如图 7-49b 中虚线所示)达到跟踪用户的目的。由图 7-49b 可见,如果在 A 点可以收到某个用户的信号,也可以收到所有其他用户的信号,位于另一波数方向 B 点处收到的用户数与 A 点处的相同。因此,自适应天线的方向图是功率方向图,可以对功率方向图进行调整,还不能实现空间信道的复用,存在功率浪费的现象,增加了电磁干扰。

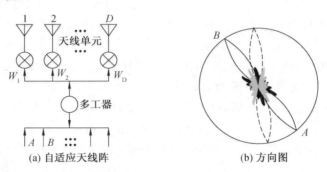

(a) 自适应天线阵   (b) 方向图

图 7-49 自适应天线原理框图

7.11.2 智能天线

智能天线信号加权和多路信号叠加的顺序与自适应天线不同。首先,将每一个用户信号分为 D 路(D 为天线单元数),分别以 W_{1D}、W_{2D}、$\cdots$、W_{MD} 加权,得到 $M \times D$ 路信号(M 为用户数),然后将相应的 M 路信号合成一路送到各单元天线上,如图 7-50 所示。因为各天线单元上的信号由 M 路信号以不同的加权系数组成,所以信号的波形不同,可

以构成 M 个信道方向图。对于每个传统的信道,当只有 A 点信号存在时,通过选取 W_{11}、W_{12}、$\cdots$、W_{1D} 可以构成图 7-51a 的信道方向图;当只有 B 点信号存在时,通过选取 W_{M1}、W_{M2}、$\cdots$、W_{MD} 得到图 7-51b 的信道方向图;当两个信号同时存在时,由场的叠加原理可知,智能天线的方向图是两个信道方向图的叠加,如图 7-51c 所示。虽然与图 7-49b 的功率方向图相似,但图 7-51c 的自适应信道方向图 A 点处接收到的信号主要是 A 点信号,B 点接收的信号主要是 B 点信号,保证了两个用户共用一个传输信道,实现了空分复用。

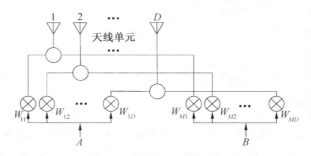

图 7-50　智能天线原理框图

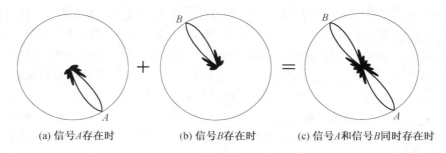

(a) 信号 A 存在时　　　　(b) 信号 B 存在时　　　　(c) 信号 A 和信号 B 同时存在时

图 7-51　智能天线信道方向图

智能天线包括来波到达角检测、数字波束形、零点相消等技术,由智能算法控制天线阵实现。当天线阵接收到来自移动台的多径电波时,需要进行数字信号处理作来波到达角估计(DOA),通过高效、快速的算法自动调整权值实现空间和频率滤波;对天线阵进行数字波束形成(DBF),使天线主波束对准用户信号到达方向,旁瓣或零辐射方向对准干扰信号到达方向。智能算法是智能天线系统的核心部分,主要有两大类:一类是在时域中进行处理来获得天线最优加权,这类算法起源于自适应数字滤波器,像最小均方算法、递归最小均方误差算法等;另一类是在空间域对频谱进行分析来获得 DOA 估计,通过瞬时空间采样、空间谱估计算法得到天线的最优权值,如果处理速度足够快,还可以跟踪信道的时变。空间谱估计在快衰落信道上优于时域算法,后又有提高分辨率的时空联合算法。为满足日益增长的移动通信需求,智能算法还在不断地研究探索中。

本　章　小　结

线天线也可以用场和路的方法分析。其中,天线的辐射用了场分析法,天线的性能分析用了传输线和微波网络理论。

习　题

7.1　有长度 $2l=1.2$ m、直径 $d=20$ mm 的对称振子,工作频率 $f=120$ MHz。利用近似式(7.1-12)计算输入阻抗。

7.2　半波天线直径 3 mm,用铜线($\sigma=5.8\times10^{7}$ S/m)制作,求工作在 900 MHz 时的增益。

7.3　地面上方 h 处垂直架设一半波天线,求方向性因子。

7.4　如果天线阵由两个沿 x 轴排列且平行于 z 轴的等幅半波振子组成,试画出 $d=\lambda/4$,$\zeta=-\pi/2$ 时该二元阵的 H 面和 E 面方向图,讨论零值方向、主瓣和旁瓣。

7.5　直立接地振子天线的高度 $l=15$ m,求工作波长 $\lambda=450$ m 时的有效高度和辐射电阻。若归于输入电流的损耗电阻为 5 Ω,求天线的效率。

7.6　为什么波导缝隙天线可以等效为对称振子天线?

第8章 面 天 线

面天线（Aperture Antenna）又称口径天线，所载电流沿天线体的金属表面分布，且天线口径尺寸远大于工作波长，常用在无线电频谱的高频端，特别是微波波段。

天线工程上通常采用口径场方法求解这类天线的辐射场：先由场源求得口径面上的场分布，再根据 Huygens-Fresnel 原理（附录 8-1），将口径面上的每一个面元视为新的场源，空间某点 P 的场强就是这些新波源产生的次辐射的叠加。口径面上的新波源可由等效原理（附录 8-2）求得，即将面元上的电场和磁场分别用等效磁流源和等效电流元代替，口径面辐射场就由这些电基本振子和磁基本振子产生的场对整个口径面进行积分得出，口径面上电磁场的分布和具体天线形式有关。

8.1 Huygens 元的辐射

面天线的结构包括金属导体面 S'、金属导体面上的口径面 S 和由 $S_0 = S' + S$ 所构成的封闭面内的辐射源，如图 8-1a 所示。将封闭面上除口径面 S 以外的场设为 0（这只是一种近似，因为口径之外的场不可能绝对为 0。但在高频条件下，这样得到的面天线主瓣方向辐射场的近似程度还是比较好的），把口径面分割成许多面元 dS，称为 Huygens 元（Huygens Element）。与电基本振子和磁基本振子是线天线的基本辐射元一样，Huygens 元是面天线的基本辐射单元。如图 8-1b 所示，平面口径上有一个 Huygens 元 $dS = dx_S dy_S$，外法向为 $\hat{n}$。若面元上的切向电场为 E_y、切向磁场为 H_x（为简便起见，这里略去了场量中表示面元的下标 S），根据等效原理公式（8-2.2），面元上的磁场等效为沿 y 轴方向放置、电流大小为 $H_x dx_S$ 的电基本振子；面元上的电场等效为沿 x 轴方向放置、磁流大小为 $E_y dy_S$ 的磁基本振子。

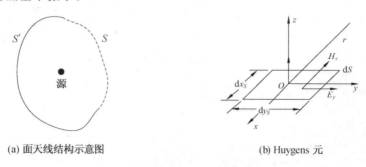

(a) 面天线结构示意图　　　　　(b) Huygens 元

图 8-1　面天线与 Huygens 元

Huygens 元可视为两个相互正交的长度为 dy_S、大小为 $H_x dx_S$ 的电基本振子，与长度为 dx_S、大小为 $E_y dy_S$ 的磁基本振子的组合。

Huygens 元的电流矩和磁流矩分别是

$$I_y l = (H_x \mathrm{d}x_S)\mathrm{d}y_S = H_x \mathrm{d}S \tag{8.1-1a}$$

$$I_x^{\mathrm{m}} l = (E_y \mathrm{d}y_S)\mathrm{d}x_S = E_y \mathrm{d}S \tag{8.1-1b}$$

第 6 章的习题 6.2,有沿 y 轴放置的电基本振子辐射电场

$$\mathrm{d}\boldsymbol{E}_{\mathrm{e}} = -\mathrm{j}\frac{ZI_y \mathrm{d}l}{2\lambda r}\mathrm{e}^{-\mathrm{j}kr}(\hat{\theta}\cos\theta\sin\varphi + \hat{\varphi}\cos\varphi) \tag{8.1-2a}$$

同样可得沿 x 轴放置的磁基本振子的辐射电场

$$\mathrm{d}\boldsymbol{E}_{\mathrm{m}} = \mathrm{j}\frac{I_x^{\mathrm{m}} \mathrm{d}l}{2\lambda r}\mathrm{e}^{-\mathrm{j}kr}(\hat{\theta}\sin\varphi + \hat{\varphi}\cos\theta\cos\varphi) \tag{8.1-2b}$$

将式(8.1-1)代入式(8.1-2),然后相加,有 Huygens 元的辐射场

$$\mathrm{d}\boldsymbol{E} = -\mathrm{j}\frac{ZH_x \mathrm{d}S}{2\lambda r}\mathrm{e}^{-\mathrm{j}kr}\left[\hat{\theta}\sin\varphi\left(-\frac{E_y}{ZH_x}+\cos\theta\right)+\hat{\varphi}\cos\varphi\left(1-\frac{E_y}{ZH_x}\cos\theta\right)\right] \tag{8.1-3a}$$

在平面波中 $-E_y/H_x = Z$,上式可以简化成

$$\mathrm{d}\boldsymbol{E} = \mathrm{j}\frac{E_y \mathrm{d}S}{2\lambda r}\mathrm{e}^{-\mathrm{j}kr}[\hat{\theta}\sin\varphi(1+\cos\theta)+\hat{\varphi}\cos\varphi(1+\cos\theta)] \tag{8.1-3b}$$

当 $\varphi = 90°$ 时为 E_y 所在平面,有 Huygens 元 E 面(yz 平面)的辐射场

$$\mathrm{d}E_{\mathrm{E}} = \mathrm{j}\frac{E_y \mathrm{d}S}{2\lambda r}\mathrm{e}^{-\mathrm{j}kr}(1+\cos\theta) \tag{8.1-4a}$$

当 $\varphi = 0°$ 时为 H_x 所在平面,有 Huygens 元 H 面(xz 平面)的辐射场

$$\mathrm{d}E_{\mathrm{H}} = \mathrm{j}\frac{E_y \mathrm{d}S}{2\lambda r}\mathrm{e}^{-\mathrm{j}kr}(1+\cos\theta) \tag{8.1-4b}$$

从上面两式可以看出,Huygens 元 E 面和 H 面的辐射场在形式上相同,可以统一写为

$$\mathrm{d}E = \mathrm{j}\frac{E_y \mathrm{d}S}{2\lambda r}\mathrm{e}^{-\mathrm{j}kr}(1+\cos\theta) \tag{8.1-5a}$$

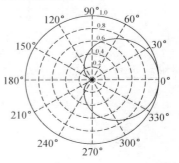

图 8-2 Huygens 元的方向图

方向函数

$$|F(\theta)| = \left|\frac{1}{2}(1+\cos\theta)\right| \tag{8.1-5b}$$

图 8-2 是根据上式绘制的方向图,可见 Huygens 元具有单向辐射特性,最大辐射方向为 $\theta = 0°$,与面元相垂直。

8.2 平面口径的辐射

在微波波段的无线电设备中,有一类天线如抛物面天线和喇叭照射器的口径面 S 是平面的,所以讨论平面口径的辐射具有普遍的实用意义。设平面口径面位于 xOy 平面上,坐标原点和面元 $\mathrm{d}S$ 到观察点 P 的距离分别为 R 和 r,如图 8-3 所示。

将面元在两个主平面上的辐射场式(8.1-5a)沿整个口径面积分,有平面口径辐射场的一般表达式

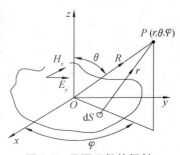

图 8-3 平面口径的辐射

$$E = \mathrm{j}\,\frac{1}{2\lambda R}(1+\cos\theta)\iint_{S} E_{y}\mathrm{e}^{-\mathrm{j}kr}\,\mathrm{d}S \tag{8.2-1a}$$

考虑远区条件后,式中

$$\begin{aligned}
r &= \sqrt{(x-x_{\mathrm{S}})^{2}+(y-y_{\mathrm{S}})^{2}+z^{2}} \\
&= \sqrt{(R\sin\theta\cos\varphi-x_{\mathrm{S}})^{2}+(R\sin\theta\sin\varphi-y_{\mathrm{S}})^{2}+(R\cos\theta)^{2}} \\
&\approx R-(x_{\mathrm{S}}\sin\theta\cos\varphi+y_{\mathrm{S}}\sin\theta\sin\varphi)
\end{aligned} \tag{8.2-1b}$$

将上式代入(8.2-1a),有任意口径面远区辐射场的一般表达式

$$E = \mathrm{j}\,\frac{\mathrm{e}^{-\mathrm{j}kR}}{\lambda R}\,\frac{1+\cos\theta}{2}\iint_{S} E_{y}\mathrm{e}^{\mathrm{j}k(x_{\mathrm{S}}\sin\theta\cos\varphi+y_{\mathrm{S}}\sin\theta\sin\varphi)}\,\mathrm{d}S \tag{8.2-2}$$

8.2.1 矩形口径的辐射场

有矩形口径(Rectangular Aperture)如图 8-4 所示,尺寸 $S=D_{1}\times D_{2}$。下面讨论两种不同口径分布情形下的辐射特性。

(1) 口径场沿 y 轴线极化且均匀分布(这是理想分布,可作为评价实际天线的标准),有

$$E_{y}=E_{0} \tag{8.2-3a}$$

将上式代入式(8.2-2),可求得 $\varphi=90°$ 和 $\varphi=0°$ 的 E 平面和 H 平面的辐射场

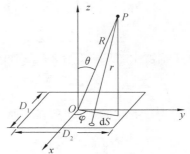

图 8-4 矩形口径的辐射

$$E_{\mathrm{E}}=\mathrm{j}\,\frac{SE_{0}}{\lambda R}\mathrm{e}^{-\mathrm{j}kR}\,\frac{1+\cos\theta}{2}\,\frac{\sin\psi_{1}}{\psi_{1}} \tag{8.2-3b}$$

$$E_{\mathrm{H}}=\mathrm{j}\,\frac{SE_{0}}{\lambda R}\mathrm{e}^{-\mathrm{j}kR}\,\frac{1+\cos\theta}{2}\,\frac{\sin\psi_{2}}{\psi_{2}} \tag{8.2-3c}$$

式中

$$\psi_{1}=\frac{kD_{2}}{2}\sin\theta=\frac{\pi D_{2}}{\lambda}\sin\theta \tag{8.2-3d}$$

$$\psi_{2}=\frac{kD_{1}}{2}\sin\theta=\frac{\pi D_{1}}{\lambda}\sin\theta \tag{8.2-3e}$$

方向函数分别是

$$|F_{\mathrm{E}}(\theta)| = \left|\frac{1+\cos\theta}{2}\right|\left|\frac{\sin\psi_{1}}{\psi_{1}}\right| = \left|\frac{1+\cos\theta}{2}\right|\left|\sin\left(\frac{\pi D_{2}}{\lambda}\sin\theta\right)\Big/\left[\frac{\pi D_{2}}{\lambda}\sin\theta\right]\right| \tag{8.2-4a}$$

$$|F_{\mathrm{H}}(\theta)| = \left|\frac{1+\cos\theta}{2}\right|\left|\frac{\sin\psi_{2}}{\psi_{2}}\right| = \left|\frac{1+\cos\theta}{2}\right|\left|\sin\left(\frac{\pi D_{1}}{\lambda}\sin\theta\right)\Big/\left[\frac{\pi D_{1}}{\lambda}\sin\theta\right]\right| \tag{8.2-4b}$$

根据式(8.2-4)有图 8-5 的 E 面、H 面方向图。

由图 8-5 可见,最大辐射方向在 $\theta=0°$ 的方向上,且当 D_{1}/λ、D_{2}/λ 较大时,辐射场的能量主要集中在 z 轴附近较小的 θ 角范围内。故在分析面天线的主瓣特性时,可认为 $(1+\cos\theta)/2\approx1$。

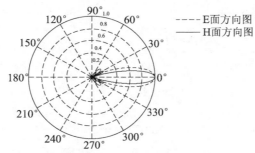

图 8-5　矩形口径场均匀分布式的方向图 $(D_1=3\lambda, D_2=2\lambda)$

① 主瓣宽度和旁瓣电平

用 $\psi_{0.5}$ 表示半功率宽度，即

$$\left|\frac{\sin \psi_{0.5}}{\psi_{0.5}}\right|=\frac{1}{\sqrt{2}} \tag{8.2-5a}$$

可以算出

$$\psi_{0.5}=1.39, \quad 2\sin\psi_{0.5E}=0.89\frac{\lambda}{D_2}, \quad 2\sin\psi_{0.5H}=0.89\frac{\lambda}{D_1} \tag{8.2-5b}$$

当口径尺寸较大时，半功率波瓣宽度很小，所以有

$$2_{0.5E}=51°\frac{\lambda}{D_2}, \quad 2_{0.5H}=51°\frac{\lambda}{D_1} \tag{8.2-5c}$$

E 面和 H 面最邻近主瓣的第一个峰值均为 0.214，所以第一旁瓣电平

$$20\lg 0.214=-13.2 \text{ dB} \tag{8.2-5d}$$

② 方向系数

将式(8.2-3)中的

$$|E_{\max}|=\frac{E_0 S}{R\lambda}, \quad P_{\text{rad}}=\frac{1}{2Z_0}\iint_S E_y^2 \text{d}S=\frac{1}{2Z_0}\iint_S E_0^2 \text{d}S=\frac{E_0^2 S}{240\pi}$$

代入方向系数定义式(6.2-4)和式(6.2-5b)、式(6.2-5c)，即得口径场均匀分布的矩形面天线的方向系数

$$D=\frac{4\pi S}{\lambda^2} \tag{8.2-6}$$

(2) 口径场沿 y 轴线极化且振幅沿 x 轴余弦分布，此时

$$E_y=E_0\cos\frac{\pi x_S}{D_1}, \quad \text{d}S=\text{d}x_S\text{d}y_S \tag{8.2-7a}$$

$$E_E=-j\frac{SE_0}{\lambda R}\frac{2}{\pi}e^{-jkR}\frac{1+\cos\theta}{2}\frac{\sin\psi_1}{\psi_1} \tag{8.2-7b}$$

$$E_H=-j\frac{SE_0}{\lambda R}\frac{2}{\pi}e^{-jkR}\frac{1+\cos\theta}{2}\frac{\cos\psi_2}{1-(2\psi_2/\pi)^2} \tag{8.2-7c}$$

式中，ψ_1 和 ψ_2 同式(8.2-3d)和式(8.2-3e)。E 面和 H 面的方向函数为

$$|F_E(\theta)|=\left|\frac{1+\cos\theta}{2}\right|\left|\frac{\sin\psi_1}{\psi_1}\right|=\left|\frac{1+\cos\theta}{2}\right|\left|\sin\left(\frac{\pi D_2}{\lambda}\sin\theta\right)\Big/\left[\frac{\pi D_2}{\lambda}\sin\theta\right]\right|$$

$$\tag{8.2-7d}$$

$$|F_H(\theta)|=\left|\frac{1+\cos\theta}{2}\right|\left|\frac{\cos\psi_2}{1-\left(\frac{2\psi_2}{\pi}\right)^2}\right|=\left|\frac{1+\cos\theta}{2}\right|\left|\cos\left(\frac{\pi D_1}{\lambda}\sin\theta\right)\Big/\left[1-\left(\frac{2D_1}{\lambda}\sin\theta\right)^2\right]\right|$$

$$\tag{8.2-7e}$$

① 主瓣宽度和旁瓣电平

$$2\theta_{0.5E} = 51°\frac{\lambda}{D_2}, \quad 2\theta_{0.5H} = 68°\frac{\lambda}{D_1} \tag{8.2-8a}$$

E 平面第一旁瓣电平为

$$20\lg 0.214 = -13.2 \text{ dB} \tag{8.2-8b}$$

H 平面第一旁瓣电平为

$$20\lg 0.071 = -23 \text{ dB} \tag{8.2-8c}$$

② 方向系数

这种情况下将

$$|E_{\max}| = \frac{2}{\pi}\frac{E_0 S}{R\lambda}, \quad P_{\text{rad}} = \frac{1}{2Z_0}\iint_S E_y^2 dS = \frac{1}{2Z_0}\iint_S \left(E_0 \cos\frac{\pi x_S}{D_1}\right) dS = \frac{E_0^2 S}{480\pi}$$

代入式(6.2-4)、式(6.2-5b)和式(6.2-5c)后

$$D = \frac{4\pi S}{\lambda^2}\frac{8}{\pi^2} = \frac{4\pi S}{\lambda^2}v \tag{8.2-9}$$

式中，$v = 8/\pi^2$ 为口径利用系数，此时 $v = 0.81$，均匀分布时 $v = 1$。

8.2.2 圆形口径的辐射场

有半径为 a 的圆形口径(Circular Aperture)天线，如图 8-6 所示。建立极坐标系(ρ_S, φ_S)，面元的坐标为

$$\begin{cases} x_S = \rho_S \cos\varphi_S \\ y_S = \rho_S \sin\varphi_S \end{cases} \tag{8.2-10a}$$

把上式代入式(8.2-1b)，考虑到远区场条件后

$$r \approx R - \rho_S \sin\theta\cos(\varphi - \varphi_S) \tag{8.2-10b}$$

面元的面积

$$dS = \rho_S d\rho_S d\varphi_S \tag{8.2-10c}$$

将式(8.2-10b)、式(8.2-10c)代入到式(8.2-1a)，得圆形口径辐射场的一般形式

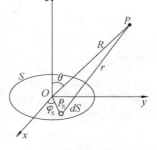

图 8-6 圆形口径的辐射

$$E = j\frac{e^{-jkR}}{\lambda R}\frac{1 + \cos\theta}{2}\iint_S E_y e^{jk\rho_S \sin\theta\cos(\varphi - \varphi_S)}\rho_S d\rho_S d\varphi_S \tag{8.2-11}$$

(1) 口径场沿 y 轴线极化且在半径为 a 的圆面上均匀分布

$$E_y = E_0 \tag{8.2-12a}$$

代入式(8.2-11)，有

$$E = E_E = E_H = j\frac{1}{\lambda R}e^{-jkR}\frac{1 + \cos\theta}{2}E_0\int_0^a \rho_S d\rho_S\int_0^{2\pi}e^{jk\rho_S \sin\theta\cos(\varphi - \varphi_S)}d\varphi_S \tag{8.2-12b}$$

E_E 与 E_H 的解完全相同，这是圆口径场均匀分布的结果。在上式中，有函数关系

$$J_0(k\rho_S \sin\theta) = \frac{1}{2\pi}\int_0^{2\pi}e^{jk\rho_S \sin\theta\cos(\varphi - \varphi_S)}d\varphi_S$$

$$J_1(a) = \frac{1}{a}\int_0^a t J_0(t) dt \tag{8.2-12c}$$

于是均匀分布的圆形口径辐射场为

$$E=\mathrm{j}\,\frac{1}{\lambda R}\mathrm{e}^{-jkR}\frac{1+\cos\theta}{2}E_0 S\frac{2\mathrm{J}_1(\psi_3)}{\psi_3} \tag{8.2-12d}$$

式中

$$S=\pi a^2, \quad \psi_3=ka\sin\theta \tag{8.2-12e}$$

两主平面的方向函数为

$$|F_{\mathrm{E}}(\theta)|=|F_{\mathrm{H}}(\theta)|=\left|\frac{1+\cos\theta}{2}\right|\left|\frac{2\mathrm{J}_1(\psi_3)}{\psi_3}\right|=\left|\frac{1+\cos\theta}{2}\right|\left|\frac{2\mathrm{J}_1\left(\dfrac{2\pi a}{\lambda}\sin\theta\right)}{\dfrac{2\pi a}{\lambda}\sin\theta}\right| \tag{8.2-13a}$$

主瓣宽度

$$2\theta_{0.5\mathrm{E}}=2\theta_{0.5\mathrm{H}}=61°\frac{\lambda}{2a} \tag{8.2-13b}$$

第一旁瓣电平

$$20\lg 0.132=-17.6\ \mathrm{dB} \tag{8.2-13c}$$

方向系数

$$D=\frac{4\pi S}{\lambda^2} \tag{8.2-14}$$

与式(8.2-6)均匀同相矩形口径天线的方向系数相同。

(2) 口径场沿 y 轴线极化且振幅沿半径方向呈锥削分布,此时

$$E_{\mathrm{S}y}=E_0\left[1-\left(\frac{\rho_\mathrm{S}}{a}\right)^2\right]^m \tag{8.2-15a}$$

式中,m 取任意非负整数。m 越大,表示锥削越严重,即分布越不均匀;$m=0$ 时为均匀分布。代入式(8.2-11),得方向函数

$$|F_{\mathrm{E}}(\theta)|=|F_{\mathrm{H}}(\theta)|=\left|\frac{1+\cos\theta}{2}\right|\left|\Lambda_{m+1}(ka\sin\theta)\right|=\left|\frac{1+\cos\theta}{2}\right|\left|\Lambda_{m+1}\left(\frac{2\pi a}{\lambda}\sin\theta\right)\right| \tag{8.2-15b}$$

上面对平面口径场辐射特性的讨论,只考虑了口径场幅度分布对天线方向性的影响,即假定口径场的相位同相分布。对于同相口径场,有以下结论:

① 平面口径的最大辐射方向在口径平面的法线方向($\theta=0°$),在此方向上,平面口径的所有 Huygens 元到观察点的波程差为 0,这与离散天线阵的情况是一样的。

② 口径场的分布决定了平面口径辐射的主瓣宽度、旁瓣电平和口径利用因数。口径场分布越均匀,主瓣越窄,旁瓣电平越高,口径利用因数越大。

③ 在口径场分布一定的情况下,平面口径尺寸越大,主瓣越窄,口径利用因数越大。

8.2.3　口径场不同相位时对辐射的影响

面天线的口径场一般不同相,这是因为:一方面,某些特殊情况要求口径场相位按一定规律分布;另一方面,即使要求口径场为同相场,由于天线制造安装的误差也会引起口径场不同相。现以矩形口径场的直线律相移和平方律相移为例,简要说明。

(1) 直线律相移

平面电磁波垂直投射到平面口径时,口径场的相位偏差等于 0,为同相场。当电磁波倾斜投射到平面口径时,在口径上形成线性相位位移。设在矩形口径上沿 x 轴有线性相

位偏移,如果相位最大偏移为 $\beta_{\max}$,振幅均匀分布,有口径场表达式

$$E_y = E_0 e^{-j\left(\frac{x_S}{D_1}\right)\beta_{\max}} \tag{8.2-16}$$

代入到式(8.2-2)中,可以求得 H 面的方向函数

$$|F_H(\theta)| = \left|\frac{1+\cos\theta}{2}\right|\left|\frac{\sin(\psi_2-\beta_{\max})}{\psi_2-\beta_{\max}}\right| \tag{8.2-17}$$

与同相口径场的表达式(8.2-4b)相比,可以看到,口径场相位沿 x 轴有直线律相移时,方向图形状并不发生变化,但整个方向图发生了平移,$\beta_{\max}$ 越大,平移越大。

(2)平方律相移

当球面波或柱面波垂直投射到平面口径时,口径平面上就会形成相位近似按平方律分布的口径场。设在矩形口径上沿 x 轴有平方律相位偏移,如果相位最大偏移为 $\beta_{\max}$,振幅均匀分布,有口径场表达式

$$E_y = E_0 e^{-j\left(\frac{x_S}{D_1}\right)^2\beta_{\max}} \tag{8.2-18}$$

代入式(8.2-2)中,同样可以得到 H 面的方向函数。图 8-7 是借助计算机 MAT-LAB 语言编程,$\beta_{\max}$ 取不同值时的数值解。

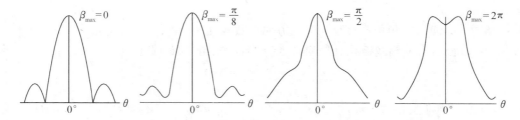

图 8-7　矩形口径平方律相位偏移 $\beta_{\max}$ 时的 H 平面方向图

由图 8-7 可见,当口径上存在平方律相位偏差时,方向图主瓣位置不变、宽度加宽,旁瓣电平升高。当 $\beta_{\max}=\pi/2$ 时,旁瓣与主瓣混在一起;当 $\beta_{\max}=2\pi$ 时,峰值下陷,主瓣呈马鞍形,方向性恶化。因此在面天线的设计、加工及装配中,应尽可能减小口径上的平方律相移。

8.3　旋转抛物面天线

旋转抛物面天线(Parabolic Reflector Antenna)是在通信、雷达和射电天文等系统中广泛应用的一种天线,由两部分组成:①绕抛物线焦轴旋转得到的抛物线反射面,一般采用导电性能良好的金属或在其他材料上敷设金属制成;②放置在抛物面焦点处的馈源(也称照射器),把高频导波能量转变成电磁波能量并投向抛物反射面,使球面波沿抛物面的轴向反射出去。旋转抛物面天线具有很强的方向性。

8.3.1　抛物面天线的工作原理

(1)抛物面天线的几何特征

抛物面天线的结构如图 8-8 所示。在 yOz 平面上,焦点 F 在 z 轴、顶点通过原点的抛物线方程为

$$y^2 = 4fz \qquad (8.3-1a)$$

式中，f 是焦距。上述抛物线绕 OF 轴旋转形成的抛物面方程为

$$x^2 + y^2 = 4fz \qquad (8.3-1b)$$

为分析方便，抛物线方程也经常用原点与焦点 F 重合的极坐标 (ρ, φ) 表示

$$\rho = \frac{2f}{1 + \cos\psi} = f\sec^2\frac{\psi}{2} \qquad (8.3-1c)$$

式中，ρ 为从焦点 F 到抛物面上任一点 M 的距离，ψ 为 ρ 与 OF 的夹角。

设 $D_0 = 2a$ 为抛物面直径，ψ_0 为抛物面口径的张角，两者之间的关系是

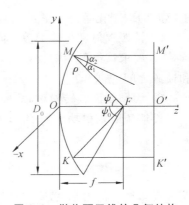

图 8-8 抛物面天线的几何结构

$$\frac{f}{D_0} = 4\tan\frac{\psi_0}{2} \qquad (8.3-2)$$

抛物面的形状可用焦距与直径比或口径张角的大小来表征。实用抛物面的焦距直径比一般为 $0.12 \sim 0.5$。

（2）抛物线的特征

① 通过抛物线上一点 M 作与焦点的连线 MF，同时作一直线 MM' 与 OO' 平行，则抛物线上 M 点切线的垂线（抛物线在 M 点的法线）与 MF 的夹角 α_1 等于它与 MM' 的夹角 α_2。因此，抛物面为金属面时，从焦点 F 发出的以任意方向入射的电磁波，经抛物面反射后都平行于 OF 轴，使馈源相位中心（辐射具有方向性球面波的点源的位置称为相位中心，馈源也是天线，在远区场中可视为点源）与焦点 F 重合，那么从馈源发出的球面波经抛物面反射后变为平面波，形成平面波束。

② 抛物线上任意一点到焦点 F 的距离与到准线的距离相等。在抛物面口上，任一直线 $M'O'K'$ 与它的准线平行，由图 8-8 可知

$$FM + MM' = FK + KK' = FO + OO' = f + OO' \qquad (8.3-3)$$

即从焦点发出的各条电磁波射线经抛物面反射到抛物面口径上的波程为一常数，等相位面为垂直于 OF 轴的平面，抛物面的口径场是同相位场，反射波是平行于 OF 轴的平面波。

由此，如果馈源辐射理想球面波，抛物面口径尺寸无限大时，抛物面就把球面波变为理想平面波，能量沿 z 轴正方向传播，其他方向的辐射为 0（实际上的抛物面天线波束，是一个与抛物面口径方向图有关的窄波束，不可能是波瓣宽度为 0 的理想波束）。

（3）抛物面天线的口径场分析法

根据 Huygens 原理分析抛物面天线时，图 8-1a 中的 S' 是抛物面的外表面，S 是抛物面开口径，S' 上的场为 0，口径 S 上各点场的相位相同。如果能够求出口径面上的场分布，就可利用上节圆形口径同相场的辐射公式计算抛物面天线的辐射场。

8.3.2 抛物面天线的辐射特性

（1）口径场分布

几何光学反射定律和能量守恒定律，是求解口径场分布时要遵循的两个基本定律。

求解时的理想化条件如下：

① 馈源辐射理想球面波，即有一个确定的相位中心并与抛物面的焦点重合；

② 要求馈源的后向辐射为 0，并设抛物面位于馈源辐射场的远区，即不考虑抛物面和馈源之间的耦合；

③ 因抛物面旋转对称，故要求馈源的方向图也是旋转对称的，即仅是 ψ 的函数。

设馈源的辐射功率为 P_{rad}，方向函数为 $D_f(\psi)$，馈源在 ψ 和 $(\psi+d\psi)$ 之间旋转角（图 8-9a）内的辐射功率为

$$P(\psi,\psi+d\psi)=\frac{P_{rad}D_f(\psi)}{4\pi\rho^2}(\rho d\psi \cdot 2\pi\rho\sin\psi)=\frac{1}{2}P_{rad}D_f(\psi)\sin\psi d\psi \quad (8.3-4a)$$

设口径上的电场为 E_S，口径上半径为 ρ_S 和 $(\rho_S+d\rho_S)$ 的圆环内（图 8-9b）的功率为

$$P(\rho_S,\rho_S+d\rho_S)=\frac{1}{2}\cdot\frac{|E_S|^2}{120\pi}\cdot 2\pi\rho_S d\rho_S \quad (8.3-4b)$$

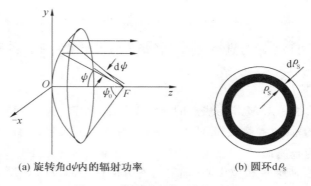

(a) 旋转角 dψ 内的辐射功率　　　(b) 圆环 dρ_S

图 8-9　抛物面天线口径场分布

又因为射线经抛物面反射后均与 z 轴平行，根据能量守恒定律，馈源在 ψ 和 $(\psi+d\psi)$ 角度范围内投向抛物面的功率，等于被抛物面反射在口径上半径为 ρ_S 和 $(\rho_S+d\rho_S)$ 的同轴圆柱面之间的功率。由式(8.3-4a)和式(8.3-4b)相等，可求得

$$|E_S|^2=60P_{rad}D_f(\psi)\sin\psi\frac{d\psi}{\rho_S d\rho_S} \quad (8.3-4c)$$

再根据

$$\rho_S^2=x^2+y^2=4fz=4f(f-\rho\cos\psi)=4f^2\left(1-\frac{\rho}{f}\cos\psi\right) \quad (8.3-5a)$$

将式(8.3-1c)代入上式后

$$\rho_S=2f\tan\frac{\psi}{2},\quad d\rho_S=f\sec^2\frac{\psi}{2}d\psi \quad (8.3-5b)$$

将式(8.3-5)代入式(8.3-4c)后，口径场的表达式

$$|E_S|^2=\sqrt{60P_{rad}D_f(\psi)}\frac{\cos^2\frac{\psi}{2}}{f}=\frac{\sqrt{60P_{rad}D_f(\psi)}}{\rho_S} \quad (8.3-5c)$$

由上式可见，即使馈源是一个无方向性的点源，即 $D_f(\psi)=$ 常数，E_S 随 ψ 增大仍按 $1/\rho$ 规律逐渐减小。通常，馈源的辐射也随 ψ 的增大减弱。考虑这两方面的因素，口径场的大小由口径沿径向 ρ 逐渐减小。越靠近口径边缘场越弱，但各点的场的相位相同。

(2) 口径场的极化

口径场是辐射场,是横电磁波,所以场矢量必然与 z 轴垂直,即在口径上一般有 x 和 y 两个极化分量。在采用常规馈源(馈源的电流沿着 y 方向)时,口径上的电场极化如图 8-10 所示。对于焦距直径比较大的天线来说,口径场的 y 分量称为口径场的主极化分量,x 分量称为口径场的交叉极化分量。从图 8-10 可以看出,口径场的主极化分量 E_y 在四个象限内的方向相同,交叉极化分量 E_x 在四个象限的对称位置上大小相等、方向相反。口径场的交叉极化分量在 E 面和 H 面内的辐射相互抵消,对方向图没有贡献。由式(8.3-5c)计算出来的口径场是主极化分量 E_y,只有主极化分量 E_y 对抛物面天线的 E 面和 H 面的辐射场有贡献。

(3) 方向函数

图 8-11 是抛物线天线的辐射场,根据圆形口径辐射场的表达式(8.2-11),令 $\varphi = 90°$,有 E 面辐射场公式

$$E_E = \mathrm{j}\frac{\mathrm{e}^{-\mathrm{j}kR}}{\lambda R}\frac{1+\cos\theta}{2}\iint_S E_y \mathrm{e}^{\mathrm{j}k\rho_S\sin\theta\sin\varphi_S}\rho_S\,\mathrm{d}\rho_S\,\mathrm{d}\varphi_S \qquad (8.3-6\mathrm{a})$$

将式(8.3-5b)、式(8.3-5c)和式(8.3-1c)、式(8.2-12c)的关系代入上式,并考虑馈源方向函数旋转对称的要求,可知 E 面和 H 面方向函数相同,表示为

$$F(\theta) = \frac{1+\cos\theta}{2}\int_0^{\psi_0}\sqrt{D_\mathrm{f}(\psi)}\tan\frac{\psi}{2}\mathrm{J}_0\left(ka\cot\frac{\psi_0}{2}\tan\frac{\psi}{2}\sin\theta\right)\mathrm{d}\psi \qquad (8.3-6\mathrm{b})$$

一般情况下,馈源的方向图越宽,口径张角越小,口径场越均匀,抛物面方向图的主瓣就越窄,旁瓣电平就越高。馈源在 $\psi>\psi_0$ 以外的漏辐射也是旁瓣的部分,漏辐射越强,旁瓣电平越高。此外,反射面边缘电流的绕射、馈源的反射、交叉极化等都对旁瓣电平有影响。

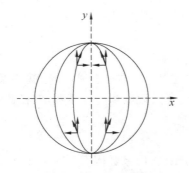

图 8-10 口径场的极化

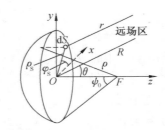

图 8-11 抛物面天线的辐射

大多数抛物面天线的主瓣宽度的范围

$$2\theta_{0.5} = K\frac{\lambda}{2a} \qquad (65°\leqslant K\leqslant 80°) \qquad (8.3-6\mathrm{c})$$

如果口径场分布比较均匀,式中系数 K 可取小一些,反之取大一些。当口径边缘场比中心场低约 11 dB 时,可取系数 $K=70°$。

(4) 方向系数与最佳照射

① 口径利用系数

抛物面天线的方向系数为

$$D = \frac{R^2|E_{\max}|^2}{60P'_{\mathrm{rad}}} \qquad (8.3-7\mathrm{a})$$

式中，P'_{rad} 为口径辐射功率，$|E_{max}|$ 是令式(8.3-6a)中 $\theta=0°$ 方向 R 处的场

$$P'_{rad}=\frac{1}{2Z_0}\iint\limits_{S}|E_{Sy}|^2dS, \quad |E_{max}|=\left|\frac{1}{\lambda R}\iint\limits_{S}E_s dS\right| \tag{8.3-7b}$$

将式(8.3-7b)代入式(8.3-7a)中

$$D=\frac{4\pi S}{\lambda^2}\frac{\left|\iint\limits_{S}E_s dS\right|^2}{S\iint\limits_{S}|E_s|^2dS}=\frac{4\pi S}{\lambda^2}v \tag{8.3-7c}$$

其中，v 是口径利用系数，可见 $v\leqslant1$（均匀分布时 $v=1$）。将口径场表达式(8.3-5c)代入后

$$v=\cot^2\frac{\psi_0}{2}\frac{\left|\int_0^{\psi_0}\sqrt{D_f(\psi)}\tan\frac{\psi}{2}d\psi\right|^2}{\frac{1}{2}\int_0^{\psi_0}D_f(\psi)\sin\frac{\psi}{2}d\psi} \tag{8.3-7d}$$

张角 ψ_0 一定时，馈源方向函数 $D_f(\psi)$ 变化越快，方向图越窄口径场分布越不均匀，口径利用因数越低；馈源方向函数 $D_f(\psi)$ 一定时，张角 ψ_0 越大口径场越不均匀，口径利用因数也越低。

② 口径截获系数

馈源辐射的功率，除 $2\psi_0$ 角范围内被反射面截获外，其余的功率溢失在自由空间。将投射到反射面上的功率 P'_{rad} 与馈源辐射功率 P_{rad} 之比，定义为口径截获系数 v'。由式(8.3-4a)和式(8.3-5c)等，有

$$v'=\frac{P'_{rad}}{P_{rad}}=\frac{1}{2}\int_0^{\psi_0}D_f(\psi)\sin\psi d\psi \tag{8.3-8a}$$

式中

$$P'_{rad}=\frac{P_{rad}}{2}\int_0^{\psi_0}D_f(\psi)\sin\psi d\psi \tag{8.3-8b}$$

张角 ψ_0 一定时，馈源方向函数 $D_f(\psi)$ 变化越快，方向图越窄，口径截获系数越高；馈源方向函数 $D_f(\psi)$ 一定时，张角 ψ_0 越大，口径截获因数也越高。显然，口径截获因数与口径利用因数相反。

③ 方向系数因数

由方向系数公式(8.3-7)和式(8.3-8)，定义方向系数因数

$$D=\frac{R^2|E_{max}|^2}{60P'_{rad}}=\frac{R^2|E_{max}|^2}{60P_{rad}}v'=\frac{4\pi S}{\lambda^2}vv'=\frac{4\pi S}{\lambda^2}g \tag{8.3-9a}$$

式中，$g=vv'\leqslant1$ 称为方向系数因数，是判断抛物面天线性能的重要参数之一。

$$g=\cot^2\frac{\psi_0}{2}\left|\int_0^{\psi_0}\sqrt{D_f(\psi)}\tan\frac{\psi}{2}d\psi\right|^2 \tag{8.3-9b}$$

可见，g 为抛物面天线张角的函数。由于 $g=vv'$ 中口径利用因数 v 和口径截获因数 v' 相互矛盾，因此，当馈源方向函数一定时，必有一个最佳张角 ψ_{0opt}，此时 g 最大，即方向系数最大，馈源对抛物面的照射为最佳照射，一般情况下此时 $g=0.83$，抛物面口径边缘处的场强比中心处低 11 dB。

④ 其他因素的影响

上述结论是在假定馈源辐射球面波、方向图旋转对称且无后向辐射等理想情况下得

到的,但实际上:馈源方向图一般不完全对称,后向辐射也不为 0;馈源和它的支架对口径有一定的遮挡作用;反射面因机械误差不是理想的抛物面;馈源不能准确地安装在焦点上,使口径场不完全同相;等等。

考虑上述诸多因素,应对 g 进行修正,通常取 $0.35 \leqslant g \leqslant 0.5$。抛物面天线的热损耗通常很小,$\eta \approx 1$,$G \approx D$,这是一个突出的优点。

8.3.3 天线的馈源

(1)对馈源的基本要求

抛物面天线的方向性很大程度上依赖馈源(Feeder),通常对馈源有如下的基本要求:

① 馈源方向图应与抛物面张角配合,使天线方向系数最大;尽可能减少绕过抛物面边缘的能量损失;方向图接近圆对称,最好没有旁瓣和后瓣。

② 具有确定的相位中心,这样才能保证相位中心与焦点重合时,抛物面口径为同相场。

③ 因馈源置于抛物面的前方,所以尺寸要尽可能小,以减小对口径的遮挡。

④ 要具有一定的带宽,因天线的带宽主要取决于馈源系统的带宽。

(2)馈源的选择

馈源的种类很多,应根据天线的工作频段和特定用途选择馈源。抛物面天线多用于微波波段,馈源多采用波导辐射器(Waveguide Radiator)和喇叭(Horn),也有用振子、螺旋等天线做馈源的。

① 波导辐射器由于传输波型的限制、口径不大、方向图波瓣较宽,适合短焦距抛物面天线。

② 长焦距抛物面天线的口径张角较小,为获得最佳照射,要求馈源方向图较窄,即要求馈源口径较大,一般采用小张角口径喇叭。

③ 某些情况下,要求天线辐射或接收圆极化电磁波(如雷达搜索或目标跟踪),要求馈源也是圆极化的,如螺旋天线等。

④ 宽频带天线应采用宽频带馈源,如平面螺旋天线、对数周期天线等。

总之,应根据不同的情况,选择不同的馈源。

8.3.4 抛物面天线的偏焦特性及应用

在实际应用中,有时需要波瓣偏离抛物面轴做上下或左右摆动,或者使波瓣绕抛物面轴线做圆锥运动、做小角度扫描,进行目标搜索;还可以在抛物面天线的焦点附近放置多个馈源,形成多波束,用来发现和跟踪多个目标。

馈源沿与抛物面轴线垂直方向运动时,产生横向偏焦;馈源沿抛物面轴线方向往返运动,产生纵向偏焦。横向偏焦和纵向偏焦都导致抛物面口径场相位偏焦。如果横向偏焦不大时,抛物面口径场相位偏焦接近于线性相位偏焦,仅使主瓣最大值偏离轴向、方向图形状基本不变。纵向偏焦引起口径场相位偏差是对称的,因此方向图也是对称的。纵向偏焦较大时,方向图波瓣变得很宽。这样,在雷达中一部天线可以兼作搜索和跟踪之用,大尺度偏焦时用作搜索,正焦时用作跟踪。

8.4 Cassegrain 天线

Cassegrain 天线是双反射面天线：旋转抛物面为主反射面，旋转双曲面（Hyperbolic）为副反射面（Sub-reflector）。这种天线在卫星地面站、单脉冲雷达和射电天文等系统中广泛应用。和单反射面天线相比，Cassegrain 天线具有如下优点：

① 天线有两个反射面，几何参数增多，便于按照各种需要灵活设计；

② 可以采用短焦距抛物面天线作反射面，减小天线的纵向尺寸；

③ 由于采用了副反射面，馈源可以安装在抛物面顶点附近，缩短馈源和接收机之间传输线的长度，减小传输线损耗造成的噪声。

8.4.1 Cassegrain 天线的几何特性

（1）天线结构

Cassegrain 天线由主反射面、副反射面和馈源三部分组成。主反射面由焦点在 F、焦距为 f 的抛物线绕自身焦轴旋转形成；副反射面由一个焦点在 F_1（称为虚焦点，与抛物面的焦点 F 重合），另一个焦点在 F_2（称为实焦点，在抛物面的顶点附近）的双曲线绕自身焦轴旋转形成。主、副面的焦轴重合，常用喇叭天线作为馈源，相位中心在双曲面的实焦点 F_2 上，如图 8-12 所示。

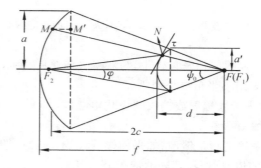

图 8-12 Cassegrain 天线的几何特性

（2）双曲面特征

① 双曲面上任意一点 N 处的切线 τ 平分 N 与两焦点的张角 $\angle F_2NF$，F 和 N 的延长线与抛物面在点 M 相交，这说明由 F_2 发出的各射线经双曲面反射后，反射线的延长线都在点 F 相交。因此，从馈源 F_2 发出的球面波，经双曲面反射后，所有反射线和从双曲面的另一个焦点 F_1（F）发出的一样，这些射线经抛物面反射后均与抛物面的焦轴平行。

② 种双曲面上任一点与两焦点的距离之差等于常数，由图 8-12 有

$$F_2N - FN = c_1 \qquad (8.4-1a)$$

根据抛物面的几何特性

$$FN + NM + MM' = c_2 \qquad (8.4-1b)$$

将式（8.4-1a）和式（8.4-1b）相加，得

$$F_2N + NM + MM' = c_1 + c_2 = \text{const.} \qquad (8.4-1c)$$

这说明由馈源从 F_2 发出的射线经双曲面和抛物面反射后,到达抛物面口径时所经过的波程相等。因此,由馈源从 F_2 发出的射线经双曲面和抛物面反射后,不仅相互平行,还同时到达抛物面口径。由此可见,Cassegrain 天线和旋转抛物面天线是相似的。

8.4.2　Cassegrain 天线的几何参数

Cassegrain 天线有 7 个几何参数(图 8-12)。其中,抛物面天线的参数有 $2a$、f 和 ψ_0,双曲面的参数有 $2a'$、d、$2c$ 和 φ。由公式(8.3-2)可知

$$a = 2f\tan\frac{\psi_0}{2} \tag{8.4-2}$$

由图 8-12 可以得到

$$a'\cot\varphi + a'\cot\psi_0 = 2c \tag{8.4-3}$$

$$\frac{a'}{\sin\varphi} - \frac{a'}{\sin\psi_0} = 2(c-d) \tag{8.4-4}$$

将式(8.4-3)和式(8.4-4)联立后,有

$$1 - \frac{\sin\frac{1}{2}(\psi_0-\varphi)}{\sin\frac{1}{2}(\psi_0+\varphi)} = \frac{d}{c} \tag{8.4-5}$$

式(8.4-2)、式(8.4-3)和式(8.4-5)是 Cassegrain 天线的 3 个独立的几何参数关系式。根据天线的电指标和结构要求,选定 4 个参数,其他 3 个参数即可根据这 3 个公式求出。

8.4.3　Cassegrain 天线的等效抛物面

图 8-12 中,馈源至副面的任一条射线 F_2N 的延长线,与经副、主面反射后的射线 MM' 的延长线相交于 Q,由此得到的 Q 点的轨迹是一条抛物线,如图 8-13 所示。于是有

$$\rho\sin\psi = \rho_e\sin\varphi \tag{8.4-6a}$$

根据抛物面方程

$$\rho = \frac{2f}{1+\cos\psi} \tag{8.4-6b}$$

将式(8.4-6b)代入式(8.4-6a)后

$$\rho_e = \frac{2f}{1+\cos\varphi}\frac{\tan(\psi/2)}{\tan(\varphi/2)} = \frac{2fB}{1+\cos\varphi} = \frac{2f_e}{1+\cos\varphi} \tag{8.4-7a}$$

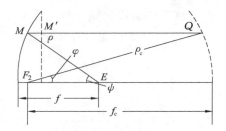

图 8-13　等效抛物面

这是一条焦点为 F、焦距为 f_e 的等效抛物线,旋转后形成的等效抛物面的口径与原抛物面相同,且具有相同的场分布,但焦距放大了 B 倍。

由式(8.4-7a)得

$$B = \frac{f_e}{f} = \frac{\tan\dfrac{\psi}{2}}{\tan\dfrac{\varphi}{2}} = \frac{e+1}{e-1} \tag{8.4-7b}$$

式中,e 是双曲线的离心率。

综上所述,Cassegrain 天线可以用一个口径尺寸与原抛物面相同,但焦距放大了 B 倍,且具有相同的场分布的旋转抛物面天线等效。Cassegrain 天线的辐射特性和电参数就可以用旋转抛物面天线的理论来进行分析。

需要指出的是,这种等效方法是在光学定律基础上得到的。微波频率远低于光频,这种等效只能是近似的。尽管如此,在一般情况下用来估算 Cassegrain 天线的一些主要性质还是非常有效的。

8.5 有效接收面积和 Friis 传输公式

8.5.1 有效接收面积

接收天线的目的是接收从特定方向传来的入射波功率,有效接收面积(Effective Area)是衡量天线接收无线电波能力的重要指标。首先,分析振幅为 E_0 的均匀平面波沿天线的主射方向投射到面积为 A 的均匀同相口径上的功率密度

$$p_{rad} = \frac{1}{2Z_0}E_0^2 \tag{8.5-1a}$$

进入口径中的、也就是天线接收的电磁波功率为

$$P_R = p_{rad}A = \frac{1}{2Z_0}E_0^2 \, A \tag{8.5-1b}$$

用 A 替代式(8.2-6)中矩形口径尺寸 S,得到用方向系数表示的均匀同相位口径面积

$$D = \frac{4\pi A}{\lambda^2} \quad \rightarrow \quad A = \frac{\lambda^2}{4\pi}D \tag{8.5-2a}$$

代入式(8.5-1b),得均匀同相口径天线接收的电磁波功率为

$$P_R = p_{rad}A = \frac{E_0^2}{2Z_0}\frac{\lambda^2}{4\pi}D = \frac{\lambda^2}{8\pi Z_0}E_0^2 \, D \tag{8.5-2b}$$

对于一般的口径天线,由于口径场非均匀同相且天线有损耗,需要用增益 G 代替式(8.5-2a)中的方向性系数 D,实际口径面积变为有效面积

$$A_e = \frac{\lambda^2}{4\pi}G \tag{8.5-3a}$$

一般口径天线接收的功率为

$$P_R = p_{rad}A_e = \frac{E_0^2}{2Z_0}\frac{\lambda^2}{4\pi}G = \frac{\lambda^2}{8\pi Z_0}E_0^2 \, G \tag{8.5-3b}$$

由此可见,如果已知天线的方向系数或增益,就可以知道天线的有效接收面积。需要说明的是,式(8.5-2)和式(8.5-3)不仅适合口径天线,也适合任何天线。如电基本振子的方向系数 $D = 1.5$,代入式(8.5-2a)后,得 $A = 0.12\lambda^2$。

8.5.2　Friis 传输公式

1946 年，Bell 实验室的 H. T. Friis 发表了用来计算无线电通信天线接收功率的公式。设发射机发射功率 P_T，发射天线增益 G_t，有效面积（也叫作有效口径）A_{et}，接收天线增益 G_r，有效口径 A_{er}；工作波长 λ，发收天线间距 r（满足远区条件），互以最大方向对准，极化形式一致，那么发射天线在接收天线处形成的入射功率为

$$p_i = \frac{P_T}{4\pi r^2} G_t \qquad\qquad (8.5-4a)$$

接收天线收到的功率为

$$P_R = p_i A_{er} = \frac{P_T G_t A_{er}}{4\pi r^2} \qquad\qquad (8.5-4b)$$

由式(8.5-3a)可知 $G_t = 4\pi A_{et}/\lambda^2$，那么

$$\frac{P_R}{P_T} = \frac{A_{et} A_{er}}{4\pi r^2} \qquad\qquad (8.5-5a)$$

这就是 Friis 传输公式。将由式(8.5-3a)得到的 $A_{et} = G_t\lambda^2/4\pi$ 代入式(8.5-4b)，即可得到更为常用的 Friis 传输公式

$$P_R = \left(\frac{\lambda}{4\pi r}\right)^2 P_T G_t G_r \qquad\qquad (8.5-5b)$$

如果发、收天线相互处于以各自中心为原点建立的球坐标系中的方位角 (θ', φ') 和 (θ, φ) 下，且存在第 6 章公式(6.2-12c)表示的极化失配因子，就可以得到 Friis 传输公式的更一般的形式

$$P_R = \left(\frac{\lambda}{4\pi r}\right)^2 P_T G_t(\theta, \varphi) G_r(\theta', \varphi') \cdot PLF \qquad\qquad (8.5-5c)$$

如果把无源雷达所探测的目标视为发射天线，Friis 传输公式就等效为无源雷达方程。

本　章　小　结

线天线或面天线的辐射场可视为基本振子辐射场的叠加，合成场的方向性由场源的分布规律和波程差决定。影响线天线辐射场的因素是线上电流的振幅和相位，以及振子的结构和排列；影响面天线辐射场的因素是口径面上的电场和磁场的分布，以及口径面的大小和形状。

互易定理(附录 6-3)证明了同一天线用作发射和接收时的方向性是相同的，通过方向性系数分析了天线的接收功率和天线的方向性系数或增益之间的关系，并将天线的有效接收面积与方向性系数或增益联系了起来。从面天线导出的有效面积公式同样适合线天线，可作为评价线天线接收性能的指标。

习　题

8.1　设有一矩形口径 $a \times b$ 位于 xOy 平面内，同相口径场沿 y 方向线性极化，振幅为余弦分布 $E_{Sy} = \cos(\pi x/a)$，$|x| \leqslant a/2$。求 H 平面方向函数、H 面主瓣半功率宽度、第一零点位置和第一旁瓣电平。

8.2　旋转抛物面天线的馈源功率方向图函数为

$$D_f(\psi) = \begin{cases} D_0 \sec^2 \dfrac{\psi}{2}, & 0° \leqslant \psi \leqslant 90° \\ 0, & \psi > 90° \end{cases}$$

抛物面直径 $D_0 = 150$ cm，工作波长 $\lambda = 3$ cm。如果要使抛物面口径边缘场为中心场值的 $1/\sqrt{2}$，试求焦比 f/D_0、口径利用因数和天线的增益。

8.3　有一抛物面主面焦距 $f = 2$ m 的 Cassegrain 天线，若选用离心率 $e = 2.4$ 的双曲副反射面，求等效抛物面的焦距。

8.4　证明式(8.5－2)和式(8.5－3)适合口径天线，也适合线天线。

第9章　电波传播概要

从发射天线或自然辐射源辐射发出的电磁波,通过自然条件下的媒质到达接收天线的传播过程,称为无线电波传播。电波传播的主要研究内容是各种媒质中电磁波的传播规律、媒质的电磁特性对电波传播的影响。

9.1　电波传播基本概念

9.1.1　自由空间中的电波传播

从发射天线辐射的电磁波在自由空间扩散,其中有一部分到达接收天线。设天线的方向性系数为 D,如不考虑天线自身的损耗,辐射功率 P_{rad} 等于馈入功率 P_{in},由式(6.2-9a)可知,在最大辐射方向上距离天线 r 处产生的场强振幅为

$$|E_{max}| = \frac{\sqrt{60 P_{rad} D}}{r} \tag{9.1-1}$$

公式(9.1-1)表示的场强是否能够满足接收机灵敏度,发射机需要多大的功率,都是实际工作中需要考虑的问题。为了对发射机功率、天线增益、接收机灵敏度等技术指标提出合理要求,需要进行信道估算,其中的重要内容之一就是用信道的传输损耗来度量电波在自由空间的衰减情况。根据 Friis 传输公式(8.5-5b),用发射天线发射功率 P_T 和接收天线接收功率 P_R 之比定义自由空间传输损耗 L_{bf}:

$$L_{bf} = \frac{P_T}{P_R} = \left(\frac{4\pi r}{\lambda}\right)^2 \cdot \frac{1}{G_t G_r} = (2k_0 r)^2 \cdot \frac{1}{G_t G_r} = 16\pi^2 \mu_0 \varepsilon_0 f^2 r^2 \cdot \frac{1}{G_t G_r} \tag{9.1-2a}$$

上式用 dB 表示后,有

$$L_{bf} = 10 \lg \frac{P_T}{P_R} = 32.45 + 20 \lg f(\text{MHz}) + 20 \lg r(\text{km}) - G_t(\text{dB}) - G_r(\text{dB})$$

$$\tag{9.1-2b}$$

如果 $G_t = G_r = 1$,上式变为

$$L_{bf} = 32.45 + 20 \lg f(\text{MHz}) + 20 \lg r(\text{km}) \tag{9.1-2c}$$

自由空间中的传输损耗不是能量的损耗,是球面波在传播过程中随传播距离增大的扩散损耗。由上式可见,当电波频率提高一倍或传播距离增加一倍时,自由空间传输损耗增加 6 dB。

9.1.2　传输媒质对电波传播的影响

(1) 传输损耗

电波在实际的媒质(信道)中传播有能量的损耗。在传播距离、工作频率、发射天线、

输入功率和接收天线都相同的情况下,将式(9.1-2a)中自由空间接收功率 P_R 用实际接收功率 P_R' 替代后,有实际信道的传输损耗 L_b

$$L_b = 10 \lg \frac{P_T}{P_R'} = 10 \lg \frac{P_T}{P_R} - 10 \lg \frac{P_R'}{P_R} = L_{bf} - CA \text{ dB} \qquad (9.1-3)$$

式中,L_{bf} 为自由空间传输损耗,CA 定义为

$$CA(\text{dB}) = 10 \lg \frac{P_R'}{P_R} = 20 \lg \frac{|E_{max}'|}{|E_{max}|} \qquad (9.1-4)$$

叫作信道衰减因子,E_{max}' 是距天线 r 处实际媒质中的电场强度。若 $G_t = G_r = 1$

$$L_b = 32.45 + 20 \lg f(\text{MHz}) + 20 \lg r(\text{km}) - CA \text{ dB} \qquad (9.1-5)$$

与式(9.1-2c)相比,增加了信道衰减因子项 CA,不同的传播方式、传输媒质,信道的传输损耗不同。

（2）衰落现象

衰落一般是指信号电平随时间随机起伏的现象。根据引起衰落的原因,可大致分为吸收型衰落和干涉型衰落。吸收型衰落主要由传输媒质电参数随时间的变化引起,如电离层电子密度的日变化、月变化、年变化;大气中的氧、水汽及水汽凝聚成的云、雾、雨、雪对电波的吸收作用等。这类原因引起的信号电平的变化较慢,称为慢衰落(图9-1a)。慢衰落通常指信号电平的中值(五分钟中值、小时中值、月中值等)在较长时间间隔内的起伏变化。干涉型衰落主要由随机多径传输引起,故干涉型衰落又称为多径衰落。在某些传输方式中,发、收间存在若干条传播路径,接收点场强是不同路径的场的叠加。传播路径的随机性,使到达接收点的各路径时延随机变化,引起合成信号幅度和相位随机起伏。这种原因引起的信号电平变化很快,称为快衰落(图 9-1b)。

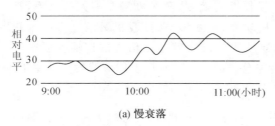

（a）慢衰落　　　　　　　　　　　　　（b）快衰落

图 9-1　衰落现象

实际上,信号的慢衰落和快衰落共同存在。快衰落往往叠加在慢衰落之上。在较短的时间观察时,快衰落表现明显,慢衰落不易察觉。信号的衰落现象严重影响电波传播的稳定性和系统的可靠性,需要采取措施解决。

（3）传输失真

无线电波通过媒质传播时还会发生信号失真——振幅失真和相位失真。

在色散媒质中,电磁波的相速度和衰减常数与频率有关,频率不同传播速度不同,衰减程度不同。载有信号的无线电波都占据一定的频带,其中的各频率分量以不同的相速和衰减常数传播,幅相关系随传播距离连续变化,引起波形失真。色散效应引起的失真程度,需要结合具体信道的传播情况进行分析。

多径传输(图 9-2a)也会引起信号失真。设接收点的场是两条路径传来的、相位差为 $\varphi = \omega\tau$ 的两个场的矢量和。最大传输时延与最小传输时延的差值定义为多径时延 τ,不同的频率成分,相同的时延将引起不同的相位差。例如,对频率 f_1,若 $\varphi_1 = \omega_1\tau = \pi$,两矢

量反相抵消,此分量的合成场强呈最小值;对 f_2,若 $\varphi_2=\omega_2\tau=2\pi$,两矢量同相相加,此分量的合成场强呈最大值(图 9-2b)。显然,如果传输的信号带宽很宽,信号波形将明显失真。一般情况下,规定信号带宽不超过 $1/\tau$,由此定义相关带宽

$$\Delta f=\frac{1}{\tau} \tag{9.1-6}$$

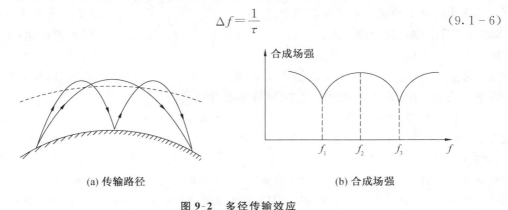

(a) 传输路径　　　　　　　　　　　　(b) 合成场强

图 9-2　多径传输效应

（4）电波的折射、反射、散射与绕射现象

电波在无限大的均匀、线性媒质中传播时,射线(描述电磁辐射传播方向的曲线)为直线。但在实际环境中,电波传播经历的空间场所是复杂多样的,电波传播的方向可能会发生改变。球形地面和障碍物将使电波产生绕射;地貌、地物,对流层中的湍流团、雨滴等水凝物使电波产生折射、反射或散射;对流层、电离层折射率的变化,使得电波射线产生连续的小角度变化,造成射线轨迹弯曲。这些现象有的是电波传播所要利用的,有些是要避免的;或者在某些情况下要利用,在另一些情况下要避免。总之,都是在电波传播中需要进行研究的。

9.1.3　干扰与噪声

尽管干扰与噪声是有一定差别的两个概念,在考虑无线电系统噪声时,还是把系统所传信号之外的一切规则和不规则的干扰统称为无线电系统的噪声。噪声将使无线电系统的性能下降。

按照来源,无线电噪声分为内部噪声和外部噪声。内部噪声来自接收系统本身(包括天线和传输线),具有热噪声(又称为白噪声或 Gauss 噪声)特性;外部噪声来自宇宙、地球大气、地面及人为工业系统的背景噪声和干扰,一般为非 Gauss 型,具有脉冲特性。

按照性质,噪声可分为随机噪声和非随机噪声。随机噪声通常指不可预测的噪声,如单频噪声、脉冲噪声和起伏噪声等。单频噪声通常指一种窄带连续波的干扰,如外台信号等。这种噪声的频率可通过实测确定,在电路或天线上采取某些措施可以克服。脉冲噪声指突发性的噪声,如工业中的点火系统、大气中的闪电、电气开关通断时产生的噪声等,特点是幅度大、持续时间短,相邻脉冲之间的时间间隔较长,占有很宽的频带(从甚低频到高频),但频率越高幅度越小,一般来说,这种干扰的危害最大。起伏噪声包括热噪声、电源噪声和宇宙噪声等,其中热噪声是普遍存在和不可避免的。非随机噪声,如电源噪声、自激振荡和系统内部的谐波干扰等,是可以预测的,在原理上可以消除或基本消除。

9.2 地面波传播

无线电波沿地球表面传播的方式称为地面波（Ground Wave）传播。许多无线电系统，特别是工作在低频段的系统，天线电尺寸比较小，架设在地面上或靠近地面，当最大辐射方向沿着地面时，天线辐射的电磁波主要以地面波方式传播。以这种方式传播的电波不可避免地要受到地面乃至地层内部媒质的影响，实际的地面因地形、地貌的起伏变化不是均匀光滑的，实际地面的电参数（特别是陆地与海洋）也是变化的。但当电波波长远大于地面粗糙度时，地面可近似认为是光滑的；地面电参数变化不大时，也可认为是均匀的；当传播距离在几十公里之内时，地面可以认为是平面；当传播距离较远时，还要考虑地球的曲率；当电波频率较低、透入地下的深度较大时，如果地球深部的电参数和表面有显著的差异，还应考虑这种差异的影响。地波传播基本上没有多径效应，也基本上不受气象条件的影响，信号比较稳定。但随着电波频率的提高，传输损耗迅速增加。因此，这种方式适合中、长波和超长波传播。

9.2.1 地面电性参数

描述大地电磁性质的主要参数是介电常数 ε（或相对介电常数 ε_r）、电导率 σ 和磁导率 μ（或相对磁导率 μ_r）。实测结果表明，绝大多数地质体的磁导率近似等于真空磁导率 μ_0。表 9-1 中给出了几种不同地质条件下地面的电参数。

表 9-1　地面的电参数

电参数 地质条件	ε_r		σ	
	均　值	变化范围	均　值	变化范围
海水	80	80	4	$1 \sim 4.3$
淡水（湖泊等）	80	80	10^{-3}	$10^{-3} \sim 2.4 \times 10^{-2}$
湿土	10	$10 \sim 30$	10^{-2}	$3 \times 10^{-3} \sim 3 \times 10^{-2}$
干土	4	$2 \sim 6$	10^{-3}	$1.1 \times 10^{-5} \sim 2 \times 10^{-3}$
森林			10^{-3}	
山地			7.5×10^{-4}	

在地面波传播分析中，往往假设地面是光滑、均匀的平面。

9.2.2 地面波传播特性

（1）地面波传播基本特征

通过地面波传播方式工作的无线电系统通常采用低架直立天线，天线上的电流是与地面垂直的线电流，辐射的电磁波是垂直极化波，等相位面与地面垂直。如果大地是理想导体，接收天线接收到的仍然是垂直极化波（图 9-3a）。实际上，大地是非理想的导电媒质，垂直极化波的电场沿地面传播时会沿地表形成较小的电场分量 E_{z1}，使波前倾斜（图 9-3b），变为椭圆极化波，产生 Ohm 损耗吸收电磁能量，波前的倾斜程度反映了大地对电波的吸收程度。

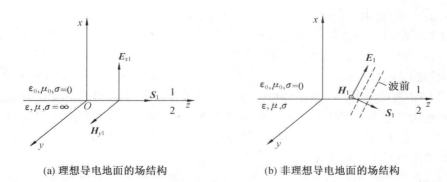

(a) 理想导电地面的场结构　　　　　(b) 非理想导电地面的场结构

图 9-3　地波传播

地波传播具有以下重要特征：

① 垂直极化波沿非理想导电地面传播时，在传播方向上存在电场分量，是横磁波。在紧贴地面的空气一侧与传播方向垂直的电场横向分量 E_{x1} 远大于纵向分量 E_{z1}，两者大小不等，相位不同，合成场 E_1 为椭圆极化波。纵向分量 E_{z1} 可以用来说明传播的损耗情况。

② 地面电导率 σ 越大或电波频率越低，E_{z1} 分量就越小，传播损耗也就越小。因此，地波传播方式主要用于长波、中波波段和短波的低频段（$10^3 \sim 10^6$ Hz）。

③ 地面波的前倾现象在接收地面上的无线电波中具有实用意义。由于 $E_{x1} \gg E_{z1}$，故在地面上采用直立接收天线为宜。如因条件限制，也可用低架或铺地水平天线接收 E_{z1} 分量，这时需用有效长度较长的天线。

④ 大地的电特性及地貌地物等不会随时间很快地变化，并且基本上不受气候条件的影响，特别是无多径传播现象，因此信号稳定，这是地波传播的突出优点。

（2）向地下或海水的渗透传播

波在土壤和海水（特别是海水）的传播过程中有较大的吸收损耗，不可能传播很长的距离。若波长很长，电波仍然能从空气中向下渗透至一定深度的土壤或海水中，并被有效地接收。如利用 VLF 波可以实现潜艇在海水十多米深处的通信和导航。土壤和海水（尤其是海水）中电场的垂直分量比空气中小，因此在地下（尤其是水下）接收信号一般都采用水平天线接收水平电场。因海水电导率较高，海浪的浪高和海浪波长可与 VLF 波在水下的波长比拟。对水下十多米深度的接收点来说海面不是平静的，电波从海面渗透到接收点经过的水中路径长度会不时地发生变化，故在水下接收到的 VLF 信号的幅度与相位也随海浪起伏变化。在设计水下无线电通信和导航系统时，应该考虑这个情况。

9.3　天波传播

天波传播通常是指由高空电离层反射的一种传播方式，有时也称为电离层电波传播。长波、中波和短波都可以利用天波通信，常用的是中波和短波波段，本节主要以短波传播为例介绍天波传播的基本概念。

9.3.1　电离层与电波传播

电离层（Ionosphere）是地球高空大气层的一部分，从离地 60 km 的高度一直延伸到

1 000 km的高空,是由自由电子、正负离子和中性分子、原子等组成的等离子体媒质。动态平衡状态下的电子密度值 N 是表征电离层的重要参数之一。电子密度随高度的分布有几个峰值区域,按此区域划分,电离层分为 D、E、F_1 和 F_2 四层,如图 9-4 所示。电离层主要由太阳的紫外辐射形成,因此电子密度与日照密切相关,白天密度高、夜间密度低,其中的 D 层在夜间消失。电离层的电子密度还随季节变化,太阳黑子活动也对电离层电子密度有很大的影响。无线电波在电离层内传播时,自由电子在入射波作用下做简谐运动,电子在运动过程中与其他粒子碰撞,将部分电波能量转换成电离层的热耗,电离层近似视为等效电导率为 σ 的有耗媒质。

实际情况下的电离层是色散、各向异性、场发生时空变化的半导电媒质。但从宏观的角度,可将电离层分成许多薄层,认为每一层中的电子密度是均匀的,将电离层看成分层均匀、各向同性媒质。根据经典电动力学,可知自由电子密度为 N_e、各向同性均匀媒质的相对介电常数和折射率分别为

$$\varepsilon_r = 1 - \frac{80.8 N_e}{f^2} \qquad (9.3-1a)$$

$$n = \sqrt{1 - \frac{80.8 N_e}{f^2}} < 1 \qquad (9.3-1b)$$

式中,f 是电波的频率。

当电波入射到空气-电离层界面时,由于电离层折射率小于空气折射率,折射角大于入射角,射线向下偏折。当电波进入电离层后,电子密度随高度逐渐增加,各薄层的折射率依次变小,电波连续下折,直至到达某一高度处电波开始折回地面。电离层对电波的反射实质上是电波在电离层中连续折射的结果,如图 9-5 所示。

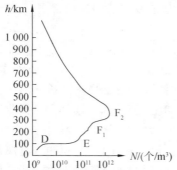

图 9-4 电离层电子密度的高度分布

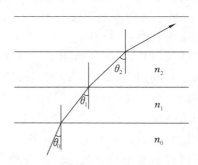

图 9-5 电离层对电波的连续折射

在各薄层间的界面上连续应用球面均匀分层介质的 Snell 折射定律

$$n_0 a_0 \sin \theta_0 = n_1 r_1 \sin \theta_1 = \cdots = n_i r_i \sin \theta_i \qquad (9.3-2a)$$

式中,$n_0 = 1$ 是空气折射率,$a_0 = 6.370 \times 10^6$ m 是地球半径,θ_0 是电波进入电离层时的入射角,r_i 是电波到达点至球心的径向距离,θ_i 是电波射线与径向矢量 r_i 构成的入射角。

设电波在第 i 层处到达最高点,然后开始折回地面,将 $\theta_i = 90°$ 代入上式得

$$\sin \theta_0 = \frac{r_i}{a_0} n_i = \frac{r_i}{a_0} \sqrt{1 - \frac{80.8 N_i}{f^2}} \qquad (9.3-2b)$$

$$f = r_i \sqrt{\frac{80.8 N_i}{r_i^2 - a_0^2 \sin^2 \theta_0}} \qquad (9.3-2c)$$

上式给出了天波传播时，电波频率 f、入射角 θ_0、径向距离 r_i、地球半径 a_0 与电波折回处电子密度 N_i 之间的关系，由此引入以下几个概念。

(1) 最高可用频率

将最大电子密度 N_{max} 代入式(9.3 - 2c)，可求得当电波以 θ_0 角度入射时，电离层能把电波反射回来的最高可用频率

$$f_{max} = r_i \sqrt{\frac{80.8 N_{max}}{r_i^2 - a_0^2 \sin^2 \theta_0}} \qquad (9.3 - 3a)$$

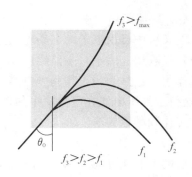

图 9-6　入射角 θ_0 一定、频率不同时的射线

也就是说，当电波入射角一定时，频率越高，电波反射后传播的距离越远。当电波工作频率高于 f_{max} 时，由于电离层不存在比 N_{max} 更大的电子密度，电波不能被反射回来，将穿出电离层(图 9-6)，这正是超短波和微波不能以天波传播的原因。

(2) 天波静区

当频率 f 一定时，由式(9.3 - 2b)可以得到电离层能把电波反射回来的最小入射角

$$\theta_{0min} = \arcsin \left(\frac{r_i}{a_0} \sqrt{1 - \frac{80.8 N_{max}}{f^2}} \right) \qquad (9.3 - 3b)$$

上式表明，当电波频率一定时，射线对电离层的入射角越小，电波需要到达电子密度越大的地方才能被反射回来，通信距离越来越近，如图 9-7 中的曲线 1、2、3 和 4；但当接近 N_{max} 时电子密度随高度变化较小，电波在此处折射较小，电波轨迹弯曲较慢，反射距离增加，如图中曲线 5；当入射角 $\theta_0 < \theta_{0min}$ 时，电波能被反射回来所需的电子密度超出实际存在的 N_{max} 值，电波穿出电离层，如图中曲线 6 和 7 所示。

由于入射角 $\theta_0 < \theta_{0min}$ 的电波不能被电离层反射回来，使得以发射天线为中心的、一定半径内的区域中没有天波到达，该区域称为静区，也叫盲区。

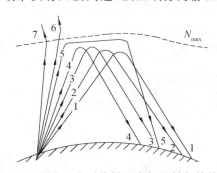

图 9-7　频率一定时传播距离与入射角的关系

图 9-8　多径效应

(3) 多径效应

天线射向电离层的是一束电波射线，各条射线的入射角有所不同，它们将在不同的高度上被反射回来，因此有多条路径到达接收点(图 9-8)，这种现象称为多径传输。电离层电子密度不时地起伏变化，引起各射线路径也不时变化，使接收点合成场强的大小发生波动。这种由多径传输引起的接收点场强起伏变化称为多径效应。如前所述，多径效应造成信号的衰落。

（4）最佳工作频率

电离层中自由电子的运动将耗散电波的能量,使电波发生衰减。其中以 D 层和 E 层为主要吸收层。为了减小路径电离层吸收损耗、增大接收场强,天波应尽可能采用较高的工作频率。然而当工作频率过高时,电波需要达到电子密度很大的高度才能被反射回来,这就增加了电波在电离层中的传播距离,同样会增大电离层对电波的衰减。为此,将最佳工作频率取为

$$f_{opt} = 0.85 f_{max} \qquad (9.3-4)$$

电离层的 D 层对电波的吸收尤为严重。夜晚 D 层消失,天波信号增强,这正是晚上能够接收到更多短波电台的原因。最佳频率的确定,不仅与年、月、日、时有关,还与通信距离有关。同样的电离层状况,通信距离近的,最高可用频率低;通信距离远的,最高可用频率高。显然,为使通信可靠,须在不同情况下使用不同的频率。不过,为了避免换频次数过多,通常一日之内使用两个(日频和夜频)或三个频率。

此外,频率为 1.4 MHz 的电波通过电离层时,与电离层中自由电子的振动发生谐振,电波的损耗最大。因此,天波传播的电波频率不宜选在 1.4 MHz 及其附近。

9.3.2 天波传播模式

（1）电离层的反射模式

当电波以与地表面相切的方向(仰角为 0°)入射时,经电离层反射可达到最远的传播距离。根据式(9.3-2a)可知,若电波从有效高度为 110 km 的 E 层反射,一次反射(一跳)的最远距离为 2 000 km;若从有效高度为 320 km 的 F₂ 反射,一跳最远距离为 4 000 km。电波从电离层反射回地面后,地面会将电波重新反射回电离层,形成多次反射(多跳)。电波工作频率不同,波束中各射线的入射角不同,电离层对入射角的改变,电子密度的随机变化,都使得从发射点到接收点可能存在多条传播路径,一条路径就是天波传播的一种模式,所以不同的通信距离可能有不同的传播模式;相同的传播距离也可能存在多种模式。电波通过多径传输到达接收点,合成场强就是这些射线场强的叠加。

表 9-2 列出了各种通信距离可能的传播模式。

表 9-2　各种通信距离可能存在的通信模式

通信距离/km	可能的传播模式
0～2 000	1E、1F、2E
2 000～4 000	2E、1F、2F、1F1E
4 000～6 000	3E、4E、2F、3F、4F、1E1F、2E1F
6 000～8 000	4E、2F、3F、4F、1E2F、2E2F

注:1E、1F、2E2F 等分别代表 E 层一跳、F 层一跳、E 层二跳 F 层二跳模式。

图 9-9 给出了多跳通信时可能的途径,其中图 9-9a 是 1F、2E 模式:如果采用的工作频率大于 E 层最高可用频率,发射点 T 到接收点 R 的短波通信可由 F₂ 层一次反射来完成;当入射角较大 E 层起主要作用时,需要两跳才能完成。图 9-9b 是 1E2F 模式:第一跳和第三跳的工作频率大于 E 层最高频率,电磁波穿透 E 层,经 F₂ 反射;第二跳时 E 层起作用,形成中间 E 层的反射。

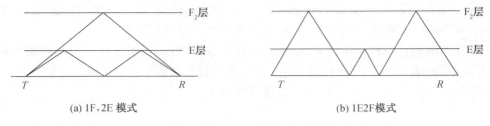

(a) 1F,2E 模式　　　　　　　　　(b) 1E2F模式

图 9-9　多跳传输的可能路径

（2）电离层的滑行模式

根据式（9.3－2）、式（9.3－3）和图 9-6、图 9-7 的分析可知,总可以选择适当的工作频率,当入射角 θ_0 从 0 开始增大时（见图 9-10 中不同入射角的射线轨迹）,天波传播在某些特定条件下,存在不经电离层和地面之间的多跳,直接通过电离层滑行模式进行远距离传播的可能。

（3）电离层波导模传播

电离层中的 F 层可构成波导的上边界,两同心球面 E、F 层之间也可能形成双壁波导,电波可以波导模的形式传播。

短波波段的电波进出电离层波导的机制有电离层倾斜、极光电离、流星电离尾迹等自然机制,以及火箭发射尾迹等人造的电离散射体。电离层波导模传播比多跳反射传播穿过的强吸收低电离层（如 D 层）要少,电波的损耗小,可以传播很远的距离,有时能做环球传播,如图 9-11 所示。

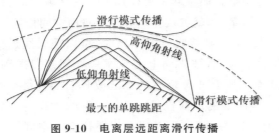

图 9-10　电离层远距离滑行传播

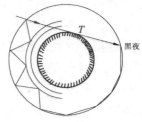

图 9-11　电离层波导模传播

9.3.3　短波的天波传播特性

① 有衰落现象。除了前述 9.1.2 节中的慢衰落和快衰落外,还有:线极化波经各向异性的电离层反射后变为椭圆极化波,椭圆主轴方向和轴比随电子密度的变化随机变化,影响接收点场强稳定的极化衰落;日出、日落时电子密度发生显著变化引起的跳跃衰落。

② 多径时延明显。最大时延在 300 km 短距离上为 8 ms,在 2 000～5 000 km 的距离上为 3 ms,在 2×10^5 km 以上达 6 ms。

③ 波段范围窄。电离层能反射的电波频率一般为短波,由于波段范围较窄,短波电台特别拥挤,电台间的干扰很大。特别在夜间,电离层吸收减小,电波传播条件有所改善,台间干扰更大。

④ 有可能出现全球回波现象。无论是正回波还是反回波,环绕地球一次滞后的时间约为 0.13 s。滞后时间较大的回波信号,使接收机中出现不断的回响,影响正常通信。

⑤ 太阳黑子突然增加，发出强烈的紫外线或大量的带电粒子，电离层特别是 F_2 层的正常结构受到强烈破坏，发生电离层爆，有可能造成短波通信中断。

⑥ 虽然有自由空间传输损耗、电离层吸收损耗等，但和地面波对短波波段的损耗相比，天波传播的损耗小，受障碍物影响小，可以利用较小的功率进行远距离通信。

⑦ 短波天波传播设备简单，建立迅速，机动性好。

9.4　视距传播

视距(Line of Sight)传播，指发射天线和接收天线之间无障碍以直射波进行传播的方式，所以又称为直接波。地面通信、卫星通信和雷达等都可以采用这种传播方式。视距传播主要用于超短波和微波波段的电波传播。按照发、收天线的空间位置不同，视距传播大体上可分为三类：第一类，地面上的视距传播，如中继通信、电视、广播和地面移动通信等；第二类，地面与空中目标，如飞机、通信卫星等；第三类，空间飞行体之间，如飞机间、宇宙飞行器间的电波传播等。空间飞行器所处的环境近似为自由空间，分析比较简单。地面上或地对空的视距传播，传播途径至少有一部分处于对流层中，必然受到影响；当电波在低空大气中传播时，还可能受到地表自然或人工障碍物的影响，发生反射、散射或绕射现象。因此，地面和大气的影响是视距传播中需要重点考虑的问题。

9.4.1　传播主区和 Fresnel 区

在电波传播的发收之间存在着对传输电磁能量起主要作用的空间区域，称为传播主区。若在这一区域中符合自由空间的传播条件，就可认为电波是在自由空间传播。

在微波通信中，当发射天线的尺寸远小于到接收点的距离时，可以把天线近似看成点源。根据 Huygens 原理，一个点源激励起波，波阵面上的任意一点都是二次辐射（子波）的波源，下一波阵面就是前一波阵面上所有波源辐射的子波波阵面的包络。若点源发出的是球面波，那么由点源组成的二次波源的波前也是球面波，三次、四次等波源的波前也应是球面波。Fresnel 进一步发展了这一原理，认为波在传播过程中空间一点的电波是由包围波源的任意封闭面上各点二次辐射的子波的干涉叠加形成的。在图 9-12a 中，T 为发射点，R 为接收点，发收间距离 $d=TR$。在数学中可知，平面上一个动点 P 到两个定点 (T,R) 的距离之和如果为常数，此动点的轨迹是一个椭圆，那么空间中此动点的轨迹就是一个旋转椭球。在电波传播问题中，当动点到发、收两点的距离之和为常数 $d+\lambda/2$ 时，得到的椭球面称为第一 Fresnel 椭球；当此常数为 $d+2(\lambda/2)$ 时，称为第二 Fresnel 椭球；当此常数为 $d+n(\lambda/2)$ 时，为第 n 个 Fresnel 椭球。用图 9-12a 中的一系列 Fresnel 椭球面与某波前面相交割，在交割面上得到一系列的圆和圆环。最中心是一个圆，称为第一 Fresnel 区，往外是外圆减内圆得到的圆环，称为第二 Fresnel，…，直到第 n 个 Fresnel 区。在视距通信中，$d\gg\lambda$，椭球长轴远大于短轴，将这些曲面圆和圆环近似为平面圆和圆环是合理的。如图 9-12b 所示，Fresnel 区外边沿上一点到 TR 连线的垂直距离称为 Fresnel 区半径，用 F 表示，第一 Fresnel 区半径为 F_1，P 为第一 Fresnel 区上一点，d_T 为 P 点到发射天线 T 的水平距离，d_R 为 P 点到接收天线 R 的水平距离，发收间距 $d=d_T+d_R$。

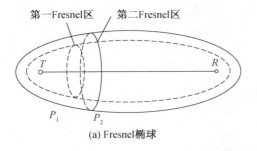

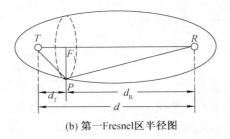

(a) Fresnel 椭球　　　　　　　(b) 第一Fresnel区半径图

图 9-12　Fresnel 区和转播主区

根据 Fresnel 椭球面和 Fresnel 区的定义,有

$$\sqrt{d_T^2+F_1^2}+\sqrt{d_R^2+F_1^2}=(d_T+d_R)+\lambda/2 \tag{9.4-1a}$$

或者

$$d_T\sqrt{1+(F_1/d_T)^2}+d_R\sqrt{1+(F_1/d_R)^2}=(d_T+d_R)+\lambda/2 \tag{9.4-1b}$$

电波从 T 处发射后,要有足够的距离发展成辐射场的球面波与第一 Fresnel 椭球面交割,d、d_T 和 d_R 均远大于 F_1,将上式用二项式定理展开,略去高阶小项后

$$F_1=\sqrt{\lambda d_T d_R/d} \tag{9.4-2a}$$

显然,当 $d_T=d_R=d/2$ 时第一 Fresnel 区的半径最大

$$F_{1max}=\sqrt{\lambda d}/2 \tag{9.4-2b}$$

同样可求得,第 n 个 Fresnel 区最大半径

$$F_{nmax}=\sqrt{n\lambda d}/2=\sqrt{n}F_{1max} \tag{9.4-2c}$$

工程上常把第一 Fresnel 区中波前所截面积 1/3 的区域,叫作最小 Fresnel 区,将该区域作为传播主区。如果最小 Fresnel 区半径为 F_0,则有

$$\pi F_0^2=\frac{1}{3}\pi F_1^2 \tag{9.4-3a}$$

可得

$$F_0=0.577F_1=\sqrt{\lambda d_T d_R/d} \tag{9.4-3b}$$

由此可见,当 d 一定 λ 越小时,传播主区的半径越小,Fresnel 椭球区就越扁长,最后退化为一直线,这也就是通常认为的光是直线传播的根据。

9.4.2　地面对电波的影响

地面对电波传播的影响主要体现在两个方面:一方面是地球表面物理结构,如地球曲率、地形起伏等地貌地物的影响;另一方面是地质的电特性的影响。

（1）几何视距与无线电视距

设在光滑地球球面上,发射和接收天线的高度分别为 h_T 和 h_R(见图 9-13),两天线间能以直射波通信的最大几何视距 d_v 为

$$d_v=\sqrt{2a_0}(\sqrt{h_T}+\sqrt{h_R}) \tag{9.4-4a}$$

将地球半径 $a_0=6.370\times10^6$ m 代入上式后

$$d_v=3.57(\sqrt{h_T}+\sqrt{h_R})\times10^3 \text{ m} \tag{9.4-4b}$$

大气折射导致射线弯曲,可能使视距发生变化,为此将上式中的地球半径 a_0 修正为

等效地球半径$a_e = 8.492 \times 10^6$ m,修正后的视距称
为无线电视距

$$d_e = 4.12(\sqrt{h_T} + \sqrt{h_R}) \times 10^3 \text{ m}$$

$$(9.4 - 4c)$$

由于地球曲率的遮蔽作用,通常将接收点到发
射天线的距离r分为三个区域:$d < 0.7d_e$的区域称
为视距传播区,又称亮区;$0.7d_e < d < (1.2 \sim 1.4)d_e$
的区域称为半阴影区;$d > (1.2 \sim 1.4)d_e$的区域称
为阴影区。

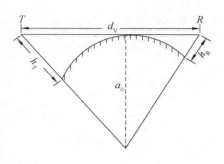

图 9-13 几何视距

（2）地面反射系数

在视距传播中,除了来自发射天线的直
射波外,接收天线收到的还有经地面反射到
达的反射波,接收天线处的场是直射波和反
射波的叠加(图9-14)。地面反射系数不仅和
地质电参数、地面不平等因素有关,还和地面
上生长的植物种类、疏密程度及含水量等有

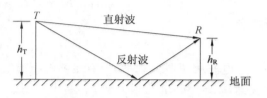

图 9-14 直射波与反射波

关系。国际无线电咨询委员会(Consultative Committee of International Radio,CCIR)的相关
报告中给出了不同地物的反射系数,表9-3给出了一些实测值的大致范围。

表 9-3 等效反射系数

频率/GHz	水面		水田		旱田		城市、丘陵、森林	
	反射系数	损耗/dB	反射系数	损耗/dB	反射系数	损耗/dB	反射系数	损耗/dB
2	1.0	0	0.8	1.94	0.6	4.4	0.3	10.45
4	1.0	0	0.8	1.94	0.5	6.0	0.3	14.00
6	1.0	0	0.8	1.94	0.5	6.0	0.3	14.00
11	1.0	0	0.8	1.94	0.4	8.0	0.16	15.92
15	1.0	0	0.8	1.94	0.4	8.0	0.16	15.92

超短波、微波地面视距传播的基本模式是发、收点间的直射波传播,地面反射波将造
成多径传播,这是不希望的。因此,应尽可能地利用地形或地物,削弱反射波场强或改变
反射波的传播方向,使反射波不能到达接收点,保证接收点稳定。

（3）地面反射 Fresnel 区

设地面为无限大的理想导电平面,地面的影响就可用镜像法来进行分析。如图 9-15
所示,图中 T' 为发射天线的镜像,地面反射波可看作由镜像波源 T' 发出的。由自由空间
电波传播的 Fresnel 区的概念可知,在镜像天线 T' 与接收点 R 之间电波传播的主要空间
通道,就是以 T' 和 R 为焦点的 Fresnel 椭球区,该椭球区与地面相交处形成一系列以椭
圆为边界并有重叠的地区。可以认为,只有第一 Fresnel 椭球与地面相交地区的反射才
具有重要的意义,在这地区以外产生的反射或散射,对接收点场强均不产生显著影响。
这一地区就称为地面上的有效反射区。表 9-4 给出了三种情况下第 n 个 Fresnel 椭球与
地面相交区域的中点 x_{on}、半长轴 a_n、半短轴 b_n 的表示式。

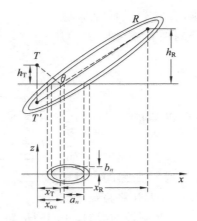

图 9-15   水平地面的 Fresnel 区

表 9-4   水平地面反射的 Fresnel 区计算公式

发、收天线高度	x_{on}	a_n	b_n
$h_T \ll h_R$	$x_T\left(1+\dfrac{n\lambda}{2h_T\sin\theta}\right)$	$\dfrac{1}{\sin\theta}\sqrt{\dfrac{n\lambda h_T}{\sin\theta}\left(1+\dfrac{n\lambda}{4h_T\sin\theta}\right)}$	$a_n\sin\theta$
$h_T \gg h_R$	$x_R\left(1+\dfrac{n\lambda}{2h_R\sin\theta}\right)$	$\dfrac{1}{\sin\theta}\sqrt{\dfrac{n\lambda h_R}{\sin\theta}\left(1+\dfrac{n\lambda}{4h_R\sin\theta}\right)}$	$a_n\sin\theta$
$h_T \approx h_R$	$x_R\left(1+\dfrac{n\lambda}{2h_R\sin\theta}\right)$	$\dfrac{1}{\sin\theta}\sqrt{\dfrac{n\lambda h_T h_R}{(h_T+h_R)\sin\theta}}$	$a_n\sin\theta$

考虑地球曲率时的计算比较复杂,可用近似的方法估算。如图 9-16 所示,从发、收天线分别向地面做两条切线,两切点间的距离为 z',两边各减去 $0.1z'$ 后的长度,就是地面上 Fresnel 椭球区的长轴尺寸。根据图示,可以求得

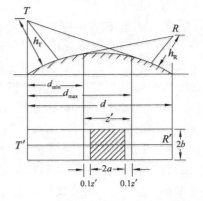

图 9-16   地面有效反射区估算

$$d_{max}=\sqrt{2a_0h_T} \qquad (9.4-5a)$$

$$d_{min}=d-\sqrt{2a_0h_T} \qquad (9.4-5b)$$

得到

$$z'=d_{max}-d_{min}=\sqrt{2a_0}(\sqrt{h_T}+\sqrt{h_R})-d=d_v-d \qquad (9.4-5c)$$

式中,a_0 是地球半径,d_v 是几何视距,d 是收发点间的距离。地面反射区的纵向(长轴)长度近似为

$$2a=z'-0.2z'=0.8z' \qquad (9.4-6a)$$

横向(短轴)长度近似等于两天线之间的第一 Fresnel 区最大半径 F_{1max} 的 20 倍,即

$$2b=20F_{1max}=10\sqrt{\lambda d} \qquad (9.4-6b)$$

实际的传播主区比上述估算的结果要大些。

(4)传播主区与障碍余隙

直射线 TR 与路径最高点 H 之间的距离称为余隙,余隙可能是正值也可能是负值。只有当 H 为足够大的正值时,地面的影响方可忽略。

设路径上有单一障碍物,存在较大的正余隙 H,到达接收点的有直射和反射两种波(图 9-17)。引入参数

$$p = H/H_0 \qquad (9.4-7a)$$

其中

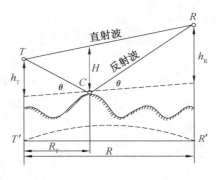

图 9-17　障碍余隙

$$H_0 = \left[\frac{1}{3} R\lambda(1-\alpha)\right]^{1/2} = \sqrt{\frac{\lambda R_T(R-R_T)}{3R}}, \quad \alpha = \frac{R_T}{R}$$

$$(9.4-7b)$$

当 $H \leqslant 0$ 时称为遮蔽路径或阴影区,$0 < H \leqslant H_0$ 为半开路或半阴影区,$H > H_0$ 为开路路径。应尽量使电波在该路径中传播,减小反射波的影响。由于 H_0 略大于最高点处的第一 Fresnel 区的半径,故 p 可称为归一化余隙。用 p 表示的直射波和反射波的波程差为

$$\Delta R = \frac{H^2}{2R\alpha(1-\alpha)} = \frac{1}{6} p^2 \lambda \qquad (9.4-8)$$

显然 p 值也会受到大气折射的影响,对于给定的地形剖面和天线高度,必要时需将大气折射率考虑进来。

9.4.3　大气对电波的影响

在低空大气层中进行的地-地或地-空视距传播,电波射线至少有一部分要通过对流层,必然会受到这种传输媒质的影响。

（1）大气折射

大气折射率随高度变化。电波射线因传播路径上折射率随高度变化产生弯曲,波束会向上或向下偏移角度 $\Delta\Phi_e$。大气折射率还会随时间变化,故 $\Delta\Phi_e$ 也会随时间变化。按大气折射的情况,大致可分为正折射、负折射和无折射三种情况。正折射时,电波轨迹向下弯曲,$\Delta\Phi_e < 0$,射线弯曲方向趋向地面;无折射时,对流层表现出均匀媒质的特性,电波射线沿直线传播;负折射时,大气折射率随高度增加,$\Delta\Phi_e > 0$,射线轨迹向上弯曲,如图 9-18 所示。

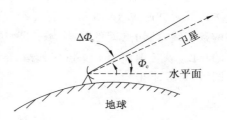

图 9-18　大气折射引起的波束上翘

（2）大气吸收

大气成分中对微波起主要吸收作用的是水汽和氧气分子。当电波频率与水汽分子固有电偶极矩、氧气分子固有磁偶极矩的谐振频率相同时,即产生强烈的吸收。氧分子的吸收峰是 60 GHz($\lambda = 0.5$ cm)和 118 GHz($\lambda = 0.25$ cm);水汽分子的吸收峰值是 22 GHz($\lambda = 1.36$ cm)和 183 GHz($\lambda = 0.164$ cm)。大气吸收率最小的频段称为大气传播窗口。在 100 GHz 以下的频段有三个窗口频率,分别是 19,35,90 GHz。在 20 GHz 以下,氧的吸收作用与频率关系较小,水汽的吸收作用与频率的关系较明显。频率 $f < 10$ GHz可不考虑大气吸收影响。

（3）降雨影响

① 雨滴对无线电波的吸收和散射造成的降雨衰减,会降低 10 GHz 以上特别是毫米

波波段卫星通信链路的信号电平,还会增加噪声温度和降低交叉极化鉴别,是造成卫星通信系统性能降低的主要因素之一。在 3 GHz 以上频段,随着频率的增高,降雨使衰减增加。其中 10 GHz 以下频段,就要考虑中雨以上的影响;到毫米波段,中雨以上的降雨引起的衰减相当严重。例如,在中雨(雨量 4 mm/h)情况下,电波穿过雨区路径长度约为 10 km 时,C 波段上行线路(3.7~4.2 GHz)的衰减为 1 dB 左右,下行线路(5.925~6.425 GHz)的衰减仅为 0.4 dB 左右。在暴雨(雨量 100 mm/h)情况下,虽然每公里的损耗较大,但雨区高度不超过 2 km,这时 C 波段上行总衰值 1 dB,但 Ku 和 Ka 波段每公里暴雨引起的衰减将超过 10 dB 以上。

② 降雨引起去极化现象。较大的雨滴一般呈椭球形(见图 9-19),当线极化波沿雨滴长轴方向传播时,如 E_1 所示电波的极化方向在雨滴的圆形截面内,虽然幅度和相位都有变化,但极化状态保持不变。若电波沿别的方向,如与长轴垂直(z 方向)传播,入射波电场 E_2 有平行和垂直长轴方向的两个分量,由于穿过雨滴的每一个截面都是椭圆,这两个分量穿过雨滴的衰减和相移不同,使波的极化状态发生偏转,如 E_2' 所示,显然 E_2' 在与主极化(E_2 方向)正交的方向上存在分量,交叉极化的产生表明电波发生了去极化现象。

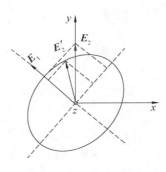

图 9-19 雨滴的退极化作用

③ 雨滴对电波的散射作用还可能造成台站间的相互干扰。当不同台站的无线电波束交叉时,如果在交叉区内降雨,就有可能由于雨滴的散射作用造成站间干扰。在 4~6 GHz频段上,曾发生过相距 200～400 km 远的两站因降雨造成的散射干扰。

(4)云、雾引起的衰减

云、雾一般由直径为 0.001～0.1 mm 的液态水滴和冰晶粒子组成。对 $f < 100$ GHz 的电波来说,云、雾的直径远小于波长,因此衰减主要由吸收引起,散射效应可以不予考虑。一般情况下,云(云层厚度一般 2～8 km)的衰减率和小雨的衰减率大致相当。当降雨量大于 10 mm/h 时,雨衰减大于云衰减。雾的典型含水量为 0.4 g/m³,最大含水量近似为 1 g/m³。雾层厚度很少超过 50～100 m,所以雾的衰减往往可以忽略不计。

(5)大气噪声

大气中的氧、水汽分子以及雨、云、雾等都对微波有吸收作用,因此它们也是热噪声功率的辐射源。由大地气体、水凝物等产生的噪声统归大气噪声的范围。通常用噪声温度表示噪声功率的大小,噪声电平越高,噪声温度也就越高。

大气噪声主要由氧气和水汽分子吸收电波能量后再辐射引起,故在大气吸收强烈的频率上,大气噪声强度也高。大气噪声强度也与穿过大气层的路径长度有关,表现为与路径仰角有关。沿水平方向传播的路径噪声强度最大,朝天顶方向的噪声最小。一般来说,大气噪声不会对 6 GHz 以下的微波通信系统产生严重的影响。

在云、雾、雨等引起的噪声中,以降雨影响最大,即使信号衰减又使噪声电平增大,频率越高影响越严重,特别对 10 GHz 以上的电波,降雨使信噪比急剧下降,在大暴雨时可能造成通信中断。

9.4.4 视距传播特征

① 工作频段通常为 200 MHz ~ 40 GHz，可传送宽频带、大容量信息。

② 天线易实现高增益、窄波束，发射机功率一般不大。

③ 由于采用窄波束高架天线，在一般情况下可保证直射线与地面及障碍物之间有足够的余隙，减小地面反射的影响，使传播条件接近自由空间，传播稳定性较高。

④ 对流层折射率的时空变化是视距传播出现多径衰落和稳定性变差的主要原因。折射产生的射线弯曲还有可能使线路余隙变小，对流层折射率的随机变化和湍流起伏，将使电波（特别是微波）产生幅相闪烁和到达角偏离。在系统设计中必要时需采用空间、角度和频率分集技术，提高接收信号的稳定性和可靠性。

⑤ 山地路径的视距传播应该考虑绕射的影响。

9.5 散射传播

除地面波传播、天波传播和视距传播方式外，还有散射传播。电波在低空对流层或高空电离层下缘遇到不均匀的介质团时发生散射，散射波的一部分到达接收天线处（图 9-20），这种传播方式称为不均匀媒质的散射传播。电离层散射传播（主要用于 30 ~ 100 MHz 频段）和对流层散射传播（主要用于 100 MHz 以上频段）在传播机理上有一定的相似性，其中对流层散射传播应用相对广泛。

对流层（Troposphere）是大气的最低层，通常指从地面算起到 (13±5) km 的区域，在太阳的辐射下，受热的地面通过大气的垂直对流作用，使对流层升温。一般情况下，对流层的温度、湿度、压强不断变化，在涡旋气团内部及周围，介电常数有随机的小尺度起伏，形成不规则的介质团。当超短波、短波投射到这些不均匀体上时，在其中产生感应电流，成为一个二次辐射场源，将入射的电磁能量向四面八方再辐射。电波的这种无规则、无确定方向的辐射，即为散射，不均匀介质团即为散射体（图 9-20）。通过散射中不均匀介质团间的视距传播，可以实现从电波发射点到接收点的超视距传播。对流层散射传播的特点是：

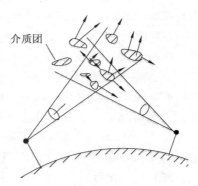

介质团

图 9-20　不均匀媒质的散射传播

① 散射传播的传输损耗很大（含自由空间间传输损耗、散射损耗、大气吸收损耗和天线损耗，一般超过 200 dB），散射波相当微弱，需要大功率发射机、高灵敏度接收机和高增益天线。

② 大气的湍流运动造成散射体的随机变化，湍流与散射体在电性上相互独立，故它们对接收点场强的影响是随机的。这种随机多径传播现象，使信号产生严重的快衰落，一般通过分集接收技术克服这种快衰落。

③ 散射传播的优点是容量大，保密性强，单跳跨距 300 ~ 800 km，常可用于无法建立微波中继站的地区，如海岛之间或跨越湖泊、沙漠、雪山等地区。

电磁波经天线辐射到空间某区域后,以某种方式传播到接收天线处。从发射点到接收点所经过的传输媒质主要是大地及外围空间的大气层、电离层和大气中水凝物(雨滴、雪、冰等)。这些媒质的电磁特性对不同频段的电磁波传播有着不同的影响。根据媒质及媒质分界面对电磁波传播产生的影响,电磁波传播方式可分为地面波传播、天波传播、视距传播等。电波传播特性与媒质结构和电波特征参量密切相关。一定频率和极化的电波与特定媒质条件相匹配,具有某种占优势的传播信道和传播模式。媒质的时空特性是电波传播特性时空变化的根源。在各种信道中,媒质结构的电参数(介电常数、磁导率、电导率)的空间分布和时间变化以及边界状态,是传播特性的决定因素。附录 9 列出了无线电波谱、微波波段范围与划分,从电波传播特性出发,列出了各频段的信道模式与典型应用。

习 题

9.1　GSM 基站发射功率 6 W,水平全向天线增益 12 dB,手机天线增益 0 dB,手持后等效增益下降 5 dB,下行通道频率 860 MHz。假设基站至手机间因建筑、环境等原因造成的信道衰减为 40 dB,手机灵敏度为 -95 dBm,求基站覆盖范围。

9.2　简述地面波传播、天波传播和视距传播适用的主要工作频段。

9.3　在地面波传播中,直立天线为什么会出现波前倾斜现象? 为什么紧贴地面的空气一侧与传播方向垂直的电场横向分量 E_{z1} 远大于纵向分量 E_{z1}?

9.4　在地面波传输中,为什么地面电导率 σ 越大或电波频率越低,E_{z1} 分量就越小,传播损耗也就越小? 地面波在海面上和陆地上的传播哪个更远?

9.5　天波传播中为什么一天更换几次频率?

9.6　为什么说在天波传播方式中,较低的频率损耗较大?

9.7　简述超短波和微波采用视距通信的原因。

9.8　在视距传播中,除了来自发射天线的直射波外,还有从发射天线经由地面反射到达接收天线的反射波,接收天线处的场是直射波和反射波的叠加。设 h_T、h_R 分别表示直立电基本振子发射和接收天线的架设高度,天线本身的尺寸忽略不计,d 为发收天线间的垂直距离,求接收点处总的电场强度,分析工作波长 λ、发收天线间距 d、天线架设高度 h_T 和 h_R、接收点场强之间的关系。

第 10 章　微波电路与天线实验

10.1　微波电路实验

实验一　微波测量系统的基本认知

一、实验目的

① 了解微波测量系统；

② 熟悉基本测量仪器及常用器件；

③ 学会使用频率计测量信号源工作频率。

二、实验原理

微波测量系统主要包含发送器、测量电路、测量指示器三部分，如图 10-1 所示。其中，发送器包括信号源和隔离器，测量电路包括定向耦合器、衰减器、测量线、负载、辅助器件(匹配负载、单螺钉调配器、可变短路器、短路片等)，测量指示器包括显示测量信号特性的仪表，如频率计、晶体检波器、选频放大器、直流电流表等。

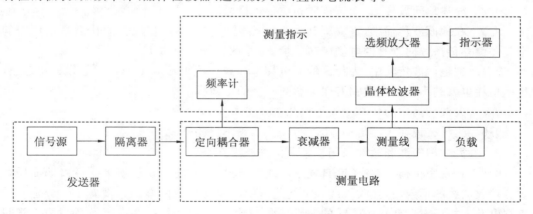

图 10-1　微波测量系统框图

下面顺序介绍系统中的器件。

① 信号源。是产生微波信号的发生器，按照性能和用途的不同，有多种不同的种类和构造。微波信号发生器有电子管式和固态式，电子管式采用微波电子器件，如微波三极管、反射调速管等；固态信号源采用微波晶体管、场效应管和耿氏二极管等固体器件。测量无源器件时，信号源为待测器件提供激励信号。

② 隔离器。用来减小负载对信号源的影响，结构如图 10-2a，利用铁氧体材料吸收电磁波能量，经过调节，使微波具有单向传播的特性。

③ 定向耦合器。是一种使微波能量按一定顺序传输的微波器件。图 10-2b 是一种

波导 Y 形接头定向耦合器,接头中心放一个铁氧体圆柱(或三角形铁氧体块),接头外有提供恒定磁场的 U 形永磁铁。当能量从端口"1"输入时,只能从端口"2"输出,端口"3"隔离;同理,当能量从端口"2"输入时只有端口"3"输出,端口"1"无输出,能量的传输方向为"1"→"2"→"3"→"1"的单向环行。

④ 衰减器。起调节系统中微波功率以及去耦合的作用,结构如图 10-2c 所示。把一片微波能量吸收片垂直于矩形波导的宽边,纵向插入波导管构成,用来部分地衰减传输功率。沿着宽边移动吸收片可改变衰减量的大小。

⑤ 谐振式频率计(波长表)。度量信号源的频率,如图 10-2d 所示。从定向耦合器取出小部分的微波能通量,过耦合孔从波导进入频率计的空腔中,当腔体失谐时,电磁波几无衰减地通过。当波导中的电磁波与空腔发生谐振时,波导阻抗急剧增大,输出信号幅度出现明显的跌落。从刻度套筒可读出谐振时的刻度,经查表得知信源频率。

⑥ 驻波测量线。测量微波传输系统中电场强弱的分布,一般在波导的宽边中间开有一个细槽,金属探针通过细槽伸入波导中,探针上的感应电动势经晶体检波器变成电流信号输出。

⑦ 晶体检波器。从波导宽壁的中点耦合出两宽壁间的感应电压,经微波二极管检波,再调节短路活塞位置,使检波管处于微波的波腹点,获得最高的检波效率。

⑧ 匹配负载。在负载中装有吸收微波能量的电阻片或吸收材料,吸收入射功率。

⑨ 单螺钉调配器。矩形波导中插入一个深度可以调节的螺钉(图 10-2e),沿矩形波导宽壁中心的无辐射缝作纵向移动,使调配器产生的反射波和失配元件产生的反射波幅度相等、相位相反,抵消失配元件的反射达到匹配的目的。

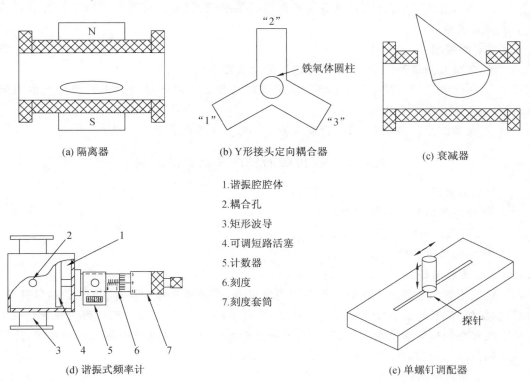

(a) 隔离器 (b) Y 形接头定向耦合器 (c) 衰减器

1.谐振腔腔体
2.耦合孔
3.矩形波导
4.可调短路活塞
5.计数器
6.刻度
7.刻度套筒

(d) 谐振式频率计 (e) 单螺钉调配器

图 10-2 微波测量系统中的器件

⑩ 选频放大器。用于测量微弱低频信号，信号经升压、放大，选出 1 kHz 附近的信号，经整流平滑后由输出级输出直流电平，由对数放大器展宽供给指示电路检测。

三、实验内容

（1）了解微波测量系统构成

① 按图 10-1 连接测量系统；

② 观察常用微波元器件的形状、结构，并了解隔离器、衰减器、频率计、定向耦合器、晶体检波器等的性能及使用方法。

（2）测量信号源频率

① 设置信号源频率及输出功率；

② 通过定向耦合器将一部分微波能量分配至频率测量支路；

③ 使用频率计测量信号源工作频率，将实验数据记录到表 10-1 中；

④ 改变信号源频率，重复以上步骤测量频率。

四、实验记录表格

表 10-1　频率的测量

测量频率	f_1	f_2	f_3
单位：GHz			

五、注意事项

① 信号源功率不可设置过大，以免造成器件损坏；

② 信号源频率设置不可超过器件工作频率范围；

③ 测试过程中，若指示器电表偏转超过满刻度或无指示，可调整衰减器的衰减量或指示器的灵敏度。

六、思考题

① 在微波测量系统中，在信号源之后为什么要连接隔离器？

② 在微波测量系统中，定向耦合器的作用是什么？耦合量的大小对测量精度有何影响？

③ 在微波测量系统中，晶体管检波器及选频放大器的作用是什么？

实验二　测量线的使用及波长的测量

一、实验目的

① 熟悉测量线的使用方法；

② 掌握波导波长的测量方法；

③ 掌握校准晶体检波器的方法。

二、实验原理

驻波测量线是微波系统的一种常用测量仪器，在微波测量中用途很广，如测量驻波、阻抗、相位、波长等。测量线的结构如图 10-3 所示，由一段开有纵向细长槽的波导与一个可沿线移动的探针接头组成，探针接头连晶体检波器，探针从细槽中伸入传输系统，测量场强幅值沿线分布，探针的纵向位置可由游标尺读出。

（1）测量线的调整

耦合探针伸入传输线引起的不均匀性，相当于在传输线上并联了一个导纳，会对系统工作状态产生影响。为减小这种影响,在微波测量之前须进行测量线的调整。先使探针伸入适当的深度,通常为 1.0 ～ 1.5 mm,然后测量线终端接匹配负载,移动探针至测量线中间部位,调节探头活塞,直到输出指示最大。

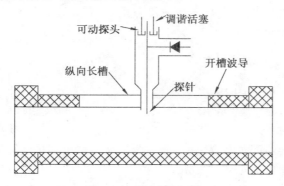

图 10-3　测量线结构图

(2) 波导波长的测量

测量波导波长可用谐振式频率测量,也可用测量线测量。当用测量线测量时,将测量线终端短路形成驻波,移动测量线探针,测出两个相邻驻波最小点,即波节点之间的距离,得到波长。

驻波波节点位置的测定,一般采用移动测量线的探针,找到最小点两侧场强大小相等的位置,如图 10-4 中的 d_1 和 d_2,再求平均得到波节点 d_0,即

$$d_0 = \frac{d_1 + d_2}{2} \tag{10.2-1}$$

该方法也称为交叉读数法。特别在驻波比较小,场强变化很小的情况下,交叉读数法比直接测量有效得多。用同样方法可以得到相邻波节点位置 d_0',两者之间的距离即为半波长。

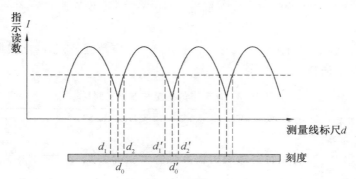

图 10-4　交叉读数法测量波节点位置

(3) 晶体检波器的校准

晶体检波器的中的二极管是非线性器件,检波得到的电流 I 和高频电压 U 之间通常满足:

$$I = MU^n \tag{10.2-2}$$

其中,n 为检波规律,M 为常数。当 $n = 1$ 时,为线性检波;当 $n = 2$ 时,为平方律检波。电压较小时呈现平方律,电压增大时又呈现出线性。

晶体检波器进行标定校准通常使用驻波法。将测量线终端接短路片,此时测量线上

为纯驻波,电压按正弦规律变化

$$U = \sin\left(\frac{2\pi d}{\lambda_{\mathrm{g}}}\right)U_{\max} \qquad (10.2-3)$$

其中,d 为测量点到波节点距离,$U_{\max}$ 为波腹点电压,λ_{g} 为波导波长。由式(10.2-2)得

$$I = M\left[\sin\left(\frac{2\pi d}{\lambda_{\mathrm{g}}}\right)\right]^{n} \qquad (10.2-4)$$

由此得到晶体校准曲线,如图 10-5 所示。

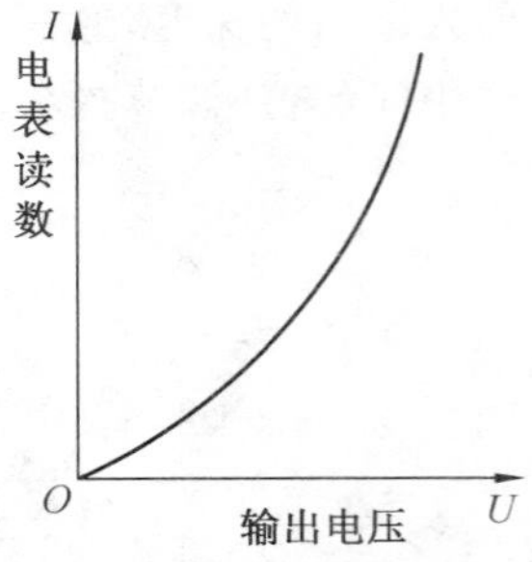

三、实验内容

(1) 测量线的调整

① 测量线终端接匹配负载,将探头晶体管检波器输出端接选频放大器、指示器。

② 调整探针的伸度为 1～1.5 mm。

③ 移动探针至测量线的中部,调节探头上的活塞,直到检波器输出指示最大,此时测量线处于最佳工作状态。如果在移动探针时,发现出现若干个峰值,应选取峰值最大的位置。

(2) 测量波导波长

① 测量线终端接短路片;

② 移动探针至驻波节点附近,式(10.2-1),用交叉读数法确定相邻 3 个波节点位置,并在表 10-2 中记录相应数据;

③ 根据实验原理,计算波导波长 λ_{g}。

(3) 校准晶体管检波特性

① 测量线终端接短路片;

② 用交叉读数法确定相邻的波节点与波腹点位置;

③ 在上述波节点与波腹点之间等间隔取 10 个点,从波节点开始移动探针到各间隔点处,记录指示电表读数,在表 10-2 中记录相应数据;

④ 根据式(10.2-3)计算 U,在表 10-3 中记录相应数据,绘制的曲线即为校准曲线。

四、实验记录表格

表 10-2　波节点的确定和波长的测量

测量次数 ＼ 测量结果	d_1	d_2	$d_0 = \dfrac{d_1+d_2}{2}$	λ_{g} 平均值
1				
2				
3				

表 10-3　晶体检波器的校准

测量点	1	2	3	4	5	6	7	8	9	10
与波节点距离 d										
U										
I										

图 10-5　晶体校准曲线

五、注意事项

① 试验过程中,不可改变信号源的工作频率;

② 测量波导波长应将测量线探针向同一方向移动,以免引起回差;

③ 交叉读数法确定驻波节点位置,需将衰减器调至最小值,以提高测量精确性,但在移动测量线时需调大衰减器的衰减量,以免损坏测量器件。

六、思考题

① 调整测量线应注意哪些事项?

② 为什么要进行晶体管检波器特性的校准?

③ 如何提高波导波长测量的精度?

实验三 驻波比及反射系数的测量

一、实验目的

① 掌握电压驻波比的测量;

② 由驻波比计算反射系数。

二、实验原理

(1) 驻波比的测量方法

驻波比为电压最大值与最小值的比值,为保证测量的准确性,对于不同大小的驻波比要采用不同的测量方法。

① 小驻波比的测量

当驻波比较小($1.05 < \rho < 1.5$)时,由于指示器的读数相差不大,直接测量误差往往较大,通常采用节点偏移法,测试系统如图 10-6 所示。

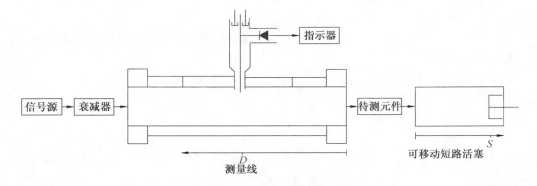

图 10-6 节点偏移法测量驻波比

测量过程:改变短路活塞的位置(S),在测量线上用求交叉读数法的方法找到某一个波节点位置(D),并绘制出 S 和 $(D+S)+[(\lambda_1/\lambda_2)-1]S$ 的关系曲线图。其中 λ_1 是无待测元件情况下,固定短路活塞位置,移动测量线探针时所测得的测量线中的波长;λ_2 是固定测量线探针,移动短路活塞,在活塞上测得的波长;得到曲线的最大偏移量 Δ 后,驻波比为

$$\rho = \frac{1 + \sin\left(\frac{\pi\Delta}{\lambda_1}\right)}{1 - \sin\left(\frac{\pi\Delta}{\lambda_1}\right)} \tag{10.3-1}$$

当 Δ 很小时近似为

$$\rho \approx 1 + \frac{2\pi\Delta}{\lambda_1} \qquad (10.3-2)$$

② 中驻波比的测量

对于中驻波比$(1.5<\rho<6)$可采用直接法进行测量，即沿测量线测得驻波波腹点和波节点的指示值。若满足线性检波律，电压驻波比即为指示值的比值；若满足平方检波律，比值的平方根即是电压驻波比。当然，为了提高精度，可多次测量再取均值。

③ 大驻波比的测量

驻波比$(\rho>6)$较大时，驻波波节点和波腹点指示值相差较大，晶体检波器的检波律会发生变化，直接法测量误差大，此时可用等指示法(图 10-7)。

由于距传输中断 l 处的电场为入射波和反射波之和，即

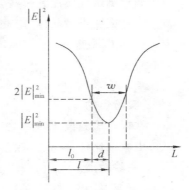

$$\begin{aligned}E &= E^+ + E^- = E^+(1+|\Gamma|\mathrm{e}^{\mathrm{j}(\theta-2kl)}) \\ &= E^+[1+|\Gamma|\cos(2kl-\theta)-\mathrm{j}|\Gamma|\sin(2kl-\theta)]\end{aligned}$$

$$(10.3-3)$$

由式(10.3-3)得

$$|E|^2 = |E^+|^2[1+|\Gamma|^2+2|\Gamma|\cos(2kl-\theta)]$$

$$(10.3-4)$$

图 10-7 等指示法测量驻波比

令 $l=l_0+d$，l_0 为波节点的位置，有 $2kl_0-\theta=(2n+1)\pi$，可得

$$\begin{aligned}|E|^2 &= |E^+|^2[1+|\Gamma|^2-2|\Gamma|\cos(2kd)] \\ &= 2|\Gamma||E^+|^2[1-\cos(2kd)]+|E^+|^2(1-|\Gamma|)^2 \\ &= (|E|^2_{\max}-|E|^2_{\min})\sin^2(kd)+|E|^2_{\min}\end{aligned}$$

$$(10.3-5)$$

其中，$|E|^2_{\max}=|E^+|^2(1+|\Gamma|)^2$，$|E|^2_{\min}=|E^+|^2(1-|\Gamma|)^2$。

取 $|E|^2=2|E|^2_{\min}$，设 w 为波节点旁最小场强 2 倍处的两等指示点间的距离，$w=2d$，由式(10.3-5)得

$$(|E|^2_{\max}-|E|^2_{\min})\sin^2\frac{\pi w}{\lambda_{\mathrm{g}}}=|E|^2_{\min} \qquad (10.3-6)$$

有

$$\rho=\frac{|E|_{\max}}{|E|_{\min}}=\sqrt{\frac{1+\sin^2\dfrac{\pi w}{\lambda_{\mathrm{g}}}}{\sin^2\dfrac{\pi w}{\lambda_{\mathrm{g}}}}}=\sqrt{1+\frac{1}{\sin^2\dfrac{\pi w}{\lambda_{\mathrm{g}}}}} \qquad (10.3-7)$$

当 $\pi w/\lambda_{\mathrm{g}}\ll1$ 时，有

$$\rho \approx \frac{\lambda_{\mathrm{g}}}{\pi w} \qquad (10.3-8)$$

由式(10.3-7)和式(10.3-8)可知，测出波导波长 λ_{g} 和波节点旁最小场强 2 倍处的两等指示点间的距离 w，即可计算出驻波比。

驻波比还有其他测量方法，如定向耦合器法、桥路法、功率衰减法、移动终端法等，但应用较为普遍的还是测量线法。还要指出的是，直接测量法是最简单、最基本的方法，在一般测量中已够用。

（2）反射系数的计算

终端反射系数的模值与驻波比有以下关系：

$$|\Gamma_l| = \frac{\rho-1}{\rho+1} \qquad\qquad (10.3-9)$$

根据式(10.3-9)，在驻波比已知的情况下，可计算出反射系数。

三、实验内容

（1）准备

调整测量线，调谐测量线探针，使处于最佳工作状态；校准晶体管工作状态。

（2）驻波比的测量

① 测量线终端连接待测负载；

② 将探针向信号源方向移动，分别测定指示电表最大值 I_{max} 和最小值 I_{min}，并记录数据，填入表 10-4 中；

③ 通过晶体管检波特性图得到 U_{max} 和 U_{min}，填入表 10-4 中；

④ 根据驻波比定义求得驻波比大小，在表 10-4 中填写结果。

（3）反射系数的计算

根据反射系数与驻波比的关系式(10.3-9)，计算反射系数的大小，并在表中填写相关数据至表 10-4 中。

四、实验记录表格

表 10-4　驻波比与反射系数的测量

测量次数	I_{max}	U_{max}	I_{min}	U_{min}	ρ	Γ_l
1						
2						
3						

五、注意事项

① 用直接法测量驻波比时，待测负载的驻波比不宜过大或过小；

② 若电表最大值与最小值无法精确得到，可采用交叉读数法；

③ 实验前必须调整测量线及进行晶体检波器校准。

六、思考题

① 简述不同大小驻波比的测量方法；

② 思考直接法测量驻波比的适用场合；

③ 推导反射系数与驻波比的关系。

实验四　阻抗的测量

一、实验目的

① 掌握阻抗测量的方法。

② 了解源匹配、负载匹配的方法。

二、实验原理

（1）阻抗测量基本原理

由传输线理论可知，某一点归一化输入阻抗为

$$\bar{z}_{in} = \frac{Z_l + jZ_0\tan(kl)}{Z_0 + jZ_l\tan(kl)} \qquad (10.4-1)$$

其中，Z_0 为传输线特性阻抗，Z_l 为终端负载，l 为到终端的距离，$k = 2\pi/\lambda_g$。在波节点 $l = l_{min}$，$\bar{z}_{in} = 1/\rho$，代入上式可得归一化负载阻抗

$$\bar{z}_l = \frac{1 - j\rho\tan(kl_{min})}{\rho - j\tan(kl_{min})} \qquad (10.4-2)$$

因此，只需测得负载驻波比 ρ、波导波长 λ_g、负载与第一个波节点间的最小距离 l_{min}，就可以利用上式计算出待测负载的归一化阻抗 $\bar{z}_l$。

实际测量时，直接测不出第一个波节点的距离，常常采用等效参考面法。具体方法如下：先将传输线短路，找得到某一个波节点的位置 D_0，然后接上负载，得到 D_0 靠信号源一侧的第一个波节点位置 d_{min}，$l_{min} = |d_{min} - D_0|$。

（2）匹配技术

匹配是微波技术中的一个重要概念，通常包含两方面的意义：一是微波源的匹配，二是负载的匹配。一般都希望采用匹配微波源，可使波源不再产生二次反射，减少测量误差；在传输微波功率时，希望负载也是匹配的，因负载匹配时可以从匹配源中取出最大功率，传输效率最高，功率容量最大，微波源的工作也较稳定。因此，熟悉掌握匹配的原理和有关技巧，对分析和解决微波技术中的实际问题具有十分重要的意义。

功率较小时，构成微波匹配源最简单的办法是，在信号源的输出端接一个衰减量足够大的衰减器或者隔离器，使负载反射衰减后进入到信号源的二次反射很小，可以忽略。负载的匹配是要解决如何消除负载反射的问题，使调配器产生的反射波和失配元件产生的反射幅度相等、相位相反，抵消失配元件在系统中引起的反射达到匹配。

匹配的方法很多，可以根据不同的场合和要求灵活选用。对于固定的负载，通常可在系统中接入隔离器、膜片、销钉、谐振窗匹配，在负载变动的情况下可以接入滑动单螺、多螺及单短截线等各种类型的调配器。

三、实验内容

（1）准备

调整测量线，调谐测量线探针处于最佳工作状态；校准晶体管工作状态。

（2）阻抗测量

① 测量线终端接短路片。

② 参考实验二，利用交叉读数法确定相邻波节点位置，得到波导波长 λ_g，并确定位于测量线中间的一个波节点位置 D_0，在表 4-1 中记录测量数据。

③ 参考实验三，利用直接法测量负载驻波比 ρ，在表 10-5 中记录测量数据。

④ 取下短路片，测量线终端接待测负载，用等效参考面法测量 d_0 靠信号源一侧的第一个波节点位置 d_{min}，在表 10-5 中记录测量数据，并计算 l_{min}。利用式（10.4-2）计算归一化负载阻抗 $\bar{z}_l$，并记录结果。

（3）阻抗匹配

① 不改变晶体管检波器工作状态，将单螺调配器连接在测量线与待测负载之间，调谐螺钉完全退出波导；

② 调节调谐螺钉的伸度及位置，用测量线分别跟踪驻波腹点和节点；

③ 重复步骤②直至驻波比小于 1.05，此时认为负载已经通过单螺调配器与主传输线

匹配。

四、实验记录表格

表 10-5　阻抗的测量

波长测量与计算	d_1		d_2		$d_0 = \dfrac{d_1+d_2}{2}$	λ_g	D_0 位置
驻波比测量	I_{max}		U_{max}		I_{min}	U_{min}	ρ
d_{min} 位置				$l_{min} = \vert d_{min} - D_0 \vert$			
$\widetilde{z}_l$							

五、注意事项

① 待测负载的驻波比不宜过大或过小,否则会影响测量精度;

② 在用测量线跟踪驻波腹点和节点时,可调节螺钉至某一位置,此时驻波腹点有下降、驻波节点有上升趋势,然后再进行微调;

③ 实验前必须调整测量线及进行晶体检波器校准。

六、思考题

① 为什么在测量微波元件阻抗时要确定等效参考面?

② 总结单螺调配器进行匹配的技巧。

实验五　双端口微波网络参数及测量

一、实验目的

① 了解微波网络参数的含义;

② 掌握三点法测量任意双端口网络的散射参数。

二、实验原理

有如图 10-8 所示的双端口网络,其中,$\widetilde{U}_{i1}$、$\widetilde{U}_{r1}$ 分别为输入端的入射波和反射波,$\widetilde{U}_{i2}$、$\widetilde{U}_{r2}$ 分别为输出端的入射波和反射波。对于线性网络,有

$$\left.\begin{array}{l} \widetilde{U}_{r1} = S_{11}\widetilde{U}_{i1} + S_{12}\widetilde{U}_{i2} \\ \widetilde{U}_{r2} = S_{21}\widetilde{U}_{i1} + S_{22}\widetilde{U}_{i2} \end{array}\right\} \tag{10.5-1}$$

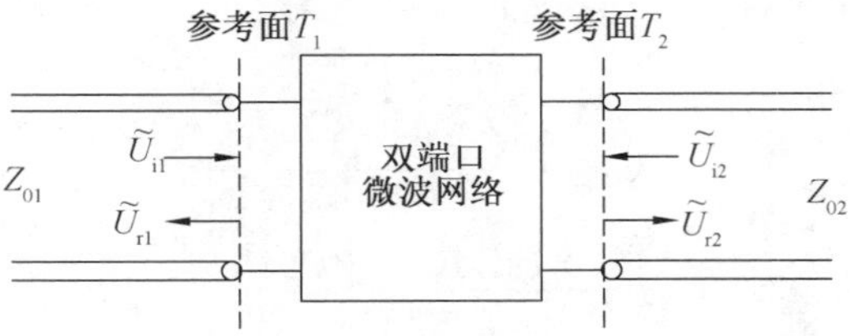

图 10-8　双端口网络的入射波和反射波

散射参量矩阵写为

$$[S] = \begin{bmatrix} S_{11} & S_{12} \\ S_{21} & S_{22} \end{bmatrix} \tag{10.5-2}$$

式中，S_{11}、S_{12}、S_{21}、S_{22}组成散射参数（即 S 参数），各参数的物理意义分别为

$$S_{11}=\frac{\widetilde{U}_{r1}}{\widetilde{U}_{i1}}\bigg|_{端口“2”匹配} \qquad 端口“2”匹配，端口“1”的反射系数；$$

$$S_{12}=\frac{\widetilde{U}_{r1}}{\widetilde{U}_{i2}}\bigg|_{端口“1”匹配} \qquad 端口“1”匹配，端口“2”至端口“1”的传输系数；$$

$$S_{21}=\frac{\widetilde{U}_{r2}}{\widetilde{U}_{i1}}\bigg|_{端口“2”匹配} \qquad 端口“2”匹配，端口“1”至端口“2”的传输系数；$$

$$S_{22}=\frac{\widetilde{U}_{r2}}{\widetilde{U}_{i2}}\bigg|_{端口“1”匹配} \qquad 端口“1”匹配，端口“2”的反射系数。$$

只要测出了 S 矩阵的各个矩阵元，双端口网络的特性就确定了。对于 $n>2$ 的多端口网络 S 参量的测量，可以归结为若干个双端口网络 S 参量的测量。

测量双端口网络 S 参量的方法有很多，如电桥法、三点法（第 4 章 4.10）等。其中最常用的三点法是通过三次独立的测量所得数据来确定互易双端口网络的三个网络参量的方法。互易双端口网络，$S_{12}=S_{21}$，故有

$$\left.\begin{aligned}\widetilde{U}_{r1}&=S_{11}\widetilde{U}_{i1}+S_{12}\widetilde{U}_{i2}\\\widetilde{U}_{r2}&=S_{12}\widetilde{U}_{i1}+S_{22}\widetilde{U}_{i2}\end{aligned}\right\} \tag{10.5-3}$$

假设输出端参考面 T_2 上的反射系数 $\Gamma_2=\widetilde{U}_{i2}/\widetilde{U}_{r2}$、输入端 T_1 参考面上的反射系数 $\Gamma_1=\widetilde{U}_{r1}/\widetilde{U}_{i1}$，代入式（10.5－3）后解得

$$\widetilde{U}_{i2}=\frac{S_{12}}{\dfrac{1}{\Gamma_2}-S_{22}}\widetilde{U}_{i1} \tag{10.5-4a}$$

$$\widetilde{U}_{r1}=\left(S_{11}+\frac{S_{12}^2}{\dfrac{1}{\Gamma_2}-S_{22}}\right)\widetilde{U}_{i1} \tag{10.5-4b}$$

$$\Gamma_1=S_{11}+\frac{S_{12}^2}{\dfrac{1}{\Gamma_2}-S_{22}} \tag{10.5-4c}$$

由上可知，可在输出参考面上接三个不同负载，即可确定 S 参量。例如：开路时，$\Gamma_2=1$，设 $\Gamma_1=\Gamma_{1o}$；短路时，$\Gamma_2=-1$，设 $\Gamma_1=\Gamma_{1s}$；匹配时，$\Gamma_2=0$，$\Gamma_1=\Gamma_{1m}$。解得

$$S_{11}=\Gamma_{1m} \tag{10.5-5a}$$

$$S_{22}=\frac{(\Gamma_{1o}+\Gamma_{1s})-2\Gamma_{1m}}{\Gamma_{1o}-\Gamma_{1s}} \tag{10.5-5b}$$

$$S_{12}^2=\frac{(\Gamma_{1o}+\Gamma_{1s})\Gamma_{1m}-2\Gamma_{1o}\Gamma_{1s}}{\Gamma_{1o}-\Gamma_{1s}}+S_{11}S_{22} \tag{10.5-5c}$$

若网络对称，$S_{11}=S_{22}$，仅需两个量即可解出

$$S_{11}=S_{22}=\frac{\Gamma_{1o}+\Gamma_{1s}}{2+(\Gamma_{1o}-\Gamma_{1s})} \tag{10.5-6a}$$

$$S_{12}^2=\frac{(\Gamma_{1o}+\Gamma_{1s})-2\Gamma_{1o}\Gamma_{1s}}{2+(\Gamma_{1o}-\Gamma_{1s})}+S_{11}^2 \tag{10.5-6b}$$

三、实验内容

（1）准备

调整探针的伸度，测量线终端接匹配负载，移动探针至测量线中间，调节探头，直到检波器输出指示最大，此时测量线处于最佳工作状态；校准晶体管工作状态。

（2）双端口网络参数测量

① 测量线终端接待测网络，待测网络终端接匹配负载；

② 参考实验三的方法，将探针向信号源方向移动，分别测定指示电表最大值 I_{max_m} 和最小值 I_{min_m}，通过晶体管检波特性图得到 U_{max_m} 和 U_{min_m}，得到驻波比 ρ_m，并计算 Γ_{1m}，将数据记录到表 10-6 中；

③ 待测网络终端接可调式短路器调整到短路状态，用步骤②测量相关数据，计算 ρ_s 和 Γ_{1s}，将数据记录到表 10-6 中；

④ 待测网络终端接可调式短路器并调整到开路状态，用步骤②测量相关数据，计算 ρ_o 和 Γ_{1o}，将数据记录表到 10-6 中；

⑤ 由公式（10.5-5）计算散射系数 S_{11}、S_{12}、S_{22}，填入表 10-6。

四、实验记录表格

表 10-6　网络参数的测量

终端接匹配负载	I_{max_m}	U_{max_m}	I_{min_m}	U_{min_m}	ρ_m	Γ_{1m}
终端短路状态	I_{max_s}	U_{max_s}	I_{min_s}	U_{min_s}	ρ_s	Γ_{1s}
终端开路状态	I_{max_o}	U_{max_o}	I_{min_o}	U_{min_o}	ρ_o	Γ_{1o}
反射系数	S_{11}		S_{12}		S_{22}	

五、注意事项

① 待测负载的驻波比不宜过大或过小，否则会影响测量精度；

② 实验前必须调整测量线及进行晶体检波器校准。

六、思考题

① 三点法测量网络参数的原理是什么？

② 如何将可调式短路器调整到短路状态？

③ 如何将可调式短路器调整到开路状态？

10.2　天线实验

实验六　天线方向图的测量

一、实验目的

① 理解天线方向图的含义；

② 掌握用旋转法测量天线方向图。

二、实验原理

无源天线具有收、发互易性,即在接收状态时的辐射特性(如方向图、增益、极化等)和在发射状态时的辐射特性是一样的,一个天线既可以作为发射天线,也可以作为接收天线。

天线特性可以分为电路特性和辐射特性,电路特性包括输入阻抗、效率和频带宽度等;辐射特性包括方向图、增益、方向性和极化等。其中电路特性可以用前面实验一至实验五介绍的方法进行测量。实验六和实验七将分别介绍天线方向图的测量和增益的测量方法。

(1)场区条件

天线的辐射特性为远场特性,发射和接收天线之间的距离 R 满足远场的条件,对于电小天线来说,要求

$$R \gg \frac{\lambda}{2\pi} \qquad (10.6-1)$$

通常把 $R \geqslant 10\lambda$ 作为电小天线远区场的判断准则,但在实际测量中这样的条件往往不易满足。如果只要求达到一般的测试精度,$R \geqslant (3\sim5)\lambda$ 即可。

对于电大尺寸天线来说,要求

$$R \geqslant \frac{2D^2}{\lambda} \qquad (10.6-2)$$

式中,D 为天线口径面的最大尺寸,λ 为信号的波长。此时,电磁波达到天线中心和边缘的相位差不超过 $\pi/8$,即波程差为 $\lambda/16$。

(2)测试场地

天线参数的测量需在合适的测试场地中进行。测试场地可以是室外的,也可以是室内的。理想测试场地要具有自由空间的性质,但实际上是不可能实现的,所以要尽可能接近理想情况。设法消除地面和周边环境反射建立的测试场地,就是自由空间测试场地。常用的测试场地主要有以下四种。

① 架高测试场地

主要用于物理大尺寸和电大尺寸天线的测试。如图 10-9 所示,在平整的地面上,将收、发天线都架在高处,使得发射天线方向图中的第一个零点指向地面的反射点,减小地面反射。此外,合理选择发射天线方向性系系数、清除收发天线间视线障碍物等,都可减少或者消除周围环境的反射。

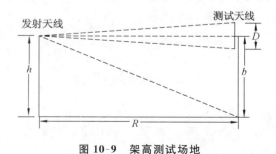

图 10-9 架高测试场地

② 倾斜测试场地

高塔上架待测天线,靠近地面架设辅助天线。因发射天线对待测天线有一定的仰

角,所以可以调整发射天线状态,使最大辐射方向对准待测天线中心,第一个零点对准地面,减小或消除地面的反射。该场地需要的面积比高架测试场地要小。

③ 微波暗室

微波暗室又称无反射室,可以提供较为理想的电磁环境。暗室内壁选用电磁波吸收材料,在室内形成接近自由空间的无反射波区域,该区域也称为静区。常用的微波暗室有矩形室(图 10-10a)和锥形室(图 10-10b)两种类型。

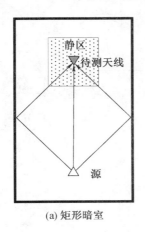

图 10-10　微波暗室

④ 紧缩场

随着待测天线的口径增大、工作频率升高,为了满足远场条件,需增大测试距离,同时为了抑制反射,收、发天线要求架设高度很高,以至于无法实现。该问题可用图 10-11 所示紧缩场的方法解决。紧缩场是利用反射面、透镜或全息技术产生均匀平面波,所以紧缩场可以看作一个在近距离内球面波变换到平面波的系统。

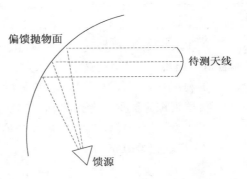

图 10-11　紧缩场

(3) 天线方向图的测量

天线方向图反映的是辐射特性与空间角度的关系。根据测量参数的不同,可分为场强方向图、功率方向图、相位方向图和极化方向图等。工程中为了简便,通常取两个正交面——E 面方向图和 H 面方向图进行分析。方向图一般是经过归一化处理的,通常用分贝值表示,因此归一化的最大值为 0 dB。

方向图测量的方法有很多,如固定天线法和旋转天线法。

① 固定天线法

固定天线法一般用于大型固定地面的天线或者结构笨重的天线。测量水平面方向图时,在测量范围内选好方位角,并在距离天线等距离的测量点进行测量记录。值得注意的是,这些测量点距离天线的距离要大于最小测试距离。测量垂直面方向图时,常常把测量仪表装在飞行器上,跟踪设备将飞行器的方向数据传到记录器的位置坐标上。

② 旋转天线法

旋转天线法是最基本也是最常用的测量天线方向图的方法,测量系统如图 10-12 所示。根据天线的互易特性,待测天线既可以是发射天线,也可以是接收天线,但作为接收天线测量更为简便。当旋转待测天线时,记录下不同旋转角度时的场强或者功率的大小,即可绘制出天线方向图。本实验主要利用旋转天线法来进行天线方向图的测量。

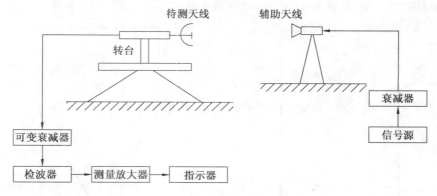

图 10-12 旋转天线法测量系统

三、实验内容

① 确定工作频率;

② 确定收发天线间的最小测试距离;

③ 调整天线架设高度,使得收发天线在同一高度上,并且调整转台处于水平状态;

④ 将辅助天线与待测天线的极化面调整一致;

⑤ 将收发天线最大辐射方向对准,交替调节收发两端的方位、仰角,使接收端指示器有合适的指示,若指示不够,可加大发射天线的功率或在接收端加放大器;

⑥ 利用衰减器校准接收端检波器的检波律,记录相关数据至表 10-7 中;

⑦ 根据记录数据绘制水平面方向图,并注意最大值、半功率及副瓣的大小;

⑧ 将天线俯仰转动或将待测天线极化旋转 90°在水平面测量,即得到垂直面方向图。

四、实验记录表格

表 10-7 天线方向图的测量

角度								
水平面指示								
垂直面指示								

五、注意事项

① 根据互易原理,待测天线既可以是接收天线,也可以是发射天线,视测量的方便程度而定,但测量方法和结果不变;

② 收发天线之间距离应大于式(10.6−1)和式(10.6−2)给出的最小测试距离;

③ 测量主平面方向图时,收发天线的最大辐射方向应对准,且都在旋转平面里;

④ 天线旋转的轴线应尽可能通过天线的相位中心;

⑤ 测试点个数根据实际情况选定,一般来说,一个波瓣不少于 10 个。

六、思考题

① 互易原理在天线方向图测量中的作用是什么？

② 若待测天线作为发射天线，简述测量步骤。

实验七　天线增益的测量

一、实验目的

① 理解天线增益的含义；

② 掌握天线增益的测量方法。

二、实验原理

测量天线增益的方法有比较法、两相同天线法、镜像法等，其中比较法是测量天线增益最常用、简单的方法。比较法是把待测天线的增益与已知标准天线的增益进行比较，得出待测天线的增益，故要有一只增益已知的标准天线。在 UHF 和 VHF 频段，多把半波偶极子天线作为标准增益天线；在微波波段，多把增益为 14～25 dB 的角锥形喇叭天线作为标准增益天线，这类天线的结构牢固、性能稳定，增益的测定值变化较小。根据互易原理，待测天线既可以作为发射天线使用，也可以作为接收天线使用。图 10-13 是把待测天线和标准天线作为接收天线，辅助天线作为发射天线，用比较法测量天线增益的测量系统。

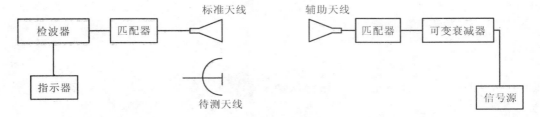

图 10-13　辅助天线作发射时的比较法增益测量示意图

当与传输线匹配的待测天线和标准天线作为接收天线时，离发射天线 $R \geqslant (2D^2/\lambda)$ 处的接收天线接收到的功率密度 p，根据天线的增益定义，应为

$$p = \frac{GP_{in}}{4\pi r^2} \qquad (10.7-1)$$

调节辅助天线的输入功率，使待测天线和标准天线接收的功率密度恒定，此时有关系

$$\frac{G_s P_{ins}}{4\pi r^2} = \frac{G_x P_{inx}}{4\pi r^2} \qquad (10.7-2)$$

即有

$$G_x = \frac{P_{ins}}{P_{inx}} G_s \qquad (10.7-3)$$

式中，P_{ins} 是接收天线为标准天线时辅助天线的输入功率，G_s 是标准天线的增益，P_{inx} 是接收天线为待测天线时辅助天线的输入功率，G_x 为待测天线增益。式中功率比 P_{ins}/P_{inx} 可以用检波器和指示器测得。

三、实验内容

① 确定测量点位置，确保收发天线之间距离大于最小测试距离；

② 将标准天线作为接收天线,记录接收端指示器的读数 I,同时记录此时辅助天线的输入功率 P_{ins},填至表 10-8 中;

③ 将待测天线作为接收天线,当接收端指示器达到与步骤②中同一读数 I 时,记录此时辅助天线的输入功率 P_{inx};

④ 由式(10.7-3)计算待测天线的增益 G_x。

四、实验记录表格

表 10-8　比较法测量天线增益

收发距离	G_s	I	P_{ins}	P_{inx}	G_x

五、注意事项

① 保证测量点在远场区,即收发天线之间距离应大于最小测试距离;

② 标准天线的增益与待测天线增益之间的差别不能太大,一般不超过 20 dB,否则误差会增大。

六、思考题

① 当辅助天线作为接收天线时,该如何测量待测天线增益?

② 如何利用可变衰减器的读数测量天线的增益?

附 录 1

1－1　第二、三种边界条件传输线方程的解

1－1.1　第二种边界条件

已知始端电压 U_i 和始端电流 I_i（参见图 1-4），将 $z=l$ 处边界条件 $U(l)=U_i$，$I(l)=I_i$ 代入式（1.2－12），有

$$U_i = A_+ e^{+\gamma l} + A_- e^{-\gamma l} \qquad (1-1.1a)$$

$$I_i = \frac{1}{Z_0}(A_+ e^{+\gamma l} - A_- e^{-\gamma l}) \qquad (1-1.1b)$$

联立求解后

$$A_+ = \frac{1}{2}(U_i + I_i Z_0) e^{-\gamma l} \qquad (1-1.2a)$$

$$A_- = \frac{1}{2}(U_i - I_i Z_0) e^{+\gamma l} \qquad (1-1.2b)$$

将式（1－1.2）代入式（1.2－12），得到

$$U(z) = U_i \frac{e^{+\gamma(z-l)} + e^{-\gamma(z-l)}}{2} + I_i Z_0 \frac{e^{+\gamma(z-l)} - e^{-\gamma(z-l)}}{2} = U_i \mathrm{ch}\gamma(z-l) + I_i Z_0 \mathrm{sh}\gamma(z-l)$$

$$(1-1.3a)$$

$$I(z) = I_i \frac{e^{+\gamma(z-l)} + e^{-\gamma(z-l)}}{2} + \frac{U_i}{Z_{0i}} \frac{e^{+\gamma(z-l)} - e^{-\gamma(z-l)}}{2} = I_i \mathrm{ch}\gamma(z-l) + \frac{U_i}{Z_{0i}} \mathrm{sh}\gamma(z-l)$$

$$(1-1.3b)$$

知道了始端电压 U_i、始端电流 I_i 及传输线特性参数 γ 和 Z_0，传输线上任意一点的电压和电流，可由式（1－1.3）求得。

1－1.2　第三种边界条件

已知信源电动势 E_g、内阻 Z_g 和负载阻抗 Z_l，按照图 1-4 和公式（1.2－12）

信源端

$$\left. \begin{aligned} U_i &= A_+ e^{+\gamma l} + A_- e^{-\gamma l} = E_g - I_i Z_g \\ I_i &= \frac{1}{Z_0}(A_+ e^{+\gamma l} - A_- e^{-\gamma l}) \end{aligned} \right\} \qquad (1-1.4a)$$

负载端

$$\left. \begin{aligned} U_l &= A_+ + A_- = I_l Z_l \\ I_l &= \frac{1}{Z_0}(A_+ - A_-) \end{aligned} \right\} \qquad (1-1.4b)$$

从式(1-1.4a)中消去未知量 I_i 后得

$$A_+ \mathrm{e}^{+\gamma l} + A_- \mathrm{e}^{-\gamma l} = E_\mathrm{g} - \frac{Z_\mathrm{g}}{Z_0}(A_+ \mathrm{e}^{+\gamma l} - A_- \mathrm{e}^{-\gamma l})$$

从式(1-1.4b)中消去未知量 I_l 后得

$$A_+ + A_- = \frac{Z_l}{Z_0}(A_+ - A_-)$$

即

$$A_+ - A_-\left(\frac{Z_\mathrm{g} - Z_0}{Z_\mathrm{g} + Z_0}\mathrm{e}^{-2\gamma l}\right) = \frac{E_\mathrm{g} Z_0}{Z_\mathrm{g} + Z_0}\mathrm{e}^{-\gamma l} \qquad (1-1.5\mathrm{a})$$

$$A_+\left(\frac{Z_l - Z_0}{Z_l + Z_0}\right) - A_- = 0 \qquad (1-1.5\mathrm{b})$$

将式(1-1.5a)和式(1-1.5b)联立求解后,得到

$$A_+ = \frac{E_\mathrm{g} Z_0 \mathrm{e}^{-\gamma l}}{(Z_\mathrm{g} + Z_0)(1 - \Gamma_\mathrm{g}\Gamma_l \mathrm{e}^{-2\gamma l})} \qquad (1-1.6\mathrm{a})$$

$$A_- = \frac{E_\mathrm{g} Z_0 \Gamma_l \mathrm{e}^{-\gamma l}}{(Z_\mathrm{g} + Z_0)(1 - \Gamma_\mathrm{g}\Gamma_l \mathrm{e}^{-2\gamma l})} \qquad (1-1.6\mathrm{b})$$

式中,$\Gamma_\mathrm{g} = \dfrac{Z_\mathrm{g} - Z_0}{Z_\mathrm{g} + Z_0}$ 是信源端反射系数,$\Gamma_l = \dfrac{Z_l - Z_0}{Z_l + Z_0}$ 是负载反射系数。

1-2　分贝(dB)制

分贝(Decibel)是用来衡量级差或放大/衰减的数值的单位,缩写为 dB。正值表示放大,负值表示衰减。以某值与标准值之比(或输出与输入功率之比)的常用对数值的 10 倍为分贝(dB)数。两个功率电平比值的分贝(dB)为

$$\mathrm{dB} = 10\ \lg\frac{P_1}{P_2} \qquad (1-2.1)$$

式中,P_1 为某一功率电平,P_2 为比较基准电平。由于 $P = U^2/R = I^2 R$,所以

$$\mathrm{dB} = 20\ \lg(U_1/U_2) = 20\ \lg(I_1/I_2) \qquad (1-2.2)$$

也可作为 dB 的定义,但注意应针对同一阻抗 R。常用的参考基准功率有 $P_2 = 1$ W 和 $P_2 = 1$ mW。如以 $P_2 = 1$ W 作为参考基准功率,式(1-2.1)的 dB 值就表示 P_1 功率相对于 1 W 的倍率,用符号 dBW 表示,用来作为功率的单位,称为瓦分贝。功率单位 W 和 dBW 的关系表示为

$$P_\mathrm{dBW} = 10\ \lg(P_\mathrm{W}/1) = 10\ \lg P_\mathrm{W} \qquad (1-2.3\mathrm{a})$$

式中,P_dBW 是以 dBW 作单位的功率电平,P_W 是以 W 作单位的功率电平。如果式(1-2.1)中以 $P_2 = 1$ mW 为参考基准功率,P_1 的分贝值就用 dBm 表示,称为毫瓦分贝。

$$P_\mathrm{dBm} = 10\ \lg\left(\frac{P_\mathrm{W}}{10^{-3}}\right) = 10\ \lg P_\mathrm{W} + 30\ \mathrm{dBm} \qquad (1-2.3\mathrm{b})$$

1-3　函数的周期

1-3.1　三角函数的周期

这类函数正周期的求解定理:若函数 $f(x)$ 有最小正周期 T_0,则函数 $Af(ax+b)+B$

的最小正周期为 $T_0/|a|$（其中，A、B 和 a、b 为常数，且 $a\neq0,A\neq0$）。

1-3.2　两函数之和的周期

有函数 $Af(ax)+Bh(bx)$，其中 A、B 和 a、b 均为非零常数，$a^2-b^2\neq0$，则当 $\dfrac{|a|}{|b|}=\dfrac{n}{m}$（$m$、$n$ 均为正整数）且 m、n 互质时，函数有最小正周期 $T_0=2m\pi/|a|=2n\pi/|b|$；当 a/b 为无理函数时，不是周期函数。

1-4　几种双导体传输线的分布参数

种类	同轴线	平行双导线	薄带状线
结构			
C/Fm^{-1}	$\dfrac{2\pi\varepsilon}{\ln(D/d)}$	$\dfrac{\pi\varepsilon}{\ln\dfrac{D+\sqrt{D^2-d^2}}{d}}\approx\dfrac{\pi\varepsilon}{\ln\dfrac{2D}{d}}$	$\dfrac{8\varepsilon}{\pi}\mathrm{arcosh}(e^{\frac{\pi w}{2b}})$
L/Hm^{-1}	$\dfrac{\mu}{2\pi}\ln(D/d)$	$\dfrac{\mu}{\pi}\ln\dfrac{D+\sqrt{D^2-d^2}}{d}\approx\dfrac{\mu}{\pi}\ln\dfrac{2D}{d}$	$\dfrac{\pi\mu}{8\mathrm{arcosh}(e^{\frac{\pi w}{2b}})}$
$R/\ \mathrm{m}^{-1}$	$\sqrt{\dfrac{f\mu}{\pi\sigma_c}}\left(\dfrac{1}{D}+\dfrac{1}{d}\right)$	$\dfrac{2}{d}\sqrt{\dfrac{f\mu}{\pi\sigma_c}}$	
G/Sm^{-1}	$\dfrac{2\pi\sigma_d}{\ln(D/d)}$	$\dfrac{\pi\sigma_d}{\ln(2D/d)}$	$\dfrac{8\sigma_d}{\pi}\mathrm{arcosh}(e^{\frac{\pi w}{2b}})$
Z_0/Fm^{-1}	$\dfrac{1}{2\pi}\sqrt{\dfrac{\mu}{\varepsilon}}\ln\dfrac{D}{d}$	$\dfrac{1}{\pi}\sqrt{\dfrac{\mu}{\varepsilon}}\ln\dfrac{D+\sqrt{D^2-d^2}}{d}\approx\dfrac{1}{\pi}\sqrt{\dfrac{\mu}{\varepsilon}}\ln\dfrac{2D}{d}$	$\dfrac{15\pi^2}{\sqrt{\varepsilon_r}\mathrm{arcosh}(e^{\frac{\pi w}{2b}})}$

注：表中 σ_c 和 σ_d 分别为导体和介质的电导率。在微波电路中，传输 TEM 波、准 TEM 波的双导体传输线的特性参数、状态参数、工作状态等，一般用路的方法分析；分布参数，如单位长电容、电感等还需要通过场分析的方法得到。其中，同轴线的分布参数可用 Gauss 定理和 Ampere 环路定理导出，平行双导线的分布参数可用镜像法导出，薄带状线可用保角变换法导出。还有，在求解过程中由于微波段高频电磁场的趋肤效应，可不必考虑导体内的电磁场，简化了计算。

1-5　有关电磁学常数

名称	符号	数值
真空磁导率	μ_0	$4\pi\times10^{-7}\approx1.256\ 637\times10^{-6}$ H/m
真空介电常数	ε_0	$8.854\ 188\times10^{-12}$，$10^{-9}/36\pi$ F/m
真空中光（电磁波）速	c	$1/\sqrt{\mu_0\varepsilon_0}\approx2.997\ 924\ 58\times10^8\approx3\times10^8$ m/s

1 – 6 实用的 Smith 圆图

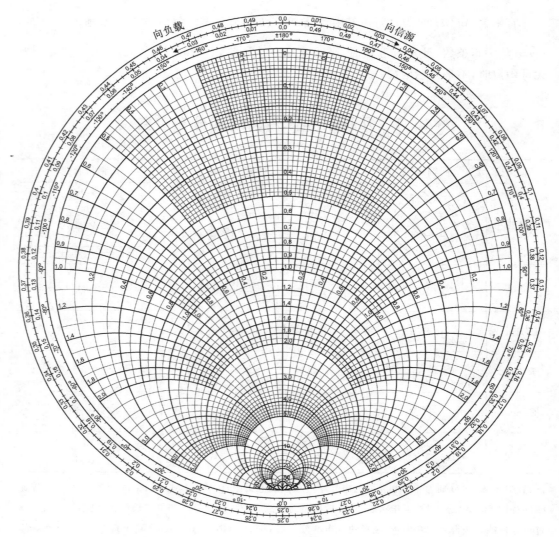

图 1.1 Smith 圆图

1－7　同轴线特性参量

1－7.1　常用硬同轴线特性参量

型号	外导体内径/ mm	内导体外径/ mm	特性阻抗/ Ω	理论最大允许功率/kW	衰减/ $(dB/mHz^{1/2})$	最短波长/ cm
52－16	16	6.7	52	756	$1.4 \times 10^{-6} \sqrt{f}$	3.9
75－16	16	4.6	75	492	$1.34 \times 10^{-6} \sqrt{f}$	3.6
50－35	35	15	50	3 555	$0.67 \times 10^{-6} \sqrt{f}$	8.6
75－35	35	10	75	2 340	$0.61 \times 10^{-6} \sqrt{f}$	7.8
53－39	39	16	53	4 270	$0.6 \times 10^{-6} \sqrt{f}$	9.6
50－75	75	32	50	16 300	$0.3 \times 10^{-6} \sqrt{f}$	18.5
50－87	87	38	50	22 410	$0.27 \times 10^{-6} \sqrt{f}$	21.6
50－110	110	48	50	35 800	$0.22 \times 10^{-6} \sqrt{f}$	27.3

* 型号的含义为:特性阻抗-外径。表中数值按空气介电常数 $\varepsilon_r = 1$ 和黄铜电导率 $\sigma = 1.57 \times 10^7$ S/m 计算,最短波长取 $\lambda = 1.1\pi(a+b)$,空气击穿场强 $E_{max} = 3 \times 10^6$ V/m。

1－7.2　常用同轴射频电缆特性参量

型号	内导体结构		绝缘外径/ mm	电缆外径/ mm	特性阻抗/ Ω	衰减不大于/(dB/m)	
	根数直径	外径				3 GHz	10 GHz
SWY－50－2	1×0.68	0.68	2.2±0.1	4.0±0.3	47.5 ～ 52.5	2.0	4.3
SWY－50－3	1×0.90	0.90	3.0±0.2	5.3±0.3	47.5～52.5	1.7	3.9
SWY－50－5	1×1.37	1.37	4.6±0.2	9.6±0.6	47.5～52.5	1.4	3.5
SWY－50－7－1	7×0.76	2.28	7.3±0.3	10.3±0.6	47.5～ 52.5	1.25	3.5
SWY－50－7－2	7×0.76	2.28	7.3±0.3	11.1±0.6	47.5～52.5	1.25	3.2
SWY－50－9	7×0.95	2.85	9.2±0.5	12.8±0.6	47.5～52.5	0.85	2.5
SWY－50－11	7×1.13	3.39	11.0±0.6	14.0±0.8	47.5～52.5	0.85	2.5
SWY－75－5－1	1×0.72	0.72	4.6±0.2	7.3±0.4	72～78	1.3	3.3
SWY－75－5－2	7×0.26	0.78	4.6±0.2	7.3±0.4	72～78	1.5	3.6
SWY－75－7	7×0.40	1.20	7.3±0.3	10.3±0.6	72～78	1.1	2.7
SWY－75－9	1×1.37	1.37	9.0±0.4	12.6±0.6	72～78		2.4
SWY－100－7	1×0.60	0.60	7.3±0.3	10.3±0.6	96～105	1.2	2.8

* SWY 系列同轴线电缆绝缘材料均为聚乙烯 $\varepsilon_r = 2.26$(当 $\lambda = 10,3$ cm 时)。型号的含义为:S—同轴射频电缆,W—聚乙烯绝缘材料,Y—聚乙烯护层,50—特性阻抗 50 Ω,7—芯线绝缘外径 7 mm,1—结构序号。

附 录 2

2－1　标准矩形波导参数

波导型号		主模频带/	截止频率/	结构尺寸/mm			衰减/	美国型号
IECR －	部标 BJ －	GHz	MHz	标宽 a	标高 b	标厚 t	(dB/m)	EIAWR －
3		0.32～0.49	256.58	584.2	292.1		0.000 78	2 300
4		0.35～0.53	281.02	533.4	266.7		0.000 90	2 100
5		0.41～0.62	327.86	457.2	228.6		0.001 13	1 800
6		0.49～0.75	393.43	381.0	190.5		0.001 49	1 500
8		0.64～0.98	513.17	292.0	146.0	3	0.002 22	1 150
9		0.76～1.15	605.27	247.6	123.8	3	0.002 84	975
12	12	0.96～1.46	766.42	195.6	97.80	3	0.004 05	770
14	14	1.14～1.73	907.91	165.0	82.50	2	0.005 22	650
18	18	1.45～2.20	1 137.1	129.6	64.8	2	0.007 49	510
22	22	1.72～2.61	1 372.4	109.2	54.6	2	0.009 70	430
26	26	2.17～3.30	1 735.7	86.4	43.2	2	0.013 8	340
32	32	2.60～3.95	2 077.9	72.14	34.04	2	0.018 9	284
40	40	3.22～4.90	2 576.9	58.20	29.10	1.5	0.024 9	229
48	48	3.94～5.99	3 152.4	47.55	22.15	1.5	0.035 5	187
58	58	4.64～7.05	3 711.2	40.40	20.20	1.5	0.043 1	159
70	70	5.38～8.17	4 301.2	34.85	15.80	1.5	0.057 6	139
84	84	6.57～9.99	5 259.7	28.50	12.60	1.5	0.079 4	112
100	100	8.20～12.5	6 557.1	22.86	10.16	1	0.110	90
120	120	9.84～15.0	7 868.6	19.05	9.52	1	0.133	75
140	140	11.9～18.0	9 487.7	15.80	7.90	1	0.176	62
180	180	14.5～22.0	11 571	12.96	6.48	1	0.238	51
220	220	17.6～26.7	14 051	10.67	4.32	1	0.370	42
260	260	21.7～33.0	17 357	8.64	4.32	1	0.435	34
320	320	26.4～40.0	21 077	7.112	3.556	1	0.583	28
400	400	32.9～50.1	26 344	5.690	2.845	1	0.815	22
500	500	39.2～59.6	31 392	4.775	2.388	1	1.060	19
620	620	49.8～75.8	39 977	3.759	1.880	1	1.52	15
740	740	60.5～91.9	48 369	3.099	1.549	1	2.03	12
900	900	73.8～112	59 014	2.540	1.270	1	2.74	10
1 200	1 200	92.2～140	73 768	2.032	1.016	1	2.83	8

2-2 柱谐函数的性质和曲线

2-2.1 函数的性质

$$J_0(0)=1, \quad J_m(0)=0(m\neq0) \qquad (2-2.1)$$

$$N_m(0)\rightarrow-\infty \qquad (2-2.2)$$

$$J'_m(u)=\frac{dJ_m(u)}{du}=\frac{m}{u}-J_{m+1}(u) \qquad (2-2.3)$$

$$\frac{2m}{u}J_m(u)=J_{m-1}(u)+J_{m+1}(u) \qquad (2-2.4)$$

2-2.2 函数的曲线

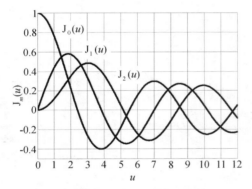 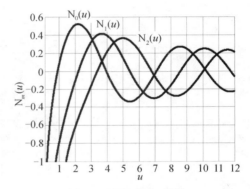

图 2.1 Bessel 函数　　　　　　　图 2.2　Neumann 函数

2-3 Bessel 函数的部分根

2-3.1 前 m 阶 $J'_m(u_{mn})$ 的部分根

n	$m=0$	$m=1$	$m=2$	$m=3$	$m=4$	$m=5$
1	3.832	1.841	3.054	4.201	5.317	6.416
2	7.016	5.331	6.706	8.015	9.282	10.520
3	10.173	8.536	9.965	11.846	12.682	13.987

2-3.2 前 m 阶 $J_m(v_{mn})$ 的部分根

n	$m=0$	$m=1$	$m=2$	$m=3$	$m=4$	$m=5$
1	2.405	3.832	5.136	6.379	7.588	8.771
2	5.520	7.016	8.417	9.760	11.065	12.339
3	8.654	10.173	11.620	13.015	14.373	15.700

2-4 Bessel 函数的积分

$$\int_0^{u_{mn}} \left[J_m'^2(x) + \frac{m^2}{x^2} J_m^2(x) \right] x \mathrm{d}x = \frac{u_{mn}^2}{2} \left[1 - \frac{m^2}{u_{mn}^2} \right] J_m^2(u_{mn}) \qquad (2-4.1)$$

$$\int_0^{v_{mn}} \left[J_m'^2(x) + \frac{m^2}{x^2} J_m^2(x) \right] x \mathrm{d}x = \frac{v_{mn}^2}{2} J_m'^2(v_{mn}) \qquad (2-4.2)$$

附 录 3

3-1 保角变换

TEM 传输线横截面上的场分布,可以归结为平面标量场(一般为二维 Laplace 方程)的求解问题。平面标量场的 Laplace 方程

$$\frac{\partial^2 U}{\partial x^2} + \frac{\partial^2 U}{\partial y^2} = 0 \tag{3-1.1}$$

是椭圆形的,有两族复数共轭特征线

$$x + \mathrm{j}y = c_1, \quad x - \mathrm{j}y = c_2$$

式中,c_1 和 c_2 为常数。

取 $\xi = x + \mathrm{j}y$ 和 $\eta = x - \mathrm{j}y$ 作为新的自变量,方程(3-1.1)化为

$$\frac{\partial^2 U}{\partial \xi \partial \eta} = 0 \tag{3-1.2}$$

先对 η 积分

$$\frac{\partial^2 U}{\partial \xi} = f(\xi)$$

其中,f 是任意函数。再对 ξ 积分,得到通解

$$\begin{aligned} U(x, y) &= \int f(\xi)\mathrm{d}\xi + f_2(\eta) = f_1(\xi) + f_2(\eta) \\ &= f_1(x + \mathrm{j}y) + f_2(x - \mathrm{j}y) \end{aligned} \tag{3-1.3}$$

式中,f_1 和 f_2 是任意函数。物理量的值应为实数,因此 f_1 和 f_2 应是任意的共轭复函数

$$U = \mathrm{Re}f(z) \quad \text{或} \quad U = \mathrm{Im}f(z) \tag{3-1.4}$$

二维 Laplace 方程的通解是任意解析函数的实部或虚部。但当边界条件比较复杂时,确定通解函数 f 非常困难。可以证明,用适当的代换

$$\xi = \xi(z), \quad z = z(\xi) \tag{3-1.5}$$

即

$$\left.\begin{aligned} \xi &= \xi(x, y) \\ \eta &= \eta(x, y) \end{aligned}\right\}, \quad \left.\begin{aligned} x &= x(\xi, \eta) \\ y &= y(\xi, \eta) \end{aligned}\right\} \tag{3-1.6}$$

把形状复杂的边界变换为形状简单的边界是可行的。

常用的保角变换有:① 线性变换;② 幂函数和根式;③ 指数函数和对数函数;④ 分式线性变换;⑤ Zhukovsk 变换;⑥ Schwarz-Christoffel 变换等。

举例:用⑥ Schwarz-Christoffel 变换求宽度为 b、相隔 $2a$ 的两条导体薄带(图 3.1a 为横截面)的单位长电容。作变换

$$\zeta_1 = \frac{1}{a}\zeta \tag{3-1.7}$$

两条薄带的截面变为 ζ_1 平面上的直线段 $b_1 b_2$ 和 $b_3 b_4$（图 3.1b），图中

$$k = \frac{a}{a+b} < 1 \qquad (3-1.8)$$

由 Schwarz-Christoffel 变换

$$z = z_0 + A \int (\zeta - b_2)^{-\frac{\theta_2}{\pi}} (\zeta - b_3)^{-\frac{\theta_3}{\pi}} \cdots (\zeta - b_n)^{-\frac{\theta_n}{\pi}} \mathrm{d}\zeta \qquad (3-1.9a)$$

把 ζ_1 的上半平面变为 z 平面（图 3.1c）四角形 $a_1 a_2 a_3 a_4$ 的内部，将偏转角 $+\pi/2$ 代入上式

$$z = z_0 + A \int \left(\zeta_1 + \frac{1}{k}\right)^{-\frac{1}{2}} (\zeta_1 + 1)^{-\frac{1}{2}} (\zeta_1 - 1)^{-\frac{1}{2}} \left(\zeta_1 + \frac{1}{k}\right)^{-\frac{1}{2}} \mathrm{d}\zeta_1$$

$$= z_0 + A k \int \frac{\mathrm{d}\zeta_1}{\sqrt{(1 - \zeta_1^2)(1 - k^2 \zeta_1^2)}} \qquad (3-1.9b)$$

式中，常数 z_0 和 Ak 与四角形的大小和方位有关。但因未提出特定的要求，可取 $z_0 = 0$，$Ak = 1$

$$z = \int_0^{\zeta_1} \frac{\mathrm{d}\zeta_1}{\sqrt{(1 - \zeta_1^2)(1 - k^2 \zeta_1^2)}} \qquad (3-1.9c)$$

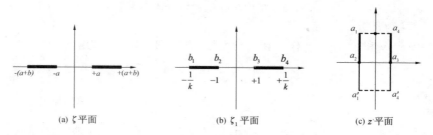

(a) ζ 平面   (b) ζ_1 平面   (c) z 平面

图 3.1　平行导体薄带的 Schwarz-Christoffel 变换

式（3-1.9c）称为第一类椭圆积分，积分值可用级数（或查数学手册）表示

$$z = \int_0^{\zeta_1} \frac{\mathrm{d}\zeta_1}{\sqrt{(1 - \zeta_1^2)(1 - k^2 \zeta_1^2)}}$$

$$= \frac{2}{\pi} K \arcsin \zeta_1 - \zeta_1 \sqrt{1 - \zeta_1^2} \left[\frac{1 \cdot 1}{2 \cdot 1} k^2 + \frac{1 \cdot 3}{2 \cdot 4} A_4 k^4 + \frac{1 \cdot 3 \cdot 5}{2 \cdot 4 \cdot 6} A_6 k^6 + \cdots\right]$$

$$(3-1.10a)$$

式中

$$A_4 = \frac{1}{4} \zeta_1^2 + \frac{3}{2 \cdot 4}, \quad A_6 = \frac{1}{6} \zeta_1^4 + \frac{5}{6 \cdot 4} \zeta_1^2 + \frac{5 \cdot 3}{6 \cdot 4 \cdot 2}$$

$$A_8 = \frac{1}{8} \zeta_1^6 + \frac{7}{8 \cdot 6} \zeta_1^4 + \frac{7 \cdot 5}{8 \cdot 6 \cdot 4} \zeta_1^2 + \frac{7 \cdot 5 \cdot 3}{8 \cdot 6 \cdot 4 \cdot 2}, \cdots \qquad (3-1.10b)$$

$$K(k) = \frac{\pi}{2} \left[1 + \left(\frac{1}{2}\right)^2 k^2 + \left(\frac{1 \cdot 3}{2 \cdot 4}\right)^2 k^4 + \left(\frac{1 \cdot 3 \cdot 5}{2 \cdot 4 \cdot 6}\right)^2 k^6 + \cdots\right] \qquad (3-1.10c)$$

确定 z 平面上 a_1、a_2、a_3、a_4 的坐标时，先取与 ζ_1 平面上 b_3 对应的 a_3，即 $\zeta_1 = +1$ 代入式（3-1.9c），得

$$z = \int_0^1 \frac{\mathrm{d}\zeta_1}{\sqrt{(1 - \zeta_1^2)(1 - k^2 \zeta_1^2)}} = K(k) \qquad (3-1.11a)$$

称为第一类完全椭圆积分，通常记做 $K(k)$，也就是式（3-1.10）中的 K。这样，a_3 的坐标是

$z = K(k)$，a_2 的坐标就是 $z = -K(k)$。a_4 对应 ζ_1 平面的 b_4，即将 $\zeta_1 = 1/k$ 代入式$(3-1.9c)$后得

$$z = \int_0^{1/k} \frac{\mathrm{d}\zeta_1}{\sqrt{(1-\zeta_1^2)(1-k^2\zeta_1^2)}} = K(k) + \int_1^{1/k} \frac{\mathrm{d}\zeta_1}{\sqrt{(1-\zeta_1^2)(1-k^2\zeta_1^2)}} \qquad (3-1.11b)$$

对上式做积分变量代换

$$\zeta_1 = \frac{1}{\sqrt{1-k'^2 t^2}}$$

式中

$$(k'^2 = 1 - k^2) \qquad (3-1.12)$$

有

$$z = K(k) \pm \mathrm{j} \int_1^1 \frac{\mathrm{d}t}{\sqrt{(1-t^2)(1-k'^2 t^2)}} = K(k) + \mathrm{j}K(k') \qquad (3-1.13)$$

取式中的 ± 为 + 号，即得 a_4 的坐标 $z = K(k) + \mathrm{j}K(k')$，那么 a_1 的坐标为 $z = -K(k) + \mathrm{j}K(k')$。由于对称性，$\zeta_1$ 的下半平面变为 $a_1' a_2 a_3 a_4'$ 围起来的内部区域。其中，a_4' 的坐标可在$(3-1.10b)$中取 ± 号的 − 号得到，即 $z = K(k) + \mathrm{j}K(k')$；类似地，$a_1'$ 的坐标为 $z = -K(k) - \mathrm{j}K(k')$。由此，$\zeta_1$ 全平面上的静电场变为 z 平面上 $a_1 a_1' a_4' a_4$ 围起来的内部区域。利用极板宽 $2K(k')$、极板间距 $2K(k)$ 平板电容器无边缘效应的单位长电容公式

$$C = \varepsilon \frac{2K(k')}{2K(k)} = \frac{\varepsilon K(k')}{K(k)} \qquad (3-1.14)$$

将式$(3-1.8)$和式$(3-1.12)$代入上式，有

$$C = \varepsilon K\left(\frac{\sqrt{(a+b)^2 - a^2}}{a+b}\right) \Big/ K\left(\frac{a}{a+b}\right) \qquad (3-1.15)$$

3-2 微带线中的纵向分量

微带线介质基底内外的电磁场满足无源 Maxwell 方程

$$\nabla \times \boldsymbol{H} = \mathrm{j}\omega\varepsilon\boldsymbol{E} \qquad (3-2.1a)$$

$$\nabla \times \boldsymbol{E} = -\mathrm{j}\omega\mu\boldsymbol{H} \qquad (3-2.1b)$$

在图 3.2 所示的微带线与坐标系中，介质和空气均视为理想介质的边界条件为

$$\hat{n} \times (\boldsymbol{E}_1 - \boldsymbol{E}_2) = 0$$

$$\hat{n} \times (\boldsymbol{H}_1 - \boldsymbol{H}_2) = 0 \qquad (3-2.2a)$$

$$\hat{n} \cdot (\varepsilon_r \boldsymbol{E}_1 - \boldsymbol{E}_2) = 0$$

$$\hat{n} \cdot (\boldsymbol{H}_1 - \boldsymbol{H}_2) = 0 \qquad (3-2.2b)$$

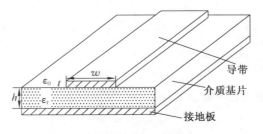

图 3.2 微带线与坐标系

在介质和空气的交界面上,电场和磁场的切向分量连续

$$E_{x1} = E_{x2} \tag{3-2.3a}$$

$$H_{x1} = H_{x2} \tag{3-2.3b}$$

$$E_{z1} = E_{z2} \tag{3-2.3c}$$

$$H_{z1} = H_{z2} \tag{3-2.3d}$$

在 $y = h$ 处,电场和磁场的法向分量满足

$$\varepsilon_r E_{y1} = E_{y2} \tag{3-2.4a}$$

$$H_{y1} = H_{y2} \tag{3-2.4b}$$

将式(3-2.1a)分别在介质和空气中展开,取 x 分量

$$\left.\begin{array}{l} \dfrac{\partial H_{z1}}{\partial y} - \dfrac{\partial H_{y1}}{\partial z} = j\omega\varepsilon_0\varepsilon_r E_{x1} \\[3mm] \dfrac{\partial H_{z2}}{\partial y} - \dfrac{\partial H_{y2}}{\partial z} = j\omega\varepsilon_0 E_{x2} \end{array}\right\} \tag{3-2.5}$$

由式(3-2.3a)可知在边界上

$$\frac{\partial H_{z1}}{\partial y} - \frac{\partial H_{y1}}{\partial z} = \varepsilon_r\left(\frac{\partial H_{z2}}{\partial y} - \frac{\partial H_{y2}}{\partial z}\right) \tag{3-2.6}$$

设微带线中波的传播方向为 $+z$ 方向,故由电磁场的相位因子 $e^{j(\omega t - \beta z)}$,可知在边界上

$$\left.\begin{array}{l} \dfrac{\partial H_{y1}}{\partial z} = -j\beta H_{y1} \\[3mm] \dfrac{\partial H_{y2}}{\partial z} = -j\beta H_{y2} \end{array}\right\} \tag{3-2.7}$$

代入式(3-2.6)中得

$$\frac{\partial H_{z1}}{\partial y} - \varepsilon_r\frac{\partial H_{z2}}{\partial y} = j\beta(\varepsilon_r - 1)H_{y2} \tag{3-2.8}$$

类似地,有

$$\frac{\partial E_{z1}}{\partial y} - \varepsilon_r\frac{\partial E_{z2}}{\partial y} = j\beta\left(1 - \frac{1}{\varepsilon_r}\right)E_{y2} \tag{3-2.9}$$

由此可见,由双导体传输线演化得来的微带线,在中心导带和接地板之间加入介质后,即 $\varepsilon_r \neq 1$ 时,存在纵向分量 E_z 和 H_z,传输的不是纯 TEM 波。但当频率不很高时,由于微带线基片厚度 h 远小于微带波长,此时纵向分量很小,场结构与 TEM 模相似,可作为 TEM 传输线处理,称为准 TEM 模(Quasi TEM Mode)。

反之,当 $\varepsilon_r = 1$ 时,由式(3-2.8)和式(3-2.9)有

$$\frac{\partial H_{z1}}{\partial y} - \frac{\partial H_{z2}}{\partial y} = 0 \tag{3-2.10a}$$

$$\frac{\partial E_{z1}}{\partial y} - \frac{\partial E_{z2}}{\partial y} = 0 \tag{3-2.10b}$$

必有

$$H_{z1} = H_{z2} = E_{z1} = E_{z2} = 0 \tag{3-2.11}$$

微带线中传输的为标准 TEM 波。

附 录 4

4-1 色散波中的等效特性阻抗

以矩形波导为例,分析色散波的特性阻抗 Z_0。将第 2 章式(2.3-16)中的 TE_{10} 波横向电场、磁场分量,相移常数(2.3-20c),信源波长(2.1-2c)和传输功率(2.3-23a)重写如下

$$E_y = -\frac{\mathrm{j}\omega\mu a}{\pi} H_{10} \sin\left(\frac{\pi}{a}x\right) \mathrm{e}^{-\mathrm{j}\beta z} \tag{4-1.1a}$$

$$H_x = \frac{\mathrm{j}\beta a}{\pi} H_{10} \sin\left(\frac{\pi}{a}x\right) \mathrm{e}^{-\mathrm{j}\beta z} \tag{4-1.1b}$$

$$\beta_{\text{TE}_{10}} = \frac{2\pi}{\lambda}\sqrt{1-\left(\frac{\lambda}{2a}\right)^2} \tag{4-1.1c}$$

$$k^2 = \omega^2\mu\varepsilon = (2\pi/\lambda)^2 \tag{4-1.1d}$$

$$P = \frac{ab}{4Z_{\text{TE}_{10}}}\left(\frac{\omega\mu a H_{10}}{\pi}\right)^2 = \frac{\sqrt{1-(\lambda/2a)^2}}{4}\frac{}{\sqrt{\mu/\varepsilon}}ab\left(\frac{\omega\mu a H_{10}}{\pi}\right)^2 \tag{4-1.1e}$$

由于非 TEM 传输线中电压、电流与积分路径有关,故在矩形波导横截面(见第 2 章图 2-4a)上规定 TE_{10} 波的电压 U_+ 为宽边中点($x=a/2$)垂线上的电场 E_y 沿 y 方向的线积分

$$U_+ = \int_0^b E_y \bigg|_{x=\frac{a}{2}} \mathrm{d}y = -\frac{\mathrm{j}\omega\mu a}{\pi} H_{10} \mathrm{e}^{-\mathrm{j}\beta z} \int_0^b \sin\left(\frac{\pi}{a}x\right)\mathrm{d}y = -\frac{\mathrm{j}\omega\mu a}{\pi} H_{10} b \mathrm{e}^{-\mathrm{j}\beta z} \tag{4-1.2a}$$

规定 TE_{10} 波的电流 I_+ 为宽边磁场产生的总面电流,即宽边上电流线密度沿 x 方向的线积分

$$I_+ = \int_0^a J_z \mathrm{d}x = \int_0^a H_x \mathrm{d}x = \frac{\mathrm{j}\beta a}{\pi} H_{10} \mathrm{e}^{-\mathrm{j}\beta z} \int_0^a \sin\left(\frac{\pi}{a}x\right)\mathrm{d}x = -\mathrm{j}2\beta\left(\frac{a}{\pi}\right)^2 H_{10} \mathrm{e}^{-\mathrm{j}\beta z} \tag{4-1.2b}$$

仿照 TEM 传输线特性阻抗公式(1.3-1)和电路理论中传输功率公式(1.4-2)及电压、电流与功率之间的关系,有下列三种形式的特性阻抗

$$Z_0 = \frac{U_+(z)}{I_+(z)} = \frac{U_+ U_+^*}{2P} = \frac{2P}{I_+ I_+^*} \tag{4-1.3}$$

将式(4-1.2)代入式(4-1.3)的第一个等式,得

$$Z_0^{U_+ \sim I_+} = \frac{U_+(z)}{I_+(z)} = \frac{\pi}{2}\left[\frac{b}{a}\frac{\sqrt{\mu/\varepsilon}}{\sqrt{1-(\lambda/2a)^2}}\right] \tag{4-1.4a}$$

将式(4-1.2)代入式(4-1.3)的第二个等式,得

$$Z_0^{P\sim U_+} = \frac{U_+ U_+^*}{2P} = 2\left[\frac{b}{a}\frac{\sqrt{\mu/\varepsilon}}{\sqrt{1-(\lambda/2a)^2}}\right] \qquad (4-1.4\mathrm{b})$$

将式(4-1.2)代入式(4-1.3)的第三个等式,得

$$Z_0^{P\sim I_+} = \frac{2P}{I_+ I_+^*} = \frac{\pi^2}{8}\left[\frac{b}{a}\frac{\sqrt{\mu/\varepsilon}}{\sqrt{1-(\lambda/2a)^2}}\right] \qquad (4-1.4\mathrm{c})$$

可以看出,即使对电压和电流分别采用了同样的积分路线,三种不同形式得到的特性阻抗仍不相同,说明了对色散波确实无法定义单值的特性阻抗。但由式(4-1.4)还可以看出,按不同形式得出的 TE_{10} 波的特性阻抗之间有关波长、波导尺寸等相关的主体部分是相同的,仅系数因子不同,故将色散波的特性阻抗视为某种意义上的等效特性阻抗是具有一定工程意义的。实践表明,将两段横截面尺寸不同但等效特性阻抗一致的 TE_{10} 波导连接起来,连接处的反射最小,常在工程近似计算中应用。有时去掉系数因子,将 TE_{10} 波的等效特性阻抗定义为

$$Z_0^{\mathrm{e}} = \frac{b}{a}\frac{\sqrt{\mu/\varepsilon}}{\sqrt{1-\left(\dfrac{\lambda}{2a}\right)^2}} \qquad (4-1.5)$$

除矩形波导 TE_{10} 模外,其他波导和其他模式也可以引入类似的等效特性阻抗概念。要注意的是,在利用等效特性阻抗解决不同截面传输系统连接问题时,尽量采用相同的形式,使误差最小化。

4-2　参考面移动对散射参量的影响

在传输线不同的参考面上,电压、电流都不同,因此表征各参考面上电压、电流相互关系的网络参量也将随参考面位置变化。普遍地讨论参考面移动对网络参量的影响是一个复杂的问题,不易用简明的公式表达。一般来说,用电压、电流作为状态物理量的阻抗、导纳和转移参量随参考面移动的变化规律比较复杂;用入射波、反射波作为状态物理量的散射、传输参量随参考面移动的变化规律比较简单。现以双端口网络为例,讨论 S 参量的这种变化。

4-2.1　两参考面向外移动

在图 4.1 中,$[S]$ 表示参考面 T_1、T_2 所确定的散射参量矩阵,$[S']$ 表示参考面朝离开网络方向分别移动 l_1、l_2 距离后构成的参考面 T_1'、T_2' 所确定的散射参量矩阵。

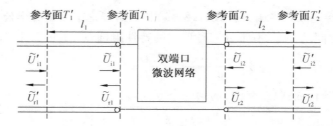

图 4.1　双单口网络参考面向外移动

这两个散射矩阵分别是

$$\begin{bmatrix} \widetilde{U}_{r1} \\ \widetilde{U}_{r2} \end{bmatrix} = \begin{bmatrix} S_{11} & S_{12} \\ S_{21} & S_{22} \end{bmatrix} \begin{bmatrix} \widetilde{U}_{i1} \\ \widetilde{U}_{i2} \end{bmatrix} = [S] \begin{bmatrix} \widetilde{U}_{i1} \\ \widetilde{U}_{i2} \end{bmatrix} \tag{4-2.1a}$$

$$\begin{bmatrix} \widetilde{U}'_{r1} \\ \widetilde{U}'_{r2} \end{bmatrix} = \begin{bmatrix} S'_{11} & S'_{12} \\ S'_{21} & S'_{22} \end{bmatrix} \begin{bmatrix} \widetilde{U}'_{i1} \\ \widetilde{U}'_{i2} \end{bmatrix} = [S'] \begin{bmatrix} \widetilde{U}'_{i1} \\ \widetilde{U}'_{i2} \end{bmatrix} \tag{4-2.1b}$$

由图 4.1 和第 1 章行波公式(1.4-1a),反射波和入射波可分别表示成

$$\left. \begin{aligned} \widetilde{U}'_{r1} &= \widetilde{U}_{r1} \, e^{-j\beta_1 l_1} \\ \widetilde{U}'_{r2} &= \widetilde{U}_{r2} \, e^{-j\beta_2 l_2} \end{aligned} \right\} \tag{4-2.2a}$$

$$\left. \begin{aligned} \widetilde{U}_{i1} &= \widetilde{U}'_{i1} \, e^{-j\beta_1 l_1} \\ \widetilde{U}_{i2} &= \widetilde{U}'_{i2} \, e^{-j\beta_2 l_2} \end{aligned} \right\} \tag{4-2.2b}$$

式中,z 的正向为移动方向,β_1 和 β_1 分别是输入、输出所接传输线的相移常数。依次将式 (4-2.1a)和式(4-2.2b)代入式(4-2.2a)后,根据矩阵运算法则有

$$\begin{aligned} \begin{bmatrix} \widetilde{U}'_{r1} \\ \widetilde{U}'_{r2} \end{bmatrix} &= \begin{bmatrix} \widetilde{U}_{r1} \, e^{-j\beta_1 l_1} \\ \widetilde{U}_{r2} \, e^{-j\beta_2 l_2} \end{bmatrix} = \begin{bmatrix} e^{-j\beta_1 l_1} & 0 \\ 0 & e^{-j\beta_2 l_2} \end{bmatrix} \begin{bmatrix} \widetilde{U}_{r1} \\ \widetilde{U}_{r2} \end{bmatrix} = \begin{bmatrix} e^{-j\beta_1 l_1} & 0 \\ 0 & e^{-j\beta_2 l_2} \end{bmatrix} [S] \begin{bmatrix} \widetilde{U}_{i1} \\ \widetilde{U}_{i2} \end{bmatrix} \\ &= \begin{bmatrix} e^{-j\beta_1 l_1} & 0 \\ 0 & e^{-j\beta_2 l_2} \end{bmatrix} [S] \begin{bmatrix} \widetilde{U}'_{i1} \, e^{-j\beta_1 l_1} \\ \widetilde{U}'_{i2} \, e^{-j\beta_2 l_2} \end{bmatrix} = \begin{bmatrix} e^{-j\beta_1 l_1} & 0 \\ 0 & e^{-j\beta_2 l_2} \end{bmatrix} [S] \begin{bmatrix} e^{-j\beta_1 l_1} & 0 \\ 0 & e^{-j\beta_2 l_2} \end{bmatrix} \begin{bmatrix} \widetilde{U}'_{i1} \\ \widetilde{U}'_{i2} \end{bmatrix} \end{aligned} \tag{4-2.2c}$$

将上式与式(4-2.1b)比较后,得参考面移动前后散射参量$[S']$和$[S]$之间的关系

$$[S'] = \begin{bmatrix} e^{-j\beta_1 l_1} & 0 \\ 0 & e^{-j\beta_2 l_2} \end{bmatrix} [S] \begin{bmatrix} e^{-j\beta_1 l_1} & 0 \\ 0 & e^{-j\beta_2 l_2} \end{bmatrix} \tag{4-2.3}$$

4-2.2　两参考面向内移动

在图 4.2 中,两参考面朝靠近端口方向分别移动 l_1 和 l_2 距离,式(4-2.3)中表示空间相移的指数反号,有

$$[S'] = \begin{bmatrix} e^{j\beta_1 l_1} & 0 \\ 0 & e^{j\beta_2 l_2} \end{bmatrix} [S] \begin{bmatrix} e^{j\beta_1 l_1} & 0 \\ 0 & e^{j\beta_2 l_2} \end{bmatrix} \tag{4-2.4}$$

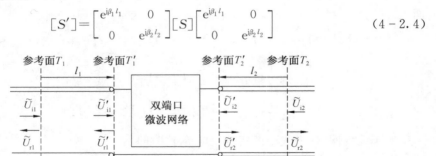

图 4.2　双端口网络参考面向内移动

4−2.3 两参考面分别向内向外移动

如果两参考面中一个内移移动 l_1 距离，另一个外移 l_2 距离，如图 4.3 所示。这种情况下，式(4−2.3)中表示空间相移含 l_1 的指数反号，含 l_2 的符号不变

$$[S'] = \begin{bmatrix} \mathrm{e}^{\mathrm{j}\beta_1 l_1} & 0 \\ 0 & \mathrm{e}^{-\mathrm{j}\beta_2 l_2} \end{bmatrix} [S] \begin{bmatrix} \mathrm{e}^{\mathrm{j}\beta_1 l_1} & 0 \\ 0 & \mathrm{e}^{-\mathrm{j}\beta_2 l_2} \end{bmatrix} \tag{4−2.5}$$

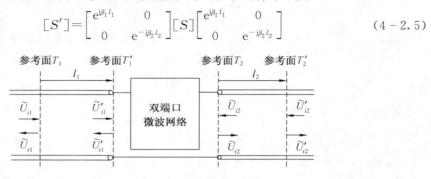

图 4.3 双端口网络一侧参考面内移一侧外移

4−2.4 其他情况

参考面其他各种平移对 $[S]$ 的影响，通过改变公式(4−2.3)中表示空间相移的指数得到。例如，T_1 移动距离 l_1、T_2 不动时，有

$$[S'] = \begin{bmatrix} \mathrm{e}^{\pm\mathrm{j}\beta_1 l_1} & 0 \\ 0 & 1 \end{bmatrix} [S] \begin{bmatrix} \mathrm{e}^{\pm\mathrm{j}\beta_1 l_1} & 0 \\ 0 & 1 \end{bmatrix} \tag{4−2.6}$$

参考面移动对其他参量的影响，通过网络参量间的转换获得。

4−3 无耗网络 $[S]^{\mathrm{T}}[S]^* = [1]$ 的证明

以双端口网络为例。将式(4.4−2a)代入式(4.1−9)，那么在双端口网络两个参考面上

$$\sum_{n=1}^{2} \frac{1}{2} \tilde{U}_n \tilde{I}_n^* = \frac{1}{2}(\tilde{U}_{i1} + \tilde{U}_{r1})(\tilde{U}_{i1}^* - \tilde{U}_{r1}^*) + \frac{1}{2}(\tilde{U}_{i2} + \tilde{U}_{r2})(\tilde{U}_{i2}^* - \tilde{U}_{r2}^*)$$

$$= \frac{1}{2}(\tilde{U}_{i1} \tilde{U}_{i1}^* + \tilde{U}_{r1} \tilde{U}_{i1}^* - \tilde{U}_{i1} \tilde{U}_{r1}^* - \tilde{U}_{r1} \tilde{U}_{r1}^*) +$$

$$\frac{1}{2}(\tilde{U}_{i2} \tilde{U}_{i2}^* + \tilde{U}_{r2} \tilde{U}_{i2}^* - \tilde{U}_{i2} \tilde{U}_{r2}^* - \tilde{U}_{r2} \tilde{U}_{r2}^*) \tag{4−3.1}$$

对于无耗网络，上式中的实数项应等于 0，即

$$(\tilde{U}_{i1} \tilde{U}_{i1}^* + \tilde{U}_{i2} \tilde{U}_{i2}^*) - (\tilde{U}_{r1} \tilde{U}_{r1}^* + \tilde{U}_{r2} \tilde{U}_{r2}^*) = 0 \tag{4−3.2}$$

依照矩阵运算法则，上式左边两部分可分别写为

$$\tilde{U}_{i1} \tilde{U}_{i1}^* + \tilde{U}_{i2} \tilde{U}_{i2}^* = \begin{bmatrix} \tilde{U}_{i1} & \tilde{U}_{i2} \end{bmatrix} \begin{bmatrix} \tilde{U}_{i1}^* \\ \tilde{U}_{i2}^* \end{bmatrix} = \begin{bmatrix} \tilde{U}_{i1} \\ \tilde{U}_{i2} \end{bmatrix}^{\mathrm{T}} \begin{bmatrix} \tilde{U}_{i1}^* \\ \tilde{U}_{i2}^* \end{bmatrix} = [\tilde{U}_i]^{\mathrm{T}} [\tilde{U}_i]^* \tag{4−3.3a}$$

$$\tilde{U}_{r1} \tilde{U}_{r1}^* + \tilde{U}_{r2} \tilde{U}_{r2}^* = \begin{bmatrix} \tilde{U}_{r1} & \tilde{U}_{r2} \end{bmatrix} \begin{bmatrix} \tilde{U}_{r1}^* \\ \tilde{U}_{r2}^* \end{bmatrix} = \begin{bmatrix} \tilde{U}_{r1} \\ \tilde{U}_{r2} \end{bmatrix}^{\mathrm{T}} \begin{bmatrix} \tilde{U}_{r1}^* \\ \tilde{U}_{r2}^* \end{bmatrix} = [\tilde{U}_r]^{\mathrm{T}} [\tilde{U}_r]^* \tag{4−3.3b}$$

将式(4−3.3a)回代到式(4−3.2)中得

$$[\tilde{U}_i]^{\mathrm{T}} [\tilde{U}_i]^* - [\tilde{U}_r]^{\mathrm{T}} [\tilde{U}_r]^* = 0 \tag{4−3.4a}$$

将式(4.3-16c)代入上式后

$$[\tilde{U}_i]^{\mathrm{T}}[\tilde{U}_i]^* - ([S]^{\mathrm{T}}[\tilde{U}_i]^{\mathrm{T}})([S]^*[\tilde{U}_i]^*) = [\tilde{U}_i]^{\mathrm{T}}([1] - [S]^{\mathrm{T}}[S]^*)[\tilde{U}_i]^* = 0$$

$$(4-3.4\mathrm{b})$$

要使上式成立,须有

$$[S]^{\mathrm{T}}[S]^* = [1] \tag{4-3.5a}$$

由此公式(4.6-6)得证。

如果无耗网络互易,将式(4.6-2)代入上式,还有

$$[S][S]^* = [1] \tag{4-3.5b}$$

上式又称为散射参量的一元性。

附 录 5

5-1 微波元器件按变换性质分类

按照变换性质,微波元器件可以分为三大类。

① 线性互易元器件

内部媒质为线性的,对信号只有线性变换、不改变频率特性,满足互易定理,包括各种连接匹配元件、功率分配元器件、滤波器件及谐振器件等。

② 线性非互易元器件

内部媒质为线性、各向异性的,不改变信号的频率特性,但可以区别沿不同方向传输的导行电磁波。线性非互易元器件主要指铁氧体器件,它的散射矩阵不对称,但工作在线性区域,包括隔离器、环行器等。

③ 非线性元器件

内部媒质是非线性的,能对信号的频率或频谱进行变换,实现放大、调制、变频等,包括微波电子管、晶体管、固态谐振器、场效应管及电真空器件等。

5-2 魔 T 在微波工程中的应用

魔 T 在微波技术中有着广泛的应用,可用来组成微波阻抗电桥、平衡混频器、功率分配器、和差器、相移器、天线双工器、平衡相位检波器、鉴频器、调制器等。

5-2.1 魔 T 对任意负载的调配(E-H 调配器)

端口"3"和端口"4"各接短路活塞形成纯电抗,端口"1"和端口"4"分别接主波导和接任意负载。根据匹配双 T 的特性,端口"2"任意负载引起的反射只能进入端口"3"和端口"4",不能直接进入端口"1"。只要使短路活塞距中心平面的距离为 $l_3 + l_4 = \lambda_g/2$,就能使端口"3"和端口"4"的反射波在中心平面处抵消,实现主波导与任意负载的匹配(图 5.1)。

5-2.2 魔 T 构成微波电桥

信号从端口"3"入,输入的信号被等幅同相的分配到端口"1"和端口"2",端口"1"接待测阻抗负载 Z_x,端口"2"接可调的标准阻抗负载 Z_0,若 $Z_x = Z_0$ 相等,由 Z_x 和 Z_0 引起的反射波也等幅同相,因此端口"4"隔离,匹配功率计读数为 0。若 $Z_x \neq Z_0$,由此引起的反射波不仅不同相,幅度也不相等,端口"4"反射波的合成波输出,匹配功率计读数不为 0,调整标准阻抗负载 Z_0,调整标准负载直到匹配功率计读数为 0,标准阻抗负载的值就是待测负载的阻抗(图 5.2)。

5－2.3　魔 T 构成任意移相器

端口"1"和端口"2"接短路活塞，并且两个短路面至魔 T 中心面的距离相差 1/4 波长，即 $l_1 = l_2 \pm \lambda_g/4$。魔 T 的端口"3"和端口"4"是彼此隔离的，所以端口"3"输入功率被等幅同相的分配到端口"1"和端口"2"，经反射后因短路面相差 $\lambda_g/4$，因此反射波的相位彼此相差 π，两等幅反相的波叠加后只能全部从端口"4"输出、端口"3"无输出，故端口"4"的输出信号幅度与端口"3"的输入相同，但相位滞后 $2\beta l_1 + \pi$，调节 l_1，就可以实现任意相位的移相(图 5.3)。

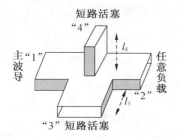

图 5.1　魔 T 对任意负载的调配

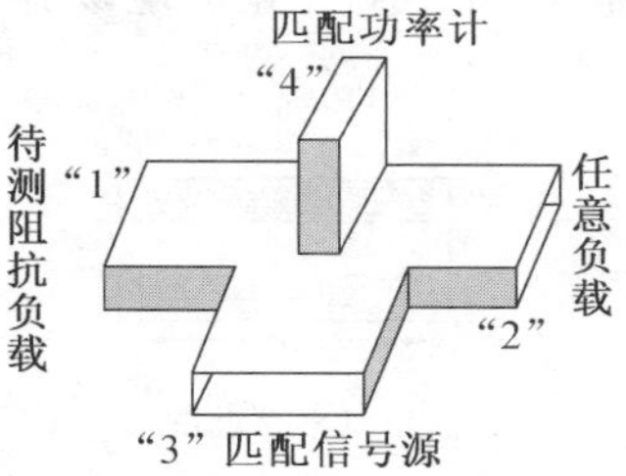

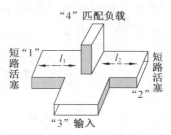

图 5.2　魔 T 构成微波电桥

图 5.3　魔 T 构成移相器

5－2.4　双联魔 T 做雷达收发开关

雷达平衡式收发开关(图 5.4)由两个魔 T 和两个谐振膜片式放电管构成，两个放电管与接头处的距离相差 $\lambda_g/4$。工作原理如下：

① 来自发射机的大功率信号从魔 T1 的端口"3"输入后，只能经端口"1"、"2"等幅同相输出，到达放电管时惰性气体打火，使信号被全反射，不能到达接收机。又由于两放电管与魔 T2 接头的距离相差 $\lambda_g/4$，使反射信号到达端口"1"、"2"时等幅反相，故只能经端口"4"送至雷达天线。

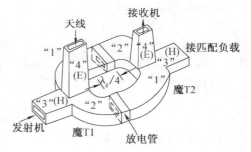

图 5.4　雷达的平衡式收发开关

② 来自雷达天线的回波信号从魔 T1 接头的端口"4"输入后，端口"3"无输出(不能到达发射机)，只能经端口"1"、"2"等幅反相输出。由于放电管对小功率信号不起作用，回波信号可顺利到达魔 T2 接头的端口"1"、"2"并保持等幅反相关系，经端口"4"至接收机。

5－3　电抗元件

微波电路中的电抗元件相当于集总参数电路中的电感或电容，是由于微波传输线中结构尺寸的不连续性激起高次模形成的。处于截止状态的高次模的电场和磁场的储能是不均衡的，当储能以电场为主，等效为电容，当储能以磁场为主，等效为电感。

电抗元件主要有膜片、谐振窗、销钉和螺钉等，可用作阻抗匹配元件或变换元件，也可以构成谐振器，由谐振器构成滤波器。

5-3.1　膜片

膜片是波导中常见的电抗元件,是指具有良好导电性能的金属薄片,当厚度远远小于工作波长时,近似认为是理想导体。根据膜片在波导放置的位置,分为电容膜片和电感膜片。

（1）电容膜片

在矩形波导的宽边上下两面各放置一金属片,就构成了电容膜片,根据下上两金属片的对称性,可分为对称型（图5.5）和非对称型电容膜片。由于波导宽边的纵向电流流进膜片在膜片上积聚电荷,使膜片间产生变化的电场存储电能,故膜片的作用相当于一个电容。

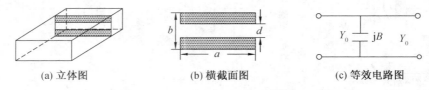

(a) 立体图　　　　(b) 横截面图　　　　(c) 等效电路图

图5.5　对称型电容膜片及等效电路图

当膜片厚度 t 极薄可以忽略不计时,电容膜片等效电纳为

$$B_C = \frac{4b}{\lambda_g} \ln\left[\csc\left(\frac{\pi d}{2b}\right)\right] \tag{5-3.1}$$

式中, b 是矩形波导窄边的长度, λ_g 是波导的工作波长, d 是膜片的间距。

当膜片厚度 t 不能忽略时,等效电纳需要修正,修正值 ΔB 为

$$\Delta B = \frac{2\pi t}{\lambda_g}\left(\frac{b}{d} - \frac{d}{b}\right) \tag{5-3.2}$$

修正后的电容膜片等效电纳为

$$B_C = \frac{4b}{\lambda_g} \ln\left[\csc\left(\frac{\pi d}{2b}\right)\right] + \frac{2\pi t}{\lambda_g}\left(\frac{b}{d} - \frac{d}{b}\right) \tag{5-3.3}$$

d 越小,窗口的面积越小,等效电纳越大;当 $d=0$ 时,膜片上的窗口消失,成为一短路片,等效电纳为无穷大。

（2）电感膜片

在矩形波导的窄边左右两面各放置一金属片,就构成了电感膜片,根据左右两金属片的对称性,可分为对称型（图5.6）和非对称型电感膜片。当在波导窄边上放置金属膜片,波导宽壁上的电流产生分流,于是在膜片的附近必然会产生磁场,并存储一部分磁能,因此这种膜片称为电感膜片。

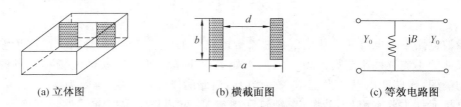

(a) 立体图　　　　(b) 横截面图　　　　(c) 等效电路图

图5.6　对称型电感膜片及等效电路

当膜片厚度 t 极薄可以忽略不计时,电感膜片等效电纳为

$$B_{\mathrm{L}} = -\frac{\lambda_{\mathrm{g}}}{a} \cot^2 \left(\frac{\pi d}{2a} \right) \qquad (5-3.4)$$

式中，a 是矩形波导的宽边长度，λ_{g} 是波导的工作波长，d 是膜片的间距。

当膜片厚度 t 不能忽略时，电感膜片等效电纳为

$$B_{\mathrm{L}} = -\frac{\lambda_{\mathrm{g}}}{a} \cot^2 \left[\frac{\pi (d-t)}{2a} \right] \qquad (5-3.5)$$

d 越小，窗口的面积越小，等效电纳越大；当 $d=0$ 时，膜片上的窗口消失，成为一短路片，等效电纳为无穷大。

5-3.2 谐振窗

如果将电容膜片和电感膜片组合起来，就构成了谐振窗（图 5.7a），相当于低频电路中的并联谐振电路（等效电路见图 5.7b）。

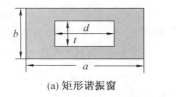
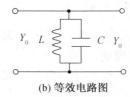

(a) 矩形谐振窗　　　　　　　(b) 等效电路图

图 5.7　矩形谐振窗及其等效电路图

矩形谐振窗的谐振频率是

$$\lambda_{\mathrm{g}} = 2d \sqrt{\frac{1 - \left(\frac{at}{bd} \right)^2}{1 - (t/b)^2}} \qquad (5-3.6)$$

当微波信号的频率正好等于谐振窗的谐振频率时，信号会无反射地通过谐振窗；当信号频率不等于谐振窗的频率时，谐振窗因具有感性或容性产生反射，适当地选择膜片的大小，可使谐振窗的反射很小。

5-3.3 销钉

在矩形波导的宽边垂直插入一根或多根金属棒便是销钉，如图 5.8 所示。销钉的工作原理与电感膜片类似，呈感性电抗，在等效电路中相当于并联电感。

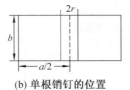
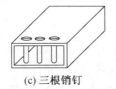
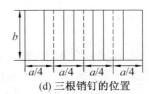

(a) 单根销钉　　　(b) 单根销钉的位置　　　(c) 三根销钉　　　(d) 三根销钉的位置

图 5.8　矩形波导中的销钉及其位置

单销钉的等效归一化电纳近似为

$$\widetilde{B} \approx \frac{2\lambda_{\mathrm{g}}}{a \left(\ln \dfrac{2a}{\pi r} - 2 \right)} \qquad (5-3.7)$$

双销钉的等效归一化电纳近似为

$$\widetilde{B} \approx \frac{12\lambda_{\mathrm{g}}}{a\left[11.63 - 9.2\ln\dfrac{a}{r} - 22.8\dfrac{r}{a} - 0.22\left(\dfrac{a}{\lambda}\right)^2\right]} \tag{5-3.8}$$

三销钉的等效归一化电纳近似为

$$\widetilde{B} \approx \frac{4\lambda_{\mathrm{g}}}{a\left(\ln\dfrac{a}{24.66r} + \dfrac{40.4a^2}{1\,000\lambda^2}\right)} \tag{5-3.9}$$

式中,r 是销钉的半径,λ 是工作波长,λ_{g} 是波导波长。

多个销钉的电纳近似公式可参考有关微波工程手册。电感销钉的等效电纳与金属棒的粗细有关,金属棒越粗,等效电纳越大,同样粗细的金属棒,根数越多,相对电纳越大。销钉也有电感销钉和电容销钉之分,如果从矩形波导的窄边插入金属棒,就是电容销钉。

5-3.4　螺钉调配器

螺钉是在波导宽边中央插入可调螺钉作为调配元件,可等效为并联电纳,随着螺钉插入波导的深度的增加,电纳依次呈现为容性、串联谐振和感性,是低功率微波装置中普遍采用的调谐和匹配元件。当插入深度 $d < \lambda_{\mathrm{g}}/4$ 时,虽然有波导宽壁内表面上的纵向电流流过螺钉,并在周围产生磁场,但等效电感量并不大,螺钉附近集中的电场却很强,呈容性,如图 5.9a 所示;当插入深度 $d = \lambda_{\mathrm{g}}/4$ 时,感抗和容抗值相等,产生串联谐振,如图 5.9b 所示;当插入深度 $d > \lambda_{\mathrm{g}}/4$ 时,磁场能量占优势,螺钉等效为电感,如图 5.9c 所示。

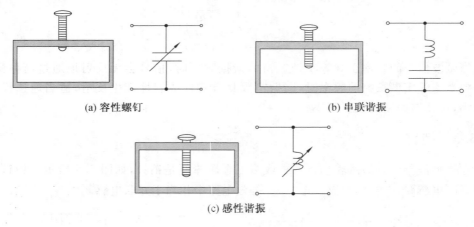

图 5.9　螺钉及其等效电路

在实际应用中,为了避免波导串联谐振或大功率下产生短路击穿现象,螺钉插入深度较小,使螺钉工作于容性状态,作可变电容使用。

常用的螺钉调配器有单螺钉调配器、双螺钉调配器、三螺钉调配器和四螺钉调配器。

附 录 6

6-1 静态偶极子的场

6-1.1 静电偶极子的电场

电量为 q、相距为 dl 的一对正负静电荷组成的电偶极子的电场,按图 6.1a 放置,当

$$r_+ \approx r - dl\cos\theta/2, \quad r_- \approx r + dl\cos\theta/2 \tag{6-1.1a}$$

时有

$$r_- - r_+ = dl\cos\theta, \quad \frac{1}{r_+ r_-} \approx \frac{1}{r^2} \tag{6-1.1b}$$

圆球坐标系下的电位为

$$\Phi(r) = \frac{q}{4\pi\varepsilon_0 r_+} - \frac{q}{4\pi\varepsilon_0 r_-} = \frac{q}{4\pi\varepsilon_0}\left(\frac{1}{r_+} - \frac{1}{r_-}\right) = \frac{q}{4\pi\varepsilon_0}\left(\frac{r_- - r_+}{r_+ r_-}\right) = \frac{q dl\cos\theta}{4\pi\varepsilon_0 r^2} \tag{6-1.1c}$$

对电位求梯度得偶极子电场

$$\boldsymbol{E}(r) = \hat{r}\frac{q dl\cos\theta}{2\pi\varepsilon_0 r^3} + \hat{\theta}\frac{q dl\sin\theta}{4\pi\varepsilon_0 r^3} \tag{6-1.1d}$$

6-1.2 恒定电流元的磁场

根据恒定电流线分布时的矢量位公式,有圆球坐标系(图 6.1b)电流元的矢量位

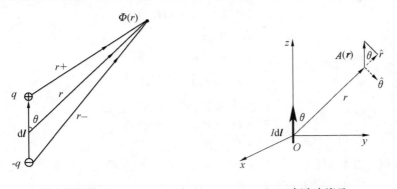

(a) 静电偶极子 (b) 恒定电流元

图 6.1 静态偶极子与坐标系

$$\boldsymbol{A}(r) = \frac{\mu_0}{4\pi}\int_{l'} \frac{I dl}{r} = \hat{z}\frac{\mu_0 I dl}{4\pi r} = \frac{\mu_0 I dl}{4\pi r}(\hat{r}\cos\theta - \hat{\theta}\sin\theta) \tag{6-1.2a}$$

根据矢量位和磁场之间的关系式(6.1-1b),得磁场

$$H_\varphi = \frac{Idl\sin\theta}{4\pi r^2} \tag{6-1.2b}$$

6-2 对偶原理

电荷与电流是产生电磁场的源:电荷产生电场,电荷运动形成电流产生磁场。自然界中至今尚未发现磁荷和磁流存在。但引入磁荷和磁流(假设磁荷直接产生磁场,磁流直接产生电场)却可为电磁场问题的求解提供方便。有广义 Maxwell 方程如下:

$$\nabla\times\boldsymbol{H}=\boldsymbol{J}+\mathrm{j}\omega\varepsilon\boldsymbol{E}$$

$$\nabla\times\boldsymbol{E}=-\boldsymbol{J}^{\mathrm{m}}-\mathrm{j}\omega\mu\boldsymbol{H}$$

$$\nabla\cdot\boldsymbol{B}=\rho^{\mathrm{m}}$$

$$\nabla\cdot\boldsymbol{D}=\rho \tag{6-2.1}$$

由于电流与磁场之间为右手螺旋关系,磁流与电场之间为左手螺旋关系,故式(6-2.1)中的第一式和第二式右边相差一个负号。和电荷与电流之间满足连续性定理一样,磁荷和磁流之间也有连续性定理:

电荷与电流的连续性定理

$$\nabla\cdot\boldsymbol{J}=-\mathrm{j}\omega\rho \tag{6-2.2a}$$

磁荷与磁流的连续性定理

$$\nabla\cdot\boldsymbol{J}^{\mathrm{m}}=-\mathrm{j}\omega\rho^{\mathrm{m}} \tag{6-2.2b}$$

由广义 Maxwell 方程相应的积分形式,有修正后的边界条件

$$\hat{n}\times(\boldsymbol{E}_2-\boldsymbol{E}_1)=-\boldsymbol{J}_{\mathrm{s}}^{\mathrm{m}} \tag{6-2.3a}$$

$$\hat{n}\times(\boldsymbol{H}_2-\boldsymbol{H}_1)=\boldsymbol{J}_{\mathrm{s}} \tag{6-2.3b}$$

将引入磁荷和磁流后的场分为两种情况:一种是场源只有电荷和电流,产生的场记作 $\boldsymbol{E}^{\mathrm{e}}$ 和 $\boldsymbol{H}^{\mathrm{e}}$;另一种场源只有磁荷和磁流,产生的场记作 $\boldsymbol{E}^{\mathrm{m}}$ 和 $\boldsymbol{H}^{\mathrm{m}}$。两套源和场分别满足的 Maxwell 方程为

$$\left.\begin{array}{l}\nabla\times\boldsymbol{H}^{\mathrm{e}}=\boldsymbol{J}+\mathrm{j}\omega\varepsilon\boldsymbol{E}^{\mathrm{e}}\\\nabla\times\boldsymbol{E}^{\mathrm{e}}=-\mathrm{j}\omega\mu\boldsymbol{H}^{\mathrm{e}}\\\nabla\cdot\boldsymbol{B}^{\mathrm{e}}=0\\\nabla\cdot\boldsymbol{D}^{\mathrm{e}}=\rho\end{array}\right\} \tag{6-2.4a}$$

$$\left.\begin{array}{l}\nabla\times\boldsymbol{E}^{\mathrm{m}}=-\boldsymbol{J}^{\mathrm{m}}-\mathrm{j}\omega\mu\boldsymbol{H}^{\mathrm{m}}\\\nabla\times\boldsymbol{H}^{\mathrm{m}}=\mathrm{j}\omega\varepsilon\boldsymbol{E}^{\mathrm{m}}\\\nabla\cdot\boldsymbol{D}^{\mathrm{m}}=0\\\nabla\cdot\boldsymbol{B}^{\mathrm{m}}=\rho^{\mathrm{m}}\end{array}\right\} \tag{6-2.4b}$$

比较式(6-2.4a)和式(6-2.4b)可以看出,在两套方程之间存在如下关系

$$\boldsymbol{H}^{\mathrm{e}}\leftrightarrow-\boldsymbol{E}^{\mathrm{m}},\boldsymbol{B}^{\mathrm{e}}\leftrightarrow-\boldsymbol{D}^{\mathrm{m}},\boldsymbol{E}^{\mathrm{e}}\leftrightarrow\boldsymbol{H}^{\mathrm{m}},\boldsymbol{D}^{\mathrm{e}}\leftrightarrow\boldsymbol{B}^{\mathrm{m}}$$

$$\rho\leftrightarrow\rho^{\mathrm{m}},J\leftrightarrow J^{\mathrm{m}},\varepsilon\leftrightarrow\mu,\mu\leftrightarrow\varepsilon \tag{6-2.5}$$

只要按照式(6-2.5)的关系作场量代换,就可以从方程(6-2.4a)变换为方程(6-2.4b),也可以从方程(6-2.4b)变换得到方程(6-2.4a)。这种对应关系,称为对偶原理或二重性原理。对偶原理说明,电荷和电流产生的场与磁荷和磁流产生的场是对偶的。

根据对偶原理,可以由电荷和电流产生的场经过变量替换,得到磁荷和磁流产生的场,反之亦然。例如,已知电偶极子 $q\mathrm{d}l$ 或电流元 $I\mathrm{d}l$ 的辐射场

$$
\left.\begin{aligned}
H_\varphi &= \mathrm{j}\frac{I\mathrm{d}l}{4\pi r}\omega\ \sqrt{\mu_0\varepsilon_0}\sin\theta\mathrm{e}^{-\mathrm{j}kr} = \mathrm{j}\frac{I\mathrm{d}l}{2\lambda r}\sin\theta\mathrm{e}^{-\mathrm{j}kr} \\
E_\theta &= \mathrm{j}\frac{I\mathrm{d}l}{4\pi r}\omega\mu_0\sin\theta\mathrm{e}^{-\mathrm{j}kr} = \mathrm{j}Z_0\frac{I\mathrm{d}l}{2\lambda r}\sin\theta\mathrm{e}^{-\mathrm{j}kr}
\end{aligned}\right\} \tag{6-2.6a}
$$

做变换 $I\mathrm{d}l\to I^m\mathrm{d}l, \varepsilon\to\mu, \mu\to\varepsilon, H^e\to -E^m, E^e\to H^m$,就得到磁偶极子 $q^m\mathrm{d}l$ 或磁流元 $I^m\mathrm{d}l$ 的辐射场

$$
E_\varphi = -\mathrm{j}\frac{I^m\mathrm{d}l}{2\lambda r}\sin\theta\mathrm{e}^{-\mathrm{j}kr}, \qquad H_\theta = \mathrm{j}\frac{I^m\mathrm{d}l}{Z_0 2\lambda r}\sin\theta\mathrm{e}^{-\mathrm{j}kr} \tag{6-2.6b}
$$

如果定义与磁偶极子对应的磁流源 $I^m\mathrm{d}l$ 与面积为 S 的小电流环(磁基本振子)的关系为

$$
I^m\mathrm{d}l = \mathrm{j}kZ_0 IS \tag{6-2.7}
$$

式中,Z_0 为自由空间波阻抗,k 为波数。将上式代入式(6-2.6b)后,就是小电流环的辐射场,即小电流环作为磁偶极子和电偶极子对偶。了解了电磁场的这种对偶关系,就可以在分析电磁场问题的过程中应用,因为有一些电磁场的源从理论上可以看作磁流源。

6-3　互易原理

均匀、线性、各向同性媒质空间 V 中有两组同频场源 $\boldsymbol{J}_1$ 和 $\boldsymbol{J}_2$,分布在有限空间 V_1 和 V_2 中,产生的场分别为 $\boldsymbol{E}_1$、$\boldsymbol{H}_1$ 和 $\boldsymbol{E}_2$、$\boldsymbol{H}_2$,如图 6.2 所示。对这两组源形成的两个矢量 $\boldsymbol{E}_1\times\boldsymbol{H}_2$ 和 $\boldsymbol{E}_2\times\boldsymbol{H}_1$ 分别求散度

$$
\nabla\cdot(\boldsymbol{E}_2\times\boldsymbol{H}_1) = \boldsymbol{H}_1\cdot\nabla\times\boldsymbol{E}_2 - \boldsymbol{E}_2\cdot\nabla\times\boldsymbol{H}_1 \tag{6-3.1a}
$$

$$
\nabla\cdot(\boldsymbol{E}_2\times\boldsymbol{H}_1) = \boldsymbol{H}_1\cdot\nabla\times\boldsymbol{E}_2 - \boldsymbol{E}_2\cdot\nabla\times\boldsymbol{H}_1 \tag{6-3.1b}
$$

代入时谐场的 Maxwell 旋度方程

$$
\nabla\times\boldsymbol{E}_1 = -\mathrm{j}\omega\mu\boldsymbol{H}_1, \nabla\times\boldsymbol{H}_1 = \boldsymbol{J}_1 + \mathrm{j}\omega\varepsilon\boldsymbol{E}_1
$$

$$
\nabla\times\boldsymbol{E}_2 = -\mathrm{j}\omega\mu\boldsymbol{H}_2, \nabla\times\boldsymbol{H}_2 = \boldsymbol{J}_2 + \mathrm{j}\omega\varepsilon\boldsymbol{E}_2
$$

$$
\nabla\cdot(\boldsymbol{E}_1\times\boldsymbol{H}_2) = -\mathrm{j}\omega\mu\boldsymbol{H}_2\cdot\boldsymbol{H}_1 - \boldsymbol{E}_1\cdot(\boldsymbol{J}_2 + \mathrm{j}\omega\varepsilon\boldsymbol{E}_2) \tag{6-3.2a}
$$

$$
\nabla\cdot(\boldsymbol{E}_2\times\boldsymbol{H}_1) = -\mathrm{j}\omega\mu\boldsymbol{H}_1\cdot\boldsymbol{H}_2 - \boldsymbol{E}_2\cdot(\boldsymbol{J}_1 + \mathrm{j}\omega\varepsilon\boldsymbol{E}_1) \tag{6-3.2b}
$$

将上面两式相减

$$
\nabla\cdot(\boldsymbol{E}_1\times\boldsymbol{H}_2 - \boldsymbol{E}_2\times\boldsymbol{H}_1) = \boldsymbol{E}_2\cdot\boldsymbol{J}_1 - \boldsymbol{E}_1\cdot\boldsymbol{J}_2 \tag{6-3.3a}
$$

两边对区域 V 求体积分后应用 Gauss 定理,有

$$
\oiint_S(\boldsymbol{E}_1\times\boldsymbol{H}_2 - \boldsymbol{E}_2\times\boldsymbol{H}_1)\cdot\mathrm{d}\boldsymbol{S} = \iiint_V(\boldsymbol{E}_2\cdot\boldsymbol{J}_1 - \boldsymbol{E}_1\cdot\boldsymbol{J}_2)\mathrm{d}V \tag{6-3.3b}
$$

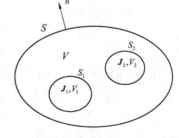

图 6.2　互易定理

当场源在封闭面 S 外时,封闭面里面的区 V 中无源,上式右边体积分的被积函数为 0,体积分为 0,左边的面积分也就为 0,即

$$
\oiint_S(\boldsymbol{E}_1\times\boldsymbol{H}_2 - \boldsymbol{E}_2\times\boldsymbol{H}_1)\cdot\mathrm{d}\boldsymbol{S} = 0 \tag{6-3.4a}
$$

如果源在封闭面 S 中,当封闭面 $S\to\infty$ 时,可认为是半径无限大的球面,有限源在无限

大球面上产生的场是 TEM 波,有 $H_1 = \hat{r} \times E_1 / Z_0$,$H_2 = \hat{r} \times E_2 / Z_0$,其中 $\hat{r} = \hat{n} = \hat{k}$,波传播方向相同与无限大球面的矢径方向、球面法向相同。将上式代入式(6-3.3b),并应用矢量恒等式 $A \times (B \times C) = (A \cdot C)B - (A \cdot B)C$ 和 TEM 球面波 $E \cdot \hat{r} = 0$ 的关系,有

$$\oiint_{S_\infty} (E_1 \times H_2 - E_2 \times H_1) \cdot dS = \oiint_{S_\infty} \left[E_1 \times \left(\frac{\hat{r} \times E_2}{Z} \right) - E_2 \left(\frac{\hat{r} \times E_1}{Z} \right) \right] \cdot dS$$

$$= \iiint_V [(E_1 \cdot E_2)\hat{r} - (E_2 \cdot E_1)\hat{r}] dV = 0 \qquad (6-3.4b)$$

当封闭面 S 有限时,做包围 S 的面 S',两面之间的区域 V' 中无源。当 $S' \to \infty$ 时,根据上面的推导结果式(6-3.4b),可知

$$\oiint_{s+S_\infty} (E_1 \times H_2 - E_2 \times H_1) \cdot dS = 0 \qquad (6-3.4c)$$

只要闭合面 S 包围了全部场源,或全部场源位于闭合面外,式(6-3.4a)都成立,称为 Lorentz 互易原理。

将式(6-3.4a)再代入式(6-3.3b)中,有

$$\iiint_V (E_2 \cdot J_1 - E_1 \cdot J_2) dV = 0 \qquad (6-3.4d)$$

称为 Carson 互易原理,可用来证明同一天线作为发射和接收的方向性相同。首先,天线应是线性的,即在天线组件中,不含非线性电路和铁氧体、等离子体等。在这样的条件下,如图 6.3a 所示,天线 1 接电压源 U_1 作发射天线、天线 2 短路作接收天线,天线 1 上的电流为 I_{11}、天线 2 上的电流为 I_{21},产生的场为 E_1 和 H_1;在图 6.3b 中,天线 1 短路作接收天线、天线 2 接电压源 U_2 作发射天线,天线 1 上的电流为 I_{12}、天线 2 上的电流为 I_{22},产生的场为 E_2 和 H_2。

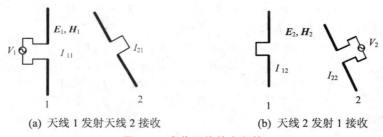

(a) 天线 1 发射天线 2 接收　　　　(b) 天线 2 发射 1 接收

图 6.3　发收天线的方向性

对于分布在天线上的线电流,Carson 互易原理中的 $J dV = I dl$,式(6-3.4d)变为

$$\int_{l_1} E_2 \cdot I_{11} dl_1 + \int_{l_2} E_2 \cdot I_{21} dl_2 = \int_{l_1} E_1 \cdot I_{12} dl_2 + \int_{l_2} E_1 \cdot I_{22} dl_2 \qquad (6-3.5a)$$

由于理想导体表面上电场切向分量等于 0,故上式中

$$\int_{l_1} E_2 \cdot I_{11} dl_1 = I_{11} \int_{l_1} E_2 \cdot dl_1 = 0, \quad \int_{l_2} E_1 \cdot I_{22} dl_2 = I_{22} \int_{l_2} E_1 \cdot dl_2 = 0 \qquad (6-3.5b)$$

因 E_2 在 l_1 上积分为 0,E_1 在 l_2 上积分为 0,式(6-3.5a)中其余两项中电场沿天线的积分,就等于馈电端的电压

$$\int_{l_1} E_1 \cdot I_{12} dl_1 = I_{12} \int_{l_1} E_1 \cdot dl_1 = I_{12} U_1, \quad \int_{l_2} E_2 \cdot I_{21} dl_2 = I_{21} \int_{l_1} E_2 \cdot dl_2 = I_{21} U_2 \qquad (6-3.5c)$$

将式(6-3.5b)和式(6-3.5c)代入式(6-3.5a)后,得

$$\frac{I_{21}}{U_1}=\frac{I_{12}}{U_2} \qquad (6-3.6a)$$

如果将两天线组成的系统看成一个网络(图6.4),那么上式表明此网络的两个互导纳相等

$$Y_{21}=\frac{I_{21}}{U_1} \qquad (6-3.6b)$$

$$Y_{12}=\frac{I_{12}}{U_2} \qquad (6-3.6c)$$

由第 4 章 4.3.2 导纳参量相关内容,有

$$I_1=I_{11}+I_{12}=Y_{11}U_1+Y_{12}U_2$$

$$I_2=I_{21}+I_{22}=Y_{21}U_1+Y_{22}U_2 \qquad (6-3.6d)$$

式中,Y_{11}是天线 2 短路时天线 1 的输入导纳,式中 Y_{22} 是天线 1 短路时天线 2 的输入导纳。

图 6.4　两天线的等效网络

如果在天线 1 发射、天线 2 接收时,保持天线 1 不动,天线 2 在以天线 1 为中心的球面上移动,主射方向始终对准天线 1(图 6.5a),根据式(6-3.6b)和式(6.2-1a)可知,这时天线 2 接收到的电流和天线 1 的电压成正比,也和天线 1 作为发射的方向性因子 $f_T(\theta,\varphi)$ 成正比

$$I_{21}=K_1 f_T(\theta,\varphi)U_1 \qquad (6-3.7a)$$

如果天线 1 接收、天线 2 发射,仍然保持天线 1 不动,天线 2 在以天线 1 为中心的球面上移动,主射方向始终对准天线 1(图 6.5b),据式(6-3.6c)和式(6.2-1a),这时天线 2 接收到的电流和天线 2 的电压成正比、和天线 1 作为接收的方向性因子 $f_R(\theta,\varphi)$ 成正比

$$I_{12}=K_2 f_R(\theta,\varphi)U_2 \qquad (6-3.7b)$$

将式(6-3.7a)和式(6-3.7b)代入式(6-3.6a),得

$$K_1 f_T(\theta,\varphi)=K_2 f_R(\theta,\varphi) \qquad (6-3.8a)$$

按照式(6.2-1b)对式(6-3.7)两边归一化后,得

$$F_T(\theta,\varphi)=F_R(\theta,\varphi) \qquad (6-3.8b)$$

证明同一天线用作发射和接收时的方向性是相同的。

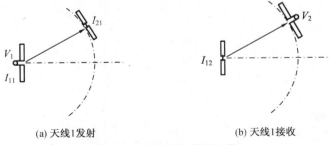

(a) 天线1发射　　　　　　　　　　(b) 天线1接收

图 6.5　天线方向性的互易

用互易定理还可以证明,同一天线用作发射和接收时,阻抗和增益也都分别相同。

附 录 7

7-1 镜像原理(理想导电面)

天线问题,在很多情况下可以近似为无限大理想导电平面上源分布已知的边值问题。设在图 7.1a 中无限大理想导电平面上方,有一垂直放置的电流元 $I\mathrm{d}l$。为求解这种时变电磁场的边值问题,可采用镜像原理。为此在图 7.1b 的镜像位置,放一同样的电流元代替边界的影响。由于理想导体边界上电场的切向分量为 0,故如镜像电流元与原电流元在边界上总电场的切向分量仍为 0,那么引入的镜像电流元是正确的。

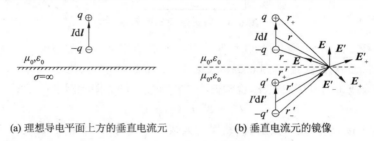

(a) 理想导电平面上方的垂直电流元   (b) 垂直电流元的镜像

图 7.1 垂直电流元的镜像

引入镜像电流元后,可用自由空间谐变电流和电荷的矢量位与标量位求出总电场

$$\boldsymbol{E} = -\mathrm{j}\omega(\boldsymbol{A}+\boldsymbol{A}') - (\varPhi_+ + \varPhi'_+) - (\varPhi_- + \varPhi'_-) \tag{7-1.1}$$

式中

$$\left. \begin{aligned} \boldsymbol{A} &= \frac{\mu_0 I\mathrm{d}l}{4\pi r}\mathrm{e}^{-\mathrm{j}k_0 r} \\[2mm] \varPhi_+ &= \frac{q}{4\pi r_+}\mathrm{e}^{-\mathrm{j}k_0 r_+} \\[2mm] \varPhi_- &= -\frac{q}{4\pi r_-}\mathrm{e}^{-\mathrm{j}k_0 r_-} \end{aligned} \right\} \tag{7-1.2a}$$

$$\left. \begin{aligned} \boldsymbol{A}' &= \frac{\mu_0 I'\mathrm{d}l'}{4\pi r'}\mathrm{e}^{-\mathrm{j}k_0 r'} \\[2mm] \varPhi'_+ &= \frac{q'}{4\pi r'_+}\mathrm{e}^{-\mathrm{j}k_0 r'_+} \\[2mm] \varPhi'_- &= -\frac{q'}{4\pi r'_-}\mathrm{e}^{-\mathrm{j}k_0 r'_-} \end{aligned} \right\} \tag{7-1.2b}$$

其中 $k_0 = \omega\sqrt{\mu_0\varepsilon_0}$。

因为在边界上任一点,有

$$r = r', \quad r_+ = r'_+, \quad r = r' \tag{7-1.3a}$$

还因为

$$I=I', \quad q=q', \quad Idl=I'dl' \qquad (7-1.3b)$$

故总电场仅有与界面垂直的法向分量,切向分量为 0,证明了引入的镜像电流满足理想导体表面上的边界条件。那么在导电平面上方,引入镜像电流前后的源分布相同、边界条件相同,根据场的唯一性定理,添加镜像电流元前后,无限大理想导电平面上方区域的场是相同的。

与原电流元方向相同的镜像电流元称为正像。按照类似的方法,还可以证明无限大理想导电平面上方水平电流元 Idl(图 7.2a)的镜像电流元为负像(图 7.2b)。

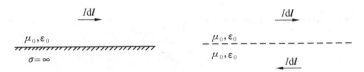

(a) 理想导电平面上方的水平电流元   (b) 水平电流元的镜像

图 7.2   水平电流元的镜像

进一步地,无限大理想导电平面上方的各种电流分布,如图 7.3a 所示任意取向的电流元,总能够分解为垂直和水平两个部分,然后依照上述方法确定镜像关系,用如图 7.3b 所示的镜像电流代替无限大理想导电平面。

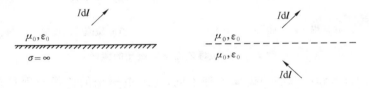

(a) 理想导电平面上方的倾斜电流元   (b) 倾斜电流元的镜像

图 7.3   倾斜电流元的镜像

当电磁波入地很浅时,可将大地看作理想导体,故可用镜像原理求地面上方天线的辐射场:将天线上的电流分解为垂直和水平分量,分别求出真实源和镜像源的场后再求和。显然,这时无限大理想导电平面对实际天线辐射场的影响也可以归结为二元阵因子。阵元间距为 $2h$,相位差取决于天线上的电流与理想导电平面垂直还是平行,垂直时 $\zeta=0$,平行时 $\zeta=\pm\pi$。

由附录 6-2 对偶原理可知,引入磁流可以为电磁场问题的求解提供方便。与无限大理想导电平面上方的电流元类似,可以证明有图 7.4 所示的无限大理想导电面上方磁流元的镜像。

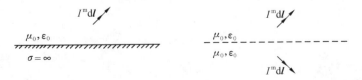

(a) 理想导电平面上方的倾斜磁流元   (b) 倾斜磁流元的镜像

图 7.4   倾斜磁流元的镜像

　　无限大理想导电平面上方小电流环(第 6 章 6.1.2 磁基本振子)的辐射场,可利用对偶原理(附录 6 - 2)和上述磁流元的镜像求出。

7 - 2　镜像原理(理想导磁面)

　　位于无限大理想导磁平面附近的电流元和磁流元,与各自镜像的关系和导电面的情况相反,图 7.5 是理想导磁面和电流元的镜像,图 7.6 是理想导磁面和磁流元的镜像。

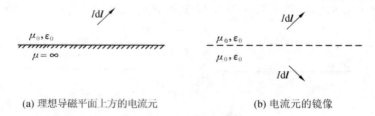

(a) 理想导磁平面上方的电流元　　　　　　(b) 电流元的镜像

图 7.5　理想导磁面与电流元的镜像

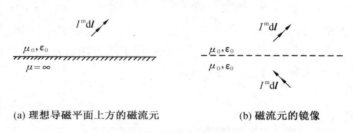

(a) 理想导磁平面上方的磁流元　　　　　　(b) 磁流元的镜像

图 7.6　理想导磁面与磁流元的镜像

　　需要注意的是,和静态场的镜像原理不同,时变电磁场的镜像原理只有对理想导电面或理想导磁面才是严格正确的。对于天线问题中实际的非理想导电或导磁面,当场点及源点到导电、导磁面边界的距离远大于波长时,作为工程近似,可认为镜像源等于真实源乘以平面波在相应边界上的反射系数。

附 录 8

8 – 1   Huygens-Fresnel 原理

Huygens 原理指出:在波的传播过程中,波阵面(波前)上的每一点都可看作是一个新的、发出子波的波源,在以后的任一时刻,这些子波的包迹就成为新的波阵面(图 8.1)。波面上的每一点(面元)都是一个次级球面波的子波源,空间某点 P 的场强就是这些子波在该点的叠加。子波的波速与频率等于初级波的波速和频率,此后每一时刻的子波面的包络就是该时刻总的波动的波面。Fresnel 在 Huygen原理基础上加以补充,给出了关于位相和振幅的定量描述,提出子波相干叠加的概念。

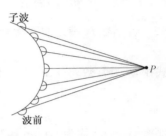

图 8.1 **Huygens-Fresnel 原理**

Huygens 原理对任何波动过程都是适用的,该原理在电磁理论中表述为:包围场源 $\boldsymbol{J}$ 和 $\boldsymbol{J}^{\mathrm{m}}$ 的封闭表面 S 上任一点的场 $\boldsymbol{E}_s$ 和 $\boldsymbol{H}_s$ 可以当作二次波源。这些二次波源对 S 面外产生辐射,S 面外任一点的场强 $\boldsymbol{E}$ 和 $\boldsymbol{H}$ 由分布在 S 面上全部的二次波源所决定。为了描述 S 面上的场 $\boldsymbol{E}_s$ 和 $\boldsymbol{H}_s$ 在面外一点 P 产生的场 $\boldsymbol{E}$ 和 $\boldsymbol{H}$ 之间的定量关系,通常有 Kirchhoff 公式、Stratton-Chu 公式和并矢绕射公式等,与本书内容有关的是 Kirchhoff 公式。

8 – 1.1   Kirchhoff 公式

设空间中有两个封闭面(图 8.2):包围有限区域 V_0 的封闭面 S 和包围全空间区域的无限大封闭面 S_∞。在不包括源的区域 V 中,电场满足矢量齐次 Helmholtz 方程

$$\nabla^2 \boldsymbol{E}(\boldsymbol{r}) + k^2 \boldsymbol{E}(\boldsymbol{r}) = 0 \qquad (8-1.1a)$$

在直角坐标系中,电场强度的每一个分量 ψ 都满足上述方程

$$\nabla^2 \psi(\boldsymbol{r}) + k^2 \psi(\boldsymbol{r}) = 0 \qquad (8-1.1b)$$

位于无源区 S 外 P 点的场强 ψ,可由自由空间 Green 函数 G_0 表示为

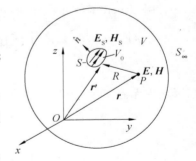

图 8.2 **Huygens 原理**

$$\psi(\boldsymbol{r}) = \oiint_S \left[\psi(\boldsymbol{r}') \frac{\partial G(\boldsymbol{r}, \boldsymbol{r}')}{\partial n} - G_0(\boldsymbol{r}, \boldsymbol{r}') \frac{\partial \psi(\boldsymbol{r}')}{\partial n} \right] \mathrm{d}S \qquad (8-1.2a)$$

式中

$$G_0(\boldsymbol{r}, \boldsymbol{r'}) = \frac{e^{-jk|\boldsymbol{r}-\boldsymbol{r'}|}}{4\pi|\boldsymbol{r}-\boldsymbol{r'}|} \tag{8-1.2b}$$

按照上式对封闭面 S 上的场及其法向导数面积分,就可求出封闭面外一点的场。这就是 Huygens 原理的数学形式——标量 Kirchhoff 公式。电磁场的任一直角分量都满足上式,将电场和磁场的 3 个分量分别合成后,有矢量

$$\boldsymbol{E}(\boldsymbol{r}) = \oiint\limits_S \left[\boldsymbol{E}_S(\boldsymbol{r'}) \frac{\partial G_0(\boldsymbol{r}, \boldsymbol{r'})}{\partial n} - G_0(\boldsymbol{r}, \boldsymbol{r'}) \frac{\partial \boldsymbol{E}_S(\boldsymbol{r'})}{\partial n} \right] dS \tag{8-1.3a}$$

$$\boldsymbol{H}(\boldsymbol{r}) = \oiint\limits_S \left[\boldsymbol{H}_S(\boldsymbol{r'}) \frac{\partial G_0(\boldsymbol{r}, \boldsymbol{r'})}{\partial n} - G_0(\boldsymbol{r}, \boldsymbol{r'}) \frac{\partial \boldsymbol{H}_S(\boldsymbol{r'})}{\partial n} \right] dS \tag{8-1.3b}$$

8-1.2 Green 函数解

若函数 G 满足非齐次标量 Helmholtz 方程

$$\nabla^2 G(\boldsymbol{r}, \boldsymbol{r'}) + k^2 G(\boldsymbol{r}, \boldsymbol{r'}) = -\delta(\boldsymbol{r}, \boldsymbol{r'}) \tag{8-1.4a}$$

式中,k 为常数,$\delta(\boldsymbol{r}, \boldsymbol{r'})$ 为三维 Delta 函数,有

$$\iiint\limits_V f(\boldsymbol{r})\delta(\boldsymbol{r}, \boldsymbol{r'}) dV = \begin{cases} f(\boldsymbol{r'}), & \boldsymbol{r'} \in V \\ 0, & \boldsymbol{r'} \notin V \end{cases} \tag{8-1.4b}$$

那么 $G(\boldsymbol{r}, \boldsymbol{r'})$ 称为 Green 函数,表示位于 $\boldsymbol{r'}$ 处的场源在 $\boldsymbol{r}$ 点产生的场。

若标量函数满足 Helmholtz 方程

$$\nabla^2 \psi(\boldsymbol{r}) + k^2 \psi(\boldsymbol{r}) = -f(\boldsymbol{r}) \tag{8-1.5a}$$

将 ψ 和 G 代入 Green 公式中,得

$$\iiint\limits_V (\psi \nabla^2 G - G \nabla^2 \psi) dV = \oiint\limits_S \left(\psi \frac{\partial G}{\partial n} - G \frac{\partial \psi}{\partial n} \right) dS \tag{8-1.5b}$$

用 ψ 乘式(8-1.4a)、G 乘式(8-1.5a)后代入式(8-1.5b)中,再利用 Delta 函数的性质式(8-1.4b),整理后得

$$\psi(r') = \iiint\limits_V G(\boldsymbol{r}, \boldsymbol{r'}) f(\boldsymbol{r}) dV - \oiint\limits_S \left[\psi(\boldsymbol{r}) \frac{\partial G(\boldsymbol{r}, \boldsymbol{r'})}{\partial n} - G(\boldsymbol{r}, \boldsymbol{r'}) \frac{\partial \psi(\boldsymbol{r})}{\partial n} \right] dS \tag{8-1.6a}$$

利用 Green 函数的对称性 $G(\boldsymbol{r}, \boldsymbol{r'}) = G(\boldsymbol{r'}, \boldsymbol{r})$,上式变为

$$\psi(\boldsymbol{r}) = \iiint\limits_V G(\boldsymbol{r}, \boldsymbol{r'}) f(\boldsymbol{r'}) dV' - \oiint\limits_S \left[\psi(\boldsymbol{r'}) \frac{\partial G(\boldsymbol{r}, \boldsymbol{r'})}{\partial n} - G(\boldsymbol{r}, \boldsymbol{r'}) \frac{\partial \psi(\boldsymbol{r'})}{\partial n} \right] dS \tag{8-1.6b}$$

当区域中无源 $f(\boldsymbol{r'}) = 0$ 时,齐次 Helmholtz 方程的解即为式(8-1.2a)。

8-2 等效原理

设有场源 $\boldsymbol{J}$ 和 $\boldsymbol{J}^m$ 分布在被封闭面 S 包围的区域 V_1 内,源在 S 内、外区域 V_1 和 V_2 中产生的场用 $\boldsymbol{E}$ 和 $\boldsymbol{H}$ 表示(图 8.3a)。根据附录式(6-2.3),在封闭面上有边界条件

$$\hat{n} \times (\boldsymbol{E}_2 - \boldsymbol{E}_1) = -\boldsymbol{J}_S^m \tag{8-2.1a}$$

$$\hat{n} \times (\boldsymbol{H}_2 - \boldsymbol{H}_1) = \boldsymbol{J}_S \tag{8-2.1b}$$

如果 V_1 内无源且场为 0,必有(图 8.3b)

$$\hat{n} \times \boldsymbol{E}_2 = \boldsymbol{J}_s^m \rightarrow \hat{n} \times \boldsymbol{E} = \boldsymbol{J}_s^m \tag{8-2.2a}$$

$$\hat{n} \times \boldsymbol{H}_2 = -\boldsymbol{J}_s \rightarrow \hat{n} \times \boldsymbol{H} = -\boldsymbol{J}_s \tag{8-2.2b}$$

根据时变电磁场的唯一性定理,$\boldsymbol{E}_1 = \boldsymbol{H}_1 = 0$ 时 S 面外区域 V_2 中的源分布和边界条件与 $\boldsymbol{E}_1 \neq \boldsymbol{H}_1 \neq 0$ 时相同,那么原问题和等效问题在 S 面外区域 V_2 中的场是相同的。也就是说,由式(8-2.2)给出的面电流 $\boldsymbol{J}_s$ 和面磁流 $\boldsymbol{J}_s^m$ 是原来 S 面内的空间区域 V_2 中场源 $\boldsymbol{J}$ 和 $\boldsymbol{J}^m$ 的等效源。这种等效形式称为电磁场的 Love 等效原理。该原理同时应用了 S 面上 $\boldsymbol{E}$ 和 $\boldsymbol{H}$ 的切向分量。实际上,根据唯一性原理只需 $\boldsymbol{E}$ 和 $\boldsymbol{H}$ 两者之一的切向分量就可以位移确定场,那么场的等效源可以仅用 S 面上的面电流或面磁流表示。在 Love 等效问题中,S 面内 V_1 中的场为 0,因此,在 S 面内侧放置理想导电壁(图 8.3c)或理想导磁壁(图 8.3d)不会影响 S 面外区域 V_2 中的场,这种等效形式称为 Schelkunoff 等效原理。

利用等效原理,可将所考查区域之外的源(可以是已知的源、也可以是未知的源),用位于所考查区域边界上、与场的切向分量对应的等效面元来代替,这对于口径天线辐射场的求解是非常方便的。

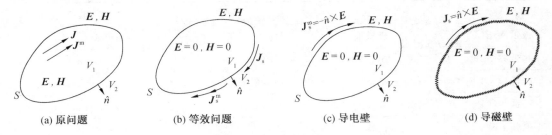

(a) 原问题　　　(b) 等效问题　　　(c) 导电壁　　　(d) 导磁壁

图 8.3　等效原理

附 录 9

人类正在观测和利用的电磁波,频率从千分之几赫兹(地磁脉动)到 10^{30} Hz(宇宙射线),波长 10^{11} ～ 10^{-20} m(小于电子半径:10^{-11} m)。通常所指的无线电波谱是电磁波谱中低于 3 000 GHz 的部分,其中 300 MHz ～ 3 000 GHz 范围内的无线电波为微波波段。

9－1　无线电波谱

频段		波段	频率	波长
极低频 ELF		极长波	＜ 30 Hz	＞ 10^4 km
超低频 SLF		超长波	30 ～ 300 Hz	10^4 ～ 10^3 km
特低频 ULF		特长波	300 ～ 3 000 Hz	10^3 ～ 10^2 km
甚低频 VLF		甚长波	3 ～ 30 kHz	10^2 ～ 10 km
低频 LF		长波	30 ～ 300 kHz	10^4 ～ 10^3 m
中频 MF		中波	300 ～ 3 000 kHz	10^3 ～ 10^2 m
高频 HF		短波	3 ～ 30 MHz	10^2 ～ 10 m
甚高频 VHF		超短波	30 ～ 300 MHz	10 ～ 1 m
微波	特高频 UHF	分米波	300 ～ 3 000 MHz	1 ～ 0.1 m
	超高频 SHF	厘米波	3 ～ 30 GHz	10 ～ 1 cm
	极高频 EHF	毫米波	30 ～ 300 GHz	10 ～ 1 mm
	超极高频	亚毫米波	300 ～ 3 000 GHz	1 ～ 0.1 mm
红外、远红外			3 000 ～ 416 000 GHz	

9－2　各频段的主要信道模式、传播特性和典型应用

频段	信道模式	传播特性	典型应用
极低频 ELF	地下与海水传播;地-电离层波导、地-电离层谐振;沿地磁力线的哨声传播	在 3 kHz 左右频段为 TM 波导模的截止频段,不利于远距离传播,TE 模激励效率较低	对潜通信,地下通信;极稳定的全球通信;地下遥感,电离层与磁层研究
超低频 SLF	地下与海水传播;地-电离层谐振;沿地磁力线的哨声传播	传播主区大,较难获得高的检测精度	地质结构探测;电离层与磁层研究;对潜通信;地震电磁辐射前兆检测

频段	信道模式	传播特性	典型应用
特低频 ULF	地下与海水传播；地-电离层谐振；沿地磁力线的哨声传播	传播主区较小，检测精度有所提高	地质结构探测；电离层与磁层研究；对潜通信
甚低频 VLF	地下与海水传播；地-电离层波导、沿地磁力线的哨声传播	10 kHz 电波在海水中的衰减约为 3 dB/m，大深度通信导航受阻；远程传播只适于垂直极化波；中、近距离存在多模干涉	Omega（美）、α（俄）超远程及水下相位差导航系统；全球电报通信及对潜指挥通信；时间频率标准传递；地质探测
低频 LF	地波；天波；地-电离层波导传播	载频为 100 kHz 的脉冲可区分天地波；高精度导航主要用稳定性好的地波，传播距离：陆地 1 000 km，海上 2 000 km 以内	Loran-C（美）、中国长河二号远程脉冲相位差导航系统；时间频率标准传递；远程通信广播
中频 MF	地波；天波	近距离和较低频率主要为地波；远距离和较高频率为天波；夜间天波较强，在较近距离甚至可能成为地波的干扰	广播、通信、导航
高频 HF	地波；天波；地-电离层波导传播；散射波	主要为天波传播，近距离上用地波。最高可用频率随太阳黑子周期、季节昼夜及纬度变化	远距离通信广播；超视距天波及地波雷达；超视距地-空通信
甚高频 VHF	视距传播、地面和对流层的反射波；对流层折射及超折射波导；散射波	对流层、电离层的不均匀性导致多径效应和超视距异常传播；地空路径的 Faraday 效应与电离层的闪烁效应；地面反射引起的多径和山地遮蔽效应	语音广播；移动通信；接力通信；航空导航信标
特高频 UHF	视距传播、地面和对流层的反射波；对流层折射及超折射波导；散射波	大气折射效应；山地遮蔽与建筑物聚焦效应；超折射波导引起的异常传播	电视广播；飞机导航；警戒雷达；卫星导航；卫星跟踪；数传及指令网；蜂窝无线电
超高频 SHF	视距传播、地面和对流层的反射波；对流层折射及超折射波导；散射波	雨雪吸收、散射及折射指数起伏导致的闪烁；建筑物的散射与反射及绕射传播；山地遮蔽	多路语音与电视信道；雷达；卫星遥感；固定及移动卫星通信
极高频 EHF	视距传播	雨雪衰减和散射严重；云雾尘埃、大气吸收，折射起伏引起的闪烁及建筑物等的遮蔽	短路径通信；雷达；卫星遥感
超极高频	视距传播	大气及雨雪、烟雾、尘埃等吸收严重；大树及数米高物体的遮蔽效应	短路径通信

参考文献

［1］刘学观,郭辉萍.微波技术与天线［M］.4 版.西安:西安电子科技大学出版社,2016.

［2］郭辉萍,曹洪龙,刘学观.《微波技术与天线(第三版)》学习指导与实验教程［M］.西安:西安电子科技大学出版社,2013.

［3］顾继慧.微波技术［M］.北京:科学出版社,2008.

［4］顾继慧.微波技术解题指导［M］.北京:科学出版社,2009.

［5］毛钧杰.微波技术与天线［M］.北京:科学出版社,2006.

［6］(美)Pozar D M.微波工程(英文版)［M］.3 版.北京:电子工业出版社,2006.

［7］丁荣林,李媛.微波技术与天线［M］.2 版.北京:机械工业出版社,2013.

［8］曹祥玉,高军,曾越胜,等.微波技术与天线［M］.西安:西安电子科技大学出版社,2008.

［9］童创明,梁建刚,鞠智芹,等.电磁场微波技术与天线［M］.西安:西北工业大学出版社,2009.

［10］傅君眉.微波无源和有源电路原理［M］.西安:西安交通大学出版社,1988.

［11］钟顺时.微带天线理论与应用［M］.西安:西安电子科技大学出版社,1991.

［12］钟顺时.天线理论与技术［M］.北京:电子工业出版社,2011.

［13］边莉,赵春晖.微波技术基础及应用［M］.哈尔滨:哈尔滨工业大学出版社,2009.

［14］杨雪霞.微波技术基础［M］.2 版.北京:清华大学出版社,2015.

［15］孙绪保,郭银景,姜琳,等.微波技术与天线［M］.2 版.北京:机械工业出版社,2015.

［16］栾秀珍,房少军,金红,等.微波技术［M］.北京:北京邮电大学出版社,2009.

［17］周希朗.微波技术与天线［M］.3 版.南京:东南大学出版社,2015.

［18］宋铮,张建华,黄冶.天线与电波传播［M］.2 版.西安:西安电子科技大学出版社,2011.

［19］Collin R E. Antennas and Radiowave Propagation［M］. New York: McGraw-Hill Book Company,1985.

［20］冯恩信.电磁场与电磁波［M］.4 版.西安:西安交通大学出版社,2016.

［21］谢处方,饶克谨.电磁场与电磁波［M］.4 版.北京:高等教育出版社,2006.

［22］张秋光.场论(下册)［M］.北京:地质出版社,1988.

［23］傅君眉,冯恩信.高等电磁理论［M］.西安:西安交通大学出版社,2000.

［24］郭银景,吕文红,唐富华,等.电磁兼容原理及应用教程［M］.北京:清华大学出版社,2004.

［25］《数学手册》编写组.数学手册［M］.北京：高等教育出版社，1999.

［26］梁昆淼.数学物理方法［M］.4 版.北京：高等教育出版社，2010.

［27］同济大学数学系.高等数学（上册）［M］.7 版.北京：高等教育出版社，2014.

［28］同济大学数学系.高等数学（下册）［M］.7 版.北京：高等教育出版社，2014.

［29］同济大学数学系.工程数学：线性代数［M］.6 版.北京：高等教育出版社，2014.

［30］彭沛夫.微波技术与实验［M］.北京：清华大学出版社，2007.

［31］赵春晖，杨莘元.微波测量与实验教程［M］.哈尔滨：哈尔滨工程大学出版社，2000.

［32］李秀萍，高建军.微波射频测量技术基础［M］.北京：机械工业出版社，2007.

［33］戴晴，黄纪军，莫锦军.现代微波与天线测量技术［M］.北京：电子工业出版社，2008.